건설공학입문

허광희 · 이진옥 · 손병직 · 이범희 · 전준용

도서출판 동화기술

머리말

성공적인 삶을 지향하는 우리는 살아가면서 매 순간 크고 작은 선택에 직면한다. 인생에서 선택해야 될 중요한 선택 중에, 대학에서 전공을 선택하는 일은 무엇보다도 신중하게 결정해야 될 것이다. 그렇다면 평생 동안 자긍심을 갖고 사회에 봉사하며 살아갈 우리의 직업으로서의 전공을 선택하는 일에 "우리는 얼마나 신중하게 고민을 해보았나?" 묻고 싶다.

학생들이 전공을 선택하는 중대한 일에 조금이나마 도움을 줄 수 있기를 바라는 마음에서 이 책을 준비하게 되었다. 특히 건설공학은 대부분의 일반인들에게 3D업종 중의 하나로서 막노동을 연상하게 하는 전공으로 알려져 있고, 일반 학생들은 무척 어려운 학문으로 인식하는 잘못된 선입견이 있다. 이러한 일련의 잘못된 선입견을 극복하여 젊은 학생은 물론 일반인들도 건설이 현실생활에 미치는 가치와 영향을 이해하고 사회의 발전에 도움이 되기를 바란다. 특히 대학진학을 앞둔 고3 학생과 대학 초년생들의 올바른 전공 선택에 도움이 되기를 바라는 마음이다.

이 책의 1장에는 공학에 관한 일반적인 주제를 다루었으며, 공학의 유래와 건설공학의 의미를 살펴보았다. 특히 건설 전문가로서의 자세와 역할을 이해하고 그 중요성을 인식하여 자신의 소질과 창의성을 고려한 전공 선택에 도움이 되도록 하였다. 2장에서는 건설전문가가 되기 위하여 필요한 교육과정 및 교육기관, 그리고 건설기술 자격 제도에 관해서 논하였다. 3장에서는 실제적인 업무를 수행하기 위해 건설공학에서 다루게 될 각 세부 전공분야를 소개하였다. 4장에서는 실생활에 밀접한 수학적 개념과 자연계 현상 등으로부터 건설공학의 개념을 이해하기 쉽도록 풀이하였다. 또한 마지막 5장에서는 실무에서 필요한 업무의 계획에서 보고까지, 공학적 기술자료를 준비하고 표현하는 기술을 총정리 하였다. 또한 부록에는 건설기술자로서 필요한 기본적인 정보를 제공하기 위하여 몇 가지 자료를 실었다. 이러한 지식을 토대로 향후 꾸준히 발전을 거듭하는 훌륭한 건설인이 많이 배출되기를 바라는 마음이다.

세월이 흐름에 따라 세상의 풍속도는 변해도 인간의 역사가 지속되는 한 건설은 영속할 것임을 밝히며, 모쪼록 이 책을 통해 예비 건설학도들의 꿈과 희망이 시작되기를 바라는 마음이다. 끝으로 이 책의 출간을 위해 애써주신 도서출판 동화기술 편집부 관계자 여러분의 노고에 깊은 감사를 드린다.

저자일동

목차

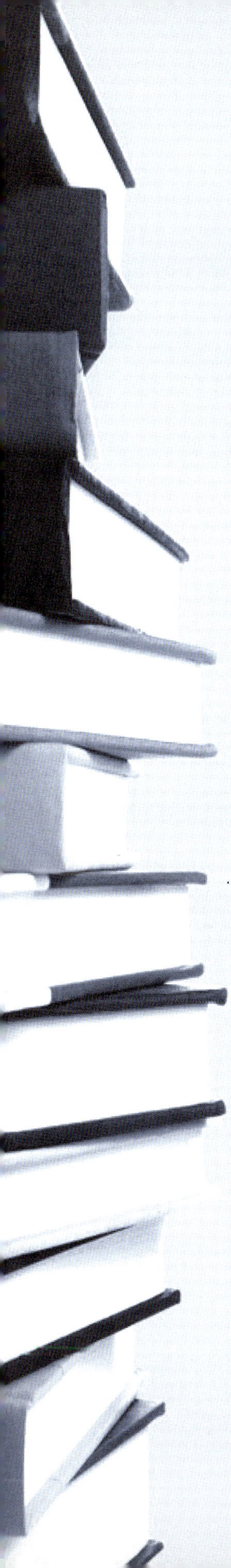

Chapter 01

공학의 유래와 건설공학

잡초같은 인생이 되지 말라

휘종황제(徽宗皇帝)가 말하기를 "배운 자는 벼 곡식과 같고, 배우지 않은 자는 쑥대 풀과 같다."고 하였다. 이 말은 벼 곡식은 나라의 좋은 양식이자, 세상의 큰 보배이고, 쑥대 풀은 농사짓는 지가 미워하고 김매는 자를 괴롭힌다.

1.1 공학의 유래와 분류

1.1.1 공학의 유래

지구상에 존재하는 모든 생물체는 변화하는 환경에 적응하여 생존하게 된다. 반면에 환경에 적응하지 못하게 되면 반드시 사멸하게 된다. 일반적인 역사를 보면, 인류는 최초의 인류인 오스트랄로피테쿠스를 시작으로 호모에렉투스, 크로마뇽인을 거쳐 호모사피엔스로 진화하였고 한다. 이들이 지구의 각지에 퍼져 살면서 석기시대, 청동기시대, 철기시대, 그리스와 로마시대, 중세시대, 르네상스와 산업혁명시대, 근대와 현대시대를 지나 현재와 같은 찬란한 문화를 창조하였다.

공학은 인류가 생존하기 위한 도구를 만들기 시작하면서 그 방법과 기술을 발전하기 위하여 시작되었을 것이다. 이러한 작은 기술들이 발전을 거듭하여 현재와 같은 학문의 체계를 이루게 되었다. 각 시대별로 그 시대에 요구되는 문제들은 그 시대의 기술로 해결이 가능하도록 했다. 오늘날은 지구라는 제한된 영역과 환경 속에서 60억에 달하는 인구가 살아남기 위하여 천연자원의 개발을 위한 대규모 자동화 시스템들이 요구되고 있으며 인류 전체가 먹고 살 수 있는 식량에 대한 준비가 요구된다. 이와 같은 상황에서 인류는 사회의 번영과 인류의 발달뿐만 아니라 생존을 위해 자연스럽게 공학에 의존할 수밖에 없다. 따라서 공학자들은 지속적으로 사회의 이익이 되도록 과학과 기술을 이용한 혁신적으로 문제를 해결하는 역할을 해야만 했다.

오늘날의 공학은 수학과 과학의 기초적인 원리들이 공학문제에 적용되기 이전에 공학자들은 이들 문제들의 본질적인 모습을 검증하고, 격리하여 해석하여야 한다. 그 다음에 오늘날의 사회가 가지고 있는 제약과 조건 속에서 허용 가능한 실질적인 해답을 얻어내야 한다. 따라서 공학자들은 다양한 기술을 적용하여 인류의 사회 조직을 형성하며 이와 같은 노력과 결과들은 인류의 미래에 지대한 영향을 끼칠 것이다.

공학은 과학의 정밀성과 법칙을 이용하여 현대사회가 직면한 많은 복잡한 문제들을 창조성과 상상력을 가지고 해결하는 학문이다. 공학은 초기에 건설공학, 기계공학, 화학공학, 전기공학과 같은 전통적인 분야에서 산업의 발전으로 다양한 분야로 확대되어 환경공학, 항공우주공학, 컴퓨터공학 등의 새로운 분야가 탄생하였다. 과학은 자연현상과 자연물체를 대상으로 원리를 규명하는 연구를 주목적으로 하며, 공학(기술)은 실질적으로 적용하는 응용공학으로 문명사회를 건설하는 것을 목적으로 한다. 한편, 공학은 인간에게 유용하도록 이용하려는 자연현상, 인공물체, 인공현상 등을 대상으로 과학을 실사회에 응용하는 것을 목적으로 신재료, 신시스템 등을 개발하고 연구한다. 따라서 공학(Engineering)은 과학(Science)과 기술(Technology)을 인간의 필요를 충족시키기 위하여 적용한 것으로 분야와 기능이 방대하여 '공학자'에 대한 정의를 단순하고 간결하게 내리기는 어렵다. 건설 공학자라는 말은 15세기 르네상스 시대에 처음으로 불리었으며, 과거에는 군대에서 군대용어로 군용공학에 관련되었는데, 이후 건설기술자(Civil engineer)란 용어를 처음으로 사용한 John Smeaton에 의해 군용기술자와 분리되어 비군사적 활동에 종사하는 민간(Civilian) 또는 건설(Civil)공학에 포함되었다.

공학에 대한 공식적인 정의는 ABET(미국의 공학 및 기술 인정협회)에 의해다음과 같이 정의하고 있다. "공학(Engineering)은 연구, 경험 그리고 숙달로 얻어진 수학과 자연과학의 지식을 인류의 이익을 위하여 자연의 물질과 에너지를 경제적으로 이용하는 방법을 개발하는데 있어서 사려 깊게 적용하는 직업이다. 공학자(Engineer)는 교육과 경험으로 얻어진 그들의 특수한 지식과 수학, 물리학 그리고 공학(Engineering)과 공학해석 및 설계의 원리와 방법의 사용에 의하여 실제 공학에 대하여 자격이 주어진 사람들이다." 즉, 공학자는 실제적, 경제적인 문제를 해결하는데 있어서 새로운 제품과 진행과정의 혁신자이고 창조자이며, 문제를 해결과 사회의 요구를 충족시키기 위해 과학과 기술을 적용하고 이용하는 문제 해결자라고 말할 수 있다. 공학자는 원리의 발견보다 적용에 비중을 둔다. 공학자 본 카르만(Theodore Von Karman)은 "과학자는 무엇인가의 원리를 탐구하고, 공학자는 장치나 시스템을 창조한다."라고 말하였다.

1.1.2 공학의 분류

초기의 공학이라고 하면 군대에서 참호를 파고, 벙커를 만들고, 포를 만드는 것을 일컫는 말이었다. 그러다가, 시민사회가 발전하면서 경제활동이 활발해지자 이에 걸 맞는 시민생활 수준의 향상이 필요했다. 따라서, 생활수준 향상에 필요한 여러 가지 기술의 발전이 있었다.

이때부터 이런 공학을 군대에서의 공학(Military engineering)과 구별해서 민간 혹은 건설 공학(Civil engineering)이라 불렀다. 초기의 공학은 모두 이 Civil engineering이었다. 집을 짓고, 개천을 정비하여 하수도를 만들었으며, 길을 평탄하게 하여 마차가 다니기 쉽게 하였다. 그러다가 증기기관의 발명으로 공학은 획기적인 발전을 하게 된다. 그 이후 기계공학(Mechanical engineering), 화학공학(Chemical engineering), 전기공학(Electrical engineering)이 생겨나서 공학은 건설, 기계, 화학, 전기의 네 가지 부류로 나뉘게 되었다. 그리고 현대에는 공학의 눈부신 발전에 힘입어 초기에는 네 가지 분류로 나뉘다가 오늘날은 건축공학, 항공우주공학, 컴퓨터공학, 환경공학, 교통공학, 자원공학 등 다양한 분야로 분류되었다.

1) 건설공학

건설기술자는 공공, 상업용 또는 산업용의 다양한 구조물을 계획, 설계하여 건설하고 유지 관리하는 일을 한다. 즉 도로, 철도, 비행장, 터널, 댐, 운하, 관개시설, 하수도, 오물처리장, 개수로, 교량, 항만, 관로 등 국내 또는 국가 간의 수송체제를 이루는 것을 계획, 건설한다. 건설기술자는 상기 목적을 달성하기 위한 방법과 구조물을 계획, 발전시키고 또 이런 과정을 감리하기 위하여 특별히 교육 받고 경험 있는 사람을 말한다. 자연과 환경이란 개념은 특히 20세기 후반에 접어들어 우주까지 포함하게 된다. 과거에도 생명체의 유지를 위해 공헌하여 왔듯이 미래에 인류의 생활범위가 우주로 확대되는 한 건설공학은 우주에서 생명의 유지, 인류의 발전을 위해 공헌하지 않을 수 없는 것이다.

2) 기계공학

현대는 첨단기술의 시대이며 기계공학은 현대 산업기술의 기초적이고 필수 불가결한 종합 학문이다. 첨단산업기술의 국제적 경쟁시대를 맞이하여 유능한 인재로 하여금 기계공학에 필수적인 학문을 이론과 실험·실습을 통해 터득할 수 있도록 하는 것이 기계공학과의 교육 목적이다. 기계 공학자들은 에너지를 발생시키는 기계와 기계적인 일에 관여한다. 이 공학은 18세기 말의 산업혁명으로 거슬러 올라간다. 현재에 기계공학자는 원자핵 또는 태양에너지에 의한 새로운 형식의 에너지 발생, 보존 및 이용과 자동차나 항공기 산업과 같은 교통수단에서, 공업생산으로부터 가정용 기기에 이르기까지 기계의 설계와 제작에 있어서 주된 역할을 한다.

3) 화학공학

화학, 물리학, 그리고 공학의 원리를 적용하는 과정에서 화학변화를 하는 물질들에 대한 공정과 과정의 설계와 조작을 담당한다. 광의의 의미에서 화학공학은 화학을 사회의 요구에 맞게 창조적으로 적용하는 것이다. 예를 들면, 플라스틱, 합성섬유, 약품, 종이 등의 제품을 개발하는 과정을 개발한다. 전문 분야로 화학 프로세스 설계, 전기화학, 환경공학, 생화학, 분자화학, 고분자화학 등이 있다. 화학 공학자들은 화학과 물리학 그리고 화학반응, 열역학, 유체역학 등을 포함한 화학 프로세스에 확고한 기초 지식을 지녀야 한다.

4) 전기공학

전기공학은 전기적인 장치, 회로 및 시스템에 관련되어 있으며, 전통적으로 전기공학자는 동력의 발생과 전송, 전기기계, 전자공학, 통신, 제어와 회로설계의 전문 분야가 있다. 이 분야에서 트랜지스터, 집적회로 그리고 레이저와 디지털 컴퓨터의 개발이 있었으며, 오늘날에는 양자전자학, 양자광학과 컴퓨터 공학과 같은 새로운 분야로 범위를 확장시키고 있다.

5) 건축공학

건축학(Architecture)은 유사 이래 인간의 가장 기본적인 의, 식, 주 중 주를 다루는 학문으로서 사물의 바람직한 물리적 형태를 구현하고 가치 있는 인간의 생활공간을 규명하며 아름다운 형태와 과학적인 기능을 탐구하는 예술과 과학을 종합한 학문이다. 따라서 본 학과에서는 "건축학 분야의 관련 응용분야에서 학문적 이론과 문제의 해결 능력을 갖춘 실용적인 건축전문가 양성"을 교육목표로 정하고, 건양대학교의 교육 이념인 창의, 개발, 봉사정신을 바탕으로 철저한 실험 및 현장실습을 통하여 건축학의 현상을 미학 및 물리학적으로 이해하며 창조적이고 수리적인 사고능력을 갖춘 건축전문가를 키우고 있다.

6) 컴퓨터공학

오늘날 공학 분야 중 가장 빠르고 급속하게 변화하는 분야로 컴퓨터 개발과 응용에 관한 분야이다. 컴퓨터 공학은 원래 전기 공학의 아주 작은 부분이었으나, 컴퓨터 관련 기술의 개발과 필요에 의해 독립된 하나의 공학 분야가 되었다. 컴퓨터 공학자들은 하드웨어를 설계하고 주변기기를 개발하며, 소프트웨어를 개발한다. 이와 관련된 분야는 프로그램 언어, 전자공학, 수치해석, 논리이론 등이다.

1.2 건설공학과 인류문화

1.2.1 건설공학의 소개

건설공학은 사람이 자연의 악조건으로부터 피하고 대처하기 위한 구조물을 만들고, 인간의 생명유지에 필요한 물, 공기를 공급하고 청결하게 유지하고, 인간에게 좋지 않은 환경을 친근한 것으로 변환시키고 유지보존하며 편리한 것으로 만들어 인류문화 발달에 전념할 수 있게 하며, 자연의 힘(조력, 풍력 등)과 자원(삼림, 흙, 철, 건설재료 등)을 인류에게 유용하게 만드는 예술(조형미)과 과학(역학)의 결합체이다. 오늘날에는 그의 경제성까지 포함된다.

건설은 교량, 빌딩, 도로, 댐, 항만, 상하수도시설, 지하철, 발전소 건설, 환경구조물건설 등 인간생활에 절대적으로 필요한 시설의 제공을 담당하고 있다. "인간생활수준의 향상", 이것이 바로 건설공학이 목표로 하고 있는 것이다.

사회간접자본 시설의 확충이라는 사명감으로 여러 건설인들이 건설현장에서, 설계사무실에서, 연구소에서, 정부 각 기관에서 불철주야 노력하고 있다.

1.2.2 건설공학과 문화

공학(기술)은 과학이라 불리기 이전 수세기 동안 하나의 예술로서 불렸으며 이의 근원은 역사의 시초와 일치한다. 즉, 인류는 태초부터 자연의 악조건을 피하고 호조건을 이용하는 기술을 터득하기 시작했다. 역사적으로 나타나는 공학기술들 중에 건설학적 측면에 대한 내용에 대해 살펴보자.

1) 메소포타미아 문명

메소포타미아는 두 개의 큰 강인 유프라테스와 티그리스강 사이, 그리고 강을 따라 있는 보다 넓은 지역이 포함된다. 하부 메소포타미아는 아카드(Akkad)와 수메르(Sumer) 두 부분으로 나누어 있었다. 이 시대의 대표적 유적은 우르(Ur)의 왕묘가 있다. 이 시대에는 아스트롤라베와 지구라트 같은 구조물들이 만들어졌다.

아스트롤라베(Astrolabe)는 별의 위치를 관측하기 위해 쓰이는 천문기계로 45° 또는 60°와 같은 일정한 고도에서 천체를 관측할 수 있었다. 이것은 수은판과 프리즘을 조합하거나 반사경을 조절해서 방위각을 읽을 수 있으며 취급이 간편하여 야외 관측에 쓰인다. 건축에는 햇볕에 말린 벽돌을 주로 썼으며, 초기에는 지구라트를 중심으로 한 대 신전 건축이 발달하였다. 바빌론 제1왕조기 이후에는 이들 신전건축과 함께 코르사바드, 니네베(아시리아의 옛 수도), 바빌론 등지에 왕궁건축을 하였다.

그림 1.2.1의 지구라트(Ziggurat)는 수메르(Sumer)문명 이후 바빌로니아, 아시리아의 중요 도시의 신전의 성탑으로 산 모양으로 쌓고 기틀은 4각형으로 하였다. 초기는 흙의 기초에 흰 벽의 신전, 후세에는 계단상의 탑형으로 되었고 꼭대기에 제단이 있다. 성서의 "바벨의 탑"은 이의 유래이다.

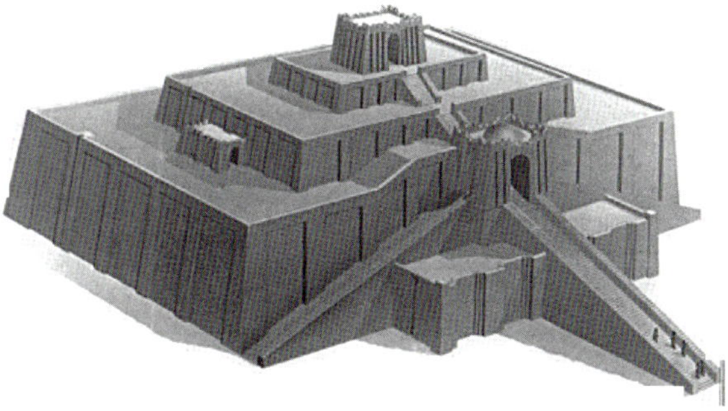

그림 1.2.1 지구라트의 형태

2) 이집트 문명

이집트의 기자에 있는 피라미드는 모두 제4왕조(B.C. 2600~B.C. 2480)에 만들어진 것이다. 가장 큰 것은 쿠푸왕의 피라미드로 높이가 148 m에 이른다(현재는 137 m). 다음으로는 카프레 왕의 것으로 130 m, 세 번째가 멘카우레 왕의 것으로 62 m에 달한다.

밑변의 길이가 233 m인 쿠푸왕의 피라미드는 각 모서리가 동서남북으로 향하고 있고 거의 완전한 직각을 이루고 있다. 이 피라미드는 입구와 조그만 내실을 제외하면 모두 석회석으로 이루어졌는데 돌의 크기는 높이 1 m, 폭 2 m, 길이는 각각 다르다. 평균 2.5 ton의 이 돌을 밑변에서 꼭대기까지는 210단을 쌓아 올렸기 때문에 전체적으로 230만 개(또는 250만 개)의 돌이 필요하였다. 이 돌들의 무게를 합치면 총 684만 8,000 ton 정도이다. 그림 1.2.2의 쿠푸왕의 피라미드 건설 사업은 돌을 캐내어 뗏목으로 운반하고 공사를 하기 위한 도로를 만들고 피라미드의 지하공사를 하는 데만 적어도 10만 명의 노예가 석 달씩 교대로 해서 10

년이 걸렸고 돌을 높게 쌓아 올리는데도 20년 이상 걸렸다고 한다.

피라미드 건설당시 이집트인은 수레나 말을 이용한 운반법을 알지 못했다. 따라서 지레나 굴림대를 제외하면 오로지 인력에만 의지하여 작업이 이루어졌다. 즉, 수백 명의 사람이 채석장에서 운반해온 무거운 석재를 뗏목에 올려 강을 건넜고 역시 강기슭에 도착한 석재를 건설현장까지 운반하였다. 어쨌든 피라미드와 같은 거대한 건조물이 지금부터 4,800년 전에 만들어졌다는 것은 매우 놀라운 일이다. 평균 2.5 ton의 돌을 230만개나 250만개 쌓아 올리면 그 무게가 엄청날 것이다. 따라서 이렇게 무거운 건조물은 상당히 탄탄한 기초 위에 세우지 않으면 세월이 흐르면 토대가 무너지기 시작하다가 마침내 그 건조물도 붕괴될 것이다. 그러나 이집트의 피라미드는 4,800년의 기간 동안 장엄함을 드러내며 우뚝 서있다. 진정 세기의 신비이며 놀라운 기적이 아닐 수 없다.

이집트인은 태양의 운행이나 수목의 번식에서 생명의 불사, 불멸을 믿었다. 시체를 미라로 만들어 보존하기도 하고, 내세의 생활을 위해서 특히 왕이나 귀족들은 훌륭한 분묘를 만들었다. 그래서 건축기술과 기하학이 발달했으며, 농업과 관련해서 토지측량과 점성술도 발달했고, 역(歷)이 제정됐다.

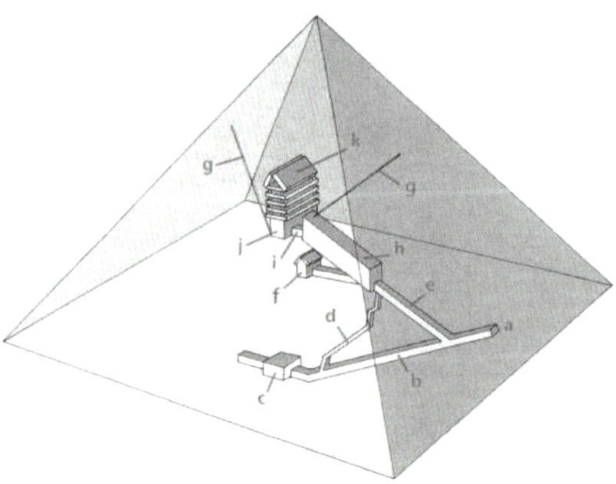

a. 입구
b. 지하로 가는 통로
c. 지하의 방
d. 하강통로
e. 상승통로
f. 여왕의 방
g. 통기 구멍
h. 대회랑
i. 대기실
j. 왕의 방
k. 중량 경감의 방

그림 1.2.2 쿠프왕의 대형 피라미드 입체도

3) 그리스 문명

그리스 본토는 험준한 산맥 사이의 작은 계곡들로 이루어져 있어서, 어떠한 도시국가도 나일강 유역에서 가능했던 것과 같은 부와 권력의 중앙집권화를 이룩할 수는 없었다. 이렇게 작은 단위의 나라들이기 때문에 그 경제력은 극히 제한된 것이었다. 그리스에는 철도 생산되었고 다른 원료들도 풍족한 편이었지만 육체노동자를 멸시하는 사회의 편견 때문에 노동력이 부족했으며 노동자의 대부분은 노예 출신이었다.

그리스 기술의 대표적인 것으로 사원, 건축, 조선, 수도 시설 등이다. 그리스의 건축은 예술적 측면에서는 호평을 받았으나 기술적 측면에서는 우수하다고 보기 어려웠다. 건축물은 주로 사원이 많았는데 벽과 기둥과 단조로운 지붕으로 되어 있고 아치는 별로 쓰지 않았다. 기술적인 관점에서 볼 때 그리스인들의 업적은 많지 않았다. 그러나 그리스에서 크게 발전된 수학과 역학은 공학의 시작에 있어 그 기초를 만들어 주었다고 할 수 있다.

그리스 문명을 대표하는 것으로 아크로폴리스(Acropolis)는 성벽으로 방비된 고지이다. 고지에 만들어진 이유는 고대 그리스의 도시는 일반적으로 고지에 둘러싸이게 건설하였기 때문이다. 특히, 아테네의 아크로폴리스가 제일 유명하다. 이 아크로폴리스는 현재 아테네의 남쪽에 있는 구릉으로 능상에는 파르테논(Parthenon)신전과 에레쿠테온(Erechtheion)신전, 니케(Nike)신전 등의 폐허가 남아 있다. 그림 1.2.3의 파르테논(Parthenon)신전은 도리아(Doria)식 신전으로 장엄하며, B.C. 5세기 중엽의 건축물로 1687년경까지 거의 보존되다가, 이듬해 터키군의 공격으로 파괴되었지만 정교하고 튼튼하게 만들어졌다.

그림 1.2.3 파르테논 신전

에레쿠테온(Erechtheion)은 이오니아식의 신전으로 동, 북, 남의 3방향에 현관이 있고, 남쪽 현관의 여신상이 특히 유명하다. 최초의 신전은 B.C. 480년 페르시아군에 의하여 불타고 지금의 유적은 B.C. 420~393년경에 재건되었다.

4) 로마 문명

로마의 정치, 사회, 경제적 조직은 이전 문명과는 다른 기술을 요구했다. 계산적이고 유물적인 로마인들의 성향 때문에 건축에 있어서도 공리주의적인 목적을 가졌다. 그들은 사원이나 묘의 건설에는 무관심했고, 그 대신 궁전, 목욕탕, 극장, 다리, 길, 운하를 열심히 건설했다. 공공기관의 건물은 로마정치 조직의 중심부였다. 또한, 이 거대한 제국의 관료적 중앙집권을 유지하기 위해 교류가 필요했으므로 도로망은 국외로 뻗어야만 했고, 도시에 거주하는 많은 시민에게 물을 공급하고 큰 공공건물을 만들기 위해 돌과 콘크리트가 활용되어야 했다.

로마의 건축은 아치, 둥근 천장, 돔(Dome)을 사용했다. 자른 돌을 올리는 데는 사면을 이용했으며 때로는 기중기를 사용하기도 했다.

로마의 수도(水道)는 음료수, 목욕탕, 분수, 관개 등을 위해 다량의 물을 대도시로 끌어오는 것이다. 로마인들은 고대세계에서 가장 광범위하고 지속성 있는 하이웨이 시스템(고속도로 체계)을 갖추고 있었다. 이 길들은 로마에서 방사상으로 모든 곳에 뻗쳤으며, 군대를 수송하고, 황제의 명령을 전달하고, 세금과 물자를 거둬들이는 길이었다. 이밖에도 로마는 성, 요새, 탑, 참호의 건조 등 군사 기술면에서 뛰어났으며, 항구, 부두, 등대 등이 그 업적이라 할 수 있다.

로마 문명의 특징은 첫째는 아치, 둥근 천장, 돔을 사용한 것이고, 둘째는 건축물의 힘의 내적 균형을 중요하게 생각했으며, 셋째는 벽돌 및 콘크리트 구조의 개발과 발전에 많은 노력을 하였고, 넷째는 도로, 다섯째는 수도(水道)라고 말할 수 있다. 로마의 기술은 과학의 토대가 없는 경험적인 것이지만, 그 방법은 서구에서 18세기까지 기본적인 것이었다. 이들의 문화는 실용적이었으며, 통치상, 군사상 필요한 많은 대도로, 다리, 수로 등을 건설하였다.

그림 1.2.4 로마의 옛 가도

로마의 도로는 고대 로마의 전 영역(식민지 포함)에 걸쳐 대규모로 건설된 도로로서 세계 최초의 인공 도로이다. 이 도로는 처음에 경제적인 목적으로 건설되었으나 나중에는 국가 정책으로서 집정관의 명령으로 식민지 지배의 군사적인 목적으로 전 로마제국의 군사, 치안 및 세금을 거둬들이는데 이용하였다.

그림 1.2.4와 같이 로마시대의 도로는 큰 돌을 평평히 깔고 그 위의 중간층은 쇄석을 놓았고, 겉면은 자갈 또는 모래를 깔았고 화산회로 든든하게 하였으며, 지방에 따라 화강암이 깔려있다. 대부분 직선 도로이고, 또한 삼각형의 도로망을 이루기 때문에 필요한 교량의 가설과 건설공사에 관한 실용적인 건설기술이 충분히 이용되었다.

로마의 수도는 로마시 및 그 영토의 여러 곳에 만든 급수용 수로로서 11개의 수로가 있었다. 이들 모두 로마주변의 샘이나 호수로부터 인공수로로 물을 끌어들여 침전지에서 불순물을 제거하고 다시 로마시 주변의 언덕 위에 설치된 저수조로 끌어올려 여기서 3개의 주요 급수관으로 배수 수조에 이르고 도관, 연관, 청동관으로 공중목욕탕, 주택, 분수, 공공건축, 병영 등에 급수하였다. 그 수량은 오늘날의 인구 150만 명이 거주하는 도시에 급수가 가능할 정도라고 전해진다. 수도가 계곡이나 개천을 건너가는 부분에는 아치의 수도교를 설치하였다.

5) 중세시대

로마제국의 멸망 이후 약 8세기 동안을 중세시대라고 하는데 이 시대에는 주로 구조물설계기술과 에너지를 절감하고 성능이 증강된 장치나 장비들을 고안하는 기술들이 현저하게 발전하였다. 아마 중세시대의 가장 흥미 있는 구조물 중의 하나가 고딕양식의 대성당 건축일 것이다. 이들의 건축물은 전문적인 자격을 가진 구조물 시공 및 설계기술자들에 의해서 석재를 이용하여 건축한 구조물로 대담하고 아름다우며, 아주 높고 웅장하고 식이 늘어산 유리창으로 중앙이치구조를 이루고 있다. 또한 이들 구조물은 벽날개(Flying buttresses)라고 부르는 반아치에 의해서 측면을 따라 지지되도록 높고 얇은 벽을 쌓아서 만들어졌다.

특히 이 기간에는 거대한 영토의 소유자가 자신과 자신의 재산을 보호하기 위해서 튼튼한 요새의 집과 성곽을 건설하였다. 이들 요새의 집은 수로로 에워싸여 교량으로 연결되었고 높고 두꺼운 벽으로 지어져 아주 방어적인 구조로 설계되어졌다. 이러한 성곽의 건설은 화약과 대포의 출현으로 약 A.D. 1500년경에 중단되었다. 또한 이 시기에는 풍력과 수력을 이용하기 시작하였고, 대형선박을 증축하였다.

6) 전기 근대사회(A.D. 1300～1750)

이 당시에 프랑스는 르네상스의 영향으로 많은 분야에서 활발한 발전이 있었는데 특히 프랑스 왕정은 국외에서 기술을 들여옴과 동시에 정치와 군사적 측면에서 교통수단과 군사시설의 확충 및 개선을 꾀하였다. 도로, 교량, 운하, 축성 등이 왕권의 보호 하에 건설되었기 때문에, 여기에 종사하는 건설기술자의양성이 요구되었다. 1716년에 공병대가 창설되고, 1747년에 처음으로 건설학교가 창설되었다. 르네상스 이후 근대과학, 즉 역학은 수학과 함께 비로소 기술에 응용되었으며, 공병학, 조선학, 건설공학 등에 관한 공학기술자가 양성되었다.

7) 후기 근대 사회(A.D. 1750～1900)

건설기술자(Civil Engineer)란 용어를 처음으로 사용한 사람은 John Smeaton이란 영국인이었다. 그는 1761년 주로 진지나 벙커 등을 만드는 군공기술자(Military engineer)와 구분하기 위하여 건설기술자란 말은 사용하였다. 이때 이후로, 즉 1761년에는 건설공학과 군공학으로 구분하여 존재하게 되었다.

기술과 건축은 같은 근원을 갖고 있다. 언제 다른 직업분야로 분리되었는가는 찾아보기 어려우나, 아마 그 당시 유럽국가 중에서 가장 선진국이던 중세 프랑스에서 시작되었던 것 같다.

산업혁명 이전에는 Civil과 Military 두 개의 공학만이 있었다. Civil engineer는 인류의 편의를 위하여 각종 기구제작, 도로, 교량 등의 건설에 종사하였고, Military engineer는 부족이나 국가의 방위에 필요한 축성, 교량, 기타 구조물의 건설에 관여하였다. 산업혁명 이후 기계시대의 도래와 더불어 기술의 여러 분야에 대한 전문화가 필요하게 되었다.

건설은 '시민적'이라는 의미를 갖고 있다. 유럽에서 프랑스가 가장 먼저 직업적 공학자 학회를 조직하였다. 이 학회의 목적은 비군사적이며, 시민을 위한 많은 유용한 기술에 관한 지식을 높이고 또 보급시키는데 있었다.

공학의 정의는 이 학회의 헌장에서 「자연 상태에 있는 큰 동력의 원천을 인간에게 유용하게 지배하는 기술」이라고 규정하였다. 이 학회는 모든 공학을 포함하고 있었으나 실제로는 건설이 주가 되었으며 마침내 여기에서 기계공학 부문이 독립하였다. 1847년 기차의 발명자 스티븐슨을 초대 회장으로 하는 최초의 기계공학회가 발족하였다. 산업혁명기의 영국기술자는 실제의 기술 창조에 바빴으며 기술적 지식을 체계화할 여유가 없었다. 기술적 지식을 체계화 한 것은 1950～1960년 이후 공학이 대학교육에 채택되면서부터 가능하였다. 철근 콘크리트는 프랑스에서 발명되었지만, 철근 콘크리트 구조의 이론을 강조한 것은 독일인 케넨 등이다.

1.3 건설인의 자세

1) 공학적 윤리

윤리는 인간행동의 도덕성에 대한 학문이다. 이것은 인간의 행위를 결론짓는 가치와 다른 환경과 처지에서 무엇을 해야 하는가를 결정하는 과학이다. 공학윤리는 전문기술자가 서로 그들의 관계 그리고 그들의 고객과 고용인과 일반 대중에 대한 태도에 있어 행동의 적당한 방식을 규정지으려는 시도를 의미한다.

공학윤리의 문제는 다른 직업의 것과 마찬가지로 전문가가 고객이나 고용인 또는 대중보다 더 우수한 전문 지식을 소유해야 한다는 사실로부터 시작된다. 이 지식에 의하면, 신뢰할 수 있고 정직한 기술자는 매우 유능한 사회 일원이 될 수 있다. 책임감 없고 부도덕한 기술자는 기술직에 있어 대중의 신뢰를 약화시킬 수 있고 심지어 사회에 있어 위험한 사람이 된다.

다른 직업에서는 기술자들이 윤리규약의 형식으로 행동의 규칙과 규범을 확립하고자 했다. 이 규칙은 대중을 보호하는 것뿐만 아니라 직업의 정직함과 명성을 세우고 유지하기 위함이다.

모든 기술사회를 위한 하나의 윤리규약은 없다. 그러나 윤리적인 행실을 만들어 내는 것에 대해 기술자들 사이에 상당한 동의가 있고 여러 가지 윤리규범 사이에 상당한 유사점이 있다.

ABET (Accreditation Board for Engineering and Technology)에 의해 발표된 윤리규약은 아래와 같다. 그 규약은 4가지 기초적인 원리와 7가지 기초적인 규범 또는 권위 있는 규칙으로 이루어져 있다. 이러한 원리들과 규범들은 모두 기술 전문가들을 위해 알맞은 직업적인 행동의 기초적인 규범을 포함한다.

윤리적인 결정이 때때로 어렵고 애매하기 때문에 윤리의 기초적인 규범의 사용을 위해 몇몇 기술 조직들이 보다 상세한 지침을 준비하고 있다.

2) ABET의 윤리규약(기초적인 윤리)

기술자들은 기술직업의 청렴과 명예와 품위를 아래의 원리에 의해서 유지하고 높인다.

① 인간 복지의 증진을 위해 지식과 기술을 사용할 것
② 정직하고 공평하고 대중과 고용인과 고객들에게 성실히 봉사할 것
③ 기술직의 권한(능력)과 명성을 향상시키기 위해 노력할 것
④ 교과의 전문가와 기술 단체들을 후원할 것

3) ABET의 윤리규약(기초적인 규칙)

① 기술자들은 그들의 전문적인 일을 수행함에 있어 대중의 최대한의 안전과 건강과 복지를 지켜야 한다.
② 기술자들은 단지 그들의 능력(권한)의 범위 안에서 일을 해야 한다.
③ 기술자들은 편견 없고 진실한 방법으로 공개성명을 발표해야 한다.
④ 기술자들은 전문적인 일에 있어 성실한 대리인 또는 수탁자로써 각각의 고용자 또는 고객을 위해 일해야 하고 공사(公私)의 이해충돌을 피해야 한다.
⑤ 기술자들은 일의 공적 위에 전문가적 명성을 쌓아야 하고 부당하게 다른 사람들과 겨루어서는 안 된다.
⑥ 기술자들은 직업의 명예와 청렴과 품위를 유지하고 향상시키는 것에 관해 (이런 식으로) 행동해야 한다.
⑦ 기술자들은 그들의 경력을 통해 직업적인 발전을 지속해야 하고 그들의 감독 아래 기술자들의 직업적인 발전을 위해 기회를 제공해야 한다.

1.4 건설 관련 법규

국가의 기간 건설 구조물을 다루는 건설은 공용성이 강함으로써 사회적으로 또는 행정적으로 상호 연관을 갖고 있으므로 고대부터 현대에 이르기까지 다양한 법률로써 규정을 두어 엄격하게 다루고 있다. 또한 최근에 국토법제자료 제12호에 의하면 다음 표 1.4.1과 같은 내용의 개정에 관한 예시를 볼 수가 있다. 이와

같이 시대적 또는 사회적인 필요에 따라 법규를 지속적으로 수정 보완하여 효율적인 국토개발과 인류의 문화발전과 공영에 이바지하고 있다.

표 1.4.1 국토법제자료 제12호에 의한 건설관련 법규 개정 예시

분야	내 용
국토 및 지역	1) 수출자유지역 설치법 시행규칙 –본 법의 개정되어 위임된 사항을 정함 –종전의 수출자유지역이 자유무역지역으로 변경됨에 따라 관련사항 정비 2) 경기도 화성시 등 2개 도농복합 형태의 시 설치 등에 관한 법률 –경기도 화성군 및 광주군의 2개 군을 도농복합 형태의 시로 개편함 3) 국토이용관리법 ● 시행령–준도시지역에 관한 개발계획의 수립기준 및 절차 보완 –준도시지역·준농림지역·자연환경보전지역의 건폐율 및 용적률 하향조정 4) 등등 다수 항목
토지	1) 지적법 –지목을 현실에 맞게 세분화 –전산처리된 지적공부의 보관·운영업무를 시장·군수·구청장도 보관·운영할 수 있도록 함 –지적정보센터를 설치
도시 및 건축	1) 개발제한구역의 지정 및 관리에 관한 특별 조치법 시행령 –개발제한구역관리계획의 미수립 및 그 계획의 내용에 위반하는 경우 도시계획시설의 설치허가 금지의 시행시기를 3개월 연기 2) 건축법 –위락시설 및 숙박시설 등의 무분별한 건축을 제한 –난개발을 방지하기 위하여 건축허가 전에 도지사의 승인을 얻어야 하는 건축물의 범위를 확대 3) 등등 다수 항목
건설	1) 건설기술관리법 –건설교통부장관은 건설공사지원통합정보체계를 구축하기 위한 기본 계획을 수립 –설계 등 용역업자와 감리전문회사에 적용되는 손해보증제도를 손해보험제도로 전환 2) 건설기계관리법 –도난당한 건설기계의 불법수출을 방지하기 위한 제도적 장치를 마련 –건설기계검사증 비치의무제도와 건설기계 정기점검제도 등을 폐지
SOC·물류	1) 국가를 당사자로 하는 계약에 관한 법률 ● 시행령–정부계약방법에 전자입찰제 도입 –대형공사에 대하여 최저가낙찰제 적용 –공사이행보증서 제출 의무화 ● 시행규칙–전자입찰제 도입에 따른 관련사항 정비 2) 여객자동차 운수사업법 –자가용자동차가 고객을 유치할 목적으로 노선을 정하여 운행하는 행위를 원지적으로

	금지 – 여객자동차사업의 명의이용금지규정 위반이 면허 및 등록을 임의적 취소사유로 변경 – 사업용 자동차의 한시적 차량제한기간 계속 유지 3) 사회간접자본시설에 대한 민간투자법 시행령 – 민간제안사업의 추진절차 개선 – 산업기반신용보증기금의 신용보증한도 확대와 외화차입금에 대한 환차손 보전근거를 마련 4) 사설철도 주식회사 주식소유자에 대한 보상에 관한 법률 – 군정법령에 의하여 수용된 사설철도에 관한 보상청구권자의 범위, 보상 금액의 산정방법 및 보상금의 지급절차 등 제반사항을 정함 5) 철도소운송법 – 철도청장이 철도소운송사업자에 대하여 행하던 운임 · 요금 기타 취급 조건의 변경명령, 시설 · 장비의 개선과 변경명령, 물품운송의 안전확보를 위한 조치명령 등 개선 명령제도를 폐지 6) 기타 다수의 항목
기타	기타 여러 분야에 관한 사항이 있음 이러한 사항에 관해서 관심이 있는 사람은 다음의 문의처로 문의할 수 있음. ● 문의처 : 국토법제팀으로 연락바랍니다. → 류해웅 선임연구위원(031-380-0264) : 국토법제팀장 → 성소미 연구원(031-380-0277)

연습문제

1. 전문인력의 분류와 역할을 쓰시오.

2. 훌륭한 공학자가 되기 위한 조건을 쓰고 자신은 어느 조건을 갖추었는지 논하시오.

3. 공학의 전공을 5가지 들고 각각의 전공을 소개하시오.

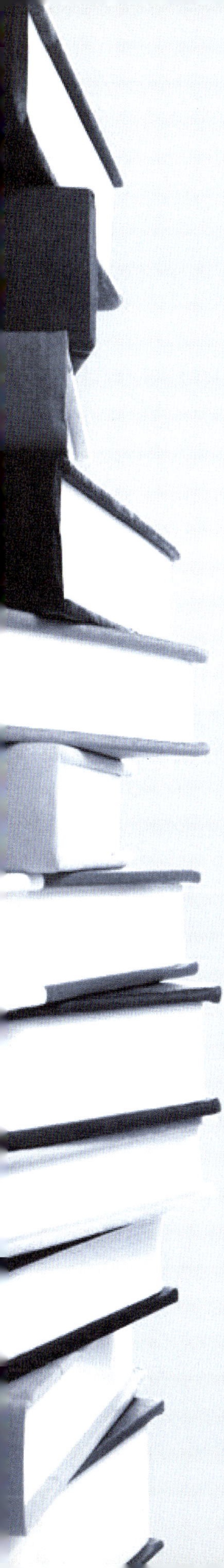

Chapter 02

건설전문가와 사회

To 괴테

사람은 30세까지, 아무리 늦어도 35세까지는 세계로부터의 인상을 통하여 그가 성취할 수 있는 모든 사상에 대한 자극을 모두 받으며, 그 후의 모든 저술은 이러한 사상의 발전에 불과하다는 "헤벨치우스"의 주장이 옳다고 생각하고 있습니다.

From 쇼펜하우어

2.1 교육(평생)과 건설

2.1.1 교육(평생)

누구든 전문 직종에 종사하는 사람은 끊임없이 새로운 지식이 개발되어 발표되기 때문에 어느 분야에서 종사하든지 상관없이 끊임없이 평생을 살아가면서 계속 자기분야의 일들을 배워나가는 자세가 중요하다. 왜냐하면. 특히 이러한 새로운 지식이 두드러지게 많이 발표되어 그 변화가 심한 부분이 바로 공학과 과학 분야이다. 따라서 이러한 기술과 관련된 지식은 표 2.1.1에서 보는 바와 같이 다양한 교육프로그램 또는 매체를 통하여 광범위하게 배울 수 있고, 새로 개발되어 발표되는 신지식들을 뒤지지 않고 계속해서 습득해 나갈 수 있다.

이러한 교육과정을 살펴보면 다음과 같다.

표 2.1.1 평생교육 과정

전문가 과정 제공 프로그램	제 공 처
대학과정	전문대/4년제 대학
단기연수과정	전문대/4년제 대학 건설기술 전문 공제조합 개인 회사
컨퍼런스(Conferences)	전문자 협회(학회 등)
세미나(Seminars)	전문대/4년제 대학 전문가 단체나 협의회
학술지(Journals)	전문학회(토목학회, 전산구조공학회 등)
공공기관 교육 프로그램	전문대/4년제 대학 정부 기관
개별회사 프로그램	개인 회사
개별연구, 교육매체 활용 • 오디오테이프 • 비디오테이프 • 슬라이드 • 컴퓨터활용	전문대/4년제 대학 전문학회(토목학회, 전산구조공학회 등) 개인 회사
공공TV 방송	전문대/4년제 대학

1) 대학(College, University) 과정

대학과정은 일반적으로 공학의 한 분야를 선택하여 그와 관련된 분야의 심도 있는 주제를 가지고 훈련하고 공부하게 된다. 이 과정은 주간대학 과정과 야간대학 과정 또는 주말에만 실시되는 대학과정도 있고, 각자의 일터에서 공중파를 이용하여 배울 수 있는 과정(방송통신대학, 인터넷 과정 등)의 기회도 마련되어 있다. 이러한 과정들에서는 대부분이 인터넷이나 비디오테이프로 제작되어 이를 구입하거나 빌려서 공부할 수 있도록 배려해 주고 있다. 이와 같은 과정을 통하여 1차적으로 한 분야(예, 건설공학)의 전문가가 탄생하게 된다. 다음 절에서 대학과정에 대해서 좀 더 자세하게 살펴볼 것이다.

2) 단기연수 과정(Short courses)

이 과정은 공학이나 그와 유사한 과정을 졸업한 사람들이 아주 전문적이고, 시간도 부족하고, 근무시간의 제한을 받게 될 때, 일반적으로 1일에서 많게는 5일 정도까지 열리는 과정이다. 이 과정은 그 교육 기간과 개최하는 기관의 차이에 따라 일정의 수강료를 지불하고 배우게 된다.

3) 컨퍼런스(Conferences)

컨퍼런스는 최첨단 정보가 교류되는 특정한 기술 분야에서 식견이 있는 사람들의 토론-회의장이다. 이러한 자리에서는 참석한 사람들이 최근에 자신이 흥미를 가지고 있는 부분에 대해 발표하고 서로 정보를 교류하게 된다. 컨퍼런스는 자신들의 최근 연구 결과에 대해 공개적으로 발표하고 서로 토론하는 자리이다. 그러므로 기술이 빠르게 발전하는 분야에 종사하는 사람들에게는 특히 중요한 배움의 장소이다.

4) 세미나(Seminars)

세미나는 그 주된 목적이 참가한 사람들 간에 함께 정보를 교환하는 것을 목적으로 하는 것을 제외한다면 단기 연수과정과 유사하다고 할 수 있다.

5) 학술지(Journals)

학술지는 기초적인 부분에서 응용단계에까지 연구자들의 연구 결과에 대한 성과를 출판을 통해 널리 알리는 것이다. 저널을 통해 석·박사 정도의 학위를 가진 사람들이 그 분야에서 실제 현장 사정에 근거한 고도의 이론적인 논문을 발표하고, 그로 인해 기능인이나 실제 현장 기사들에게 직접적으로 영향을 미치게 된다. 실제로도 모든 기술 분야에서 각각 그들만의 조직을 만들고 그 단체의 회원들을 위해 저널을 출판하고, 배포하고 있다.

6) 공공기관 교육 프로그램(Public domain materials)

공공기관 교육 프로그램에서는 전문가 협회, 소비자 보호 단체나 특정 이익 단체와 재정 당국으로부터 다양한 유용한 정보들을 제공받을 수 있다.

7) 개별회사 프로그램(Company sponsored training programs)

개별회사 프로그램은 각 업체들에서 그들이 고용한 근로자들이 새롭게 개발되는 신기술에 대해 뒤지지 않고 따라가게 하기위해 점점 더 그 중요성이 증가되고 있다. 이러한 교육과정에서는 사내의 직원들을 대상으로 현장에서 필요한 모든 것들에 대해 실시할 수 있으며, 때로는 전문가들이 현장으로 초빙되기도 한다. 어떤 경우에는 단기 교육과정에서부터 심도 있는 교육 과정들까지 사외 교육과정에 참가할 수 있도록 그들의 근로자들에게 비용을 마련해 주기도 한다. 이러한 사외 교육과정은 공업이나 상업을 가르치는 학교에서 주로 실시되며, 다양한 분야에서 일하는 근로자나 기능인을 위한 프로그램들이 마련되어 있다.

8) 기타

특히 요즘은 기술계나 기업 등으로부터 많은 자료들이 제공되고 있기 때문에 개별연구 또는 교육매체 활용(Media based materials)을 통한 교육 방법이 있다. 이들은 비디오테이프나 컴퓨터를 통한 교육 방법이 보편화 되면서 시간이 갈수록 시간이 부족한 전문가들에게 앞으로 더욱 일반화된 방법으로 자리 잡게 될 것이다. 비록 공공 TV방송을 통한 교육 방법은 충분히 활용되고 있지는 않지만, 단과대학 수준의 교육 과정은 국내 많은 도시에서 대중 TV방송을 통해서 배울 수 있다. 대학의 수강료가 날로 비싸지고 있기 때문에, 이러한 미디어가 앞으로 전문가 교육 활성화에 아주 중요한 역할을 하게 될 것이다.

2.1.2 건설관련 단체 및 학회

건설공학은 응용과학으로써 기초과학을 실제 산업에 적용하고 활용하는 분야로써 특히 사회간접 자원인 기간시설물에서 개인의 주택에까지 다양한 기능과 분야로 이루어져있다. 그러므로 공용성 면에서는 표준을 만들고 지킴으로써 한층 보편적인 기술의 활용성을 제공해야 되는 특수성도 있다. 따라서 이러한 분야의 특수한 요구에 충족하기 위한 많은 연구가 활발히 이루어진다. 이들은 대부분 다양한 협회나 학회가 구성되어 건설인들의 연구 활동을 돕고 있다. 표 2.1.2와 표 2.1.3은 각각 대표적인 건설과 관련된 연구 분야와 건설관련 학회들을 소개하고 있다.

표 2.1.2 건설관련 연구 분야

연구 분야	연구 내용
Architectural Engineering	구조물 설계 및 해석, 기타 건축에 관련된 연구
Bridge Engineering	교량의 설계시공 유지관리 등에 관한 연구
Computing in Civil Engineering	건설공학의 전산 분야에 관한 연구
Construction Engineering and Management	효과적인 시공과 경제성을 제공하기 위한 연구
Engineering Mechanics	역학분야의 연구
Environmental Engineering	환경공학분야의 연구
Geotechnical & Geoenvironmental Engineering	지반공학 및 지반환경공학 분야
Hydraulic Engineering	유체역학분야
Infrastructure Systems	기간건설구조분야
Management in Engineering	공사경영분야
Materials in Civil Engineering	건설재료 분야의 연구
Performance of Constructed Facilities	기간구조물의 성능에 관한 연구
Structural Engineering	구조공학 분야의 설계, 해석 및 안전에 관한 제반 문제를 연구하는 분야.
Surveying Engineering	측량분야로 측지, 항공사진측량, GPS 등을 연구
Transportation Engineering	교통 분야
기타 많은 분야가 있음	

표 2.1.3 건설 관련 학회 및 연구 기관과 단체

학회명칭	웹 사이트	학회명칭	웹 사이트
대한토목학회 (KSCE)	http://www.ksce.or.kr	한국강구조학회 (KSSC)	http://www.kssc.or.kr
한국콘크리트학회 (KCI)	http://www.kci.or.kr	한국암반공학회 (KSRM)	http://www.ksrm.or.kr
한국지반공학회 (KGS)	http://www.kgshome.or.kr	한국지진공학회 (EESK)	http://society.kordic.re.kr
한국수자원학회 (KWRA)	http://www.kwra.or.kr	한국도로포장공학회 (KSPE)	http://www.kcn.or.kr
한국구조물진단학회 (KSMI)	http://www.ksmi.or.kr	한국전산구조공학회 (COSEIK)	http://society.kordic.re.kr
미국표준협회 (ASTM)	http://www.astm.org	미국 토목학회 (ASCE)	http://www.asce.org
미국콘크리트학회 (ACI)	http://www.aci-int.org	미국 교량협회 (AASHTO)	http://www.aashto.org
한국산업인력공단 큐넷(국가자격시험)	http://www.q-net.or.kr	토목정보연구센터 (CERIC)	http://www.ceric.net/
상기 단체 외 다수			

2.1.3 대학과정 교육

1) 학사과정

건설분야의 토목공학사가 되기 위해서 학생은 일정한 기간에 일정한 학업을 수행함으로써 제반 학칙에 규정된 사항을 이행하여야 한다. 이는 대학의 규정에 명시된 교과과정을 이수함으로써 학사학위를 받을 수 있다. 특히 학사과정은 전공에 해당하는 학문분야의 기초적인 원리와 원칙을 체득함으로써 현장(즉, 사회)에 나아가 이러한 원리를 적용하고 활용할 수 있는 기본 지식을 함양함을 원칙으로 하고 있다. 다음 3장에서 자세한 소개가 있을 것이다.

2) 석사 및 박사과정

건설분야의 토목공학 석사와 박사과정은 각 세부 전공분야별로 보다 심도 있는 전공분야의 내용을 다루고 있다. 이들의 세부전공 분야를 일반적인 편의에 따라 나누면 건설재료공학, 구조공학, 교통공학, 지질공학, 수리 및 수자원공학, 환경공학, 지형정보 및 측량공학, 시공관리, 도시계획 등등으로 대별할 수가 있다. 이것은 편의상 세별된 것이고 연구는 각기 관심과 필요에 따라 시행될 수 있다. 이들 전공분야의 연구관심 사항과 활동들을 개략적으로 설명하면 다음과 같다. 다음은 편의상의 분류이다.

- 건설재료공학 분야(Construction materials engineering)
  토목, 건축용 건설재료 중에서 가장 많이 사용되는 시멘트 콘크리트가 점차 고기능화, 고내구성화 및 고품질화 되어감에 따라 콘크리트에 관한 이론적인 지식뿐만 아니라 콘크리트 재료에 대한 특성을 실제 실험을 통하여 물리, 화학적인 성질 및 역학적 특성을 파악하고 실제 현장에서의 적용과 그에 따른 문제점 등을 연구한다. 또한 강재의 특성과 내구성에 관한 연구도 있고, 최근에는 복합재료에 관한 연구가 활발히 진행되고 있다. 또한 건설재료의 경량화에 관한 연구도 활발하다.
- 구조공학 분야(Structural engineering)
  철근콘크리트와 강구조, 고강도 초경량 첨단신소재 등의 결합을 통해 모든 건설구조물의 형상화와 컴퓨터를 이용한 해석 및 설계, 인공지능 등의 개념을 도입한 내진, 내풍 등 진동제어와 구조물의 파괴와 내구성 등을 연구한다.
- 교통공학 분야(Transportation engineering)
  교통계획의 기법 및 설계에 관한 일반 사항, 즉 교통계획의 특성, 교통 행동 분석, 새로운 교통 시스템 계획, 수송계획, 교통 공간의 설계 등을 연구하는 분야이다.
- 지반공학 분야(Geotechnical engineering)
  공학적 목적에 이용되는 흙과 암석의 중요한 성질들을 과학적인 방법으로 분석, 연구하는 학문이다. 구조물의 기초가 될 지반의 역학적 특성과 설계 및 시공법에 대한 연구, 즉 도로, 철도 공항 및 각종 구조물의 기초 그리고 최근에는 지하공간이용 등을 계획하고 설계하며, 산사태 방지 등의 방재공법과 터널, 옹벽, 연약지반상의 성성 및 절토의 설계, 시공법 등에 대해 연구하는 분야이다.
- 수공학 및 환경공학 분야(Water resources and environment engineering)
  수리 모델링과 컴퓨터 모델링, 현장조사와 해석을 통하여 유체를 분석하고, 이를 실험한다. 그리고 수자원 보전과 환경 수리학적 측면에서 수생물의 보호와 이동, 서식지 복원, 수질관리, 하천의 침진물 제거, 수리 구조물과 관련된 호수와 하천의 침전물 관리와 부패방지, 교각주변 세굴보호공, 침전지 모형해석 등에 대해 연구하여, 효율적인 수자원관리, 항만 및 해안개발을 통해 쾌적한 환경을 조성하는데 목적이 있다.

- 지형정보와 측량공학 분야(Land information and surveying engineering)
  측량은 지구표면뿐만 아니라 수중, 지중, 공중에 위치하는 제점의 절대위치 또는 상대위치를 결정한다. 지구와 그 환경에 대한 정보를 수집하고, 이것을 처리하는 모든 방법들에 대해 연구한다. 종래에는 지상측량과 지도 제작이 중요한 내용을 이루어 왔으나, 오늘날에 와서 항공사진측량이 많이 보급되었으며, 또한 우주개발계획과 더불어 인공위성에 의한 영상의 획득이 가능하게 됨에 따라 지구자원의 새로운 조사방법의 하나인 원격탐사(Remote sensing)에 이르기까지 측량의 내용과 활용분야는 발전되고 있다.
- 시공관리 분야(Construction engineering and management)
  건설 공사를 위한 시공 조직, 일정 계획 기법, 자원의 최적 활용 기법, 품질관리, 유지관리 등에 관한 연구를 한다.
- 기타 다양한 학제간 융합 전공분야가 새로이 등장하고 있다.

2.2 건설기술 자격증 제도

2.2.1 기술자격 시험 제도

미국에서 공학자에 대한 등록법은 1907년 와이오밍(Wyoming) 주에서 공학자가 되기를 요구하는 부적절한 사람으로부터 일반인을 보호기하기 위해 제도화 되었다. 이러한 제도는 광활한 대지와 수자원을 개발하는 기간 중에 생겨나게 되었다. 이 제도의 입법화는 대지를 측량하고 수로를 건설하는데 발생했던 모든 폐해들은 종식시키고자 하는 의도였다. 1950년까지 미국의 모든 50개 주와 5개 관할지구(The District of Columbia, Puerto Rico, The Canal Zone, Guam, and The Virgin Islands)에서 공학 실무와 대지측량에 대한 법률이 생기게 되었다. 이러한 법들은 주(State)의 정책으로부터 생겨났고, 개인의 생명과 건강과 재산을 보호하고, 공공복리를 증진키 위한 헌법의 요구 조항에 근거한 것이다.

우리나라에서는 1973년 12월 31일 법률1672호 국가기술자격법이 공포된 이후

1976년 12월에 한국기술검정공단이 설립되어 1991년 한국산업인력관리공단이라 개칭하여 현재에 이르렀다. 우리나라는 현재(2016년 2월 1일) 국가기술 자격제도를 다음과 같이 운영하고 있다. 다른 나라의 예는 다음의 홈페이지 주소(http://www.hrdkorea.or.kr)를 참조하기 바란다.

- 노동부(총괄)
  - 자격제도 운영총괄 · 국가기술자격검정 시행계획 수립
- 주무부서(자격종목 관리)
  - 관련 사업에 의거, 자격취득자 활용 및 사후관리
- 한국산업인력공단(검정시행)
  - 국가기술자격검정의 집행 · 시험문제출제, 관리 · 자격취득자 자격증교부 및 사후관리

2.2.2 건설기술자격 검정개요

기술자격검정은 한국산업인력공단(http://www.krdkorea.co.kr)에서 주관하는 제도로써 개인의 생명과 건강과 재산을 보호하고, 공공복리를 증진키 위한 헌법의 요구 조항에 근거한 것으로 건설분야의 4년간 공과대학 수준의 교육이나 이와 유사한 경력자에게 건설기술자로서의 자격을 부여하는 제도이다. 일반적으로 지원자들이 치르게 되는 시험은 크게 두 가지 부분으로 구성되어있고, 그 첫 번째는 공학에 대한 기초적인 지식을 묻는 것이고, 그 다음은 공학의 원리와 실무에 대한 것이다.

1) 정의

국가기술자격검정은 국가가 개인의 기술 · 기능의 정도를 평가하여 그 능력이 일정한 수준에 있음을 공인하여주는 제도이다.

2) 목적

국가기술자격법은 기술자격에 관한 기준과 명칭을 통일하여 적정한 자격제도를 확립하고 그 관리와 운용을 효율화함으로써 기술인력의 자질과 사회적 지위의 향상 및 국민경제발전에 기여함을 목적으로 하고 있다.

3) 직무분야

기술자격의 대상으로 되어 있는 기술분야는 기술・기능분야의 기계, 금속, 화공 및 세라믹, 전기, 전자, 통신, 조선, 항공, 토목, 건축, 섬유, 광업자원, 정보처리, 국토개발, 농림, 해양, 산업디자인, 에너지, 안전관리, 환경, 산업응용, 교통, 공예 및 기타 서비스 분야의 음・식료품, 위생 등 25개 분야 565종목이다.

4) 기술자격 등급 및 응시 절차

기술자격은 기술사, 기능장, 기사, 산업기사, 기능사 등급으로 구분되어 있으며 서비스계 32종목은 대한상공회의소에서 시행한다. 시행절차는 다음 그림 2.2.1과 같다.

그리고 등급별 기술 자격시험의 응시자격 및 검정기준은 부록 2와 같이 한국산업인력공단에서 규정하고 있다(출처 : http://www.hrdkorea.or.kr).

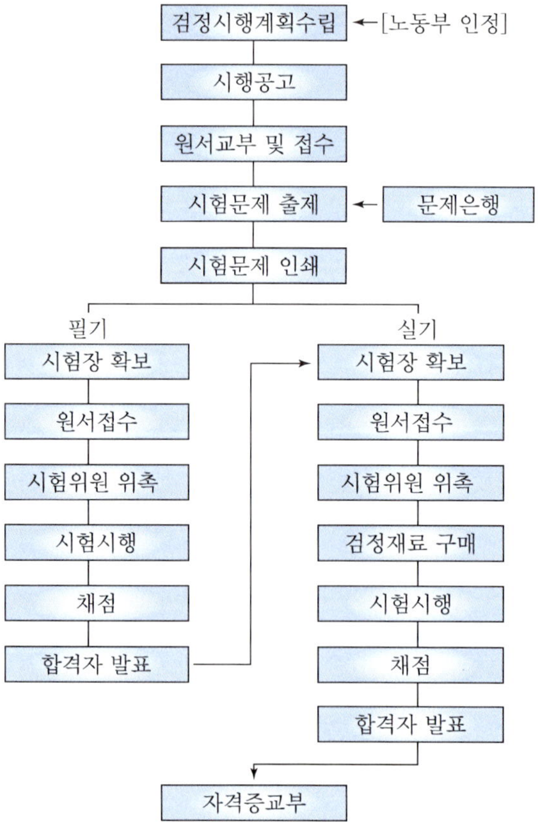

그림 2.2.1 기술자격시험 시행절차

2.3 졸업 후 진로

1) 기술사

기술사 자격은 의사, 변호사와 마찬가지로 국가에서 시행하는 해당 건설분야 최고의 기술전문가를 의미한다. 이들은 설계, 감리, 자문 등을 수행하며, 대기업, 중소기업 혹은 개인사업을 통해서 다양한 건설분야의 전문가로 활동할 수 있다.

2) 공무원

기술고시와 지방고시 또는 일반 기술직 국가공무원 시험에 합격하면 건설교통부 등 중앙부처와 지방자치단체의 기술직 공무원으로 임용되어 활동할 수 있다. 공무원은 구가전반의 국토개발을 위하여 계획하고 입안하며, 공사감독, 설계심사, 시설물관리, 환경보전관리 등의 일을 통하여 국가발전과 공영을 위하여 일하게 된다.

3) 건설업체

건설현장의 공정관리, 현장감독 등 실무책임자로 활동하며 현장소장이 대표적인 예이다. 이 밖에도 원자재 구입, 공사입찰 등의 업무를 통하여 국토건설의 주역으로 활동한다.

4) 엔지니어링 업체

설계와 감리를 전문으로 하는 엔지니어링 업체에 취직하면 공사계획 입안, 설계, 감리 등 기술적인 측면을 도맡아 일하게 된다. 도로노선설계, 교량설계, 정수장 설계, 쓰레기 매립장 설계 등이 이에 해당한다.

5) 국영기업체

국영기업체는 국가에서 공적인 공익사업의 특성이 있는 사업을 지정하여 운영하는 기관이다. 졸업생은 수자원공사, 토지주택공사, 도로공사 및 한국전력 등과 같은 기관 고유의 공익관련사업을 하는 국영기업으로 진출할 수 있다.

6) 교사, 대학교수 및 연구원

건설관련 교육기관의 교사로서 후학을 양성하는 교육활동을 할 수 있으며, 전문연구 및 교육을 위한 다양한 세부전공분야의 교수 및 연구원으로서 활동하여 학문적인 발전과 교육발전에 기여할 수 있다.

7) 기타

자영업, 전문언론인, 전문 프로그래머 등 기타 다양한 분야에서 전문건설인으로서 활동할 수가 있다.

건설공학 전공자들에게 유용한 직업들을 분야별로 분류하여, 각 해당분야의 전문가로써 업무를 담당하기 위해 갖추어야 할 자격과 상호 연관성을 보면 다음 표 2.3.1과 같다.

표 2.3.1 건설공학 관련 분야와 직업

<table>
<tr><th>분야</th><th>해당자격 기술사</th><th>기사1급</th><th>졸업 후 진로</th><th>교직</th></tr>
<tr><td>토목</td><td>토목구조기술사, 항만 및 해안기술사, 도로 및 공항기술사, 철도기술사, 수자원개발기술사, 상하수도기술사, 농어업토목기술사, 토목시공기술사, 토목품질시험기술사, 토질 및 기초기술사</td><td>토목
건설재료시험</td><td rowspan="5">건설회사, 공무원, 국영공기업, 각 연구기관, 감리회사, 엔지니어링, 학계(교수, 교사), 전문설계회사</td><td rowspan="5">인문계 - 기술
실업계 - 토목</td></tr>
<tr><td>국토개발</td><td>측지기술사, 지적기술사, 토시계획기술사, 조경기술사</td><td>측지, 지적, 도시계획, 조경</td></tr>
<tr><td>환경</td><td>대기관리기술사, 수질관리기술사, 소음진동기술사, 폐기물처리기술사</td><td>대기관리, 수질관리, 소음진동, 폐기물처리</td></tr>
<tr><td>교통</td><td>교통기술사</td><td>교통</td></tr>
<tr><td>건설안전</td><td>건설안전기술사</td><td>건설안전</td></tr>
</table>

연습문제

1. 건설관련 연구분야를 10개 이상 쓰고 자세히 설명하시오.

2. 건설관련 학회 및 연구기관에 대해서 10개 이상 쓰고 각각의 설립목적 및 기능과 역할을 쓰시오.

3. 대학원과정의 연구분야를 7개 이상 쓰고 연구관련 내용 및 활동을 자세히 소개하시오.

4. 건설인의 자세와 책임에 관한 여러분의 의견을 쓰시오.

5. 건설관련 기사종목과 시험과목을 쓰시오.

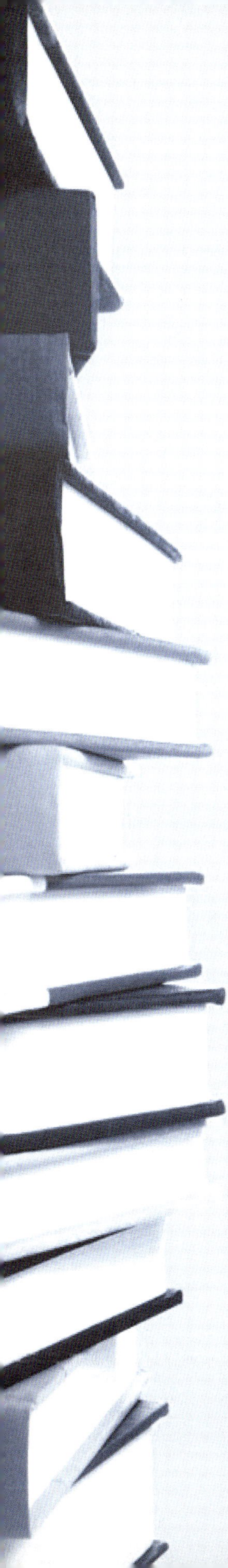

Chapter 03

건설공학 분야

무엇인가를 이루려고 하는 마음이 없다면
세상 어디를 가나 두각을 나타낼 수가 없다.
무지함을 두려워 말라, 거짓 지식을 두려워하라.

From 파스칼

3.1 건설공학 소개

건설구조물이란 재료(강재, 콘크리트, 목재 등)를 이용하여 일정한 형태의 부재(기둥, 보 등)를 만들고, 이들 부재를 조합하여 우리에게 편리한 시설과 공간을 제공하는 시설물을 말한다. 보통 건설에서 이러한 시설물을 구성하는 구조물은 대략 다음 표 3.1.1과 같이 분류해서 볼 수 있다.

표 3.1.1 건설구조물의 분류

종류	용도 및 적용
교량	계곡, 해협 등 자연의 장애 또는 다른 도로를 건너가기 위하여 가설된 구조물
빌딩	고층빌딩의 설계 및 시공
철도 및 지하철	철도 및 지하철 차체의 구조해석 및 선로설계
고속도로	도로의 가설 및 도로와 관련된 제반 시설물의 해석 및 설계
댐	빠른 산업화와 도시화로 인한 인간 삶의 많은 부분(농업, 공업, 생활용수 등)에 필요한 물을 적재적소에 공급하기 위한 시설구조물
항만	많은 자원과 물자수송량의 문제를 해결하기 위한 항만설비의 설계 및 시공
터널	고속도로, 철도가설 시 산을 통과해야 하는 경우에 필요한 터널설계 및 시공
기타	원자력 발전소와 같은 특수목적 구조물을 비롯한 다양한 건설구조물

이들 구조물은 용도와 목적에 따라 다양한 기능과 편의를 제공한다. 각종 시설물 별로 다음 절에서 자세히 예를 들 것이다. 구조 및 시공분야는 이러한 시설구조물을 만들기 위해서 다음과 같은 3단계 과정을 거쳐 완성된다. 첫 단계는 연구 및 조사단계이다. 이러한 연구 및 조사를 바탕으로 용도와 목적에 부합한 구조물을 타당한 안정성 및 유용성을 보장하도록 설계 및 해석의 과정을 거쳐 완성한다. 이렇게 완성된 설계도에 따라 시공을 하여 구조물을 완성한다. 이러한 건설구조물을 만들기 위한 사업은 그림 3.1.1과 같이 기본적인 구상에서부터 계획, 설계, 건설, 그리고 시공 후 유지관리까지 다양한 사업 분야로 구분되어 시행된다.

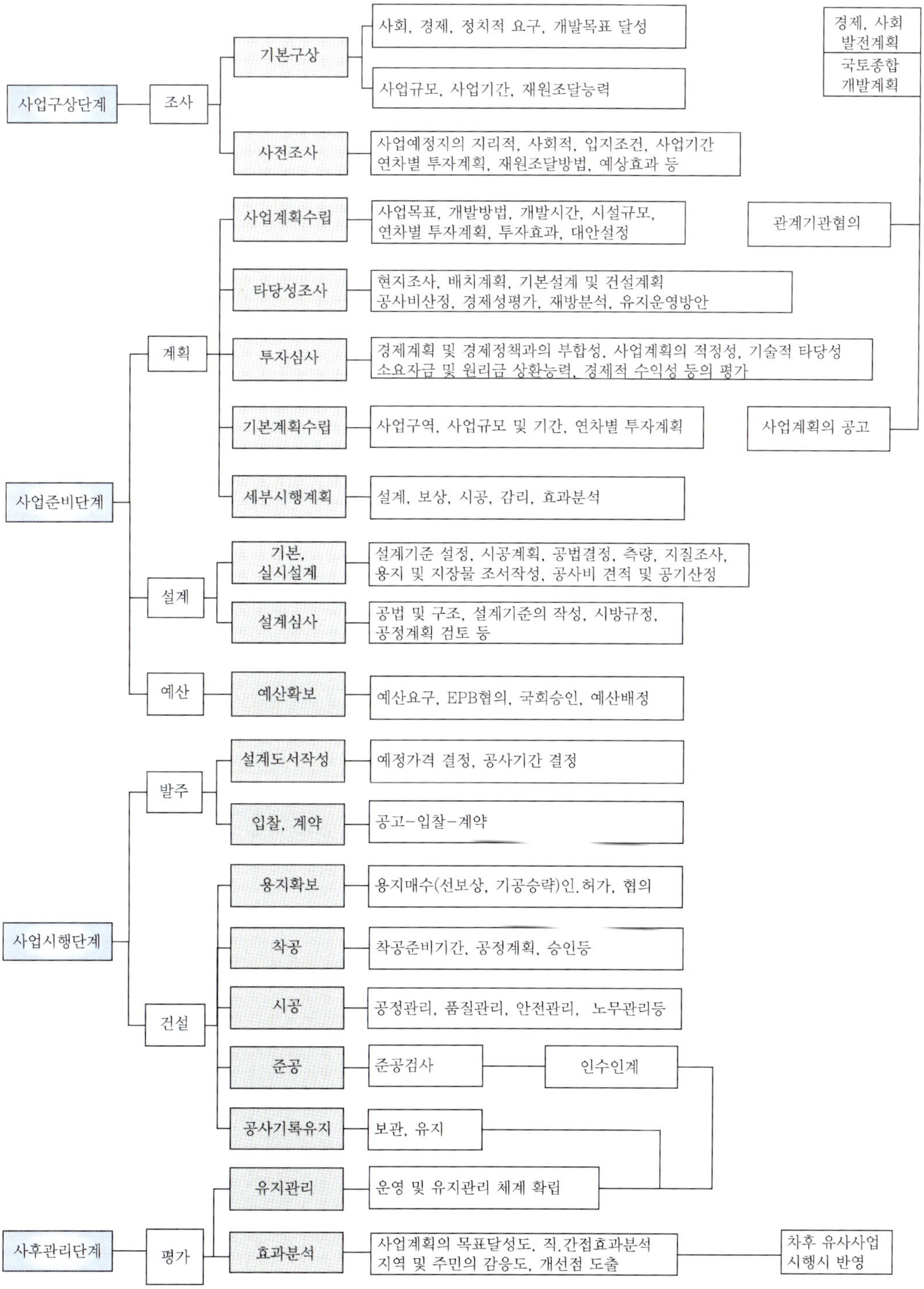

그림 3.1.1 건설사업 시행 흐름도

3.1.1 건설구조물의 준비에서 완성, 그리고 유지관리

건설은 인류의 시작과 함께 현재까지 그리고 앞으로도 인류가 존재하는 한 인류에게 안녕과 질서를 보장하기 위해서 필요한 분야이다. 인류의 시작과 함께 시작된 건설은 처음부터 정해진 이론에 의해 설계되고 건설되지는 않았다. 이론이 아닌 경험의 산물로 건설구조물이 건설되는 수도 있다. 일례로 현재의 교량구조물을 보면 각종재료로 수많은 화물차들이 빠르게 지나다녀도 견딜 수 있도록 튼튼한 구조물로 건설된다. 하지만 그림 3.1.2와 그림 3.1.3과 같이 초기의 교량 형태를 보면, 작은 개울을 건너기 위해서 놓은 징검다리에서부터 시작하여 목재로 버팀목을 세우고, 그 위에 흙을 얹어놓은 흙다리를 놓았다. 그림 3.1.4의 현재와 같은 교량구조물의 형태는 이와 같은 경험적 구조물에 최초 현대적 공학이론에 근거하여 건설되기 시작했다. 이처럼 연구는 각종 건설구조물에 대해 기존의 재료의 개량, 새로운 재료의 개발, 재료의 절감, 구조물의 안전성, 시공의 편의성 등 인류에 필요한 시설물을 안전하고, 경제적인 구조물을 얻기 위해 진행되었다. 또 현대에 이르러서 건설된 시설물의 안전성을 유지 및 관리하는 구조물 모니터링 및 계측 등이 다양한 각도에서 인류의 평안과 안녕을 위해 진행되고 있다. 그림 3.1.3과 그림 3.1.4는 순전히 경험에 의해서 만들어진 흙다리와 현대의 연구에 근거한 교량 구조물을 보여준 예이다. 연구란 이와 같이 우리에게 보다 편리하고 안전한 시설구조물을 제공하는데 일익을 담당한다.

이제 건설재료에 관한 문제를 생각해보자. 과거에 사용되었던 건설재료들은 나무나 돌, 흙을 사용하여 건설되기 시작했다. 하지만 현대사회에서는 이들 재료의 단순한 사용으로는 상상할 수 없을 만큼 거대하고 높은 시설물들이 즐비하다. 이처럼 인류가 발전하면서 그에 필요한 시설물들도 그만큼 요구치가 커진 것이다. 처음 건설에 사용했던 재료를 그대로 현대에까지 아무런 연구 없이 사용되었다고

그림 3.1.2 징검다리

그림 3.1.3 과거의 교량 구조물

그림 3.1.4 현재의 교량 구조물

생각해 보자. 아마도 현재 인구 5천만을 수용하기에는 우리나라의 땅이 너무 비좁고, 태반은 집도 절도 없이 떠돌거나 넓은 땅을 향해 떠났어야 할 것이다. 하지만 생각할 줄 아는 인류는 연구를 하기 시작했다. 현대에 가장 많이 사용하고 있는 건설 재료 중에 하나인 콘크리트도 수많은 연구에 의해 만들어진 인류에게 있어서는 아주 고마운 재료이다. 수도 없는 시행착오를 통해서 석회와 점토를 혼합하고 석고를 첨가하여 시멘트를 만들 수 있었다. 하지만 여기서 멈추지 않고, 더 크고 높은 건물을 짓기 위해 더 높은 강도를 갖는 콘크리트를 연구했다. 그렇지만 이러한 재료의 자원은 모두 일정량으로 한정되어있기 때문에 계속해서 사용하다 보면 언젠간 고갈될 것이고, 현재 당국에서도 건설 재료의 자원으로 사용할 골재가 부족해 아주 먼 거리를 운반해 와야 하는 일들도 발생하고 있다. 이와 같은 재료의 유한성 때문에 폐콘크리트나 여러 재료를 재활용하기 위한 연구가 또한 진행되고 있다. 이는 경제적으로나 환경적으로도 인류에 아주 이로운 연구들이다. 이와 같이 재료에 대한 연구는 더 높은 강도를 얻기 위해서 지구상에 한정되어 있는 자원을 효율적으로 사용하기 위해서 또는 지구의 더욱 쾌적한 환경을 위해서 기타 등등 다양한 목적을 가지고 다방면에 걸쳐 연구가 진행되고 있다.

이와 같은 연구에 근거하여 그림 3.1.5에서와 같이 가옥의 변천과정을 보면 문화적 생활의 편의와 행복을 추구하기 위한 연구의 결과로 현대적 시설의 주거시설을 완성하였다. 이와 같이 연구란 보다 합리적이고 효과적인, 즉 효율적인 구조물을 제작하여 인류에게 편의와 행복을 주는 첫 번째 과정이다. 따라서 구조 및 시공분야에서 이러한 연구는 재료의 특성, 구조물의 안전성, 시공의 편의성 및 안전을 위한 구조물의 유지관리 등을 고려하여 시행되어진다. 다음 그림 3.1.6은 구조물의 안전 및 유지관리를 위해 계측모니터링 하는 개념도이다. 이와 같은 실시간 모니터링 과정을 통해 구조물의 관리를 과학적으로 수행하고 있다.

(a) 전통가옥

(b) 현대가옥

그림 3.1.5 전통가옥과 현대가옥

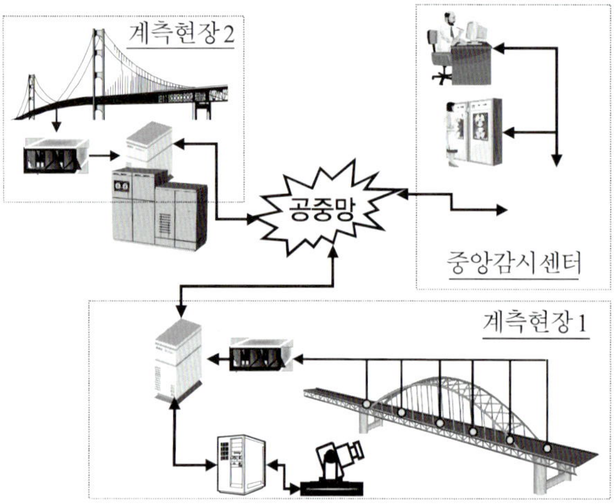

그림 3.1.6 구조물의 모니터링 개념도

3.1.2 건설구조물의 설계 및 해석

건설구조물의 설계는 주어진 조건(환경공간, 하중, 기타 등)을 고려하여 시방서의 규정에 따라 시설물의 기하학적 윤곽(단면의 크기, 철근량의 산정, 철근의 배치도, 강재의 용접길이 또는 이음 등)을 결정하는 과정으로 구조물의 안정성과 시공성, 경제성 등을 고려하여 이루어진다. 최근 이러한 설계는 컴퓨터의 힘을 빌어 자동화된 설계시스템이 많이 활용되고 있다. 이와 같은 대표적인 자동화된 컴퓨터 프로그램은 다음 표 3.1.2와 같은 프로그램들이 있다.

이들의 상업용 프로그램을 이용하여 고층 건물이나 혹은 교량과 같은 대형구조물을 설계・해석한 예를 하나 들어보면 그림 3.1.7과 같이 고층건물과 교량해석의 예를 보여준다.

표 3.1.2 상용 구조해석 및 설계 프로그램

프로그램	기 능
ABAQUS	일반적인 유한요소 프로그램으로 선형·비선형 해석 가능 특히 소성에 관한 해석기능 우수 파괴역학에 관한 해석기능 제공
ADINA	일반적인 유한요소 프로그램으로 선형·비선형 해석 가능
ALGOR	일반적인 유한요소 프로그램으로 선형·비선형해석 가능 토질이나 고무 등의 재료해석을 할 수 있는 기능 보유 (단, 콘크리트의 파괴모델 제외)
ANSYS	일반적인 유한요소 프로그램으로 선형·비선형해석 가능 고체모델링 및 해석기능 제공
COMET	파괴역학전문 프로그램 Re-meshing 기능 및 응력계수 산정 기능 제공
COSMOS/M	Static, Dynamic, Mode shapes, 구조물의 Buckling 등의 해석 가능 특히 다양한 부재요소의 library 제공
CSTRAAD	선형, P-delta, Dynamics 해석 가능
DIANA	일반적인 유한요소 프로그램으로 선형·비선형해석 가능 Dynamic 및 유체해석 가능
GT-STRUDEL	일반적인 선형해석 및 설계 프로그램
IMAGES 3-D	선형-정적해석, Dynamic, Thermal 해석 가능
SAP2000, ETABS, SAFE	콘크리트 구조의 해석 및 설계 프로그램 (단, 파괴역학 문제나 비선형해석 기능은 제공하지 않음)
I-DEAS	일반적인 상용 구조해석프로그램 Pre- 및 Post-Processing Tool 우수
기타 등	이 외에도 상업용으로 출시된 많은 건설분야의 해석 및 설계 프로그램 존재

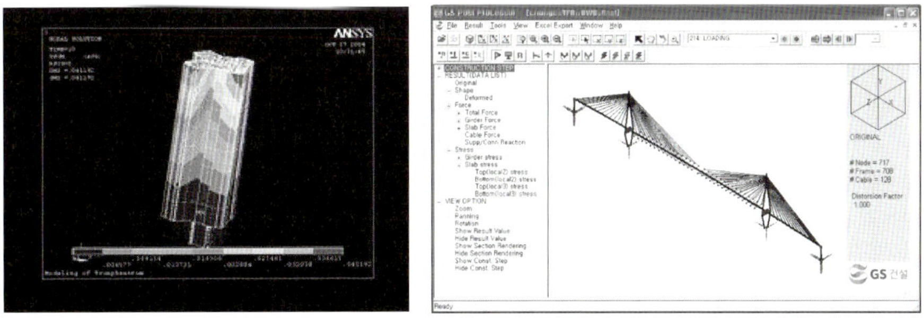

(a) 고층건물 해석 (출처 : 대우건설기술연구원)

(b) 교량설계를 위한 해석 (출처 : 건설기술, 오성덕 기자)

그림 3.1.7 구조해석 및 설계프로그램을 이용한 예

3.1.3 건설구조물의 시공과정

시공이란 용도와 목적에 맞게 설계된 구조물을 만드는 과정으로 시공경영에서부터 시공절차 그리고 제반법적 또는 사회적인 문제를 포함하여 구조물이 안전하게 설치가 되도록 하는 모든 과정을 말한다. 앞 그림 3.1.1 중 건설사업의 시행흐름에서 사업시행단계가 대부분 시공단계에 속한다. 시공은 연구나 사전조사 그리고 설계과정 못지않게 중요한 단계이다. 그림 3.1.8은 PSM공법을 이용하여 교량을 가설하는 시공 과정을 보여준다.

그림 3.1.8 PSM공법(Precast Segmental Method) 시공

3.1.4 건설구조물별 용도 및 기능 소개

1) 교량 구조물

계곡을 지나거나 마을 사이에 강이나 냇가가 있다면 그 사이에 교량을 놓지 않는 이상 아무리 눈앞에 보이는 가까운 거리라도 돌아간다거나 배를 이용하거나 헤엄을 쳐서 건너는 방법밖에는 없을 것이다. 이와 같이 교량구조물은 계곡이나 강 크게는 해협 등 자연의 장애물이나 다른 도로를 건너가기 위해 건설되는 시설물이다. 이와 같은 교량은 그 형식에 따라 여러 가지가 있는데 가장 일반적으로 사용되는 형교와 트러스교, 아치교, 현수교, 그리고 서해대교로 인해 더욱 유명해진 사장교 등이 있다. 다음 그림 3.1.9는 대표적인 교량의 형태로 우리 주위에서 쉽게 접할 수 있는 다양한 형태의 교량구조물이다. 이들은 구조적인 안정성뿐만 아니라 자연과 어우러져 아름다운 모습으로 설계되고 시공되어 한층 구조적인 미를 느낄 수 있도록 만들어졌다.

(a) 형교

(b) 트러스교

(c) 아치교

(d) 현수교

(e) 사장교

그림 3.1.9 대표적인 교량의 형식(출처 : Doopedia)

2) 빌딩

건설에서의 빌딩은 인류의 사회생활을 담고 있는 커다란 용기를 만드는 것이라고 할 수 있다. 작게는 아파트에서부터 시작해서 오피스 빌딩, 또 수만의 관중을 수용할 수 있는 운동경기장까지 인류문명에 없어서는 안 될 아주 중요한 생활공간을 마련하여 제공하는 것이다. 일반적으로 하나의 건물이 탄생하기 위해서는 먼저 CAD 등 여타 설계용 프로그램을 이용해서 건축물의 설계 및 도면을 작성하고, 해석하고, 주어진 도면과 일치하도록 시공하여 완성해 낸다. 그림 3.1.10은 CAD를 이용한 건축물의 설계 및 도면 작성에 대해서, 그림 3.1.11은 현대의 대표적인 고층빌딩이라고 할 수 있는 KLCC 트윈타워와 엠파이어스테이트 빌딩의 사진이다. 이들은 대표적인 건설공학의 자랑스러운 빌딩구조물들이다.

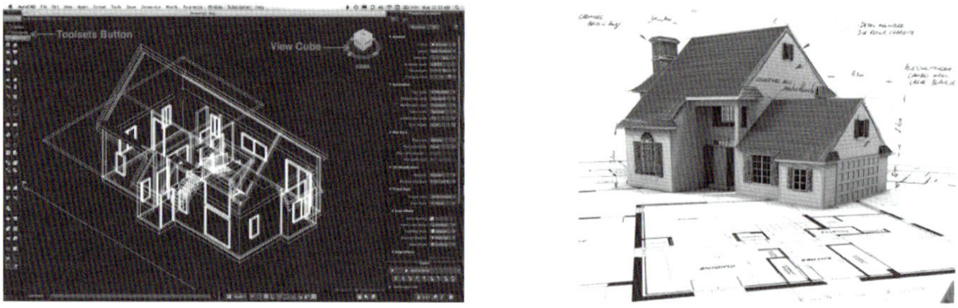

그림 3.1.10 CAD를 이용한 건축물의 설계 및 도면작성

(a) KLCC(페트로나스 트윈 타워) (b) 엠파이어스테이트 빌딩

그림 3.1.11 초고층 빌딩

3) 철도 및 지하철

우리나라에서는 1970년대 이후 고도의 경제 성장으로 인해 도심에 산업, 인구가 집중되면서, 주거지역은 도시 외곽 지역으로 밀려날 수밖에 없었다. 이에 따라 각 권역을 연결할 교통수요가 급증하면서 기존의 지상교통망으로는 감당할 수 없었다. 이런 현실을 배경으로 신속하고 대량수송이 가능한 지하철이 교통난을 해결하고 현재 대중교통의 주축으로 발전하게 되었다. 이 분야에서는 이와 같은 철도 및 지하철 차체의 구조해석 및 선로의 설계업무를 담당하고 있다.

(a) 고속 철도　　　　(b) 지하철

그림 3.1.12 고속철도 및 지하철

4) 고속도로

대도시나 산업도시처럼 정치, 경제, 문화상으로 특히 중요한 지역을 연결하는 간선도로 중에서 자동차가 고속으로 안전하고 쾌적하게 주행할 수 있도록 마련된 도로를 말한다. 도로의 건설을 길을 닦고 포장만하면 완성된다는 생각을 아직까지 가지고 있다면 그게 얼마나 우매한 일인지 깨달아야 한다. 도로의 건설은 다른 시설물들과 마찬가지로 교통시설물을 계획하고 설계하여 운영함에 있어서 모든 과학적인 원리와 기술을 적용시켜 특별히 마련된 "시방서"에서 요구하는 모든 사항을 만족하도록 건설되어진다. 그렇기 때문에 우리가 고속도로 상에서 안전하게 주행하고, 전국 어디든지 하루에 일을 마치고 돌아올 수 있는 시간적 여유를 줄 수 있는 것이다. 그림 3.1.13은 우리 몸의 혈관처럼 전국 어디든 쉽게 닿을 수 있도록 건설된 우리나라의 도로망을 보여준다.

(a) 고속도로　　　　(b) 당국의 고속도로망

그림 3.1.13 고속도로와 도로망

5) 댐

하천의 물이 지나치게 많으면 홍수가 나고, 적을 경우는 가뭄을 겪게 된다. 하천에 물이 항상 풍부하고 일정하게 흐른다면 홍수가 날 염려도 없고 수로(水路)만으로도 필요한 물을 얻을 수 있을 것이다. 하지만 자연상태의 유량은계절적으로 다른 뿐만 아니라 지역적으로도 그 차이가 있다. 이러한 수자원의 시간 ·공간적인 불균형을 해결하고 조절하여 산업화와 도시화되어 가는 사회의 적재적소에 필요한 물을 공급하기 위해 건설되는 시설물이 댐이다. 이러한 역할로 인해댐은 하천의 유량을 조절하는 효과, 지형, 지질, 수문 등의 자연조건 및 인구, 경제 등의 사회 조건에 따라 그 위치가 선정된다. 이 뿐만 아니라 경제성과 자연환경의 보전측면도 고려하여 각종 용수공급과 홍수조절 및 수력발전 등의 여러 기능을 효과적으로 할 수 있는 지점을 선정한다. 다음 그림 3.1.14는 국내의 대표적인 댐의 사진이다.

(a) 우리나라 다목적 댐의 효시인 섬진강 댐

(b) 소양강 다목적 댐

그림 3.1.14 국내의 대표적인 댐

6) 항만

항만시설물은 많은 자원과 물자수송량의 문제를 해결하기 위한 항만설비의 설계 및 시공을 모두 포함한다. 대표적인 항만시설물로는 접안시설과 호안매립계획, 그리고 방파제 등이 있고, 그림 3.1.15는 이러한 대표적인 부두의 모습을 보여준다.

7) 터널

고속도로나 철도가설 시 산과 같은 장애물이 나타난다면 우회하는 방법을 사용해야 한다. 하지만 산을 통과해서 지나갈 수 있다면 시간적으로 엄청난 이익을

(a) 유조선 전용부두

(b) LPG 전용부두

(c) 다목적 부두

그림 3.1.15 대표적인 부두

얻게 될 것이다. 또, 이러한 고속도로나 철도를 이용한 물류유통에도 상당히 경제적인 도움을 줄 수 있다. 이와 같이 터널은 도로나 철도가설 시 산과 같은 장애물을 통과해야 하는 경우 필요한 터널의 설계 및 시공에 관한 제반업무를 담당하고 있는 분야이다.

(a) 터널

(b) 터널 굴착 장면

그림 3.1.16 터널과 터널의 굴착 장면

3.1.5 건설구조물 유지관리 시스템

사회기반구조물에 태풍, 돌풍 그리고 지진 등은 잠재적인 대형재해를 일으키는 대표적인 원인으로 1989년, Loma Prieta의 지진은 천만 달러 이상의 경제적인 손해를 냈고, 아마도 가장 유명한 구조물의 붕괴 중의 하나는 미국의 오클랜드에서 일어난 지진으로 1.5마일 정도가 두 개의 층으로 갈라졌던 Cypress고속도로 사건일 것이다. 이외에도 일본의 고베 지진, 최근의 터키 지진 등이 대표적인 재해이다. 또한 그림 3.1.17의 Washington주의 Tacoma 교량은 태풍에 의한 대표적인 붕괴사례이다. 한국에서도 예외 없이 그림 3.1.18과 같이 1994년 서울의 성수대교가 붕괴됨으로써 많은 인명과 재산의 손실을 갖게 되었다. 그 후 연속해서 막대한 인명과 재산의 손실을 가져온 서울의 삼풍백화점 붕괴, 대구의 가스관 폭발은 우리에게 재해예방에 관한 관심을 집중시켰다. 이로 인하여 많은 연구가 및 일반인에게도 대형구조물의 상시감시에 관한 관심도가 크게 증가하였다.

그림 3.1.17 다코마 교량(미국 워싱턴 주)

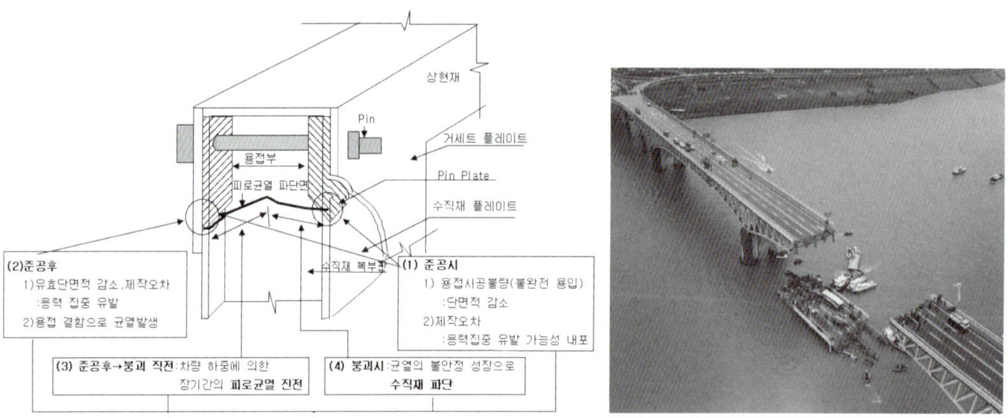

그림 3.1.18 성수대교 붕괴

이와 같은 재해에서 장대형 교량의 유실은 기간산업에 결정적인 피해를 주게 된다. 그러나 구조적 특성과 기능적인 장점으로 서해대교와 같은 사장교가 장대형 교량으로 주로 설계되고 시공되어진다. 이러한 특성으로 인하여 사장교 관리의 중요성은 이미 잘 알려져 있다. 따라서 대형재해를 줄이기 위하여 사장교를 비롯한 대형건설 기간구조물은 계측관리를 통한 모니터링을 한다. 많은 연구가들은 이러한 시스템에 재료와 구조물 자체에 Smart한 개념을 도입하여 재해로부터 구조물의 건전도를 모니터링 하기 위해서 Condition-based 모니터링 시스템을 개발하고 적용해 왔다. 이러한 모니터링 시스템은 가속도계와 같은 센서에서 데이터를 획득하고, 획득된 데이터를 용도에 따라서 변환하여 구조물의 손상도 평가를 위한 데이터 분석과정으로 이루어진다. 센서는 스트레인 게이지, 가속도계, 변위계, 온도계, 풍속계 그리고 경사계 등이 사용된다.

우리나라의 대표적인 교량모니터링 시스템은 진도대교, 돌산대교, 남해대교, 서해대교 등이 있다. 이와 같이 유지관리 시스템은 최근 체계적인 건설의 한 분야로 활발한 연구가 진행되고 있는 분야 중에 하나이다. 이 시스템은 계측기술을 이용하여 측정된 데이터를 근거로 구조물의 이상 유무를 판별하여 구조물을 유지관리하도록 한다.

따라서 건설기술자는 이와 같이 구조물의 이상 유무를 계측으로부터 획득된 자료를 통하여 판별을 하게 된다. 그림 3.1.19는 대표적인 스트레인 게이지와 가속도계를 보여준다. 또한 그림 3.1.20은 이들의 계측기기로부터 계측된 데이터의 처리과정을 보여주는 대표적인 동적 계측시스템이다.

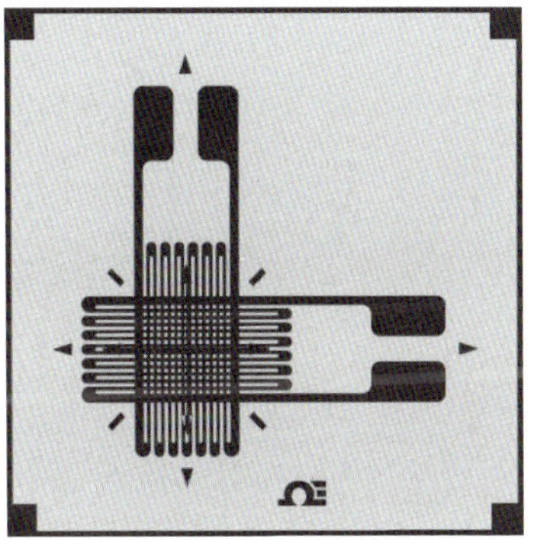

(a) 스트레인 게이지

(b) 가속도계

그림 3.1.19 대표적인 계측기기

이러한 계측기로부터 획득된 데이터는 건설공학의 제반원리에 활용되어 구조물의 안전 및 유지관리의 판단근거자료가 된다. 이들 자료로부터 구조물의 수명평가 및 구조물의 건전도를 판단하여 구조물 유지 관리를 행하게 된다. 또한 지속적인 계측으로부터 상시 구조물을 감시할 수 있는 모니터링 시스템은 그 역할로 인하여 실시간에서 24시간 작동해야 하는 특성이 있다. 이러한 계측 데이터는 효과적이고, 경제적이며, 신뢰성 있는 상시 감시시스템을 위한 필수요건이다.

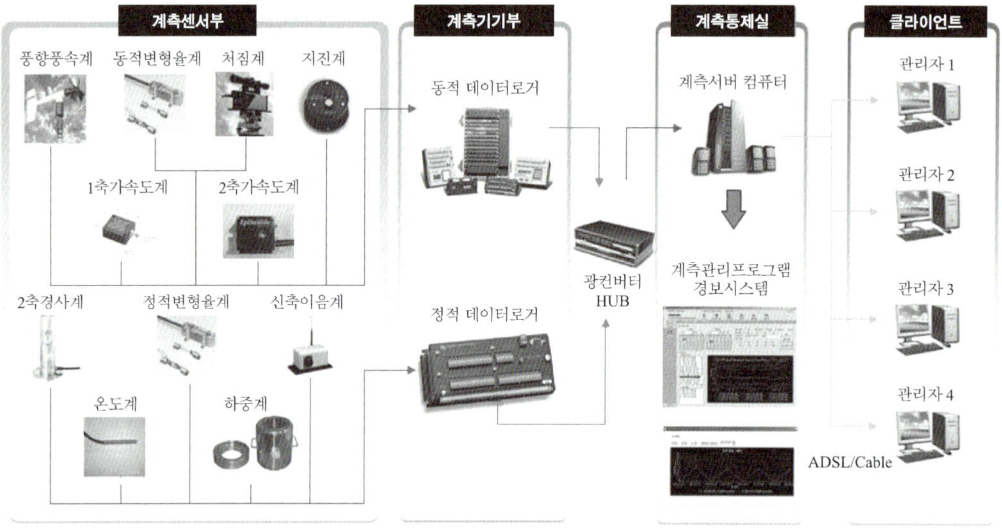

그림 3.1.20 교량계측 시스템 구성

이들의 계측기로부터 측정된 데이터의 정밀도와 구조물의 특성이 고려된 손상 검출방법에 의하여 자동으로 구조물을 감시하는 일을 하게 된다. 수동에 의한 구조물 관리든 자동 모니터링에 의한 구조물의 관리든 최종 건설기술자에 의하여 모든 구조물의 상태를 판단하고 일정한 조치를 취함으로써 구조물의 안전성을 판단하게 된다. 이러한 판단의 흐름도는 그림 3.1.21에서 보여준다.

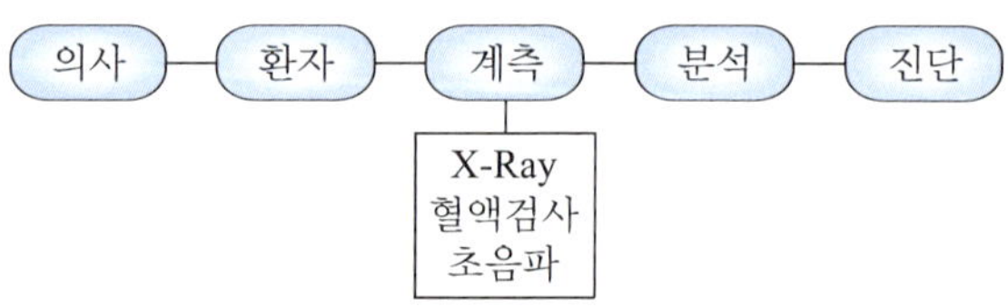

(a) 의사와 사람의 건강진단

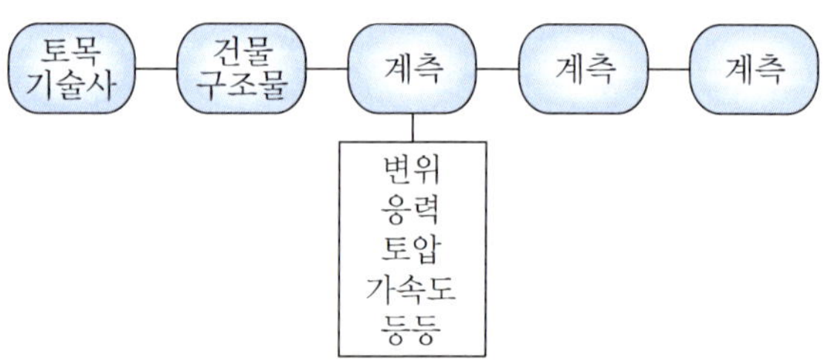

(b) 건설기술자와 건설 구조물의 건강진단

그림 3.1.21 건전도 평가 개념도

3.2 구조 및 재료공학 분야

구조 및 재료공학에서 기본적으로 다루게 되는 교과목을 상호 관련성에 견주어 역학분야, 재료에 따른 해석 및 설계분야, 기타 응용 및 전산분야로 다음 그림 3.2.1과 같이 분류할 수 있다. 그림 3.2.1과 같은 분류는 학문상의 경계를 나타내는 것에 불과하고, 결과적으로 전체적인 구조물을 형성하여 최종단계인 설계에 이르기까지 모든 관련분야의 학문이 서로 연계성을 가지고 있으며, 어느 것 하나 중요하지 않은 분야가 없다. 이 장에서는 주로 역학의 기본개념을 설명하기 위해 정역학과 재료역학, 구조역학에 대한 전반적인 이해와 고급역학으로 동역학, 구조동역학 등과 응용 및 설계분야의 교과목에 관한 개괄적인 설명을 덧붙였다. 따라서 이와 관련된 자세한 항목은 차후 고학년으로 진학하면서 배우게 될 것이다.

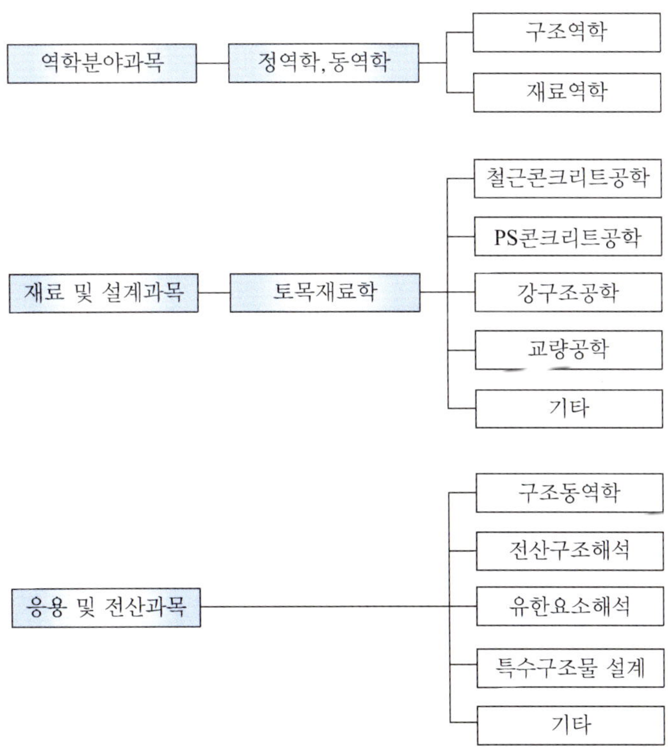

그림 3.2.1 구조 및 재료공학 분야

3.2.1 정역학

정역학은 역학분야의 가장 기본이 되는 과목으로 힘을 받는 물체의 내적변형을 고려하지 않은 상태에서 물체의 평형에 대한 상호관계를 주로 다루고 있다. 또한 역학의 기본적인 개념을 정의하여 고급역학(재료역학, 구조역학, 동역학 등)을 이해하는 데 필요한 역학적인 기본원리를 제공한다. 그리고 이러한 정역학의 원리는 다양한 실제 공학문제를 해결하는데 활용된다.

1) 정역학의 발달사

인류의 시작과 더불어 우리가 인지하고 있든 또는 그렇지 않든지 역학은 우리 생활 속에서 떼어놓고 생각할 수 없는 한 부분으로 자리 잡고 있다. 가령 무거운 물체를 들기 위해 지렛대를 사용한다거나, 사냥을 하기 위해 뾰족한 돌이나 나무를 사용하는 것 역시 역학의 원리를 실생활을 통해 터득해 낸 것이라고 볼 수 있다. 단지, 오늘날과 같이 세련된 역학적 원리를 이용해 정역학의 문제를 다룰 수 있게 된 것은 문자를 통해 인류가 기록을 남길 수 있게 되면서부터 이다. 정역학의 발전을 역사적인 순서별로 살펴보면 다음과 같다.

먼저, 아르키메데스(Archimedes, B.C. 287～212)가 레버의 평형에 필요한 조건과 부력의 원리를 발견하였다. 그리고 15C에는 강체의 평형과 관하여 모멘트의 개념이 레오나르도 다빈치(Leonardo da Vinci, 1452～1519)에 의해 확립되었다. 17C에는 바리뇽(Varignon, 1645～1722)이 여러 힘에 대한 모멘트의 합은 그 여러 힘들의 합력에 의한 모멘트와 같다는 것을 증명하였다. 그리고 18C 초에는 베르누이(Gohn Bernoulli, 1667～1748)에 의하여 변형 전에 수직이었던 평면이 변형 이후에도 수직인 평면을 유지하고 있다는 평면보존의 법칙을 발견하여 정역학뿐만 아니라 모든 응용역학분야의 문제를 쉽게 다룰 수 있도록 만들었다.

살펴본 바와 같이 정역학의 원리는 아주 간단하며, 우리의 실생활에서도 조금만 관심을 가지고 살펴본다면 얼마든지 새로운 적용원리를 찾아낼 수 있고 이들의 원리들을 쉽게 실구조물에 활용 할 수 있다.

2) 기본량

물리학에서는 공간(길이, meter), 시간(초, sec), 질량(kg)의 세 가지를 절대량이라 한다. 이 세 가지 절대량은 서로 독립적이고, 다른 양으로 표시될 수 없으며, 또한, 더 이상 간단하게 표시할 수 없다. 역학에서는 이들 세 가지의 절대량에 힘의 단위가 추가되어 사용된다. 힘은 유도단위이며, 물체의 질량과 가속도의 관계되며, 세 가지 절대량을 이용하여 표시할 수 있다.

길이는 물체의 크기를 나타내거나 기하학적 형상을 표현하는 척도이다. 또 시간은 일어난 일과 다음에 발생되는 일과의 간격을 표현하는 수단으로 사용된다. 그리고 질량은 관성, 즉 물체가 운동에 대하여 저항하는 양을 표현하는 정량적인 척도이다. 이런 기본량들의 정의는 그 크기가 임의로 정해진 단위 또는 표준에 의하여 표 3.2.1과 같이 정의된다.

표 3.2.1 기본량의 단위(Unit)

기본단위	단위명	심볼
길이(Length)	미터(meter)	m
질량(Mass)	킬로그램(kilogram)	kg
시간(Time)	초(second)	s
전류(Electric current)	암페어(ampere)	A
열역학적 온도(Thermodynamic temperature)	캘빈(kelvin)	K
물질의 양(Amount of substance)	몰(mole)	mol
광도(Luminous intensity)	칸델라(candela)	cd

힘은 어떤 물체를 잡아당기거나 밀 때 인장 또는 압축으로 우리가 느낄 수도 있고, 볼 수도 있다. 또한 접촉하지 않는 구 물체 사이에 작용할 수도 있다. 즉, 지구와 달 사이의 만유인력이나 우리가 땅에 서 있도록 만들어주는 중력 등이 이러한 예이다. 다른 물체가 저항하여야만 물체에 힘을 가할 수 있으므로 힘은 반드시 쌍으로 존재하며, 그 크기가 같고 방향은 반대이다. 또 물체에 힘을 작용하여 외부에 효과를 나타낼 수 있으며, 물체의 가속이나 반작용력 등으로 나타난다.

또 정역학의 문제를 다루는데 중요한 것으로 질점과 강체의 개념을 빼놓을 수 없다. 질점(Particle)이라는 것은 운동할 때 그 크기와 형상을 무시할 수 있으며 질점의 질량중심의 위치만 고려하면 된다. 예를 들면, 지구의 공전운동을 고려할 때 지구의 내부구조나 자전운동에 아주 미미한 영향만이 있으므로 질점으로 취급할 수 있다. 이러한 질점의 집합체를 강체(Rigid body)라고 하며, 강체의 크기와 형태는 무한한 크기의 하중에서도 변하지 않는다고 가정한다. 하지만 실제의 물체는 힘이 가해지면 어느 정도 형태의 변화가 생기게 되며, 이러한 실제상황을 이상화한 것이 바로 강체의 개념이다. 그렇지만 이러한 변화는 매우 작으며 평형상태를 유지하기 위한 반작용력에 거의 영향을 미치지 않기 때문에 무시할 수 있다.

3) 기본단위

단위는 물리적인 양을 사용하여 역학법칙을 표현하기 위해 사용된다. 물리적인 양을 표현하는 방법은 앞 절에서 정의 된 세 가지 기본량과 이러한 기본량으로부터 유도된 유도단위가 사용된다. 실제로 단위는 각국마다 각자의 실정에 맞게 다양하게 사용되고 있으며, 공학에서는 주로 SI단위계와 영미상용단위계를 사용하고 있다. 두 단위계를 모두 숙지하고 있지 않으면 혼동을 일으키기 쉽다. 예를 들면, 영미상용단위계의 경우 길이와 시간 그리고 힘(lb)을 기본 단위로 사용하고 있으며, 질량(slug)은 유도단위가 된다. 하지만 SI단위계(System International units, 국제표준단위계)에서는 질량(kg)을 기본단위로 하여 힘(N)을 유도단위로 사용하고 있으며, 표 3.2.2는 이들 두 단위계에서 사용하고 있는 단위와 그 표현 기호를 설명하고 있다.

앞에서 설명한 것처럼 기본단위는 서로 독립적이어서 다른 양을 표시할 수 없다. 하지만 역학법칙을 표현하기 위해서는 이들만으로는 완전하게 표현할 수 없기 때문에 기본단위로부터 유도된 유도단위를 함께 사용한다. 역학에서는 길이, 시간, 질량을 기본단위로 하여 유도된 유도단위로 힘, 면적, 체적, 속도 및 가속도 등을 사용하고 있다.

표 3.2.2 영미상용단위계와 SI단위계 및 공학단위계의 단위 및 기호

단위계	길이	질량	시간
영미상용단위계	ft	slug	s
SI(국제)표준단위계	m	kg	s
공학단위계	m	kg	s

(1) 힘의 단위

① 영미상용단위계(lb : pound)

lb는 영미상용단위계에서는 힘의 단위로 사용되고 있다. lb는 위도 45°[여기서 g(중력가속도) = 9.807 m/s^2]의 해수면 위에 있는 표준 파운드(pound, 질량 0.4536 kg)의 중량으로 정의되는 중력단위계이다. 뉴턴의 법칙, $W = mg$에서 다음과 같은 1 lb의 힘의 상호관계를 나타낸다(여기서 W는 중량, m은 질량, g는 중력가속도이다).

$$1lb = 0.4536kg \times 0.9807m/s^2 = 4.448kg \cdot m/s^2$$

② SI단위계(N : newton)

SI단위계에서 힘(N)을 표현하는 단위로 1뉴턴은 1 kg의 질량을 1 m/s^{2}의 가속도를 낼 수 있는 힘의 크기로 정의되는 절대단위계이다.

$$1N = 1kg \times 1m/s^2 = 1kg \cdot m/s^2$$

③ 공학단위계(kgf)

공학단위계에서 질량은 kg으로, 힘은 kgf로 사용되고 있다. 1 kgf는 단위질량 1 kg을 표준 중력가속도(g = 9.80665 m/s^2)로 운동시킬 수 있는 힘의 크기이다. 이 단위계에서는 특히 우리나라에서 지금까지 지구표면에서의 공학문제나 일상생활에서 “중량 1 kg = 1 kgf = 질량 1 kg인 물체의 무게”라는 개념에 근거하여 질량과 힘(무게)을 엄격하게 구별하지 않고 있으나 정확한 표현이 아니고 1 kgf는 다음과 같은 관계가 있다.

$$1kgf = 1kg \times 9.80665m/s^2 = 9.80665kg \cdot m/s^2$$

이들 세 가지 단위계에서 사용하고 있는 힘의 단위를 서로 단위변환하여 같은 양으로 표현하면 표 3.2.3과 같다.

표 3.2.3 세 가지 단위계에서 힘의 단위변환

단위계	힘의 단위	변 환
영미상용 단위계	1 lb	$1lb = 0.4536kgf$ $1lb = 0.4536kg \times 0.9807m/s^2 = 4.448kg \cdot m/s^2 = 4.448N$
SI단위계	1 N	$1N = \frac{1}{9.80665}kg \cdot m/s^2 = 0.102kgf$ $1N = \frac{1}{4.448}lb - 0.22481lb$
공학단위계	1 kgf	$1kgf = 9.80665kg \cdot m/s^2 = 9.80665N$ $1kgf = \frac{1}{0.4536}lb = 2.2046lb$

(2) 질량의 단위

① 영미상용단위계(slug)

사실 질량이 기본단위임에도 불구하고 영미상용단위계에서는 힘(lb)을 기본단위처럼 사용하고, 질량(slug)은 유도단위(derived unit)처럼 사용된다. 질량의 단위 1 slug의 정의는 힘 1 lb가 어떤 질량에 작용되어 1 ft/s^{2}의 가속도를 생기게 하는 단위이다. 뉴턴의 법칙 $F = ma$에서 다음과 같이 유도된다. 즉, 힘이므로 slug에 대해 정리하면 다음과 같다(여기서 F는 힘, m은 질량, a는 가속도이다).

$$1slug = \frac{1lb}{1ft/s^2} = 1lb \cdot s^2/ft$$

② SI단위계와 공학단위계(kg)

SI단위계와 공학단위계에서는 질량은 유도단위가 아닌 기본단위로 사용하고 있기 때문에 질량(kg)에 대한 정의는 앞 절에서 설명한 것처럼 표 3.2.1과 같다. 다음 표 3.2.4는 세 가지 단위계에서 사용하고 있는 질량의 단위를 서로 단위변환하여 같은 양으로 표현한 것이다.

표 3.2.4 세 가지 단위계에서 질량의 단위변환

단위계	질량의 단위	변 환
영미상용단위계	1 slug	$1slug = \frac{1lb}{1ft/s^2} = \frac{4.448kg \cdot m/s^2}{1ft/s^2 \times 0.3048m/ft} = 145932kg$
SI단위계 공학단위계	1 kg	$1kg = \frac{1}{14.5932}slug = 0.06854slug$

(3) 질량과 무게와 힘의 관계

① 질량과 무게

물체의 질량(Mass, m)은 물체의 위치나 물체가 놓여 있는 환경과는 무관한 절대량이고, 무게(Weight, W)는 지구 또는 달과 같이 거대한 질량의 물체에 의하여 잡아당기는 인력이다. 따라서 물체의 무게는 다른 물체와의 위치에 따라서 달라진다. 즉, 지구의 표면에서의 무게는 다음 식 (3.2.1)과 같이 표현된다.

$$W = G\frac{m_e m}{r_e^2} = mg \tag{3.2.1}$$

여기서, W : 무게(weight)

m : 질량(mass)

G : 만유인력상수

$$[\,G = 3.439(10^{-8})\,ft^3 / slug \cdot s^2 = 6.673(10^{-11})m^3 / (kg \cdot s^2)\,]$$

m^e : 지구의 질량

예제 3.2.1

연비가 1.5 km/liter일 때, 이를 Mile/Gallon으로 단위를 환산하여라.

풀이 1 km = 0.624 mile이고, 1 gal = 3.785 L이므로

$$1.5\frac{km}{\ell}\times 0.624\frac{mi}{km}\times 3.785\frac{\ell}{gal} = 35.3mi / gal$$ 이다.

예제 3.2.2

영미상용단위로 공학계산에 사용될 G(만유인력상수) 값은 $G = 3.439(10^{-8})$ ft^3/slug · s^{2}이다. SI단위로 G를 구하여라.

풀이 영미상용단위에서 ft와 slug는 SI단위계에서 각각 m과 kg으로 사용되므로 다음과 같이 변환된다.

$1ft^3 = 0.02832m^3$

$1kg = 0.06854slug$

따라서

$$G = 3.439(10^{-8})\frac{ft^3}{slug \cdot s^2}\times 0.02832\frac{m^3}{ft^3}\times 0.06854\frac{slug}{kg}$$

$$= 6.675(10^{-11})m^3 / kg \cdot s^2$$

4) 차원

차원이란 기본단위를 M, L, T에 의해서 나타내어진 물리량을 말한다. 따라서 역학에 나타나는 모든 물리량은 기본단위를 표현하는 질량(M), 길이(L), 시간(T)과 같은 차원으로 표현될 수 있다. 표 3.2.5는 역학에서 흔히 사용되는 SI단위와 차원을 나타내고 있다. 이런 차원을 이용한 단위의 표현을 이용하면 현재 당국에서 사용하고 있는 공학단위계는 질량과 힘을 표현하는 kg의 의미를 정확히 구별하여 사용하고 있지 않기 때문에 이들 영미사용단위와 SI단위간에 혼동을 일으킬 수 있다. 즉, 질량은 kg으로 M의 차원이고, 힘을 표시하는 kgf는 ML/T^{2}로 확실히 서로 다른 단위라는 것을 구별할 수 있어야 한다.

표 3.2.5 흔히 사용되는 SI단위와 차원

단위	양	단위	기호	공식	차원
기본단위	길이 질량 시간	미터 킬로그램 초	m kg s		L M T
유도단위	힘 에너지, 일 주파수 동력 압력, 응력	뉴턴(newton) 주울(joule) 헤르츠(hertz) 왓트(watt) 파스칼(pascal)	N J Hz W Pa	kgm/s^2 Mn 1/s J/s N/m^2	MLT^{-2} ML^2T^{-2} T^{-1} ML^2T^{-3} $ML^{-1}T^{-2}$
보조단위	평면각	라디안(radian)	rad		M1(L/L)

5) 힘의 특성(합성과 분해)

힘은 앞에서도 언급하였듯이 한 물체에서 다른 물체로 작용하게 된다. 그리고 작용하는 힘은 물체의 외부와 내부에 효과를 나타나게 한다. 즉, 두 물체의 운동을 변화시키거나 물체에 반작용력을 발생시키는 외부효과와 물체를 변형시키는 내부효과를 나타낸다. 힘은 그 크기와 방향과 작용점이라는 세 가지를 표시하여야 온전하게 나타낼 수 있으며 이를 힘의 3요소라고 한다.

역계의 합력은 원래의 역계를 단순화시키는 가장 간단한 등가계이다. 역계가 좀 더 간단한 등가계로 축소되어 가는 과정을 힘의 합성이라고 한다. 하나의 힘 또는 역계가 등가계로 확대되어 가는 과정을 힘의 분해라고 한다. 힘의 성분은 주어진 힘을 두 힘 또는 그 이상의 힘으로 분해했을 때의 한 힘이다.

(1) 힘의 합성

물체에 작용하는 많은 힘들을 같은 효과를 갖게 하는 하나의 힘으로 통합하는 것을 힘의 합(Composition)이라고 하며, 통합한 힘을 합력(R, resultant)이라고 한다. 이렇게 힘을 합성하는 방법은 도식적인 방법과 수치적인 방법이 있다.

먼저 도식적인 방법을 이용해 힘을 합성하는 방법은 평행사변형에 의한 방법과 삼각형에 의한 방법이 있다. 이때, 정확한 결과를 얻기 위해서는 정확한 척도로 그림을 그려야 한다. 그림 3.2.2에서 보는 바와 같이 F_1과 F_2의 합력 R을 구하기 위해 그림 3.2.2(a)는 평행사변형의 법칙을 그림 3.2.2(b)에서는 삼각형의 법칙을 이용한 것이다.

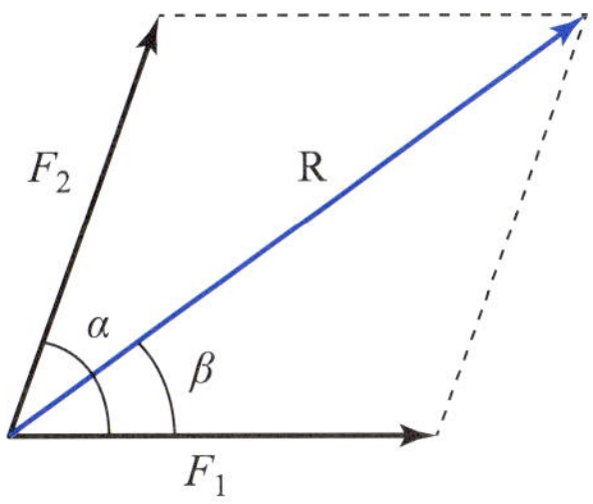

(a) 평행사변형의 법칙

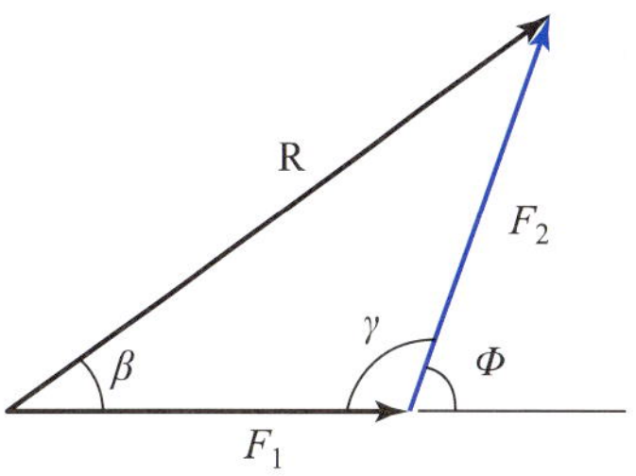

(b) 삼각형의 법칙

그림 3.2.2 힘의 합성

또, 수치적으로 삼각함수의 사인법칙과 코사인법칙을 이용하여 실제적으로 합력의 크기와 방향을 수치적으로 결정할 수 있다. 그림 3.2.2(b)에서 F_1과 F_2의의 합력 R의 크기를 구하기 위해 식 (3.2.2)와 같이 코사인법칙을 적용하면

$$R^2 = F_1^2 + F_2^2 - 2F_1F_2\cos\gamma \tag{3.2.2}$$

이고, 여기서 $\cos\gamma = \cos(180-\phi) = -\cos\phi$이므로 최종적으로 다음 식 (3.2.3)과 같다.

$$R^2 = F_1^2 + F_2^2 + 2F_1F_2\cos\phi \tag{3.2.3}$$

여기서, ϕ는 두 힘 사이의 각도이다. 또 힘 F_1에 대한 합력 R 작용방향은 사인법칙으로부터 다음 식 (3.2.4)와 같이 계산할 수 있다.

$$\frac{\sin\beta}{F_2} = \frac{\sin\phi}{R} \Leftrightarrow \sin\beta = \frac{F_2\sin\phi}{R} \tag{3.2.4}$$

또는

$$\beta = \sin^{-1}\left(\frac{F_2\sin\phi}{R}\right)$$

이다.

(2) 힘의 분해

힘을 분해하는 방법도 힘을 합성하는 방법과 같이 도식적인 방법과 수치적인 방법이 있다. 도식적인 방법은 힘을 합성하는 방법을 반대로 하면 된다. 즉, 그림

3.2.3(b)나 (c)와 같이 주어진 두 개의 방향으로 평행선을 그어 힘의 평형사변형이나 삼각형을 그려서 변에 표시되는 F_x와 F_y가 힘 R의 x, y 방향의 분력이 된다.

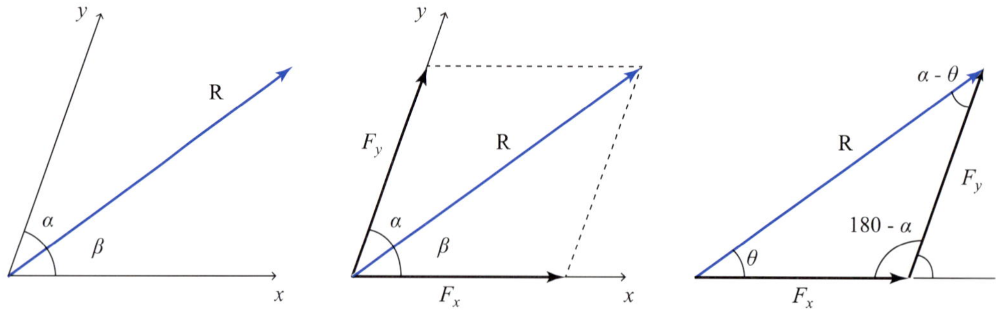

(a) 평면상의 힘 R　　(b) 평행사변형의 법칙　　(c) 삼각형의 법칙

그림 3.2.3 도식적인 방법에 의한 힘의 분해

수치적인 방법 역시 합성과 마찬가지로 사인법칙을 이용하여 힘을 분해한다. 그림 3.2.3(c)에서 사인법칙은 $\frac{\sin(\alpha-\theta)}{F_x}=\frac{\sin\theta}{F_y}=\frac{\sin(180-\alpha)}{R}=\frac{\sin\alpha}{R}$ 이므로 사인법칙을 적용하여 각각의 x방향과 y방향의 분력은 다음 식 (3.2.5)와 같이 계산할 수 있다.

$$F_x=\frac{\sin(\alpha-\theta)}{\sin\alpha}R \qquad F_y=\frac{\sin\theta}{\sin\alpha}R \tag{3.2.5}$$

6) 도심과 무게중심

도심은 물체의 기하학적 형상의 중심을 의미한다. 즉, 물체가 균질하거나 비균질할 때에도 정의될 수 있다. 균질한 물체의 도심과 무게중심은 일치하겠지만 비균질한 물체는 그 도심의 위치와 무게중심이 달라질 수 있다. 그림 3.2.4에서 미소면적을 dA, 그 중심좌표를 x, y라고 하면 전체면적 A의 도심의 좌표는 다음 식 (3.2.6)과 같이 주어지고,

$$\bar{x}=\frac{\int x dA}{\int dA}=\frac{G_y}{A} \qquad \bar{y}=\frac{\int y dA}{\int dA}=\frac{G_x}{A} \tag{3.2.6}$$

또는 식 (3.2.7)과 같다.

$$\bar{x} = \frac{G_y}{A} = \frac{\sum x_i A_i}{\sum A_i} \qquad \bar{y} = \frac{G_x}{A} = \frac{\sum y_i A_i}{\sum A_i} \tag{3.2.7}$$

여기서, $A = \int dA$이다. 그리고 $G_y = \int x\, dA$는 y축에 대한 단면적 A의 단면 1차 모멘트이다. 위의 식은 평면의 도심뿐만 아니라 선분의 도심, 체적의 도심 등을 구할 때도 그대로 적용된다.

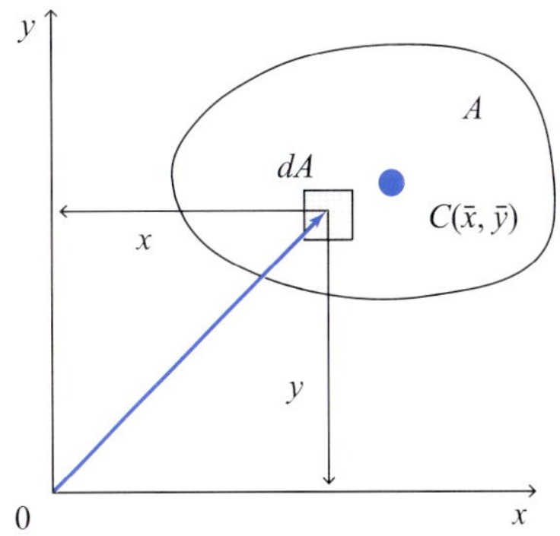

그림 3.2.4 평면의 도심

7) 단면 2차 모멘트

한 축에 대한 단면 2차 모멘트는 기호 I로 표시하고 구해지는 특정한 축은 아래첨자로 표시한다. 즉, 평면에서 x, y축에 대한 단면 2차 모멘트는 I_x, I_y로 표시하게 된다. 그림 3.2.4에서 단면 x, y축에 대한 단면 2차 모멘트는 각각 다음 식 (3.2.8)과 같이 정의된다.

$$I_x = \int_A y^2 dA \qquad I_y = \int_A x^2 dA \tag{3.2.8}$$

또, 한 축에 대한 단면 2차 모멘트가 구해지면 그와 평행한 축에 대한 단면 2차 모멘트는 평행축 정리를 사용하여 구할 수 있다. 평행축 정리는 평면의 임의의 한 축에 관한 단면 2차 모멘트는 면적도심을 통과하는 평행한 축에 관한 단면 2차 모멘트와 두 축간의 거리의 제곱에 면적을 곱한 값과 같다는 것으로 다음 식 (3.2.9)와 같이 표현할 수 있다.

$$I_{x'} = I_{xc} + Ad_y^2 \tag{3.2.9}$$

여기서, I_{xc}는 도심을 통과하는 x축에 대한 단면 2차 모멘트이고, d_y는 x축과 x′축의 거리이며, $I_{x'}$은 x′축에 대한 단면 2차 모멘트이다.

예제 3.2.3

다음 그림 3.2.5와 같은 직사각형 단면에서 다음을 계산하여라.
(a) 직사각형의 밑변에서의 단면 2차 모멘트
(b) x축과 평행한 도심을 통과하는 축에 대한 단면 2차 모멘트

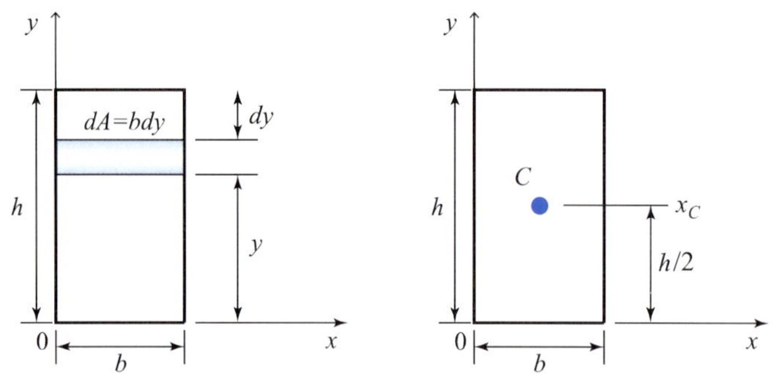

(a) 밑변에 대한 단면 2차 모멘트 (b) 도심축에 대한 단면 2차 모멘트

그림 3.2.5 직사각형 단면의 단면 2차 모멘트

풀이 (a) 직사각형의 밑변에 대한 단면 2차 모멘트의 계산
밑변에서 x축에 대한 단면 2차 모멘트를 계산하기 위해 식 (3.2.8)을 적용한다.

$$I_x = \int_0^h y^2 dA = \int_0^h y^2 \cdot bdy = \left[\frac{b \cdot y^3}{3}\right]_0^h = \frac{bh^3}{3}$$

유사하게 t축에 대한 단면 2차 모멘트를 계산하면, $I_y = \dfrac{b^3 h}{3}$ 이다.

(b) x축과 평행한 도심을 통과하는 축에 대한 단면 2차 모멘트의 계산
직사각형 단면의 도심축을 통과하는 단면에서의 단면 2차 모멘트의 계산은 평행축 정리를 이용하여 식 (3.2.9)를 이용하여 다음과 같이 계산한다.

$$I_{xc} = I_x - Ad_y^2 = \frac{bh^3}{3} - \frac{bh^3}{4} = \frac{bh^3}{12}$$

유사하게 도심을 통과하는 y축에 대한 단면 2차 모멘트는 $I_{yc} = \dfrac{b^3 h}{12}$ 이다.

8) 자유물체도와 강체의 평형

정역학의 문제는 물체의 힘이 작용하여 외적으로 나타나는 결과를 밝혀내는 것이다. 즉, 외부효과에 의해 나타나는 지지점에서의 반력을 알아내는 것이다. 자유물체도(Free Body Diagram, FBD)는 힘이 작용하는 물체로부터 분리시켜 해석하고자 하는 대상물체를 나타내는 그림이다. 대상물체가 선정되면 다른 물체에 의하여 가해지는 모든 힘을 결정하고 그림에 그려 넣으면 된다. 자유물체도의 작성방법은 다음의 표 3.2.6과 같은 단계를 거친다.

표 3.2.6 자유물체도의 작성법

단계	내 용
1	자유물체도에 그려질 물체 또는 물체의 조합을 정한다.
2	정해진 물체를 그린다.
3	자유물체의 경계선을 따라 가해지는 모든 힘을 표시한다.
4	문제해결에 사용될 좌표축을 선정하고 축의 방향을 자유물체도에 표시한다.

2차원 평면에서 힘이 작용하는 물체가 평형을 이루기 위한 필요충분조건은 다음 식 (3.2.10)과 같이 세 가지 식으로 표현할 수 있다.

$$\sum F_x = 0,\ \sum F_y = 0,\ \sum M_A = 0 \qquad (3.2.10)$$

위의 세 식을 평형조건식이라고 하며, 이를 이용해 문제를 해결해 나가는 방법은 다음과 같은 과정에 따른다.

- 문제의 정의
- 구조모델의 단순화(이상화)
- 자유물체도의 작성
- 수치적 해와 결과가 합리적인가 판단

다음의 예제 3.2.4는 자유물체도의 작성법과 예제 3.2.5는 평형조건식을 이용하여 평면력 문제의 해를 결정하는 예를 나타낸 것이다.

예제 3.2.4

그림 3.2.6(a)와 같이 사람이 도르래를 이용하여 소형차를 들어올리고 있다. B점에서의 자유물체도를 그려라.

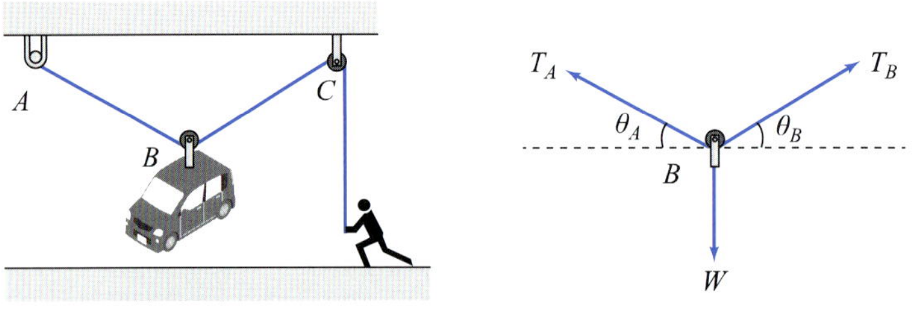

(a) 도르래 이용 (b) B점의 자유물체도

그림 3.2.6 자유물체도의 개념

풀이 그림 3.2.6(b)는 예제 그림에서 B점을 분리한 것이다. 이렇게 분리되는 B점을 살펴보면 케이블과 사람과 자동차가 사라지고, 각각 T_A, T_B 및 W로 제거된 물체가 표시되어 나타난다.

예제 3.2.5

그림 3.2.7과 같은 단순보 지점 A와 B에서의 반력을 계산하여라.

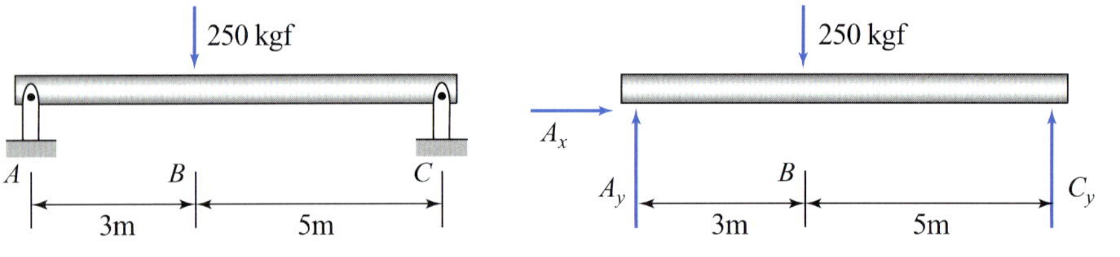

(a) 단순보 (b) 단순보의 자유물체도

그림 3.2.7 평형조건식의 적용

풀이 먼저 C_y는 점 A에 대한 모멘트를 합하여 계산할 수 있다. 즉,

$$\sum M_A = 250kgf \times 3m - C_y \times 8m = 0$$

$$C_y = \frac{250kgf \times 3m}{8m} = 93.75kgf$$

C_y가 계산되면, $\Sigma F_x = 0$과 $\Sigma F_y = 0$을 사용하여 반력성분 A_x, A_y를 계산할 수 있다.

$$\sum F_x = A_x = 0 \Rightarrow A_x = 0$$

$$\sum F_y = 250kgf - 93.75kgf + A_y = 0 \quad \Rightarrow \quad A_y = 156.25kgf$$

3.2.2 재료역학

3.2.2.1 재료의 기본적 성질

1) 탄성과 소성(Elasticity and Plasticity)

일반적으로 물체가 외력을 받아서 변형한 재료가 외력을 제거하였을 때 완전히 처음의 형상으로 되는 성질을 탄성이라고 하고 이 변형을 탄성변형, 이러한 재료를 완전 탄성체라 한다. 물체가 외력을 받아서 변형한 재료가 외력을 제거하였을 때 전연 원형으로 되돌아오지 않을 때의 성질을 소성이라고 하고, 이러한 변형을 소성변형이라 하며, 이러한 재료를 소성체라 한다. 엄밀한 의미에서 많은 재료는 위의 두 가지 성질을 모두 가지고 있어 완전한 탄성체 또는 소성체라고 하는 것은 드물다. 그러나 많은 구조재료는 공학적으로 사용되는 범위에서는 탄성체로 취급되는 경우가 많다.

즉, 많은 재료는 온도의 고저로 그 성질이 현저히 변화하고 연강과 같이 일정 한도를 넘는 힘을 가하면 탄성을 상실하고 소성상으로 되는 것도 있다.

다음 그림 3.2.8은 강의 응력-변형률 곡선을 나타낸 것이다.

① 비례한도(Proportional limit) : 탄성한도 내에서 응력과 변형률이 비례하는 최대한도(P점)

② 탄성한도 : 외력을 제거해도 연구변형을 남기지 않고 원래의 상태로 돌아가는 응력의 최대한도(E점)

③ 항복점(Yielding point) : 외력은 증가하지 않는데 변형이 급격히 증가하였

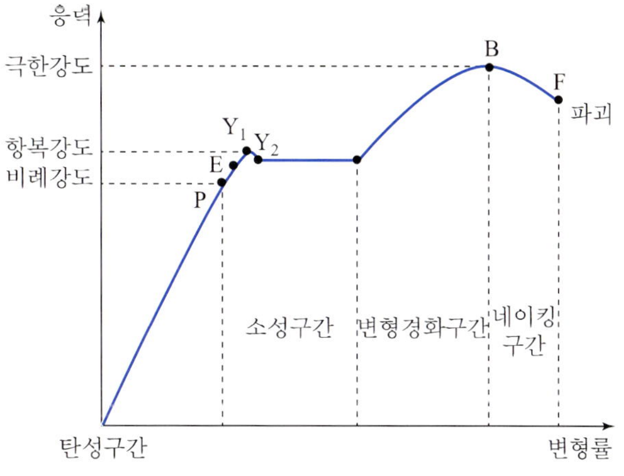

그림 3.2.8 응력-변형률 곡선

을 때의 응력(Y점)

④ 극한강도(Ultimate strength) : 응력의 최대값(B점)

항복점을 확실히 하는 것은 연강과 같은 연성이 큰 재료에 한하고 많은 재료는 명확하지 않다.

2) 탄성계수(Modulus of elasticity)

재료는 탄성한도 내에서 응력은 변형률에 비례한다. 이러한 성질을 Hooke의 법칙이라고 한다. 실험의 결과에 의하여 확실한 것이지만 압연강, 치밀한 석재 등은 이 법칙에 적합하고, 주철, 콘크리트, 조립의 석재, 목재, 벽돌 등은 약간 적합하고 고무, 가죽 등은 이러한 법칙에 적용되지 않는다. 단면적 A, 길이 l의 물체에 하중 P가 작용하고, 길이가 Δl만큼 변하였다면, 비례한도 내에서는 응력 σ와 변형률 ε은 비례한다. 그의 비례정수를 E라 하고 다음 식 (3.2.11)과 같이 나타낼 수 있다.

$$E = \frac{\sigma}{\varepsilon} = \frac{P/A}{\Delta l/l} = \frac{P \cdot l}{A \cdot \Delta l} \qquad (3.2.11)$$

비례정수 E를 탄성계수 또는 영계수(Young's modulus)라 한다. 탄성계수는 그림에서 표시한 직선의 경사각 θ의 $\tan\theta$가 된다. Hooke의 법칙에 따르는 비례한도 내에서는 이 값은 일정하지만 Hooke의 법칙을 따르지 않는 재료의 탄성계수는 응력의 크기에 의하여 값을 달리 하고 있다. 또한 재료가 전단력 Q를 받는다면 전단응력 τ와 전단변형률 γ는 비례하며 이때의 비례정수를 전단 탄성계수(Shear modulus of elasticity)라 하고 다음 식 (3.2.12)와 같이 나타낸다.

$$G = \frac{\tau}{\gamma} = \frac{Q/A}{e/l} = \frac{Q \cdot l}{A \cdot e} \qquad (3.2.12)$$

3) 인성(Toughness)과 취성(Brittleness)

어떤 재료는 파괴에 이를 때까지 높은 응력에 견딤과 동시에 큰 변형을 표시하는 재료(압연강, 고무 등)를 인성이 강한 재료라고 말한다. 이에 반하여 약간의 변형에도 파괴되는 재료(주철, 유리)를 취성이 강한 재료라고 말한다. 갑작스런 파괴가 큰 위험을 가져올 우려가 있는 진동성의 구조물에서는 인성이 강한 재료를 사용해야 한다.

4) 연성(Ductility)과 전성(Malleability)

인장응력을 받아서 파괴될 때까지 현저히 가늘고 길게 늘어나는 재료를 연성이 풍부하다고 한다. 고강도의 응력에 견디고 또한 연성이 큰 재료는 인성이 큰 재료이다. 또 어떤 재료는 두들기면 엷게 늘릴 수가 있다. 이런 재료(금, 납)를 전성이 풍부한 재료라고 한다.

3.2.2.2 응력과 변형률

응력(Stress, σ)은 그림 3.2.9는 단위 면적당 작용하는 힘의 세기로 정의되며, 식 (3.2.13)을 이용하여 응력을 계산할 수 있다. 응력의 종류에는 수직응력과 전단응력 등으로 구분한다.

$$\sigma = \frac{P}{A} \tag{3.2.13}$$

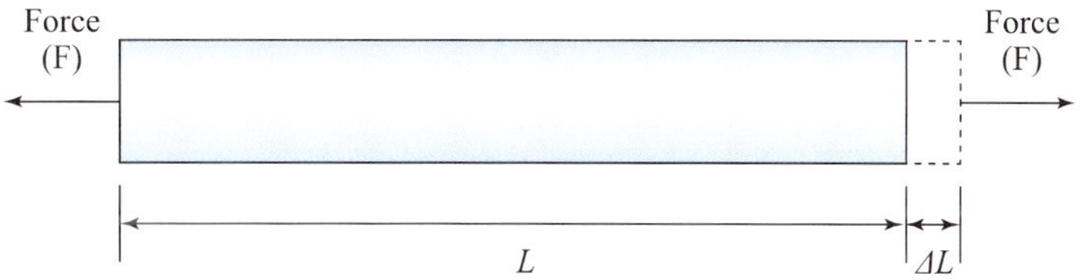

그림 3.2.9 응력의 정의

수직응력(Normal stress)은 작용 단면에 수직으로 작용하는 응력으로 인장응력과 압축응력이 생기며, 전단응력(Shear stress)은 작용 단면에 평행으로 작용하는 응력을 말한다. 또한 물체에 외력을 가해주면 물체 내부에 이에 저항하는 응력이 발생하는 동시에 물체를 구성하고 있는 분자상태가 변화하여 물체의 형상 및 치수를 변화시킨다. 이러한 변화량을 본래의 길이로 무차원화시킨 것이 변형률(Strain, ε)이라고 하며, 식 (3.2.14)와 같이 계산할 수 있다. 이는 물질의 변형 정도를 말하며, 통상 미세한 변형률을 측정하므로 "Micro-strain"이라는 용어를 사용한다. 그리고 변형률은 일반적으로 변형방향에 따라서 수직변형률과 전단변형률, 그리고 포아송변형률로 분류할 수 있다. 그리고 변형률은 그림 3.2.9와 같이 신장 방향에 따라 인장(+)이나 압축(−)변형률로 표시한다.

$$\varepsilon = \Delta L / L \tag{3.2.14}$$

예제 3.2.6

그림 3.2.10과 같이 길이가 1 m이고, 직경이 10 mm인 원형 단면을 갖고 있는 강봉이 축방향으로 단면의 도심에 500 kgf의 인장력을 받고 있다. 이 강봉의 신장량이 0.8 mm로 측정되었다면, 이때 봉의 인장응력과 변형률을 구하여라.

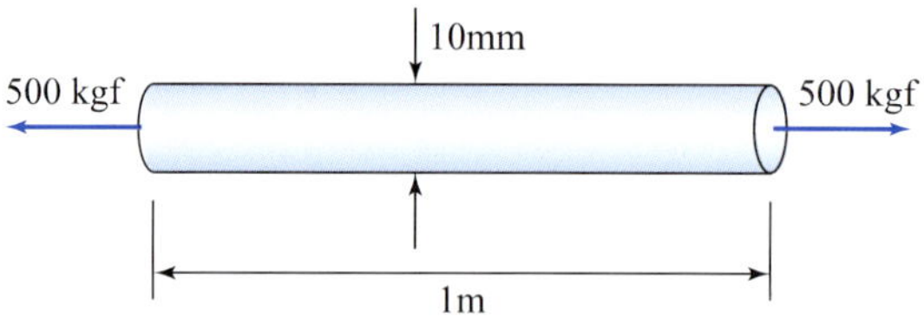

그림 3.2.10 원형 단면을 갖는 강봉

풀이 축하중이 양단에 있는 단면의 도심을 지나기 때문에, 식 (3.2.13)을 사용하여 응력을 계산하면 다음과 같다.

$$\sigma = \frac{P}{A} = \frac{500kgf}{(\pi \cdot 1^2 cm^2)/4} = 636.62kgf/cm^2$$

또한, 변형률은 식 (3.2.14)를 이용하여 계산하면 다음과 같다.

$$\varepsilon = \frac{\Delta L}{L} = \frac{0.8mm}{1000mm} = 0.0008$$

위에서 계산한 σ와 ε은 각각 봉의 길이방향의 인장응력과 인장변형률을 나타낸다.

3.2.3 구조역학

건설(건축)구조공학이란 각종 구조물의 해석(Analysis)과 설계(Design)를 하는 공학분야이다. 설계가 최종적인 목적이라면, 그 목적을 달성하기 위해서는 반드시 해석에 대한 깊은 이해를 하고 있어야만 안전한 설계를 보장할 수 있다. 구조역학은 이와 같은 구조물의 해석을 다루는 학문이다. 즉, 정역학 등의 간단한 원리를 적용하여, 각종 구조물이 외력을 받았을 때 구조물에 발생하는 내력(Internal force)과 변형(Deformation)을 규명해 내는 응용역학의 한 분야인 셈이다.

1) 구조물에 작용하는 하중

구조물의 해석에서는 반드시 하중에 대한 규명이 선행되어져야만 하며, 이러한 하중을 정확하게 규명하는 것이 중요하다. 구조물에 작용하는 하중에는 시간에 관계없이 일정하게 정적으로 작용하는 정하중(Static load)과 차량 및 기차, 풍하중, 지진하중 등과 같이 시간에 따라 변화하는 동하중(Dynamic load)으로 나눌 수 있다. 이들 동하중의 동적인 효과를 그 해석에 반영하기에는 복잡한 요소가 많기 때문에 등가의 정적인 하중으로 치환하여 간단하게 해석하는 경우가 일반적이다. 그러므로 일반적인 구조해석에서는 고정하중(Dead load)과 활하중(Live load)으로 크게 나누는 것이 일반적이다.

고정하중은 그 크기가 거의 변화하기 않고 일정하게 유지되며 작용하는 위치도 변화하지 않는 하중이다. 예를 들면, 구조물 자체의 무게 및 구조물에 영구적으로 부착된 것들로 지붕, 바닥, 보, 기둥 등이 건물의 고정하중에 해당한다. 활하중은 작용위치와 크기가 시간에 따라 변화하는 하중으로 크게 수직으로 작용하는 활하중과 수평으로 작용하는 활하중으로 대별된다. 차량이나 눈, 사람과 같은 하중은 수직으로 작용하는 활하중에 속한다. 반면에 풍하중이나 지진하중, 토압이나 수압 등은 수평으로 작용하는 활하중에 속한다.

이밖에도, 구조물의 온도변화에 의한 하중, 지반의 부동침하, 시공시의 제작오차나, 콘크리트와 같은 경우 건조수축과 크리프(Creep) 등은 외부에서 작용하는 하중이 아니면서도 구조물에 응력을 발생시키는 하중효과를 나타내기도 한다.

구조물의 해석 및 설계시 가장 중요한 것은 이러한 하중의 크기 및 작용점을 정확하게 추정해내고, 이들이 가장 위험한 효과를 주는 하중의 조합을 결정하여 이에 대해 구조물의 안정성 및 설계를 수행하는 것이다.

2) 구조 부재의 종류와 지점

구조물은 부재의 모양이나 구성방법 및 외력을 받는 상태에 따라 다음과 같이 분류될 수 있다. 부재의 재축방향으로 인장력을 받는 부재를 인장부재(Tension member), 압축력을 받는 부재를 압축부재(Compression member)라고 한다. 인장부재는 강봉이나 케이블처럼 단면의 크기에 비해 길이가 긴 부재가 효율적으로 사용될 수 있다. 반면에 압축부재는 단면의 크기에 비해 길이가 길어지면 좌굴(Buckling)로 파괴될 가능성이 커지게 되며 세심한 주의가 필요하다. H형강이나 정사각형 철근콘크리트 기둥 등이 대표적인 압축부재라고 할 수 있다. 그리고 부재의 축방향에 대해 수직으로 하중을 지지하는 휨 부재(Bending member)가 있다. 휨 부재는 주로 휨 모멘트나 전단력으로 외력에 저항하게 되며, 일반적으로 수평방향으로 배치되는 보가 대표적인 휨 부재이다. 이 휨 부재는 휨 응력의 분포형상 때문에 주로 강재 중에서는 I형강이나 H형강이 많이 사용되며, 철근콘크리트 구조의 경우에는 정사각형보다는 직사각형 단면이 더욱 효율적으로 사용된다. 다음 그림 3.2.11은 위에서 설명한 구조 부재들의 예를 보인 것이며, 이들 구조 요소들이 상호 연결(접합, Connection)되어 서해대교와 같은 구조물을 형성하게 된다.

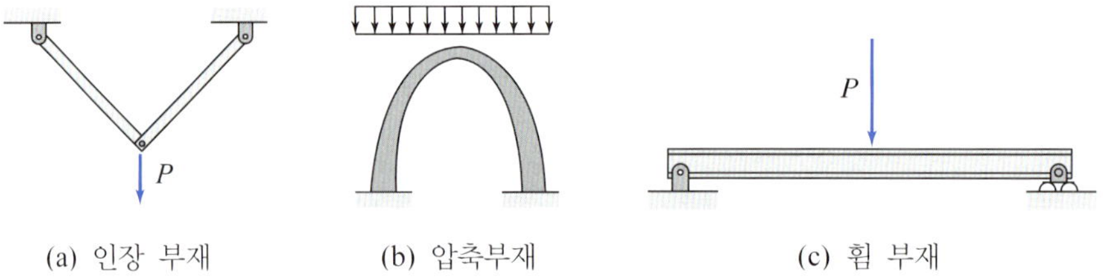

그림 3.2.11 주요 구조 부재

위의 구조 부재들로 형성된 구조물은 서로서로 연결될 뿐만 아니라, 최종적으로는 지반에 연결되어 지지된다. 구조물을 구성하고 있는 부재와 부재가 연결된 부분을 절점(Joint)이라고 하며, 구조물이 지지되거나 연결된 지반을 지점(Support)이라고 한다. 구조물에 외력이 작용하더라고 이 지점에서 외력에 저항하는 힘이 생겨 평형을 이루고 있기 때문에 그 상태를 유지하게 되는 것이다. 이러한 지점의 저항력을 지점 반력이라고 하며, 지점의 구조방식에 따라 각기 다른 지점 반력이 생기게 된다. 구조역학상의 지점구조는 이동단(Roller support), 회전단(Hinged or pinned support), 고정단(Fixed support) 등 세 가지가 있으며 그림 3.2.12와 같은 기호로 표시하게 된다. 이동단은 수직 방향으로만 외력에 대해 저항하고, 회전단은 수평과 수직 양방향으로 저항할 수 있으며, 고정단은 수평, 수직 및 휨 모멘트에 대해서도 저항하는 지점 구조이다.

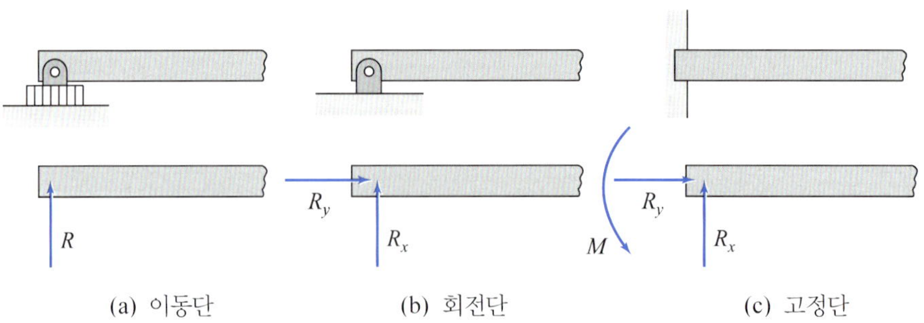

그림 3.2.12 지점의 종류와 표시법

3) 평형방정식

구조물은 그 구조물이 가지고 있는 기능을 적절하게 발휘할 수 있도록 작용하는 하중을 충분히 지탱하고 있어야 한다. 이렇게 처음부터 그 기능을 수행할 수 있도록 만들어진 구조물이 어떠한 힘이 작용하여도 그대로 정지상태나 그 기능을 수행하기에 적합한 상태로 유지되어 있는 상태를 정역학적으로 평형상태에 있다고 한다. 이러한 평형상태를 유지하기 위해서는 구조물에 작용하는 모든 하중과 그로 인해 생기는 지점의 반력 등의 힘이 서로 평형을 유지하고 있어야만 한다. 즉, 구조물에 작용하는 모든 수평 분력의 대수합과 수직 분력의 대수합이 0이 되어야 한다. 또, 평면에 수직한 임의의 축에 대한 모든 힘들의 모멘트의 대수합도 0을 이루어야만 한다. 이를 수식으로 표현하면 다음 식 (3.2.15)와 같고 이들을 만족할 때 구조물을 평형상태를 이룰 수 있게 된다. 따라서, 이들을 힘의 평형방정식(Equations of equilibrium)이라고 한다.

$$\sum F_x = 0,\ \sum F_y = 0,\ \sum M_i = 0 \tag{3.2.15}$$

여기서, $\sum F_x$ 는 수평방향(x 방향) 분력의 대수합이고, $\sum F_y$ 는 수직방향(y 방향) 분력의 대수합이며, $\sum M_i$ 는 임의점 i 에서 각 힘에 대한 모멘트의 대수합을 의미한다.

4) 정정구조물과 부정정구조물

구조물의 해석을 수행하기 전에 반드시 그 구조물이 정정, 혹은 부정정구조물인지의 여부를 판단해 내는 것이 중요하다. 힘의 평형 조건식은 구조물을 해석해 내는데 필요한 최소한의 요구 조건이다. 구조물의 반력과 내력이 힘의 평형 조건식에 의해 모두 결정되는 구조물을 정정구조물(Statically determinate structure)이라고 한다. 반면에, 구조물의 반력과 내력을 결정하기 위해 필요한 미지수의 수가 힘의 평형 조건식(3개)보다 많은 수의 미지수를 포함하고 있는 구조물을 부정정구조물(Statically indeterminate structure)이라고 하며, 이러한 구조물의 해석은 구조물의 변형조건으로부터 얻어지는 적합 조건식(Compatibility equations)을 추가로 이용하여야 정확한 반력과 내력이 결정될 수 있다. 일반적인 방법으로 간단하게 선택된 구조물에 적용할 수 있는 평형 방정식의 수와 알고자 하는 미지수의 총 개수를 비교하여 정정이나 부정정의 여부를 쉽게 판단할 수 있다. 즉, 총 부재의 수를 n이라고 하고, 반력의 총 개수를 r이라고 하면, 다음 식 (3.2.16)과 같이 정정과 부정정성의 여부를 쉽게 판단할 수 있다.

$$\begin{aligned} r = 3n &\Rightarrow \text{정정구조물} \\ r > 3n &\Rightarrow \text{부정정구조물} \end{aligned} \tag{3.2.16}$$

정정구조물은 그 해석이 단순하다는 점에서 큰 장점이 있지만, 일반적인 구조물은 고차의 부정정차수를 갖고 있는 부정정구조물이 대부분이다. 부정정구조물은 그 해석과 설계상의 어려움 등 정정구조물에 복잡한 구조물이지만, 구조물에 작용하는 하중을 감소시켜 서해대교와 같은 지간이 긴 구조물을 형성할 수 있으며, 재료를 절감할 수 있는 점과, 안정성의 측면이나, 형태상 자유로운 외적으로 화려한 구조물을 만들어 낼 수 있다는 큰 장점들로 인해 오늘날 많이 쓰이고 있다.

5) 외력과 내력(전단력과 휨 모멘트)

구조물 혹은 구조물을 구성하는 부재에 대해 외부로부터 작용하는 힘을 외력이라고 한다. 구조물의 입장에서 생각해보면, 1차적으로 계산된 반력도 결국은 구조물에 작용하는 외력으로 취급될 수 있다. 구조해석은 우선 하중과 평형을 유지하는 외력으로서의 반력을 구한 다음, 이런 외력들이 모두 규명되면 구조물의 각 부재 내부에서 평형을 유지하는 내력(부재응력)을 구하는 것이다.

내력이라는 것은 설명했듯이 구조물이 외력을 받아서 평형을 이루고 있을 때, 어떤 부재가 임의의 점에서 받는 크기가 같고 방향이 반대인 한 쌍의 힘을 말하는 것으로 주로 다음과 같은 세 가지의 힘이 있다.

- 압축력과 인장력(Compression or tension force) – 부재의 축방향으로 작용하는 힘
- 전단력(Shear force) – 부재의 축에 직각으로 작용하는 힘
- 휨 모멘트(Bending moment) – 부재의 축을 휘어지게 하는 힘

구조물의 해석에서 축방향력, 전단력과 휨 모멘트를 이해하고 그 분포도(Diagram)를 작성하는 것은 매우 중요한 일이다. 이러한 다이어그램은 부재의 길이 방향으로 축방향력, 전단력과 휨모멘트가 어떻게 변화하는지를 보여준다. 따라서, 어떤 단면 위치에서의 내력 값을 알 수 있도록 축방향력도나 전단력도, 휨모멘트도를 작성하면 설계 과정에서 매우 편리하게 사용될 수 있다. 다음 예제 3.2.7은 가장 간단한 단순보를 해석하여 다이어그램을 작성하는 방법을 예시한 것이다.

예제 3.2.7

다음 그림 3.2.13과 같은 단순보를 해석하여 전단력도와 휨 모멘트도를 작성하라.

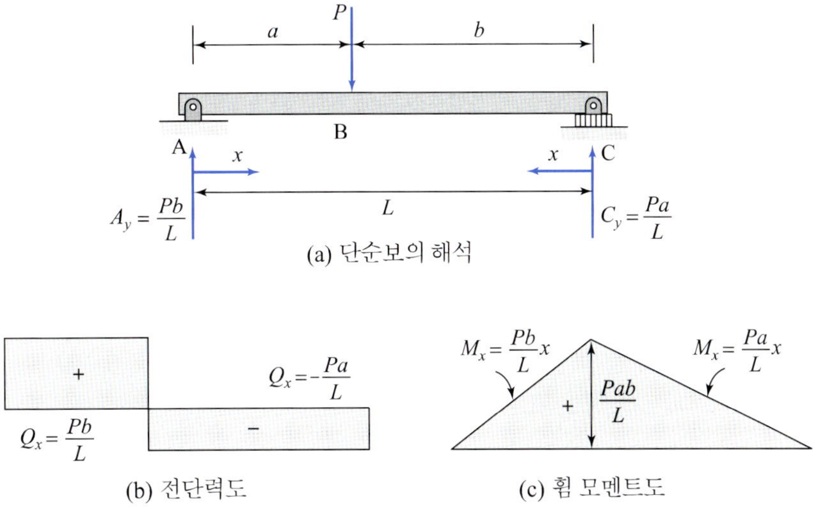

그림 3.2.13 단순보 예제

풀이 ① 반력의 계산

지점 A에서의 휨 모멘트에 대한 평형방정식을 이용하여 C_y를 계산한다.

$$\sum M_A = -P \cdot a + C_y \cdot L = 0 \quad \rightarrow \quad C_y = \frac{Pa}{L}$$

C_y가 계산되었으므로 수직 방향의 분력의 총합에 대한 평형방정식을 이용하여 A_y를 계산하면 다음과 같다

$$\sum F_y = P - \frac{Pa}{L} - A_y = 0 \quad \rightarrow \quad A_y = \frac{P(L-a)}{L} = \frac{Pb}{L}$$

② 전단력도의 작성

- A ~ C구간에서의 전단력

  시계방향을 (+)로 하여 A ~ C구간에서는 하중의 변화가 생기지 않으므로 $Q = \frac{Pb}{L}$로 일정하다.

- B ~ C구간에서의 전단력

  B점에서 집중하중 P의 영향으로 전단력에 변화가 생겨 전단력은 $Q = \frac{Pb}{L} - P = -\frac{Pa}{L}$이 되고, 나머지 B ~ C구간은 다시 일정하게 유지된다.

③ 휨 모멘트도의 작성

- A ~ C구간에서의 휨 모멘트

  이 구간에서는 A지점의 수직 반력 성분 때문에 x방향에 따라 점차로 증가하게 된다.

  $$M_x = \frac{Pb}{L} \times x = \frac{Pb}{L}x$$

- C～B구간에서의 휨 모멘트

유사하게 C～B 구간에서도 x방향에 따라 점차로 증가하게 된다.

$$M_x = \frac{Pb}{L} \times x = \frac{Pb}{L} x$$

따라서, 최대 모멘트 지점은 B점에서 발생하며, 그 값은 $\frac{Pab}{L}$이다.

3.2.4 건설재료에 따른 해석 및 설계분야 교과목

구조재료공학 분야에서의 최종적인 목표는 각각의 구조재료의 특성을 파악하여, 이러한 구조재료를 활용해서 구조물을 구성하여 해석하고, 실생활에 활용될 수 있는 구조물을 설계하는 일이라고 할 수 있다. 이 절에서는 철근콘크리트구조(Reinforced concrete structure)공학, 프리스트레스구조(Pre-stress structure)공학, 그리고 강구조(Steel structure)공학과 같이 오늘날 주로 사용되고 있는 구조 방식들의 개념과 특징들에 관련된 부분을 다루는 주요 교과목을 소개하고 있다.

1) RC 구조공학

콘크리트와 철근 두 가지 재료를 합성체로 만들어 활용한 구조방식이라는데 특징이 있다. 이 두 가지 재료는 서로 부착력이 좋고, 온도에 대한 열팽창계수가 거의 일치하여 합성체로 만들기 위한 요구조건을 만족하고 있다. 따라서, 콘크리트는 압축력에 강하지만 인장에는 약하다는 단점을 철근을 사용하여 극복하게 된다. 반면에 철근은 인장에는 아주 효율적인 재료이지만, 좌굴 등의 이유로 압축력에 약하고, 또한 내화성에 대한 문제점을 콘크리트 속에 철근을 넣음으로써 두 재료의 효율을 극대화한 구조물이다.

2) PSC 구조공학

콘크리트가 인장력에 약하다는 문제점을 해결하기 위해 콘크리트에 발생하는 인장응력이 상쇄되도록 미리 인공적으로 소정의 압축응력의 분포와 크기를 정하여 내력을 가하여 구조물을 형성한다는 구조개념을 가지고 있다. 이와 같이 미리 인공적으로 가한 소정의 응력을 프리스트레스(Pre-stress)라고 한다.

3) 강구조 공학

RC구조와 더불어 현대의 대표적인 구조방식으로, 최근에 강재의 제법이 발전하면서 많이 쓰이기 시작하였다. 강구조물의 특징은 그 중량에 대한 강도의 비가 크기 때문에 고층건물이나 장경간의 구조물에 적합한 방식이고, 큰 변형능력을 갖고 있다는 특징을 가지고 있다. 반면, 유지 관리비가 비싸다는 점과 압축력에 대한 좌굴의 위험성과 피로 등의 문제에 대해서 세심한 주의가 필요한 구조방식이다.

3.2.5 기타 응용 및 전산 분야 교과목

구조 및 재료공학 분야에서는 정역학, 재료역학 등의 기본적인 역학에 대한 이해를 바탕으로 이를 응용하여 고급역학을 전개해 나간다. 이들 고급역학은 실제 구조물의 해석과 설계에 많은 도움을 주는 것으로 주로, 동역학(Dynamics), 구조동역학(Structural dynamics), 전산구조해석(Matrix structural analysis) 등이 이에 속하는 교과목이라고 할 수 있다.

1) 동역학

주로 질점에 대해 운동하고 있는 물체의 상태를 해석하는데 주된 관심을 둔다. 동역학을 구성하는 주요 요소들을 분류하여보면 그림 3.2.14와 같다. 여기서, 운

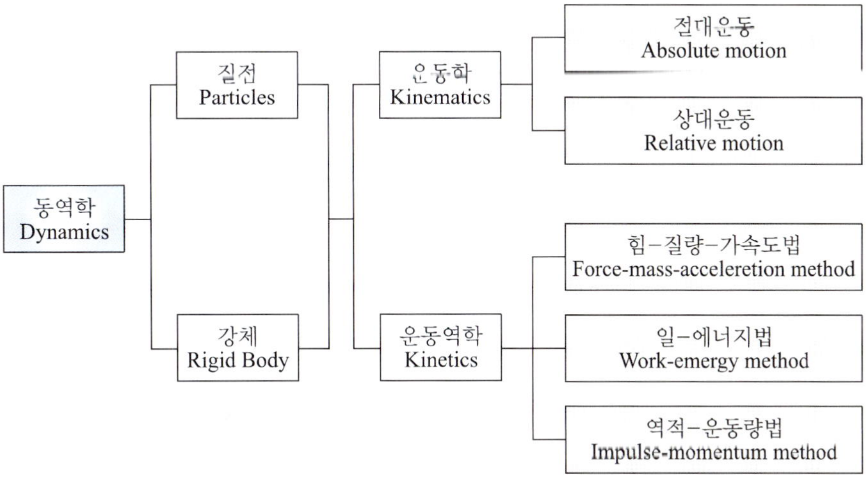

그림 3.2.14 동역학의 분류

동학(Kinematics)은 운동의 원인에 대한 관심 보다는 운동이 일어나는 기하학적인 부분에 많은 관심을 두고 있는 분야이고, 운동역학(Kinetics)에서는 물체에 작용하는 힘과 이러한 힘으로 인해 생기는 운동사이의 관계를 다루게 된다.

2) 구조동역학

구조물의 진동해석과 설계에 관련된 분야를 다루는 과목이다. 즉, 동하중(차량하중, 풍하중, 지진하중)의 특성을 파악하고, 구조물의 고유주기(Frequency)나 진동형 모드(Mode shape)와 감쇠(Damping) 등 구조물이 가지고 있는 동특성을 밝혀내는 것이 이 교과목의 주요 목표이고, 나아가서는 예상되는 동하중에 의해 구조물이 안전하도록 설계하고, 유지 관리하는데 필요한 학문을 다루게 된다.

3) 전산구조해석

최근의 과학기술의 급격한 발달로 급성장하게 된 컴퓨터를 응용한 구조물의 해석 및 설계에 대한 기초적인 개념을 이해하고, 익히는데 그 목적이 있다.

4) 기타 교과목

교과목 이외에도 구조설계, FEM 구조해석, 탄성론, 탄성안정론, 소성론, 소성설계, 파괴역학, 연속체 역학 등의 많은 교과목이 있으며 이들 모든 교과목이 하나의 독립적인 학문이 아니라 구조물의 건설이라는 커다란 목표를 향해 하나로 통합되어야 할 것이다.

연습문제

1. 영미상용단위계에서는 응력의 단위로 psi를 사용하고 있다. 즉, 1 psi = 1 lb/in^{2}이다. 1 psi를 SI단위계의 응력 단위인 Pa(파스칼, N/mm^2)과 공학 단위인 kgf/cm^{2}로 변환하면 얼마인가?

2. 그림 3.2.15와 같은 단면이 있다. 이 단면의 도심축 x와 y에 대한 단면2차 모멘트를 계산하여라.

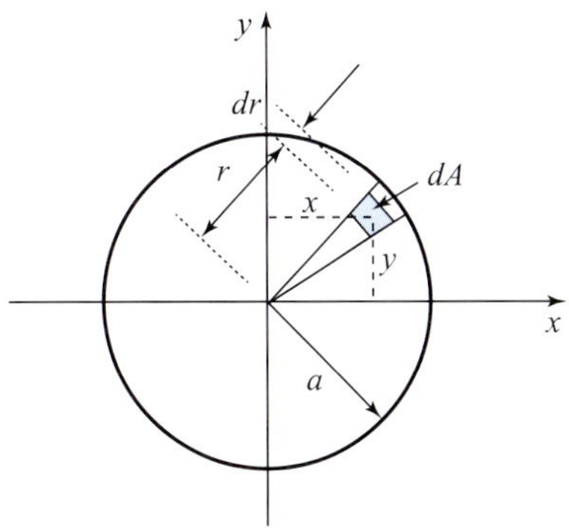

그림 3.2.15 원형단면의 단면 2차모멘트

3. 그림 3.2.16에서 B점에 대한 자유물체도를 그려라.

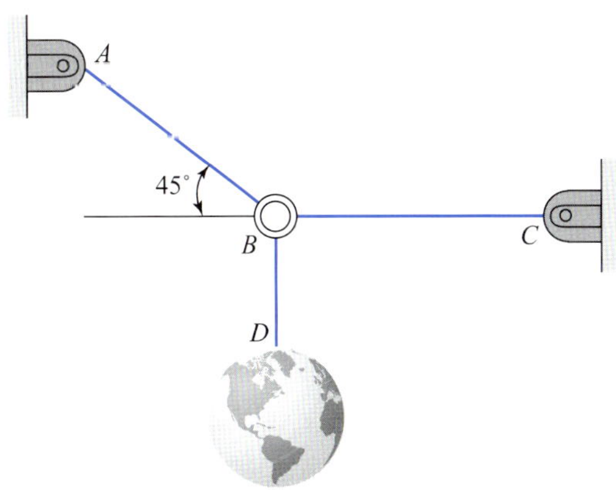

그림 3.2.16 B점에서의 자유물체도

4. 강 재료의 재료실험 결과로 그림 3.2.8과 같은 응력 변형률 관계곡선을 그린 결과 비례한도 내에서의 탄성계수 $E = 2 \times 10^6\ \text{kgf/cm}^2$으로 나타났다. 변형률 ε이 0.0014일 때의 응력을 계산하여라. 물론, $\varepsilon = 0.0014$는 비례한도 내에 존재한다.

5. 그림 3.2.17과 같은 두께가 1 mm인 강관에 100 kgf의 인장력이 작용하고 있을 때 인장응력을 구하여라. 또, 이 재료의 탄성계수가 $E = 2 \times 10^6\ \text{kgf/cm}^2$라고 할 때 변형률과 늘어난 길이를 계산하라.

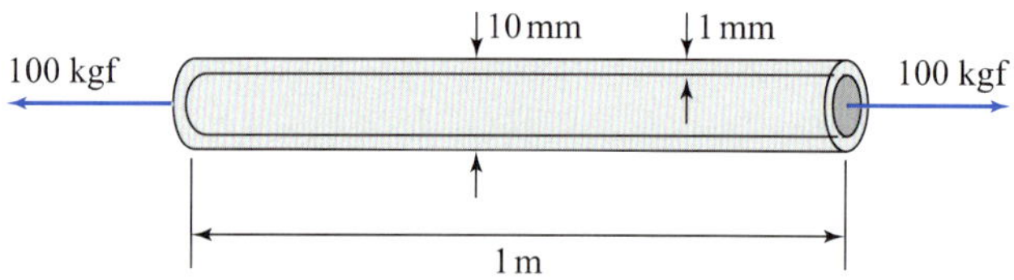

그림 3.2.17 인장력을 받는 강관

6. 그림 3.2.18과 같이 등분포하중을 받고 있는 단순보의 지점 반력과 전단력도와 휨 모멘트도를 작성하라.

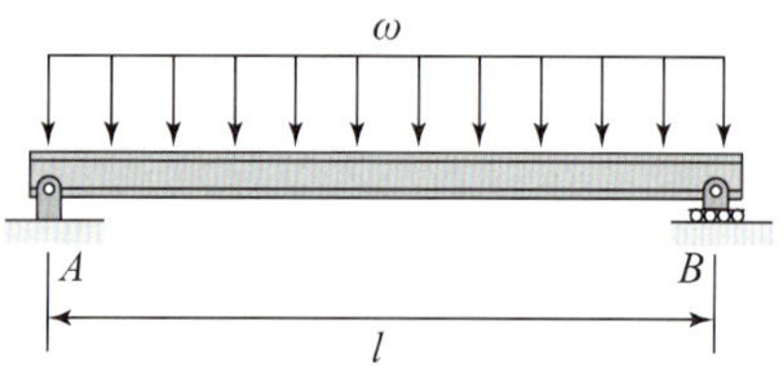

그림 3.2.18 등분포하중을 받고 있는 단순보

3.3 수리수문 및 상하수도 분야

3.3.1 수문학의 개요

이 과목은 인간을 포함한 지구상의 모든 생물과 식물들의 성장에 필요한 물의 근원과 순환과정을 탐구하는 분야이다. 바다나 호수의 물로부터 증발된 수증기가 대기의 물리화학적 과정을 통하여, 강우 혹은 강설의 형태로 다시 지표면에 도달하여 유출을 통한 지표수의 형성, 침투를 통한 지하수의 형성 및 운동과정을 연구하는 학문으로 최근 들어 하천환경학과 더불어 건설 및 환경공학도가 알아야 할 중요과목으로 인식되고 있다. 또한 수문학은 도시 및 교통설계에서도 고려해야 할 수문학적 지식을 습득하는 중요한 과목이다.

수문학의 정의로는 지구상에 존재하는 물의 생성, 순환, 분포와 물의 물리화학적 성질 및 물이 환경에 어떠한 작용을 하며 생물과는 어떠한 관계를 가지는가를 취급하는 과학의 한 분야로서 지구상의 물의 순환 전 과정을 규명하고자 하는 과목이다. 세계인구의 증가 및 물질문명의 발달로 인한 물 수요의 증가로 인하여 적절한 질과 규모의 물 공급이 절실하다는 점에서 본 과목의 필요성을 들 수 있다.

수문학적 지식의 응용분야로는 수리학, 환경공학, 농공학, 수자원공학, 도시 및 교통설계 등을 들 수 있으며, 수문학의 이론들은 다양한 목적에 따라 Applied hydrology(응용 수문학), Engineering hydrology(공업수문학), Scientific hydrology(과학적 수문학) 및 최근 들어 Environmental hydrology(환경수문학)분야들로 세분화 전문화되어 발전하고 있다.

전문적으로 다루는 분야에 따라 수문학을 구분하면 기본 수문학은 물의 순환과정(강수의 기원, 생기과정, 크기, 분포 및 양의 변화/증발, 승화 및 증산에 의한 물의 대기 중 복귀) 등에 대하여 주로 다루는 반면, 기상학(Meteorology)은 대기 중에서 일어나는 수문 현상을 연구하고 수문기상학(Hydrometeorology)은 대기 중 물에 관한 연구를 중점적으로 다루는 분야이다. 이외에도 지표수 수문학(Surfacewater hydrology)은 하천 유출과 그의 시간 및 공간적 변화/호수, 연못, 저수지에서의 저수/호수 및 하천수계의 물리적 특성/지표수의 기원과 생태에 대하여 다루는 반면, 지하수 수문학(Groundwater hydrology)은 지하수의 기원과 성질 및 생기과정/물의 침투/지하 수층으로부터 지표면 하천으로의 유출에 대하여 심층적으로 연구하는 분야이다.

수문학의 이론은 인근 타 과학 분야로 적용이 되기도 하는데 이를 구분하면 다음과 같다.

① 기상학(Meteorology)은 대기권 내의 제반현상을 다루는 반면, 기후학(Climatology)은 기후현상의 평균값 및 극대값 등을 다루는 분야로서 통계학적 기상학(Statistical meteorology)을 의미한다.
② 지형학(Physical geography)은 산악이 강수에 미치는 영향 및 지형의 영향을 분석한다.
③ 지질학과 토양학(Geology & Soil physics)은 투수능, 강수 및 유출의 영향에 대해 연구
④ 해양학과 호수학(Oceanography & Limnology)은 증발, 누수(Seepage), 저수지 내 파동현상, 토사 침전 등을 연구
⑤ 수리학(Hydraulics)은 하천의 정상류, 홍수파의 이동, 지하로의 침투 및 지하수의 흐름에 대한 연구

3.3.2 수리학의 개요

수리학(Hydraulics) 또는 수리공학(Hydraulic engineering)은 유체(Liquid) 특히 물의 역학을 다루는 분야로 물의 기본성질 및 물과 물체간에 작용하는 힘뿐만 아니라 물과 관련된 구조물이나 시스템의 설계 및 설계를 연구하는 응용과학의 한 분야이다. 건설공학을 기초로 한 수리 및 수문(Hydrology) 분야에서 치수 및 이수목적의 다양한 수리시스템의 계획 및 설계를 위해 수리학은 중요한 역할을 하고 있다.

수문 분야에서는 과거의 홍수 및 강우자료 분석을 통하여 설계홍수량을 산정하여 치수구조물의 크기를 결정하거나, 유출량 분석을 통하여 이수목적의 수자원량을 산정하게 된다. 수리 분야에서는 이와 같은 설계홍수량이나 수자원량에 대해 물과 접촉하는 댐의 여수로나 방류수로, 고속도로의 암거, 관개를 위한 인공수로, 취수를 위한 보, 안정하도 유지시설, 침수 방지를 위한 각종 배수시설, 화력발전소의 냉각수 시설 등 다양한 수리 구조물 및 시스템의 설계를 하게 된다.

유체역학(Fluid mechanics)은 정지하고 있거나 움직이는 유체에 작용하는 힘을 다루는 학문이라 할 수 있다. 고체(Solid)와는 달리 유체는 입자가 쉽게 움직이거나 상대적인 위치를 변화시킬 수 있는 물질이다. 즉, 유체란 전단력이 작용할 때 지속적으로 형태가 변하는 물질로 액체(Liquid)와 기체(Gas)가 유체에 속한다. 반

면에 고체는 전단력이 적용하면 탄성한계(Elastic limit) 내에서 변형이 되지만 시간이 지나도 더 이상 변형되지는 않는다. 이와 같이 전단력이 작용할 때 유체의 운동이 지속되므로 유체를 전단력에 저항하지 못하는 물질로 정의하기도 한다.

유체의 변형률은 유체의 특성인 점성(Viscosity)에 의해 가해진 전단력에 따라 변하게 된다. 따라서 꿀이나 차가운 기름 등과 같이 점성이 큰 액체는 전단력이 가해질 때 점성이 작은 물에 비해 천천히 움직이게 된다.

유체는 액체 및 기체로 구분한다. 액체는 분자간의 간격이 일정하므로 일정한 질량의 액체는 일정한 부피를 차지하게 된다. 따라서 액체를 용기에 부으면 그 부피에 상응하는 용기의 모양으로 변하게 된다.

고체의 분자도 일정한 간격을 가지고 있지만 특별한 격자 형태로 배열되어 있어 움직임이 제한된다. 반면에 액체는 전단력이 가해지면 분자의 상대적인 위치가 쉽게 변하게 된다. 기체의 분자간격은 액체나 고체보다는 훨씬 넓으며 움직임이 활발하다. 따라서 기체를 용기에 채우면 용기 내에 가득 차게 된다. 기체 분자는 공간상에서 직선으로 움직이며 용기의 벽에 부딪치면 튀게 되고 분자끼리 만나면 굴절된다.

3.3.3 물의 성질과 물의 순환

물은 조건에 따라 기체인 수증기, 액체인 물, 그리고 고체인 얼음으로 상태가 변하게 된다.

수증기는 대기에 다른 기체들과 함께 자유롭게 혼합되어 있는 무색, 무취의 가스이다. 대기의 99%를 구성하고 있는 산소 및 질소는 고체에서 액체 및 기체로의 상태 변화가 −200℃ 정도의 저온에서 이루어지게 된다. 하지만 수증기는 일상적으로 경험할 수 있는 온도 및 압력에서 상태의 변화가 이루어지게 된다.

물이 수증기로 변해 바다를 떠나 액체로 다시 돌아오는 것은 이러한 일상적인 온도에서 상태변화가 발생하기 때문이다. 물의 변화과정에는 열의 흡수 및 방출이 필요하다. 이러한 열에너지는 칼로리(cal)로 나타내며 1 cal는 1 g의 물을 1℃ 높이는데 필요한 열이다. 따라서 1 g의 물에 10 cal의 열을 가하게 되면 온도가 10℃ 올라간다.

밀폐된 용기에 절반은 물로 그리고 나머지 절반은 건조한 공기를 채워놓자. 처음에는 물 표면으로부터 증발이 일어나 물 분자가 수증기로 변하여 공기 중에 존재하게 된다. 증발 초기 단계에서는 수증기량이 작기 때문에 응축이 별로 발생하지 않아 증발률이 응축률보다는 크다. 따라서 수증기의 양이 점차 증가하게 된다. 하지만 수증기의 양이 증가함에 따라 응축률도 증가하게 되고 결국 물 표면에는 응축률과 증발률이 같은 정도로 수증기의 양이 충분해지게 된다. 이제 증발과 응축이 서로 상쇄되어 물표면 위의 수증기의 양은 일정하게 되며 이러한 평형상태를 포화(Saturation)라 한다.

물이 가지고 있는 성질 중 유체에 전단응력(Shear stress)이 작용할 때 변형에 저항하는 정도를 나타내는 성질을 점성(Viscosity)이라 한다. 점성은 보통 농도(Consistency) 또는 흐름의 저항으로 인식할 수 있다. 점성은 유체의 흐름에 대한 내부 저항을 나타내며 유체의 마찰을 나타내는 척도로 생각할 수 있다. 따라서, 물은 낮은 점성을 가진 반면 기름은 높은 점성을 가지고 있으며, 유리는 과냉각(Super cooled)된 액체로서 매우 높은 점성을 가진 유체로 간주할 수 있다.

물의 밀도(Density)란 단위체적 안에 포함된 물의 질량을 말하며 비질량(Specific mass)이라고도 한다. 밀도의 크기는 단위 체적공간 내에 포함된 물 분자의 수에 의해 결정되게 된다. 밀도는 물론 분자의 규모와 수소결합 정도에 의해 결정되는데, 수소 결합은 온도와 압력에 따라 변하게 된다. 물은 특이한 분자 규모와 물이 고체 상태로 있을 때의 분자구조의 변화로 인해 얼게 되면 팽창하는 얼마 되지 않는 물질 중의 하나이다. 견고한 용기 안에서 물이 얼 때 팽창함으로 용기 내에 응력이 작용하게 된다. 이러한 응력으로 인해 암석이 파괴되고 관거나 구조물들이 피해를 입게 된다.

온도의 변화에 따른 물의 밀도를 살펴보면 0℃에서의 물과 얼음의 밀도가 같지 않다. 이러한 이유로 얼음이 물위에 떠 있게 된다. 일반적으로 모든 물질은 온

표 3.3.1 온도별 물의 밀도 변화

온도(℃)	밀도(g_0/cm^3)	온도(℃)	밀도(g_0/cm^3)	온도(℃)	밀도(g_0/cm^3)
−13	0.99693	6	0.99997	60	0.98324
−10	0.99794	8	0.99988	70	0.97781
−5	0.99918	10	0.99973	80	0.97183
0_{ice}	0.91700	20	0.99823	90	0.96534
0_{water}	0.99987	30	0.99568	100	0.95858
2	0.99993	40	0.99225		
4	1.00000	50	0.98807		

* 수리학(이재수, 2007)

도가 떨어지면 부피가 줄어들고 밀도가 커지는 성질이 있다. 그러나 물은 이 성질을 따르지 않고 특이하게 행동한다. 보통 기압 아래에서 물의 밀도는 100℃에서 1 cm^3 당 0.958 g_0이며, 온도가 내려가면 밀도가 커져서 온도가 4℃가 될 때 밀도는 1 cm^3 당 1 g_0으로 커진다. 즉, 높은 온도에서 4℃까지는 물도 일반 물질과 같이 온도가 떨어지면 부피가 줄어들고 밀도가 커진다는 성질을 보여주고 있다. 그러나 4℃ 이하에서는 그렇지 않다. 온도가 4℃보다 낮아지면 물의 밀도는 커지기는커녕 오히려 작아지고, 부피는 줄지 않고 증가한다. 그리고 물이 액체에서 고체(얼음)로 바뀌는 0℃에서는 밀도가 약 8% 정도 급격히 줄어드는 변화가 일어난다. 따라서 얼음은 물보다 그 만큼 가벼워져서 물위에 뜨게 되는 것이다.

물의 밀도는 압력에 따라 변하지만 모든 수리학적인 관점에서는 무시한다. 즉, 물은 강철에 비해 약 100배 이상 압축성을 가지고 있지만 일반적으로 비압축성으로 간주한다. 하지만 물속에서의 급격한 파동, 즉 수격작용(Water hammer)이나 깊은 피압 대수층(Confined aquifer)으로부터의 지하수 양수(Pumping)와 같은 상황에서는 물의 압축성을 고려할 필요가 있다.

액체가 갖는 성질 중 우리가 일상생활에서 잘 인식하지는 못하지만 자주 접하는 성질로서 표면장력(Surface tension)을 들 수 있다. 소금쟁이가 물에 뜨는 것은 표면장력에 의해 그 무게를 지탱할 수 있기 때문이다. 표면장력은 액체 상태의 분자들이 서로 끌어당기기(Cohesion force) 때문에 발생하며 분자간의 합력은 액체의 내부 쪽으로 향하게 액체의 표면 막(Film)을 형성하게 되는데 이와 같은 액체의 표면 막의 강도를 나타내는 척도가 표면장력이다.

모세관 현상(Capillary action)도 우리가 생활하면서 실제로 잘 느끼지 못하지만 매우 중요한 역할을 하고 있다. 모세관 현상은 물이 접착성, 즉 물 분자끼리 또는 물 분자와 유리잔, 옷, 유기물 조직 그리고 토양과 같은 물질에 달라붙는 성질 때문에 발생하게 된다. 물 잔에 종이를 담그면 종이를 타고 물이 올라가게 되며 중력에 의해 아래로 끌어당기는 힘이 커질 때까지 위로 상승하게 된다. 나무 및 식물도 모세관 현상이 없으면 생존할 수 없다. 식물은 뿌리를 토양 속에 내려 토양속의 물을 모세관 현상에 의해 끌어올려 물속에 용해되어 있는 영양물질들을 흡수하여 성장하게 된다.

모세관 현상은 부착력과 표면장력의 결과로 나타나는데 물과 물체의 벽 사이의 부착력에 의해 물체의 벽에서 상향력이 작용하여 위 방향으로 오목한 형태를 띠게 된다. 표면장력에 의해 수표면이 그대로 유지되게 작용하므로 물체의 벽에서만 위로 상승하려는 것 대신에 물표면 전체가 위 방향으로 끌어올려지려는 힘이 작용한다. 그림 3.3.1은 물의 모세관 상승을 나타내는 작은 직경의 유리관을 보여주고 있다.

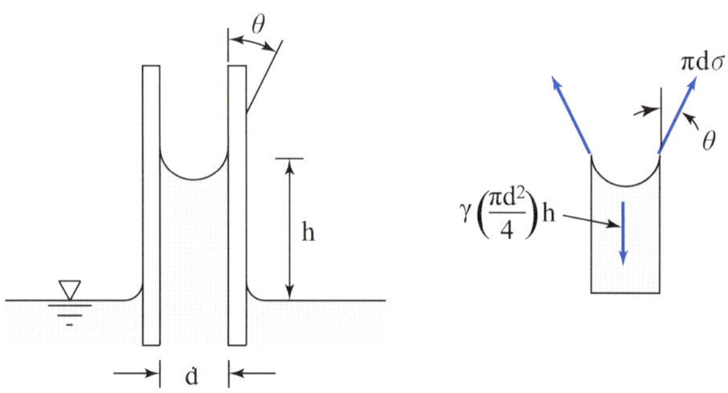

그림 3.3.1 모세관 상승(이재수, 2007)

모세관 현상에 의해 물이 올라가는 높이 h는 모세관 현상에 의해 상승된 물의 무게에 의해 결정 된다. 즉, 위 방향으로 작용하는 힘과 상승한 물이 중력에 의해 아래로 내려가려는 힘이 서로 같게 될 때까지 물이 상승하게 된다. 접촉각이 θ, 직경이 d인 모세관에서의 상승고 h는 표면장력에 의한 상향력과 중력에 의한 하향력을 같게 놓아 유도할 수가 있다.

$$(\sigma\pi d)\cos\theta = \gamma\left(\frac{\pi d^2}{4}h\right)$$

$$h = \frac{4\sigma\cos\theta}{\gamma d} \tag{3.3.1}$$

실제유체(Real fluid)는 외부에서 압력을 가하면 압축되어 부피가 줄어들고 압력을 제거하면 원 상태로 팽창된다. 이러한 유체의 성질을 압축성(Compressibility) 및 탄성(Elasticity)이라 한다. 이에 비하여 변수가 많은 현실의 기체와 달리 점성이 없고 비압축성인 유체를 가정하여 물리적 현상을 설명하기 쉽도록 설정하는 경우 이를 이상유체(Ideal fluid)라 한다.

자연계에 존재하는 물은 온도 및 압력의 변화에 따라 수증기로 증발하여 구름을 만들게 되고, 구름 속의 수증기가 다시 물이나 눈의 형태로 변화되어(강수) 지표로 내려오면 일부는 땅속으로 침투하여 지하수로 흐르기도 하고 일부는 지표면 유출을 통해 하천이나 강으로 흐르기도 하고 저수지에 머물기도 하다 결국 바다로 흘러내려가게 되는데 이 과정에서 다시 증발하는 모습을 보여주는 등 지속적으로 그 형태와 위치를 변화하게 되는 이러한 물의 순환(Water cycle)을 수문학적 순환(Hydrological cycle)이라고 한다.

이를 좀 더 구체적으로 살펴보면 대기층으로 방출되는 증발(Evaporation), 식물의 나뭇잎을 통한 증산(Transpiration), 대기층의 수증기가 공기의 냉각으로 응축되어 지상으로 떨어지는 강수(Precipitation)가 있다. 지표면에 도달된 물은 토양 속으로 침투(Infiltration)하고, 공극 속으로 더 흘러 지하수위에 이르는 침루(Percolation)를 거치면서 지하수(Ground water)를 형성한다. 계속되는 강우로 토양이 포화되면 지표면을 통해 물이 흘러 하천에 이르게 되는데 이를 유출(Runoff)이라 한다. 이와 같이 증발증간, 강수, 침투침루, 지하수, 유출이 반복되는 일련의 과정을 물순환(과정)(Water cycle)이라 한다.

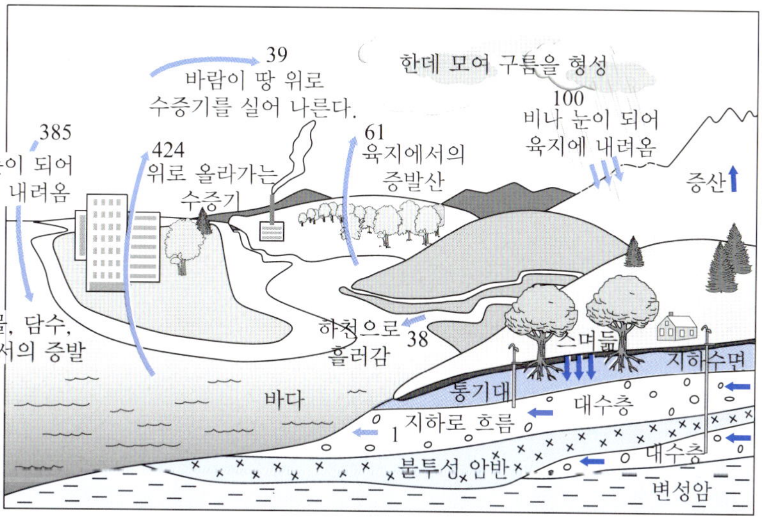

그림 3.3.2 물순환의 상대적인 양(수자원공사)

3.3.4 정수 및 동수역학의 기초

3.3.4.1 정수역학의 기본 원리

정수역학(Hydrostatics)에서는 물 입자 간에 상대적인 운동이 없는 경우, 즉 흐르지 않고 정지하고 있는 물의역학에 대해서 다룬다. 물 입자 간에 상대적인 운동이 없으면 전단응력(Shearing stress)이 존재하지 않게 되고, 오직 직각방향의 응력인 압력(Pressure)만 존재하게 된다. 따라서 정수역학에서는 점성은 아무런 역할을 하지 못하고 압력만이 주된 관심사가 된다.

저수지 상의 물, 등가속도 운동을 하는 용기에 담긴 물 그리고 회전하는 원통형 용기에 담긴 물은 주위의 경계를 이루는 면과 서로 상대적인 정수역학적 평형관계를 이루고 있으며, 이러한 다양한 정수상태의 설계를 하기 위해서는 정수역학에 대한 이해가 필요하다.

정지하고 있는 유체의 모든 지점에서는 특정한 크기의 압력(Pressure)이 작용하며, 이때 단위면적당 작용하는 압력을 압력강도(Pressure intensity)라 한다. 즉, 정수압 강도는 정지하고 있는 물에 의해 단위면적당 작용하는 힘으로, 수중에 놓여있는 물체의 평면 A에 물에 의해 균일한 힘 F가 작용한다면 정수압강도 p는 다음과 같이 나타낼 수가 있다.

$$p = \frac{F}{A} \tag{3.3.2}$$

수중의 한 점에 작용하는 정수압은 모든 방향에 대하여 동일함을 알 수 있는데 이러한 중요한 결과는 정수분야에 많은 기여를 한 프랑스의 수학자 Blaise Pascal의 이름을 사용한 파스칼의 원리(Pascal's law)로 알려져 있다.

연직 방향으로의 압력의 변화는 물의 단위중량과 같고 수평방향으로는 압력의 변화가 없으므로 결국 압력 p는 연직방향 z에 따라서만 변하는 것으로 알려져 있다.

기준면에서의 기준 압력을 p_0라 하면 이는 대기압과 같으므로 임의의 깊이 hy에서의 압력 p는 다음과 같이 나타낼 수 있다.

$$p = \gamma h + p_0 \tag{3.3.3}$$

정수 중에서의 압력은 기준면으로부터의 상대적인 깊이에 따라 변하게 되며, 물이 담겨져 있는 용기의 크기나 모양에 대해서는 영향을 받지 않는다.

물체가 수중에 완전히 잠겨있거나 혹은 일부만 잠겨 떠 있을 때 물체는 부력(Buoyant force)을 받게 된다. 압력은 깊이에 따라 증가하기 때문에 물체의 윗면에 작용하는 압력보다 밑면에서 작용하는 압력이 커 위 방향으로 힘이 작용한다. 이와 같이 부력의 크기는 물체의 체적과 동일한 물의 무게와 같고 방향은 연직윗방향이 된다. 이러한 사실을 처음 발견한 그리스의 수학자이자 기술자인 Archimedes의 이름을 사용하여 아르키메데스의 원리(Archimedes' principle)라 한다.

3.3.4.2 동수역학의 기본 원리

움직이고 있는 물의 운동학(Kinematics) 및 동수역학(Hydrodynamics)을 이해하기 위해서는 운동학의 기본이 되는 흐름의 속도 및 가속도에 대한 이해는 흐름의 압력 변화 특성을 이해하는데 도움이 되며, 검사체적(Control volume)에 대한 이해는 연속방정식(Continuity equation)과 에너지방정식인 Bernoulli 방정식 및 역적운동량방정식을 이해하는데 도움이 된다.

관수로 내 또는 하천상의 흐름에서 흐름특성(속도, 밀도, 압력 등)이 공간적으로 변하는지 여부에 따라 등류(Uniform flow)와 부등류(Nonuniform flow)로 구분할 수 있다. 등류인 경우 흐름공간에서 유선을 따르는 임의의 지점들에서 속도가 변하지 않는다. 따라서 유선이 일직선이며 서로 평행하게 된다. 만일 유선이 일직선이 아니면 속도의 방향 변화가 있게 되고, 만일 유선이 평행하지 않으면 유선을 따라 속도의 변화가 있게 된다. 이와 같은 등류 및 부등류 조건에 대한 수학적인 표현은 다음과 같다.

$$\text{등류 : } \frac{\partial \overline{V}}{\partial s} = 0 \qquad \text{부등류 : } \frac{\partial \overline{V}}{\partial s} \neq 0 \tag{3.3.4}$$

관수로 내 또는 하천상의 임의의 지점에 있어서의 흐름 특성(속도, 압력, 밀도 등)이 시간에 따라 변하는지 여부에 따라 정상류(Steady flow)와 부정류(Unsteady flow)로 구분할 수가 있다. 임의의 지점에서 시간에 따라 유속의 방향이나 크기가 변하지 않으면 정상류라 하고, 변하게 되면 부정류라 한다. 따라서 수학적인 표현으로 정상류와 부정류를 나타내면 다음과 같다.

$$\text{정상류 : } \frac{\partial \overline{V}}{\partial t} = 0 \qquad \text{부정류 : } \frac{\partial \overline{V}}{\partial t} \neq 0 \tag{3.3.5}$$

정상류의 예로 일정한 유량이 흐르는 관내의 흐름을 들 수 있다. 이러한 경우 관로가 일직선으로 되어 있으면 정상등류(Steady-uniform flow)가 된다. 하지만 만일 밸브 등의 조작으로 인해 관내의 유량이 증가하면 흐름은 부정류가 되고, 관로가 일직선으로 되어 있으면 부정등류(Unsteady-uniform flow)가 된다. 노즐을 통해 유량을 조절하는 경우에는 노즐을 통과할 때 흐름이 수렴되어 유선이 수렴되므로 부등류가 되고, 또한 유량의 변화로 인한 유속의 변화가 발생하므로 부정류가 되어 부정부등류(Unsteady-nonuniform flow)가 된다. 하천에서도 홍수류가 통과할 경우 부정부등류가 형성된다.

점성유체의 흐름은 형태에 따라 층류(Laminar flow)와 난류(Turbulent flow)로 구분할 수 있다. 층류의 경우 흐름 형태가 판 또는 층 형태의 매끈한 운동으로 나타난다. 반면 난류인 경우의 흐름 형태는 평균적인 운동 주위로 3차원의 불규칙한 운동이 발생하게 된다. 층류에서는 인접한 유체 층간에 광범위한 혼합이 발생하지 않는다. 층류에 잉크를 가느다랗게 주입하면 하나의 선이 형성되며 분자운동에 의해 천천히 발생하는 확산(Diffusion)을 제외하면 흐름을 통한 잉크의 분산(Dispersion)은 일어나지 않는다. 한편 난류에 잉크를 주입하면 흐름공간 전체로 빠르게 분산이 일어나며 잉크가 여러 갈래로 꼰 실처럼 분리된다. 이러한 난류의 거동은 속도의 변화 때문에 발생한다. 유체의 인접 층간의 입자들의 광범위한 혼합 때문에 급속한 잉크의 분산이 일어난다.

동수역학 문제를 해석하고 이해하는데 가장 기본이 되는 식들을 살펴보면 우선 연속방정식(Continuity equation)을 들 수 있다. 연속방정식은 질량보존(Conservation of mass)의 법칙에 바탕을 둔 식으로 검사체적과 같은 공간으로부터 유출되는 질량유량(Mass rate of flow)에서 공간으로 유입되는 질량유량을 뺀 것은 공간으로부터 방출되는 질량유량과 같다는 것을 의미한다.

일반적으로 많이 사용되는 연속방정식의 형태를 살펴보면 관로의 두 단면에서의 면적을 각각 A_1, A_2, 각 단면에서의 유체의 밀도를 ρ_1, ρ_2라 하고 두 단면에서의 평균 유속을 각각 v_1, v_2라 하면 관로를 흐르는 유량 Q는 각각의 단면에 대해서 동일하므로

$$Q = \rho_1 V_1 A_1 = \rho_2 V_2 A_2 \tag{3.3.6}$$

로 표현할 수 있으며, 만일 유체의 밀도가 일정하다고(압축성이 없다고) 가정한다면 이식은 다음과 같이 간략하게 표현할 수 있다.

$$Q = V_1 A_1 = V_2 A_2 \tag{3.3.7}$$

유선을 따라 흐름이 가지고 있는 총 수두, 즉 총 에너지를 연결한 선을 에너지선(Energy line, EL)이라 하며 에너지선의 위치는 Pitot 관을 이용한 정체압력(Stagnation pressure)으로부터 구할 수 있는데 Pitot 관에 물이 올라간 높이가 바로 총 수두가 된다. 한편 수압관(Piezometer)으로 측정한 높이는 압력수두와 위치수두를 합한 높이가 되고, 이 높이를 수압관 수두라 하며, 유선을 따라 수압관 수두를 연결한 선을 동수경사선(Hydraulic grade line, HGL)이라 한다. 이에 따라 물이 갖고 있는 총에너지의 항들을 다음 식과 같이 표현할 수 있으며, 이 식을 베

르누이 공식(Bernoulli equation)이라 한다.

$$\frac{p}{\gamma}+\frac{V^2}{2g}+z=\text{일정}=H \tag{3.3.8}$$

이 식이 Beroulli의 에너지 방정식으로서 좌변의 첫째항은 압력수두(Pressure head), 두 번째 항은 속도수두(Velocity head) 그리고 마지막 항은 위치수두(Potential head)라 하며, 이 세 가지의 수두를 합한 총 수두(Total head)는 항상 일정함을 나타낸다. Bernoulli 방정식은 유선을 따라 압력변화에 대한 유속 및 위치의 변화를 나타내기 때문에 유체역학 또는 수리학적 문제 해결에 아주 유용한 식이므로 이 식을 유도할 때 가정한 조건에 합당한 흐름에서만 적용이 가능하다. 즉, 이 식은 ① 정상류 흐름, ② 비압축성 흐름, ③ 비점성 유체 그리고 ④ 유선을 따르는 흐름 조건에 적용하여야 한다.

지금까지 관수로나 개수로에서의 흐름을 해석하기 위한 기본 방정식으로 연속방정식(Continuity equation)과 에너지방정식(Bernoulli equation)에 대해 알아보았다. 하지만 운동하고 있는 물의 흐름을 해석하기 위해서는 수체에 작용하는 힘과 이로 인한 운동량의 관계를 나타내는 운동량 방정식(Momentum equation)에 대한 이해가 필요하다.

운동량은 정의에 의하면 질량에 유속을 곱한 mV가 되고, Newton의 제2법칙에 의하면 유체에 작용하는 모든 외적인 힘들의 합은 유체가 가지는 운동량의 변화율과 같으므로 다음과 같이 표현할 수 있다.

$$\sum\vec{F}=d(\text{운동량})/dt \tag{3.3.9}$$

만일 흐름 상태가 정상류이고 검사표면을 통과하는 흐름의 유속이 균일하다면 이 식은

$$\sum\vec{F}=\sum_{CS}\vec{V}\rho\vec{V}\cdot\vec{A} \tag{3.3.10}$$

또는

$$\sum\vec{F}=\vec{V_1}(-\rho\vec{V_1}\vec{A_1})+\vec{V_2}(+\rho\vec{V_2}\vec{A_2})=\rho Q(\vec{V_2}-\vec{V_1}) \tag{3.3.11}$$

과 같이 나타낼 수 있으며 이를 운동량 방정식(Momentum equation)이라 한다.

운동량방정식은 관수로 및 개수로 흐름의 다양한 경우에 적용할 수 있으며, 일반적인 경우가 유량과 압력이 주어진 상태에서 관의 만곡부, 터빈 및 수리구조물에 작용하는 힘을 구하는 것이다. 만일 흐름이 정상류 상태인 경우 운동량 방정

식을 적용하기 위해 검사표면을 통과하는 흐름의 압력 및 유속만 알면 된다. 연속방정식과 에너지 방정식만으로 해결이 안 되는 문제인 경우 운동량 방정식을 적용하면 대부분의 수리학적인 문제들을 해결할 수가 있다.

3.3.5 수리수문학의 적용

3.3.5.1 수자원의 다양한 사업 분야

수리 수문학의 이론들은 우리나라 수자원의 개발과 보존을 위한 다양한 분야에 적용이 가능하다. 수자원과 관련한 사업의 다양한 분야를 살펴보면 수량적인 사업 분야와 수질적인 사업 분야로 구분하여 살펴볼 수 있는데 수량적인 사업 분야로는 하천관련 사업, 댐 관련 사업, 지하수관련 사업, 공공 및 민간사업 분야로 크게 구분할 수 있다(윤용남, 2013).

1) 하천 관련 사업

국가하천 및 관련 하천 시설물과 연계하여 사업 계획이 수립되어야 한다.

① 국가하천 정비를 위한 하천기본 계획(전국 61개소의 국가하천)
② 지방하천의 정비를 위한 하천 기본계획의 수립(지방하천 3,772개소)
③ 친환경 하천정비 사업계획 수립
④ 도시하천 유역의 통합홍수 관리를 위한 도시유역 종합치수계획의 수립
⑤ 5대 하천 유역의 수질개선 사업계획 수립
⑥ 보-댐 연계운영 계획의 수립
⑦ 하천 준설 하도의 하상변동 조사계획 수립
⑧ 지류-본류 합류부에 대한 하상 안정대책 수립 등

2) 댐 관련 사업

① 수자원 장기 종합계획에 의한 물 부족지역 용수공급을 위한 신규 댐 건설 계획 수립
② 기존 댐의 재개발 계획 수립
③ 지방하천의 하천유지 용수 공급을 위한 다목적 저류지 건설계획 수립
④ 치수용 홍수조절지 및 강변 저류지 건설계획 수립 등

3) 지하수 관련 사업

① 상습 가뭄 지역에 대한 지하수 개발계획 보완
② 지하수 부존 모니터링 계획 보완
③ 지하수 함양사업계획 보완 등

4) 물 산업의 해와 수출(공공 및 민간사업)

① 먹는 물 생산 및 상하수도 건설(환경부 주도, 국토교통부 지원)
② 물 순환시설 건설 및 유역통합 관리기술(국토교통부 주도, 환경부 지원)

5) 수자원 사업 활성화의 방향

① 수자원 부문 관, 학, 연의 사업 발굴을 위한 협력 강화
② 국토교통부 소관 부서별 사업기획 및 예산 확보
③ 사업 수행 주체별 능력 배양 및 사업 시행

3.3.5.2 수자원의 위기와 새로운 기회

온실가스 저감노력이 미흡할 경우 기후 변화로 인해 인류는 태풍의 강도와 빈도의 급격한 증가, 해안 도서의 침수, 심각한 가뭄에 노출될 위험성이 더욱 증가하고 있다. 이에 따라 세계경제포럼은 Global Risks 2013 보고서에서 물 공급의 위기를 위기의 영향 측면에서 두 번째, 위기의 가능성 측면에서 4번째로 평가하고 있다. 이와 더불어 기후 변화 적응의 실패와 온실 가스 증가를 세계 재정위기, 인구문제 등과 함께 가장 큰 위험 요인으로 인식하고 있는 상태이다.

1) 물의 희소성 증가

이러한 물의 위기와 함께 물의 희소성도 점점 증가하고 있는데 기후 변화로 인한 홍수, 가뭄 등 물 공급측면에서의 영향과 더불어 인구증가, 도시화, 물 사용패턴의 변화는 물의 수요측면에서 큰 스트레스로 작용하고 있다.

1950년 25억 명이던 세계 인구는 2050년 92억 명으로 3.6배가 증가하고 도시 거주인구는 7억 명에서 63억 명으로 8.7배 증가가 예상된다.

소득의 증가와 생활양식의 변화, 위생개념의 도입 등으로 물 사용패턴의 변화가 이루어지고 있는데 1인당 물 사용량을 비교하였을 때 2007년에서 2025년 사

이에 개발도상국에서는 50%, 선진국에서는 18%가 증가될 것으로 예상된다.

2) 물의 전략 자원화

풍부한 수자원을 보유한 국가는 물을 필요로 하는 주변국에 대해서 막강한 권력을 행사하게 되는데 이미 시리아, 이라크와 강을 공유하고 있는 터키는 "아랍국가들이 원유를 무기화할 경우 우리는 물을 무기화 하겠다"라고 선언한 바 있다.

물부유국은 용수다소비 산업과 매력적인 어메너티를 갖춘 도시의 발달로 더욱 부유해지고, 물부족국가는 식량부족, 빈곤, 질병의 악순환이 초래되고 있다.

국제 공유하천은 용수공급, 전기 생산을 위한 중요한 자원으로 상, 하류 국가간 물 사용에 관한 갈등이 증폭되고 있으며 요단강, 나일강, 티그리스, 유프라테스강, 인더스강 등에서 물 전쟁 발발 가능성이 큰 상태이다.

기후변화로 인한 극심한 가뭄, 대규모 홍수로 인해 국제난민이 급증하고 있다. 실례로 기후난민은 1998년에 2백 5천만 명으로 전쟁난민을 초과하였고, 2050년에는 2억 명에 이를 것으로 추산되고 있다.

이러한 문제점들을 해결하기 위하여 다양한 형태의 새로운 물시장이 형성될 것으로 기대되고 있는데 다음과 같은 분야들을 참고할 수 있다.

(1) 상하수도

일본 경제산업성과 Global water intelligence에 따르면 상하수도 산업은 2007년 3,620억 달러에서 2025년 8,650억 달러로 약 2.4배 성장할 것으로 전망하였다.

(2) 수자원

멕킨지 & 컴퍼니(2009)는 2007년 기준으로 전통적인 물산업의 규모를 485억 달러로, 수자원 확보부문을 700~900억 달러 규모로 추정하였다.

OECD(2006)는 OECD 회원국과 BRICS의 물 인프라 투자가 1조 달러로 통신, 전력, 도로를 3.5~6배 이상 초과할 것으로 예측하였다.

표 3.3.2 OECD 의 전세계 도시 인프라 투자수요 전망(단위 : 10억 달러)

구분	2000~2010년	전 세계 GDP 대비	2010~2020년	전 세계 GDP 대비	2020~2030년	전 세계 GDP 대비
물	576	1.01%	772	1.01%	1,037	1.03%
통신	654	1.14%	646	0.85%	171	0.17%
전력(송, 배전)	127	0.22%	180	0.24%	241	0.24%
도로	220	0.38%	245	0.32%	292	0.29%

(민경진, 2013)

(3) 청정에너지

수력발전은 청정에너지원으로 큰 잠재력이 있으며 수온차 냉난방, 수상태양광 등도 Green infrastructure로서 시장화 가능성이 높을 것으로 전망된다. 특히 전 세계 수력발전 잠재량 중 약 70%인 2,700 GW가 미개발 상태이며, 수온차 냉난방 기법을 2006년 암스테르담 신도시인 Zuidas는 25백만 유로를 투자해 60 MW 규모의 상업공급을 실시하였다.

3.3.6 국내외 수자원

3.3.6.1 지구상의 수자원

지구상의 수자원 중 바다의 면적은 약 361.3×10^6 km^{2}로 약 131.06×10^6 km^{2}인 육지면적의 3배에 이르고 있다. 이러한 분포에 따라 지구전체의 수자원이 약 $1,357 \times 10^6$ km^{3}일 것으로 추정되는 가운데 해수는 약 $1,320 \times 10^6$ km^{3}이 존재하여 전체 수자원의 97%에 해당한다. 우리가 실제로 이용할 수 있는 담수의 양은 전체 수자원 양에 대해 약 3%에 해당하며 이중 75%는 만년빙, 대륙빙 및 빙상으로 이루어져 있고, 나머지 25%는 지표수, 지하수 및 대기권 수분으로 구성된다.

지표수로는 담수호의 담수량이 130×10^3 km^{3}에 이르며, 지구상에서 가장 큰 담수호로 알려져 있는 Baikal호는 26.2×10^3 km^{3}이 담수되어 있다. 담수의 지역적 분포를 살펴보면 아시아에 전 세계 담수호의 21%를 보유하고, 북미(26%), 아프리카(28%)의 비율로 존재하고 있다.

3.3.6.2 우리나라의 수자원

1) 주요하천 및 대규모 댐 현황

- 하천특징 : 유역 면적이 적고/유로 연장이 짧으며/경사가 급하다.
- 남북한 면적 : 220,848 km^2 중에서 70%가 산지
- 하상계수 : 최소유량/최대유량의 비로써 표시[한강(1 : 393), 낙동강(1 : 372), 금강(1 : 298), 섬진강(1 : 715)] 외국에 비해서 상당히 크다.
- 우리나라의 10대 하천 : 한강/낙동강/금강/영산강/섬진강/안성천/삽교천/만경강/동진강/형산강
- 부존 수자원 : 표 3.3.3 참조
- 우리나라 수자원의 문제점과 대책 방향
  - 문제점 : 양적문제(이수적 측면 : 양적과소극복, 치수적 측면 : 양적 과다극복)와 질적문제(하천오염)
  - 인구증가/생활수준의 향상/ 도시화 및 공업화로 인하여 용수 수요가 증가되고 이로 인한 댐건설비 증가/비경제적인 지하수 개발은 대체 수자원의 개발(해수의 담수화 및 인공강우)이 시급하다.

우리나라의 연간 강수량(1,274 mm)은 세계 평균(973 mm)보다 약 1.3배로 크나 높은 인구밀도로 인해 1인당 수자원 부존량(1인당 강수량이 2,900 m^3/년으로 세계 평균 26,800 m^3의 11%에 불과)은 매우 적은 형편이다.

세계 50개국을 대상으로 한 1인당 물이용 가능량의 추이도 1950년에 50,068 m^3, 1990년에 28,662 m^3, 2025년에 24,795 m^3으로 각 국의 물이용 가능량에 비해 계속적인 경고의 적신호를 보내고 있다.

우리나라는 연도별 강수량의 차이가 754~1,683 mm에 이르고, 지역별로는 경북 1,000 mm에서 제주 1,650 mm, 계절별 강수량의 차이 역시 전체의 2/3가 6~9월에 집중되고 여름에는 홍수, 겨울과 봄철에는 가뭄이 빈발할 정도로 그 변동성이 매우 크고, 변화의 폭이 커 수자원 관리에 매우 불리하다.

표 3.3.3 세계 각국과의 강수량 비교

구 분	한국	일본	미국	영국	중국	캐나다	세계 평균
연평균 강수량(mm)	1,274	1,749	760	1,064	660	522	970
1인당 이용가능량(m^3/년)	2,900	5,500	33,300	4,580	7,650	52,075	26,800

우리나라 수자원의 전체 이용량 331억 톤 중 자연 하천수 취수에 의존하는 양이 57%나 되어 조금만 가물어도 취수장애가 발생하므로 이수안전도를 높이기 위한 댐 건설이 지속적으로 요구되었다.

우리나라에 내리는 비의 양을 수자원 총량으로 볼 수 있는데, 연간 약 1,276억 m^3 정도이며, 이중 지하로 스며들거나 증발되는 양을 제외하고 하천으로 흘러가는 물의 양은 731억 m^3이며, 이 중 493억 m^3은 홍수 시에 한꺼번에 흘러가고, 평상시 유출량은 238억 m^3에 불과하다. 결국 홍수를 조절하고 물을 저장하는 다목적댐 및 확보된 물을 지역적으로 고르게 배분하는 광역상수도의 확충이 필요하다.

이와 상대적으로 지하수의 이용에서는 지하수 이용 가능량을 연간 136억 톤으로 추정하고 있으며, 실재 현재 이용량이 37억 m^3으로 그 이용에 대한 논의가 많이 이루어지고 있으나 지하수의 개발에는 많은 비용이 소요되며, 지반침하, 지하수 오염문제 등이 발생할 수 있다는 점과 우리나라는 대수층의 발달이 빈약하여 대규모 개발에는 한계가 있으므로 신중히 접근할 필요가 있다.

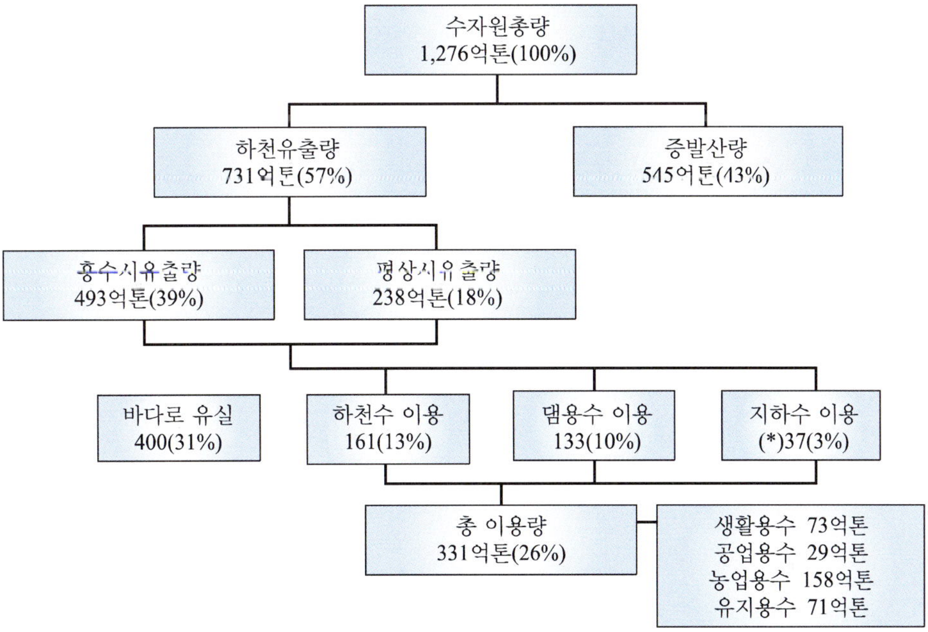

[주] 지하수 이용(*) : 제주도 지하염수 이용량 620백만 m^3이 포함된 양이다. (단위 : 억 m^3/년)

※ 자료 : 수자원 장기종합계획(2001~2020), 2001. 7 건설교통부

그림 3.3.3 우리나라 수자원 이용현황

3.3.7 상하수도의 개요

3.3.7.1 상수도의 개요

인간을 비롯한 지구상의 생명체들은 물을 떠나 생활할 수 없다는 점에서 물은 만물의 근원이며, 생물의 생명 에너지로 인식되고 있다. 최근에 들어와서는 물의 소비량이 그 사회의 문화수준의 척도가 될 정도로 사회의 가장 중요한 구성요소로 자리 잡고 있다.

물은 생물생존의 기본 요소로서 음료 및 취사 등 생활용수, 산업용수로서 사용된다. 물의 일반적인 공급원으로는 지하수, 하천 및 호수의 물을 주로 사용하고 있으며, 물수요의 증가와 전염병 예방의 필요성에 의하여 상수도의 중요성은 점점 증가하고 있다.

1) 상수도의 정의

상수도(Water supply)는 생활, 공공, 생산 활동에 필요한 맑은 물을 적절한 수압으로 연속적으로 공급하는 공공시설로 정의한다. 이에 따라 수도법에서는 도관 및 기타의 공작물을 사용하여 원수 또는 정수를 공급하는 시설의 전부를 정의하고 있다.

적절한 수질(수질기준에 적합), 수량(필요한 정도 이상), 수압(관내수압이 균등하게 유지)을 수도의 목적을 달성하기 위한 기술적 3요소라 부른다.

수도	구분	정의
수도	일반수도	광역상수도:둘 이상의 지방자치 단체에 원수 또는 정수를 공급
		지방상수도:지방 자치단체 주민에게 원수 또는 정수를 공급
		간이상수도:간이수도시설에 의해 5000인 이내에 정수를 공급
	공업용수도	원수 또는 정수를 공업용에 적합하게 처리하여 공급
	전용수도	전용상수도, 전용공업용수도

그림 3.3.4 수도의 구분 및 정의

2) 상수도의 효과

상수도의 설치 및 운영을 통하여 얻을 수 있는 효과로서는 다음의 3가지를 들 수 있다.

- 보건 위생상의 효과 : 소화기 계통의 전염병을 방지하고 생활환경을 청결하게 유지할 수 있다.
- 소방상의 효과 : 도시의 대화재에 대처하며 인명과 재산피해를 해소할 수 있다.
- 생산성 증대 효과 : 산업발전의 원동력이 되며, 정수된 용수의 사용으로 기계의 마모와 부식, 제품의 품질 저하, 관의 폐색 등의 유발을 방지할 수 있다.

3) 상수도의 구성요소

상수도는 용수의 취수원인 수원(水源)으로부터 취수, 도수, 정수, 송수, 배수, 급수의 단계를 거쳐 우리 가정까지 물이 전달되는데 이러한 과정을 수도의 7단계라고 이야기한다.

수도의 7단계 구조를 단계별로 다음과 같이 설명할 수 있다.

① 저수(Water storage)란 수량조절을 위하여 댐의 축조 등을 이용하여 저수하는 것을 의미한다.

② 취수(Water acquisition)는 수원(Water source)으로부터 필요한 양만큼을 취하는 단계이다.

③ 도수(Water conduit)는 취수지점에서 정수장까지 이동하는 과정으로 이때의 물을 원수(原水, Raw water)라고 한다.

④ 정수(Water purification)는 사용 목적에 적절한 수질로 개선하는 단계를 의미한다.

⑤ 송수(Water transmission)는 정수장에서 수요지로, 혹은 배수지로 이동하는 과정으로 이 과정에서 정화된 물을 정수(淨水, Clear water)라고 한다.

⑥ 배수(Water distribution)는 수압을 이용하여 수요자 부근의 배수관까지 이동하는 단계이다.

⑦ 급수(Water Supply)는 배수관으로부터 분기하여 각 수요자에게 물을 공급하는 단계를 의미한다.

상수도와 관련된 기본 용어들은 다음과 같이 정의 할 수 있다.

수도(Water system, Water works)는 일반적으로 물이 흐르는 관 혹은 수도꼭지를 수도라고 생각할 수 있으나 이러한 관이나 수도꼭지를 포함하여 음료수 공급시설을 총칭하는 용어이다. 즉, 취수장으로부터 정수장, 배수지 등을 포함하는 모든 수도 관련 공급시설들을 총칭하는 용어이다. 결국 수도시설(Water facilities)이란 취수, 저수, 도수, 정수, 송수, 배수시설을 총칭하는 것을 말한다.

수도사업(Water works)이란 5001인 이상 급수인구에 음료수를 제공하는 사업을 의미하며, 이를 규모 별로 구분해서 살펴보면 전용수도(Private water works)란 기숙사, 사택, 요양소 등에서 100인 이하의 거주자에게 독자적으로 음료수를 공급하는 수도를 의미하는데 이를 가리켜 '자가용수도'라고 정의하기도 한다. 이보다 조금 규모가 큰 간이수도 사업(Small scale water works)이란 101인 이상 5,000인 이하의 소규모의 수도를 의미한다.

수도용수 공급사업(Purified water supplying service)은 몇 개의 수도사업자에게 음료수를 공급하는 사업으로 이 사업의 경우에는 직접 수요자에게 공급하는 것을 포함하지 않는다.

마지막으로 급수장치(Service installation)란 배수관으로부터 분기하여 수요자에게 음료수를 공급하는 급수용구로서 이의 끝단에 위치하는 것이 우리에게 친숙한 수도꼭지가 된다.

4) 상수도의 역사

수도의 기원이 언제인지를 명확하게 알 수는 없지만 인류의 발생과 더불어 동일한 시점에 개발이 되었을 것으로 추정하고 있다.

최초의 인공적 수리시설은 우물이었을 것으로 보며 최초의 수도는 물의 공간적 이송 역할이 주된 목적이었고 위생의 개념은 없었을 것으로 추정한다. 다만 가장 오래된 우물을 기원전 2000년의 이집트 '누비아 우물'이었을 것으로 인정할 때 이 시기의 우물은 지하수로부터 안정적으로 용수를 공급받고자 한 시설로 판단하고 있다. 이후 물을 끌어올리는 시설인 양수장치로 두레박과 수차 등이 활용되었으며, 노새나 낙타 등을 사용한 방식에서 증기기관의사용으로 발전되었다.

로마시대에 들어와서 사용하기 시작한 로마시의 '아피아 수로'를 최초의 수도로 보는데 특징적으로 사용 목적에 따른 수질별 구분과 물의 정화를 위한 시설들(침전, 폭기, 여과 등)이 발견되고 있다.

중세기 이후 구미의 수도를 살펴보면 17, 18세기까지 수로의 진보가 더딘 경향을 보여주고 있으나 1619년 런던의 '뉴리버 수도회사'에서 전지역별 시간제 급수를 시작했던 기록이 있으며, 1973년 런던시내 일부에서 연속급수가 이루어지는 것으로 발전하였다.

수량 공급에 대한 기술의 발전과 더불어 수질처리에 대한 기술들도 함께 발전하였는데 1804년에 영국의 '페이스리이'에서 완속여과법을 사용하였고, 1881년 영국에서 응집처리를 하기 시작하였으며 1884년 미국의 '썸머밀'에서는 급속여과법을, 1910년에 들어와서는 런던에서 염소소독 기법을 사용하기 시작하였다. 결국 수질처리에 대한 기술의 본격적인 적용은 최근 200년 사이에 비로소 완성된 역사를 보임을 알 수 있다.

3.3.7.2 하수도의 개요

1) 하수도의 목적

오수(汚水)와 우수(雨水)를 배제 또는 처리하기 위하여 설치되는 도관 및 기타의 공작물과 시설의 총칭을 하수도(Sewerage)라 한다.

하수도는 생활환경을 쾌적하게 유지하고, 침수를 방지하며 공공구역의 수질을 보전하기 위한 목적으로 설치한다. 이에 따라 하수도는 오수와 우수를 배제하고 오탁수를 처리하는 기능을 수행하게 된다.

결국 하수도의 기능은 오수(汚水) 및 우수(雨水)의 배제 기능, 오수의 저류 및 처리를 통한 수질오염의 방지 및 환경 보전 기능, 생활환경의 정비·향상에 기인하고, 도시 번영을 구축하는 기반 시설로서의 기능을 한다고 볼 수 있다.

하수도의 설치를 통하여 얻을 수 있는 효과로서는 보건위생상의효과 뿐만 아니라 우수에 의한 침수 범람을 방지할 수 있으며, 토지 이용의 증대, 도로비 및 하천 중설비의 절감, 하천 정화, 도시 미관의 증대와 같은 효과를 거둘 수 있다.

2) 하수도의 역사

하수도의 기원은 기원전 7세기경 바빌론 등지에서 하수도의 흔적이 발견되는 것으로 보고되고 있으나 로마시대의 하수도가 가장 유명하다. 상수도에 비하여 하수도의 필요성에 대해서 그다지 중요하게 여겨지지 않았으나 1831년 콜레라의 유행당시 전염병의 원인이 하수도 미비로 인한 환경의 악화 때문이라는 인식이 널리 퍼지면서 하수도의 필요성을 인식하는 계기가 되었으며, 이후 하수도에 대한 기술이 점차 개발되는 과정에서 1762년 영국에서 약품침전법이 사용된 것을 최초의 하수처리라고 본다. 이후 1910년부터 생물학적 처리가 시도되었으며 완전한 생물학적 처리기법은 1931년부터 실시되었다.

우리나라의 하수처리 현황 및 전망을 살펴보면 우리나라 수자원의 현실과 연결하여 살펴볼 수 있는데 우리나라의 연간 강수량(1274 mm)은 세계 평균(973 mm)보다 약 1.3배로 큰 형편이며 특히 하수도에서 처리하여야 하는 연간 강우량의 2/3가 여름철 4개월에 집중되는 특성으로 인하여 갈수기 수질오염의 어려움이 가

중되고 있으며, 생활하수 및 산업폐수 등 오염물질의 증가는 하수도의 효율적인 계획 및 관리, 운영이 앞으로도 매우 필요하다고 볼 수 있다.

3) 하수도의 계획

하수도는 다음과 같은 절차를 따라 계획을 수립할 수 있다.

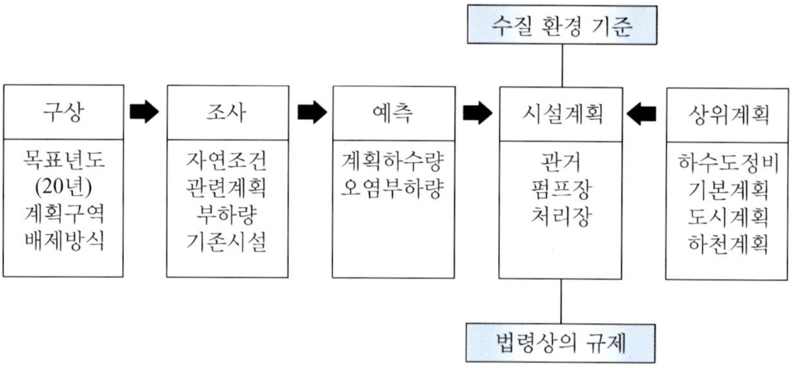

그림 3.3.5 하수도 계획의 절차

하수도의 계획 수립을 위한 계획 목표년도는 원칙적으로 20년 목표로 계획하되 유입하수량의 증가에 따라 단계적인 증설계획을 포함하여야 한다. 이에 더하여 하수도의 기능을 담당할 계획 구역에 대한 정의가 함께 이루어져야 하는데 계획구역은 계획목표년도에 시가지화 예상구역까지를 모두 포함한다. 이를 위해서 하수도의 계획에서는 반드시 그 지역의 개발계획을 고려하여 설정하여야 하며, 자연 및 지역조건을 충분히 고려하여 광역적, 종합적으로 설정하되 새로운 시가지 개발에 따른 계획은 기존시가지를 포함한 종합적 계획으로 구성한다.

하수도의 계획과 구성에 대한 다양한 용어들의 정의는 다음과 같이 제시할 수 있다.

하수도(Sewerage)는 하수를 배제하기 위해서 설치된 관거나 배수시설, 이것에 접속시켜 하수를 처리하기 위해서 설치된 처리시설 또는 이러한 시설을 보완하기 위해 설치된 펌프시설과 기타 시설의 총체적인 이름이다. 이를 통하여 배제되거나 처리되어야 하는 대상인 하수(Sewage)는 일반가정, 사무소, 사업장, 공장 등으로부터 생활, 영업, 생산 활동에 의해 배출된 오수(Sanitary sewage) 및 우수(Storm sewage)를 총칭하여 하수라 한다.

공장폐수(Industrial waste)는 공장 등의 작업공정으로부터 배출된 물로 공장부지 내에 있는 것을 의미하며, 공장배수란 공장부지 내에 배출된 공장폐수를 말한다.

공공하수도(Public sewerage)는 주로 시가지에 있어서 하수를 배제하거나 처리하기 위해 지방공동단체(원칙상 시, 읍, 면)가 관리하는 하수도를 말한다. 종말처리장을 가지고 있거나 유역하수도에 접속시켜야 한다.

유역하수도(Catchment sewerage 또는 Regional sewagetreatment system)는 2개 이상의 시읍면 공공하수도로부터 배제된 하수를 받고, 이를 배제 및 처리하기 위해 도가 관리하는 하수도이다. 이것은 종말처리장을 가지고 있어야 한다.

도시 하수로(City sewerage)는 주로 시가지에 있어서 하수를 배제하기 위해서 시읍면이 관리하고 있는 공공하수도로 유역하수도 이외의 하수도이다. 종말처리장은 없고, 주로 우수배제를 대상으로 하는 것이다.

유역관련 공공하수도는 유역하수도에 하수를 배제하고 있는 공공하수도이며, 종말처리장(Sewerage treatment plant)이란 간단히 처리장이라고도 하는데, 하수를 최종적으로 처리하여 하천, 기타 공공의 수역에 방류하기 위해 설치된 시설을 의미한다.

하수도와 관련하여 배수구역 혹은 처리구역이라는 용어를 자주 보게 되는데 배수구역이란 관거의 설치에 의해 하수를 배제하는 것이 가능한 지역을 말하며, 처리구역은 배수구역 중 배제된 하수를 종말처리장에서 처리하는 것이 가능한 지역을 말한다.

이러한 개념에 따라 하수도의 구성은 크게 두 부분으로 구분할 수 있는데 이는 하수배제와 하수처리 과정을 구분할 수 있다. 하수배제는 가정오수, 공장배수, 우수 등을 가능한 한 신속하게 방류지점 또는 처리장까지 보내는 것으로 관서 및 펌프장으로 구성되며, 하수처리는 배제되어온 하수를 그대로 또는 처리 후 하천에 방류하거나 지하에 침투시키는 것으로 방류시설, 처리장, 슬러지 처리시설 및 펌프장으로 구성된다.

3.3.8 국내 상하수도 현황

3.3.8.1 상수도 보급현황

2013년 12월 말 우리나라는 전국 162개 지방상수도사업자(특·광역시 7, 특별자치시 9, 특별자치도 1, 시 75, 군 78) 및 1개 광역상수도사업자가 전체인구의 98.5%인 약 51,325천명에게 상수도를 공급하고 있다. 전용공업용수를 제외한 1인 1일당 급수량은 335 L로 2012년(332 L/인·일)보다 소폭(3 L/인·일) 증가하였다.

시·도별 보급률은 서울특별시, 부산광역시 등 특·광역시와 제주도, 경상남도가 99% 이상으로 높게 나타났으며, 전라남도(93.4%), 충청남도(91.1%), 세종특별자치시(90.8%)는 비교적 낮았다.

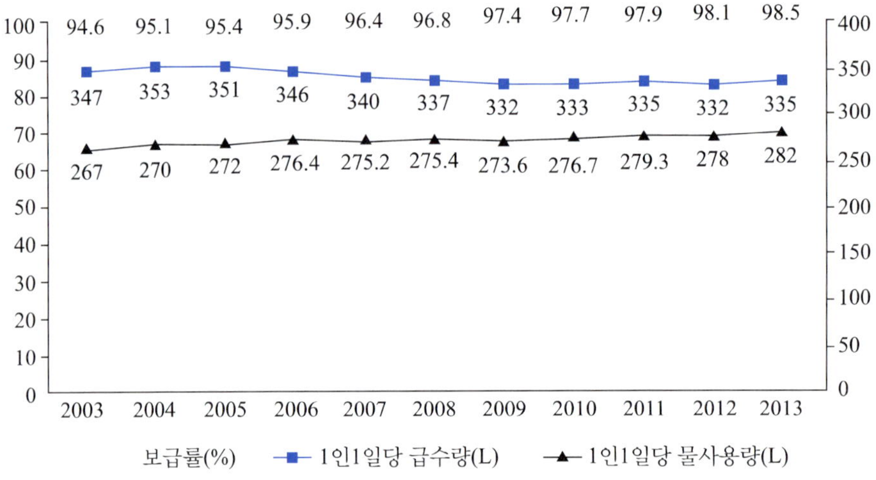

그림 3.3.6 상수도 보급현황(환경부, 2014)

표 3.3.4 연도별 상수도 보급현황(환경부, 2014)

구분	2003	2004	2005	2006	2007	2008	2009	2010	2011	2012	2013
총인구(천명)	48,824	49,053	49,268	49,599	50,034	50,394	50,644	51,435	51,717	51,881	52,127
급수인구(천명)	43,633	44,187	44,671	45,270	46,057	46,733	47,336	50,264	50,638	50,905	51,325
보급률(%0	94.6 (89.4)	95.1 (90.1)	95.4 (90.7)	95.9 (91.3)	96.4 (92.1)	96.8 (92.7)	97.4 (93.5)	97.7 (94.1)	97.9 (94.6)	98.1 (95.1)	98.5 (95.7)
1인1일당 급수량(L)	347	353	351	346	340	337	332	333	335	332	335
1인1일당 물사용량(L)	267	270	272	276	275	275	274	277	279	278	282

* ( ) 안의 보급률 수치는 마을 상수도 및 소규모 급수시설 이용인구를 포함하지 않고 계산한 수치임.

표 3.3.5 시·도 상수도 보급현황

구분	총인구 (천명)	급수인구 (천명)	보급률 (%)	시설용량 (천m^3/일)	총급수량 (천m^3/일)	직접급수량 (천m^3/일)	1인1일당 급수량(L)	1인1일당 물사용량(L)
전국	52127	51325 (49910)	98.5 (95.7)	29941	6158840	16734	335	282
서울특별시	10388	10388 (10388)	100.0 (100.0)	4480	1164636	3128	301	284
부산광역시	3563	3564 (3563)	100.0 (100.0)	2099	369314	1000	281	258
대구광역시	2525	2524 (2522)	100.0 (99.9)	1640	286208	768	304	277
인천광역시	2930	2930 (2884)	100.0 (98.4)	2163	349869	958	332	295
광주광역시	1488	1484 (1482)	99.7 (99.6)	780	174179	472	319	270
대전광역시	1548	1547 (1544)	100.0 (98.8)	1260	194655	512	332	297
울산광역시	1179	1170 (1153)	99.2 (97.8)	550	120535	330	286	257
세종특별자치시	125	113 (97)	90.8 (78.0)	12	15349	42	433	301
경기도	12549	12341 (12239)	98.3 (97.5)	3056	1424296	3894	318	281
강원도	1556	1470 (1378)	94.5 (88.6)	803	230245	631	457	302
충청북도	1600	1554 (1422)	97.1 (88.9)	346	218066	596	419	349
충청남도	2097	1910 (1703)	91.1 (81.2)	116	258195	706	415	323
전라북도	1896	1853 (1778)	97.8 (93.8)	322	260949	713	401	275
전라남도	1932	1805 (1602)	93.4 (82.9)	710	215678	591	369	245
경상북도	2743	2687 (2428)	98.0 (88.5)	1209	401038	1099	453	309
경상ㅇ남도	3403	3380 (3122)	99.3 (91.7)	1399	393264	1068	342	244
제주특별자치도	605	605 (605)	100.0 (100.0)	453	82364	226	373	287
광역상수도	–	–	–		–	–	–	–

※ (　)의 급수인구, 급수보급률은 마을상수도 및 소규모 급수시설 이용인구를 제외한 수치임
※ 시설용량 수치는 공업용 정수시설용량을 포함한 시설용량임
※ 총급수량은 당해 수도사업자가 직접 혹은 간접적으로 공급한 총수량으로 자체 생산량과 정수수입량을 합산한 값임
※ 분수량 : 다른 수도사업자에게 유상으로 공급한 수량
※ 1인1일당 급수량은 직접급수량(총급수량 – 분수량)을 급수인구로 나눈 값
※ 1인1일당 물사용량은 유수수량(총급수량에서 요금이 부과된 수량)에서 분수량을 제외한 값을 급수인구로 나눈 값

전국 평균 상수도 보급률은 98.5%이며, 지역 규모별로 비교해보면 7개 특·광역시가 99.9%, 시 지역이 99.3%, 읍 지역이 96.4%, 면 단위 농어촌 지역이 89.8%이다.

표 3.3.6 행정구역별 상수도 보급현황

구분		총인구(천명)	급수인구(천명)	보급률(%)	직접급수량(천m^3/일)	1인1일당 급수량(L)	1인1일당 물사용량(L)
전국		52127	51325 (49910)	98.5 (95.7)	16734	335	282
특·광역시		23622	23607 (23536)	99.9 (99.6)	7169	305	279
시지역		19475	19333 (19290)	99.3 (99.1)	8263	427	284
읍지역		4198	4046 (3898)	96.4 (92.9)	1302	155	285
면 지역	전국 (특·광역시 미포함)	4832	4339 (3186)	89.8 (65.9)	–	–	–
	전국 (특·광역시 포함)	5088	4588 (3376)	90.2 (66.4)	–	–	–
	특·광역시	256	249249 (191)	97.3 (74.6)	–	–	–

※ ( )안 수치는 마을상수도 및 소규모 급수시설 이용인구를 포함하지 않은 수치임.

전국 급수인구 51,325천명으로 지방 상수도가 37,964천명(74.0%), 광역상수도가 11,946천명(23.3%)이며, 마을상수도는 943천명(1.8%), 소규모급수시설은 472천명(0.9%)에게 공급하고 있다.

표 3.3.7 보급 형태별 급수인구(천명)

구분	수도시설	전국	도시지역		농어촌지역
			특·광역시	시	군
급수인구	계	51325 (100.0%)	23607 (46.0%)	24011 (46.8%)	3707 (7.2%)
	광역상수도	11946 (23.3%)	–	10552	1394
	지방상수도	37964 (74.0%)	23537	12898	1529
	마을상수도	943 (1.8%)	49	399	495
	소규모급수시설	472 (0.9%)	21	162	289

2013년 말 현재 소규모 상수도시설 이용 인구는 전년대비 311천명이 감소한 2,217천명으로 마을상수도 943천명(42.5%), 소규모급수시설 472천명(21.3%), 전용상수도 143천명(6.5%), 기타(우물 등) 659천명(29.7%)이다.

표 3.3.8 연도별 소규모수도시설 이용인구(천명)

구분	2003	2004	2005	2006	2007	2008	2009	2010	2011	2012	2013
계	22040	4866	4597	4317	3973	3663	3309	3040	2779	2528	2217 (100%)
마을 상수도	18721	1793	1698	1682	1572	1437	1331	1263	1151	1039	943 (42.5%)
소규모 급수시설	687	674	652	609	601	618	636	607	550	512	472 (21.3%)
전용 상수도	267	297	288	313	273	284	240	227	183	154	143 (6.5%)
기타 (우물 등)	2365	2102	1959	1713	1527	1324	1102	943	895	823	659 (29.7%)

규모별 상수도 보급 형태는 특・광역시 7개 중 6개소가 지방상수도, 1개소가 지방 및 광역상수도를 공급받고 있으며, 2013년 군단위에서 지방상수도가 각각 1개소씩 증가하는 추세를 보이고 있다.

표 3.3.9 규모별 상수도 보급형태 추이(개소)

구분		2003	2004	2005	2006	2007	2008	2009	2010	2011	2012	2013
특・광역시	계	7	7	7	7	7	7	7	7	7	7	7
	지방상수도	7	7	7	7	7	7	6	6	6	6	6
	광역상수도	–	–	–	–	–	–	–	–	–	–	–
	지방+광역상수도	–	–	–	–	–	–	1	1	1	1	11
시 단위	계	77	77	77	77	77	77	77	77	77	77	78
	지방상수도	34	31	24	29	25	23	26	25	24	23	25
	광역상수도	3	4	5	5	8	11	10	10	10	10	10
	지방+광역상수도	40	42	48	43	44	43	41	40	41	44	43
군 단위	계	83	83	83	81	81	81	81	81	81	79	78
	지방상수도	56	54	52	56	41	39	38	35	35	34	35
	광역상수도	6	6	9	9	10	10	11	12	12	12	13
	지방+광역상수도	21	23	22	16	30	32	32	34	34	33	30

※ 2003~2005년 제주도 4개 지자체(제주시, 서귀포시, 북제주군, 남제주군)
※ 2006년 이후 제주도 2개 지자체
※ 2013년 여주 시단위로 포함

3.4 토질 및 지반공학 분야

3.4.1 토질 및 지반공학의 정의

지반공학(Geotechnical engineering)이란 흙(토질, Soil)을 대상으로 인간의 삶을 보다 풍요롭게 하기 위해 이론(Software)과 실제(Hardware)를 체계화한 학문이라 할 수 있다. 아무리 아름답고 훌륭한 구조물(건물, 다리, 도로, 철도, 댐 등)이라 하더라도 허공에 떠있을 수는 없는 노릇이다. 어디엔가 의지해야만 그 기능을 발휘할 수 있다. 이러한 의미에서 흙이 구조물을 축조하거나 지지하기 위한 분야에서 다루어졌다면 토질공학(Soil Engineering) 또는 기초공학(Foundation engineering)이 될 수 있고, 단순히 경작을 위한 토양의 의미로 연구대상이 되었다면 토양학(Pedology)이 될 수 있으며, 지구의 생성기원과 연계된 것이라면 지질학(Geology)이 될 수도 있다. 또한 흙으로 생성되기 이전의 상태인 암석과 암반을 대상으로 하는 경우는 암반역학(Rock mechanics)이라 할 수 있다. 이와 같이 흙은 주변여건에 따른 연구대상의 주체를 무엇으로 하느냐에 따라 공학적 표현을 달리 할 수 있다. 그러나 이러한 모든 것들이 인간의 편익(Benefit)을 위해 만들어지는 구조물들의 지지대상인 흙과 암반을 대상으로 한 것이라면 이들 모두를 포함하여 지반공학이라 해도 무방하다.

토목, 건축, 농업토목, 광산 등의 공사는 지반과의 관련이 매우 깊어 예로부터 이들로부터 야기되는 많은 문제와 접해왔다. 또한, 이 같은 분야에서 구조물은 흙 또는 암반을 주로 한 기초지반 위에 축조되어 있고 고속도로(철도)나 비행장의 활주로 노반 및 필댐 등과 같은 구조물들은 흙 자체를 축조재료로 쓰고 있으며, 더욱 수로의 굴착, 항로의 준설, 지하철 터널 등은 직접 지반상에 시공되기도 한다. 이와 같이 구조물의 일부를 형성하거나 지지하는 기초지반은 구조물의 자중이나 하중에 의한 외력(External force), 성토나 굴착 등에 의한 평형상태의 파괴(Failure), 지진이나 공해진동, 지하수 등에 의해 응력상태의 변화를 받게 되며, 이로 인해 지반 변형(Deformation)이 발생하고 역학적 성질이 달라지곤 한다.

이러한 응력상태의 변화로 인한 지반변형이 지반이 가진 저항력(Resistance)을 초과하는 경우 기초지반자체의 파괴 및 구조물의 파괴 등의 큰 문제를 일으킨다. 따라서 지반의 응력 및 변형해석과 이를 바탕으로 한 실제 문제에의 응용 등은 건설공사의 안정성확보 측면에서 중요한 의미를 갖게 되며, 이와 관련하여 이론과 실제를 체계화 한 것이 지반공학이라 할 수 있다.

즉, 지반공학이라 함은 건설공학(Civil engineering)의 한 분야로서 주로 흙 또는 암반에 관한 공학적 문제를 역학적(Mechanical) 또는 수리학적인 법칙(Hydraulics law)을 적용하여 이론적 해명을 하는 응용역학(Applied mechanics)의 한 분야이다. 다시 말해 흙과 암반의 이론적인 해석과 지질공학의 이론 등을 포함하는 토질역학, 암반역학, 지질공학, 수리학 등을 기초로 하며 그 응용분야로서 기초공학, 토질구조물, 지하공간, 지반환경, 지반진동학 등을 총망라하는 종합 학문이라 할 수 있다.

한편, 지반공학이라는 용어는 세계 각국에서 Soil mechanics & Foundation engineering 대신에 Geotechnical engineering 이란 용어를 쓰는 추세이다. 예를 들면, 미국토목학회(ASCE)에서는 Soil mechanics & Foundation engineering Division을 Geotechnical Engineering Division으로 바꾸었고, 국제토질 및 기초공학회는 ISSMFE (International Society of Soil Mechanics & Foundation Engineering)를 ISSMGE (International Society of Soil Mechanics & Geotechnical Engineering)로 바꾸었다. 우리나라에서는 1991년 대한토질공학회가 한국지반공학회로, 일본에서는 1996년 일본토질공학회가 일본지반공학회로 각각 개명되었다.

3.4.2 흙(토질, 지반)의 기본적인 성질

1) 흙의 각 성분 사이의 관계

무기질의 흙덩이는 고체인 흙 입자, 액체인 물 및 기체인 공기의 세 가지 성분으로 구성되어 있다. 어떤 경우에는 공기나 또는 물이 제외되어 있을 수도 있다.

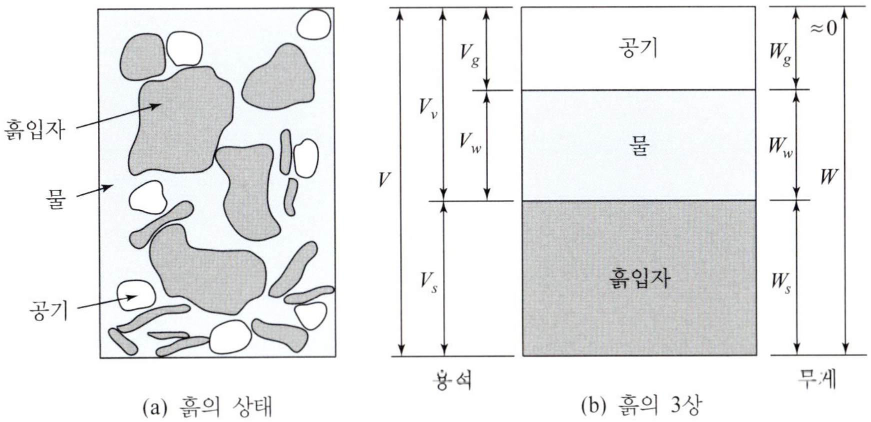

그림 3.4.1 흙덩이의 구성

유기질토는 위의 세 가지 성분 외에 유기물질을 포함한다. 흙 입자, 물 및 공기의 세 가지 성분을 따로 따로 분리하여 표시하면 그림 3.4.1과 같다. 이 그림으로부터 다음과 같은 기본적인 관계식이 유도된다.

2) 간극비(Void Ratio)와 간극률(Porosity)

간극비 e는 흙 입자의 용적에 대한 간극의 용적의 비이다. 즉, 식 (3.4.1)로 표시된다.

$$e = \frac{V_v}{V_s} \tag{3.4.1}$$

이 식에 쓰인 각 기호는 그림 3.4.1에 나타나 있다. 간극비는 소수로 표시되는데, 대단히 촘촘하고 입도분포가 좋은 사질토는 이 값이 0.3 정도밖에 되지 않는 반면, 어떤 입토는 2.0이나 그 이상이 될 수도 있다.

간극률은 흙덩이 전체의 용적에 대한 간극의 용적의 비율을 백분율로 표시한 것이다. 그림 3.4.1을 참조하면 간극률은

$$n = \frac{V_v}{V} \times 100(\%) \tag{3.4.2}$$

로 표시됨을 알 수 있다. 간극비와 간극률 사이에는 다음과 같은 관계식이 있다.

$$e = \frac{V_v}{V_s} = \frac{V_v}{V - V_v} = \frac{V_v / V}{V / V - V_v / V} = \frac{n}{1-n} \tag{3.4.3}$$

$$n = \frac{V_v}{V} = \frac{V_v}{V_s + V_v} = \frac{V_v / V_s}{V_s / V_s + V_v / V_s} = \frac{e}{1+e} \times 100(\%) \tag{3.4.4}$$

3) 포화도(Degree of saturation)

포화도 S란 간극의 용적에 대한 간극 속에 포함되어 있는 물의 용적의 비율을 백분율로 표시한 것이다. 따라서 포화도는 다음 식 (3.4.5)로 표시된다.

$$S = \frac{V_w}{V_v} \times 100(\%) \tag{3.4.5}$$

$S = 100\%$라면 간극 속에 물이 완전히 채워져 있고, 공기는 그 속에 존재하고

있지 않은 상태이다. 이런 상태 하에 있는 흙은 완전히 포화되었다고 말하는데 지하수위 아래에 있는 흙은 완전포화에 가깝다. 흙을 노건조시키면 그 흙의 포화도는 0이다.

4) 함수비(Water content)

함수비 w는 흙 입자의 중량에 대한 수분의 중량을 백분율로 정의하면 다음 식 (3.4.6)과 같다.

$$w = \frac{W_w}{W_s} \times 100(\%) \tag{3.4.6}$$

105℃ 내지 110℃의 건조로에서 흙이 건조되었다면 이때의 함수비는 0이다.

5) 함수비, 포화도 및 간극비 사이의 관계

함수비, 포화도 및 간극비 사이에는 다음과 같은 관계가 있다. 이 관계식은 함수비의 정의로부터 쉽게 다음 식 (3.4.7)과 같이 유도할 수 있다.

$$w = \frac{W_w}{W_s} = \frac{\gamma_w V_w}{\gamma_w G V_s} = \frac{\gamma_w S V_v}{\gamma_w G V_s} = \frac{Se}{G} \tag{3.4.7}$$

즉, $$Gw = Se \tag{3.4.8}$$

이 식에서 G는 흙의 비중이고 γ_w는 물의 단위중량이다.

6) 단위중량

흙의 단위중량이란 흙덩이의 중량을 이에 대응하는 용적으로 나눈 값이다. 단위중량의 단위는 gr/cm^3 또는 t/m^3으로 표시된다. 그림 3.4.2는 그림 3.4.1의 각 성분의 용적과 중량을 V_s로 나누어 표시한 것이다. 이 그림을 보고 흙의 단위중량에 대한 공식을 쉽게 유도할 수 있다.

(1) 전체단위중량(Total unit weight)

흙의 전체단위중량 γ_t는 자연 상태에 있는 흙의 중량을 이에 대응하는 용적으로 나눈 값이다. 즉, 다음 식 (3.4.9)와 같다.

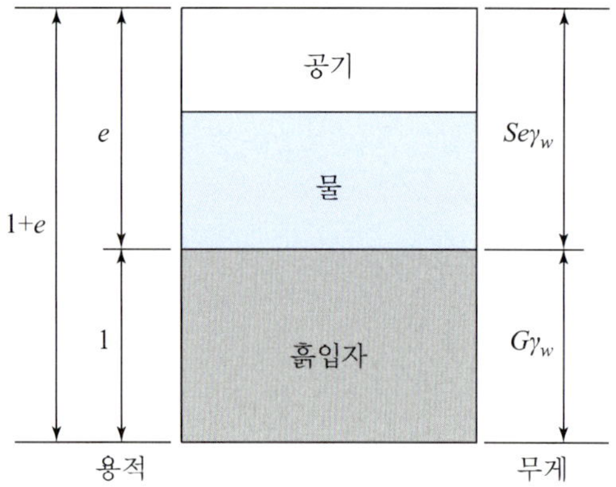

그림 3.4.2 흙 성분의 표시

$$\gamma_t = \frac{W}{V} = \frac{G+Se}{1+e}\gamma_w = \frac{1+w}{1+e}G\gamma_w \tag{3.4.9}$$

자연 상태에 있는 흙의 단위중량의 값은 그 흙의 다져진 상태, 입경과 입도분포, 함수비에 따라 많이 변화한다. 사질토의 전체 단위중량은 1.8 t/m^3 내지 2.2 t/m^3 의 값을 보이며, 점토는 대략 1.6 t/m^3 내지 2.0 t/m^3 의 범위에 있다. 흙의 유기질이 섞여 있으면 단위중량은 훨씬 낮아질 수 있다.

(2) 건조단위중량(Saturated unit weight)

흙을 노건조 시켰을 때의 단위중량을 건조단위중량이라고 한다. 그림 3.4.2를 참조하여 건조단위중량 γ_d를 식으로 표시하면, 다음 식 (3.4.10)이 된다.

$$\gamma_d = \frac{W_s}{V} = \frac{G}{1+e}\gamma_w \tag{3.4.10}$$

또 건조단위중량과 전체단위중량 사이에는 다음 식 (3.4.11)과 같은 관계가 있다.

$$\gamma_d = \frac{\gamma_t}{1+w} \tag{3.4.11}$$

(3) 포화단위중량(Saturated unit weight)

흙이 수중에 있거나 또는 모관작용에 의하여 그 흙이 완전히 포화되었다면, 이 때의 단위중량은 $S=100\%$ 일 때의 전체단위중량이므로 식 (3.4.9)로부터 이것을 쉽게 결정할 수 있다. 따라서 포화단위중량은 다음 식 (3.4.12)와 같다.

$$\gamma_{sat} = \frac{G+e}{1+e}\gamma_w \tag{3.4.12}$$

(4) 수중단위중량(Submerged unit weight)

흙이 지하수위 아래에 있으면 부력을 받는다. 이때의 단위중량은 포화단위중량에서 부력을 뺀 값만큼 감소하므로 수중단위중량 γ_{sub}는 다음 식 (3.4.13)과 같다.

$$\gamma_{sub} = \gamma_{sat} - \gamma_w = \frac{G+e}{1+e}\gamma_w - \gamma_w = \frac{G-1}{1+e}\gamma_w \tag{3.4.13}$$

7) 상대밀도(Relative density)

사질토는 그것이 느슨한 상태로 존재하느냐 또는 촘촘한 상태로 존재하느냐에 따라 그 성질이 많이 달라진다. 이러한 상태를 알기 위해 상대밀도란 말이 사용되는데 이것은 다음 식 (3.4.14)로 표시된다.

$$D_r = \frac{e_{\max} - e}{e_{\max} - e_{\min}} \times 100 = \frac{\gamma_{d\max}}{\gamma_d} \times \frac{\gamma_d - \gamma_{d\min}}{\gamma_{d\max} - \gamma_{d\min}} \times 100(\%) \tag{3.4.14}$$

여기서, $e_{\min}$: 가장 촘촘한 상태에 있는 흙의 간극비
$e_{\max}$: 가장 느슨한 상태에 있는 흙의 간극비
e : 자연 상태에 있는 흙의 간극비
$\gamma_{d\min}$: 가장 느슨한 상태에 있는 흙의 건조단위중량
$\gamma_{d\max}$: 가장 촘촘한 상태에 있는 흙의 건조단위중량
γ_d : 자연 상태에 있는 흙의 건조단위중량

$e_{\min}$이나 $e_{\max}$ 또는 $\gamma_{d\min}$이나 $\gamma_{d\max}$를 결정하는 방법은 아직도 정량화 되어 있지 않다. 그러므로 이것을 결정하는 방법에 따라 상대밀도의 값은 차이가 있을 수 있다. 그러나 일반적으로 행해지고 있는 방법은 $e_{\max}$는 1 cm (1/2 in)의 높이에서 흙 입자를 떨어뜨리거나 물속에서 흙을 침전시켜(특히 실트인 경우) 구하고, $e_{\min}$은 흙의 용기에 넣어 압력과 진동을 동시에 가하거나 또는 흙 입자가 흙 표면에 충격을 가할 수 있는 충분한 높이에서 떨어뜨려 구한다. 현장에서는 일반적으로 표준관입시험을 하여 그 결과로부터 상대밀도를 추정할 수 있다.

예제 3.4.1

흙의 전체단위중량은 $2.0t/m^3$ 이고, 그 흙의 함수비는 18.0%이다. 이 흙의 비중을 2.65라고 할 때 건조단위중량, 간극비 및 포화도를 구하여라.

풀이 식 (3.4.11)에서

$$\gamma_d = \frac{\gamma_t}{1+w} = \frac{2.0}{1+0.18} = 1.70t/m^3$$

식 (3.4.10)에서

$$e = \frac{G\gamma_w}{\gamma_d} - 1 = \frac{2.65\times1}{1.7} - 1 = 0.56$$

식 (3.4.8)에서

$$S = \frac{Gw}{e} = \frac{2.65\times0.18}{0.56} = 0.852 = 85.2\%$$

3.4.3 토질 및 지반공학의 세부분야

1) 토질 및 지반공학 개론

흙은 타 분야에서 취급하는 균질한 부재와는 달리 자연의 재료로서 토립자, 물, 공기 등의 삼상(三相)에 의해 다양한 구성을 하고 있고 외적응력, 시간경과, 온도변화 등에 의해 성질이 달라지며 복잡한 특성을 갖게 되는 바, 지반의 공학적 문제에 토질역학만을 단순히 적용할 수 있는 경우는 많지 않다. 즉, 강재인 경우 탄성계수, 파괴강도 등 비교적 간단한 몇 가지 실험을 통해 설계정수를 얻게 되면 설계가 가능하나, 흙의 경우 그 성질을 나타내는 계수가 매우 많아 이들 사이에 대응하는 다양한 토질시험을 병행하여 설계에 필요한 토질정수를 얻어야 한다. 이를 위해서는 흙의 생성, 시료의 채취방법 및 흙의 물리·화학적 성질을 연구하는 것이 우선 필요하게 되며, 아울러 흙 재료에 대한 균형, 강성 또는 소성변형을 조사하고 공학상의 문제인 기초 지반의 지지력(Bearing capacity), 옹벽이나 가시설에서의 토압(Earth pressure), 축제 및 사면의 안정(Slope stability) 등을 검토함은 물론, 지하수위 침투 및 배수의 적부 등 흙의 여러 문제를 종합적으로 연구함을 지반공학의 목적이라 할 수 있다.

따라서 지반 공학적 문제를 해결하기 위해서는 지반공학의 기초인 토질역학을 충분히 활용해야 하는 것은 물론이나 토질역학만으로는 불충분하므로 토질역학 이론이나 원칙에 기술적 판단을 가하여 공학적 문제를 해명하고, 공사의 실제에 적용시켜야 하는 것이다.

이와 같은 지반 공학적 문제를 각 항목 및 흙의 특성과 연관시켜 보면 다음 표 3.4.1과 같다.

기초과학 및 컴퓨터의 발전은 지반공학분야에서도 많은 발전을 가져 왔다. 최근에는 분야별 전문성을 요구하는데 세계적인 추세에 발맞추어 지반공학분야도 전문분야별로 세분화 되어있다. 이러한 관점에서 지반공학을 처음 접하는 사람이나 앞으로 지반공학을 전공하고자 하는 사람들을 위해 각 분야별 업무(연구) 영역을 간단히 소개하면 다음과 같다.

2) 지반조사(Soil investigation) 분야

사람이 아프면 병원에 가서 맨 처음 실시하는 것이 청진기를 몸에 대고 진찰하여 대략적인 질병의 원인을 파악하는 것이다. 그 다음 진찰결과로부터 혈액검사나 단층촬영 등의 보다 세밀한 진단을 받아 병을 치료하게 된다.

지반조사도 같은 맥락에서 보면 지반기술자는 의사이고 조사자체는 상황에 따라 청진기 정도의 개략조사도 될 수 있고, 세밀한 진단을 위한 정밀조사도 될 수 있다.

표 3.4.1 지반공학과 관련된 문제 예

흙의 일반적 성질	물리・화학적 성질	흙의 분류, 토층・지반구분
흙 속의 수리	투수성	침투, 배수, 모관성, 지하수 유출, 동상문제
흙의 압축・압밀 지반의 응력과 변형	압축・압밀특성 응력・변형특성	지반, 성토, 구조물 등의 침하・경사・변형에 관한 문제(지반의 부등침하, 측방유동, 융기)
흙의 전단강도, 토압, 사면안정, 지반의 지지력	강도특성	성토구조물, 사면활동, 기초 및 토압(옹벽, 토류벽, 매설관 등) 등에 대한 안정문제
흙의 다짐	다짐특성	다져진 흙의 성질, 토질안정문제(고속도로, 고속철도, 공항, 필댐)
지반진동	동적특성	액상화, 내진, 방진 문제
지하공간	암석 및 암반의 강도특성	지하굴착, 토압 및 암반사면(암석 및 암반) 불연속면의 특성(터널, 지하철, 지하공간 등)의 문제
기초	지지력, 침하	직접 기초, 말뚝기초, 피어기초 및 케이슨 기초 등의 지지력 부족에 대한 침하
지반환경	토질, 수질오염	폐기물처리, 환경오염문제(폐기물매립, 준설, 지반개량 등)
연약지반	차수, 보상	연약지반 처리문제(지반주입, 보강)
계측관리	응력, 변형, 간극수압	시공・유지관리, 역해석

지반조사기술은 지반공학의 핵심분야로서 모든 지반구조물의 설계 및 해석에 필요한 지반정보 제공을 담당하고 있다. 따라서 지반공학의 초창기에서부터 지금까지 모든 지반공학자들의 관심 속에 꾸준히 발전해 왔지만 아직도 자연상태 지반의 불균질성과 그 구성의 불규칙성으로 인하여 개척의 여지가 가장 많이 남아있는 영역이라 할 수 있다. 이러한 의미에서 앞으로 지반공학분야의 발전은 지반조사 기술의 발전과 이를 바탕으로 한 정확한 지반정보의 제공에 달려있다고 해도 과언이 아니다.

결국 지반조사의 목적은 지반공학과 관련된 설계 및 시공을 위한 자료의 취득에 그 의미를 갖는다. 일반적으로 지반조사는 현장조사와 실내시험에 의한 조사로 구분되며, 그 중 현장조사의 대표는 시추조사(Boring)이다. 이는 의사의 청진기와도 같아서 모든 조사의 최우선이요, 기본적인 사항이다.

따라서 지반기술자로 입문하고자 하는 사람은 반드시 거쳐 가야 할 관문이다. 그러나 간혹 이를 간과하여 낭패를 보는 경우가 우리 주변에 의외로 많다. 최근에는 시추조사의 단점인 지협성(地峽性)을 극복하기 위한 방안으로 물리탐사(物理探査)를 병행하여 조사의 신뢰성에 보다 많은 기여를 하고 있다.

현장조사만으로 목적을 달성 할 수 없을 때는 실내시험에 의한 조사 방법이 이루어지는데, 이는 어디까지나 현장조사의 보조수단으로 생각하여야 한다. 그 이유는 흙은 원 지반(In-site) 자체에서만이 가장 확실한 지반정보를 취득할 수 있기 때문이다. 이때 실내시험의 가장 중요한 필요조건은 현장의 상황을 유효적절하게 모사, 재현하는데 있다. 즉, 흙의 교란정도를 최소화하면서, 현장구속조건을 재현하여 시험이 수행되어야 하며, 아울러 구조물의 건설 등으로 인한 조건 변화를 효율적으로 모사하는 것이 무엇보다도 중요하다. 이러한 관점에서 실험방법의 범용성, 실험 기기의 자동화 및 결과의 신뢰성 증진 등은 지반조사분야에서 담당해야 할 과제이다. 따라서 지반조사분야에서는 다음과 같은 사항들을 주 관심(연구) 대상으로 하고 있다. 또한 이러한 장비로는 다음 그림 3.4.3과 같은 지반의 선단저항, 주면 마찰력 및 간극수압 측정이 가능한 피에조콘 관입시험(Piezocone penetration test) 장비가 있다.

① 현장조사와 관련된 사항

- 시추조사(Boring)
- 시료채취(Sampling)
- 사운딩(Sounding)
- 물리탐사(Seismic survey)
- 지하수조사

② 실내시험과 관련된 사항

- 흙의 물리 · 역학적 특성시험
- 암석에 관한 시험

③ 기타 현장 및 실내에서 행해지는 특수시험에 관한 사항

④ 실험 기기 및 결과처리의 개발과 자동화에 관한 사항

그림 3.4.3 지반의 선단저항, 주면 마찰력 및 간극수압 측정이 가능한 피에조콘 관입시험(Piezoconc penetration tesl) 장비

3) 기초(Foundation) 분야

옛말에 "모든 일에는 기초가 튼튼해야 한다"라는 말이 있다. 이 말은 지반공학을 전공하는 사람에게는 특별한 주석이 필요 없이 반드시 지켜야 할 기본 사항이다. 다만, 지나치게 튼튼한 것만 강조하다 보면 비경제적일 수 있으므로 공학도로서 안전성과 경제성을 동시에 고려할 수 있는 균형감각을 갖추어야 할 것이다. 공학적 표현을 빌리자면 기초란 상부구조물로부터 전해 내려오는 하중을 안전하게 지반에 전달해주는 역할을 하는 구조물을 말한다. 이 때 상부구조물의 하중을 지지할 수 있는 지반이 지표면 가까이에 있으면 얕은 기초(Shallow foundation), 그렇지 않고 지표면에서 떨어져 깊은 곳에 위치하면 깊은 기초(Deep foundation)

로 각각 설계한다. 특히 말뚝기초의 경우 말뚝재료, 공법 및 설계기술 측면에서 상당한 발전이 있었으며, 최근에는 구조물의 대형화에 따른 말뚝재료의 고품위화 및 최적공법에 관한 연구가 활발하게 진행되고 있다. 그림 3.4.4는 말뚝 타입의 연구 사례이다. 따라서. 기초분야에서는 이들을 안전하고 경제적으로 설계 및 시공하기 위한 방안으로 다음과 같은 영역이 주 검토 대상이다.

① 지반조사 결과와 예상되는 상부구조물의 형태에 따른 기초형식의 계획
② 기초형식에 따른 지반 내 응력분포 형태
③ 하중전달 형식에 따른 지지력(Bearing capacity) 및 침하(Settlement) 검토
④ 동적 하중을 받는 기초에 대한 거동해석
⑤ ①~④를 바탕으로 한 기초의 구조설계

그림 3.4.4 말뚝의 타입 예시

5) 연약지반처리(Soft ground improvement) 분야

연약지반을 쉽게 정의하기는 매우 어렵다. 왜냐하면 연약지반의 평가는 단순히 시험결과에 의한 정량적 표현보다는 상부구조물과 이를 떠받치는 하부지반과의 상대적 관점에서 보아야 하기 때문이다.

즉, 지반자체가 상부구조물로부터 전해오는 하중을 견딜 수 없거나 혹은 예측

침하량이 허용치를 넘는 경우 이를 연약지반이라 한다. 토목이나 건축분야에서 구조물계획을 세울 때 하부지반 조건을 고려하여 전체평면(선형)계획을 세우려고 하지만 불가피하게 구조물 하부지반에 연약한 곳이 위치할 경우가 있는데, 이것으로 인하여 상부 구조물의 위치나 형식을 바꿀 수 없는 경우가 많다.

따라서 계획된 상부구조물의 안정을 도모하기 위한 연약지반의 처리는 지반기술자들의 몫이 된다. 이때 지반기술자는 모든 공학적 지식과 경험을 동원하여 가장 경제적이고 안전한 연약지반처리기술을 제공해야 한다. 우리나라의 연약지반처리 수준은 선진국에 비해 다소 뒤진 경향이 있으나 Pre-loading공법, Drain공법(Paper, Sand, Pack), 생석회 말뚝공법, Reverse circulation공법, 지반주입 및 혼합처리공법 등 연약지반 처리를 위한 기술발전이 급속히 이루어지고 있으며, 시공 전·후의 계측조사를 통한 분석도 활발히 진행되고 있다.

최근에는 물리탐사기법을 통한 지반개량효과의 확인도 시행되고 있다. 일반적으로 연약지반에서 발생할 수 있는 공학적 문제는 크게 네 가지로 분류할 수 있다.

- 지지력(Bearing capacity) 및 활동(Sliding)문제
- 과도한 침하(Settlement)문제
- 부 마찰력(Negative friction)문제
- 액상화(Liquefaction)문제

이외에도 지반개량 및 보강효과에 관한 보다 진보된 평가방법의 개발이나 국내 연약지반의 지역별 설계정수의 결정, 연약지반처리 방법별 전문기시스템의 개발 및 적용, 폐자재나 폐자원 등 환경영향을 고려한 신 재료의 활용 및 신 공법의 개발 등은 연약지반 분야에서 연구해야 할 과제이다. 특히, 폐기물 매립지 등을 건설부지로 활용할 수 있는 지반처리기술의 개발 등은 시대적 과제라 할 수 있다. 이러한 문제점들에 잘 대처할 수 있도록 연약지반처리 분야에서는 그림 3.4.5와 같이 연약지반 개량을 위한 Pack drain 타설과 같은 방법을 이용하여 다음과 같은 사항들이 주 검토(연구)대상이 된다.

① 연약지반의 물리, 역학적 특성을 파악하기 위한 각종 실내 및 현장시험에 관한 사항
② ①의 결과에 의한 지반정수의 선정 및 평가 방법
③ 연약지반의 거동특성
④ 연약지반 대책공법에 관한 사항
⑤ 연약지반개량을 위한 시공 및 관리에 관한 사항

그림 3.4.5 연약지반 개량을 위한 Pack drain 타설광경

6) 정보화 시공(계측관리) 분야

최근 도시면적의 부족으로 인하여 인간의 활동공간이 땅속으로 그 영역을 확대해 가고 있는 실정이다. 도심지에서 지하공간을 활용하기 위한 대규모 굴착은 지하철이나 고층빌딩 건설 등을 들 수 있다. 이때 토목 기술자들의 한결같은 고민은 굴착으로 인한 흙막이 구조물 자체의 안정성 확보문제와 인접구조물에 미치는 영향 등을 얼마만큼 효율적으로 예측하고 관리하여 공사를 무리 없이 끝낼 수 있나 에 있다고 해도 과언이 아니다. 이러한 고민을 해결해 주는 것이 바로 정보화 시공 분야이다.

정보화 시공(Information-oriented construction)이란 구조물의 설계자료와 거동 예측자료를 현장계측자료(Field monitoring data)와 비교 검토함으로써 시공 중 안전상태를 확인하여 위험가능성이 있는 경우에는 신속하고 적절한 보강대책을 강구할 수 있도록 정량적 수치자료를 제공하는 공사안전관리(Construction safety management)를 위한 일련의 공정을 의미한다. 이러한 정보화 시공의 흐름도는 다음 그림 3.4.6과 같다.

우리나라의 경우 1960년대 이후 최초로 계측이 도입된 이래 중요한 토목구조물 건설분야에 계측관리에 의한 정보화 시공이 적용되고 있으며, 오늘날에는 시공초기부터 완공 시까지의 안전성검토 및 유지관리에 활용하는 추세이다. 이를 위해 계측장비 및 자재, 계측결과 처리 및 해석을 위한 컴퓨터 프로그램 등의 발전이 거듭되고 있으며, 특히 계측전문회사 및 대기업 연구소 등에서 이에 관한 연구개발이 활발한 상태이다. 향후 보다 다양한 계측장비의 개발, 체계적인 계측

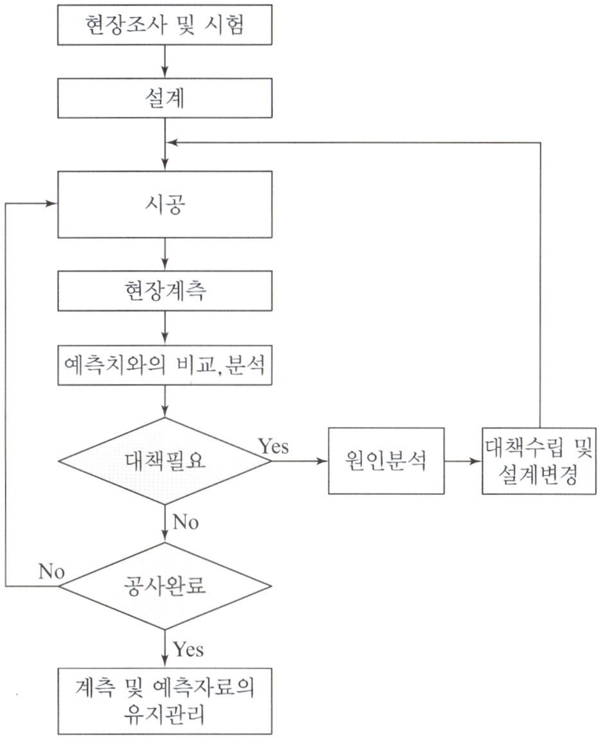

그림 3.4.6 정보화 시공의 흐름도

자료의 축적, 효율적 계측방법 및 해석방법 등의 일반화가 필요하며, 특히 전자, 통신, 기계, 정보처리분야 전문가들과 활발한 교류를 통하여 신기술에 접할 수 있는 시스템이 이루어져야 하며, 또한 계측관리에 대한 자료들을 체계적으로 수집, 정리하여 자료화함으로써 우리나라 실정에 맞는 설계 및 시공기술의 개발에 주력해야 할 것이다.

이 같은 점들을 고려해 볼 때 정보화 시공 분야에서의 주 검토(연구)대상은 다음과 같은 것들을 열거할 수 있다.

- 지반굴착에 따른 지반변형, 버팀 부재에 작용하는 하중, 슬러리 트렌치(Slurry trench)의 변형 및 자연사면 변형 등에 관한 사항
- 지하수위 저하에 따른 지반변위 문제
- 굴착바닥면의 융기에 관한 문제
- 거동예측과 관련된 수치해석에 관한 사항
- 해석프로그램에 관한 사항
- 현장계측치와 컴퓨터 예측자료의 관리 및 활용에 관한 사항

7) 준설 · 환경매립(Dredging and Environmental reclamation) 분야

(1) 준설매립 분야

준설(Dredging)이라 함은 수중에 있는 흙 등의 재료를 준설선으로 들어 올려 이를 구역 외로 운반 투기하는 일련의 공사를 말한다. 준설기술은 매우 역사가 오래된 기법이지만 지반공학분야에서는 최근에 새롭게 대두되고 있는 분야이다.

준설기법을 활용한 역사적 흔적은 기원전 수천 년 전 인류의 3대 문명의 발생지인 나일강, 유프라데스강, 티그리스 및 인더스강 등으로 거슬러 올라가지만 준설을 위한 설계, 시공 등의 지반 공학적 기술로의 전환은 최근에 이루어지고 있는 실정이다. 우리나라에서도 임해공단이나 부두, 수도권 신공항 등의 대규모 해안 매립공사가 준설기술에 의해 실행되었으며, 댐 상류준설 등 내륙호수 및 하천에 대한 준설도 실시되고 있다. 준설기술은 크게 굴착, 운반, 매립 등의 영역으로 구분되며, 이들을 이해하기 위해서는 다음과 같은 기술적 사항들을 사전지식으로 알고 있어야 한다.

- 정 · 동수 역학, 부력 · 부체역학 등의 기본 유체이론에 대한 이해
- 준설펌프기술에 관한 사항
- 준설장비 및 준설기술에 관한 사항
- 지반의 퇴적에 대한 이해(침강 · 퇴적이론, 조사기술, 준설매립 후 지반특성)
- 연약지반개량에 관한 사항
- 준설에 의한 환경영향
- 각종 계측에 관한 사항(유량 · 토량 관측장비, 현장시험장비, 측량장비)

그림 3.4.7 해안지역에서 준설선을 이용한 준설 및 매립 광경

- 각종 법규에 관한 사항(준설 및 환경과 관련된 법규)

그림 3.4.7은 해안지역에서 준설선을 이용한 준설 및 매립 광경을 보여준다.

(2) 환경매립 분야

급격한 산업화는 그 부산물로 환경오염에 대한 대책을 강구해야 하는 새로운 숙제를 안겨주었다. 여기에는 생산활동으로 발생한 쓰레기의 안전한 처리 문제, 매립지 주변의 지하수 및 토양오염에 대한 문제, 사용 종료된 폐기물 매립지의 활용 문제 등을 들 수 있으며, 이들은 곧 지반 공학적 문제와도 직결되는 것들이다. 이와 관련하여 각 건설시방서에는 지반환경보존에 관한 조항이 삽입되고 있는 추세이어서 앞으로는 토양 및 지하수오염, 지하수고갈을 초래하지 않도록 공사를 수행해야만 한다.

이러한 문제를 해결하기 위하여 최근 새로운 공학분야로 등장한 지반환경공학, 특히 환경매립 분야는 전통적인 지반분야의 지식을 활용함과 아울러 인근 분야에 대한 지식습득을 요구하게 되었다. 지반환경분야는 지하수이용이 활발해 지면서 그 중요성을 인식하게 되어 오염물질에 의한 지하수오염 분석과 그 방지대책에 대해 연구해 왔다. 또한 환경오염에 대한 국민의식 수준이 높아짐에 따라 우리나라에서도 지반 및 지하수 오염에 대한 방지대책, 불량 매립지 개선 등의 사후 해결책에 대한 연구가 활발히 진행되고 있지만 아직은 외국에 비해 미흡한 실정이나. 특히 폐기물매립징의 설계, 시공 및 지반안정화와 더불어 지반 및 지하수 오염문제 해결에 있어서는 토질과 지하수에 대한 지식을 필요로 한다.

이러한 관점에서 환경매립 분야의 주 검토(연구) 대상은 다음과 같이 요약할 수 있다.

- 관계법규와 관련된 사항
- 매립장 부지 조사 및 설계·시공에 관한 사항(제방, 사면, 복토, 침출수, 집배수, 우수배제, 가스처리시설)
- 토양과 지하수 조사에 관련된 사항(오염조사, 분석 및 평가, 지반 내 오염물질 이동해석)
- 각종 차수재의 공학적 특성 및 품질관리에 관한 사항
- 오염지반의 정화방법
- 폐기물 및 매립지반의 재활용에 관한 사항
- 폐기물 매립지 유지관리에 관한 사항

8) 지반굴착(Underground excavation) 분야

얼마 전까지만 해도 대형건물 신축 시 지하실의 깊이가 4~5층 정도로 그 굴착깊이는 최대 20 m 이내였다. 그러나 최근에 와서는 건물 내 주차장확보에 대한 법규가 강화되면서 지하층수도 늘어나고 굴착깊이도 30 m 이상이 되는 경우도 흔해졌다. 또한 지하철 공사 시에도 도심지 통과구간의 경우 30 m 이상 굴착하는 경우가 많아졌다. 굴착심도가 깊어지면 굴착에 따른 문제점들은 기하급수적으로 늘어난다.

종래의 경우 지반굴착 시 주 관심사항은 흙막이 벽체 안전에 국한되었던 것이 주변지반, 인접구조물 및 주민에 미치는 영향 등도 함께 고려해야 하는 것으로 확대되었으며, 특히 도심지에서의 공사는 이러한 문제점들에 대한 중요성이 더욱 증대된다.

일반적으로 지반굴착분야에서의 안정해석방법 및 설계기준을 살펴보면 고전적인 토압해석인 Rankine, Coulomb, Terzaghi-peck 등의 방법이 많이 쓰이며, 버팀시스템에서는 단순보법, 연속보법, 수치해석법 등이 쓰이고 있는 실정이다. 오늘날에는 탄소성법을 이용한 프로그램이 많이 보급되어 단계별 굴착과 되메우기 과정의 해석도 널리 수행되고 있다. 지반굴착을 위한 흙막이 시설의 한 예를 들면 그림 3.4.8과 같다.

그림 3.4.8 지반굴착을 위한 흙막이시설 예

한편, 굴착방법에는 흙막이 벽체(Sheet-pile, H-pile, 엄지말뚝 및 토류판, Slurry wall 등)와 버팀 구조(Earth anchor, Strut 등)가 있으며 주변여건에 따라 선택, 시공되고 있다. 그러나 근접시공시 주변에 대한 영향을 최소로 하고, 경제성과 안정성 측면에서 적용성을 높이기 위해서는 앞으로도 더 많은 연구가 필요하다. 따라서 지반굴착 분야에서의 주 관심(연구)대상에는 다음과 같은 것들을 포함시킬 수 있다.

- 굴착공사에 따른 제반법규에 관한 사항
- 흙막이벽체의 종류 및 특성에 관한 사항
- 횡토압 이론에 관한 사항
- 흙막이벽체의 설계 외력에 관한 사항
- 흙막이벽 설계를 위한 조사 및 시험에 관한 사항
- 암반에서의 토압산정에 관한 사항
- 주변구조물에 미치는 영향, 예측기법, 계측관리와 계측치의 Feedback에 관한 사항

9) 지반진동(내진설계) 분야

최근 일본의 고베 지진이나 인도, 터키, 베네수엘라, 대만 등에서 발생한 지진 상황을 보면 가히 충격 그 자체이다. 특히 일본 같은 경우는 지진(내진설계)분야에서는 상당히 앞서 가있는 나라임에도 불구하고 피해가 심각했다는 것은 지진의 위력을 충분히 짐작케 한다. 우리나라의 경우 지진활동은 지진대에 속해 있는 다른 나라에 비해 낮은 편이나 최근 빈번도 주변에서 비록 그 규모는 작지만 지진 발생빈도가 증가하고 있는 추세에 주목할 필요가 있다.

이러한 추세에 발맞추어 우리나라에서도 "건축법, 도로교표준시방서, 터널공사표준시방서, 댐 시설기준, 고속철도 콘크리트구조물 설계표준시방서" 등을 통하여 내진에 관한 사항들을 명문화하기에 이르렀다. 내진 설계는 과학적인 원리, 공학적인 판단과 경험, 그리고 경제성과 확률에 근거를 두고 있다. 내진설계지침의 기본개념은 경제성과 인명피해 극소화의 관점에서 설정되어야 한다. 다시 말해 발생 가능성이 적은 강한 지진에 대하여 인명피해를 극소화하기 위하여 안전한 구조물을 설계할 수는 있지만, 경제적인 부담이 너무 크게 되므로 비현실적이다.

따라서 내진 설계의 최적화(Optimization)는 구조물의 연성(Ductility)을 증가시키고, 구조물의 비선형 거동에 의한 진동에너지 소산(Dissipation)으로 이룰 수 있다. 재질의 수성변위 허용으로 구조적인 피해는 크지만, 구조물의 완전붕괴는 일으키지 않을 정도의 유연성을 고려해야 한다. 향후 지반진동분야에서는 토질조건, 지반의 층상, 기초의 강도를 고려한 지반구조물의 동적 상호작용, 동적 지반

물성의 적절한 산정과 진동 레벨의 일관된 측정, 국내 여건을 감안한 진동규준의 설정 등을 필요로 한다. 이러한 관점에서 볼 때 지반진동(내진설계)분야에서 주 관심(연구)대상은 다음과 같은 사항들을 들 수 있다.

- 지반진동에 관한 기본사항(동적지반거동, 지반 내 파전파, 진동이론, 감쇠특성)
- 동적지반계수 산정에 관한 사항
- 지반-구조물의 상호작용에 관한 사항
- 내진을 고려한 구조물 설계에 관한 사항
- 액상화(Liquefaction)에 관한 사항

그림 3.4.9는 원위치에서 지반의 동적변형특성 측정을 위한 Suspension P.S. 검층장비이다.

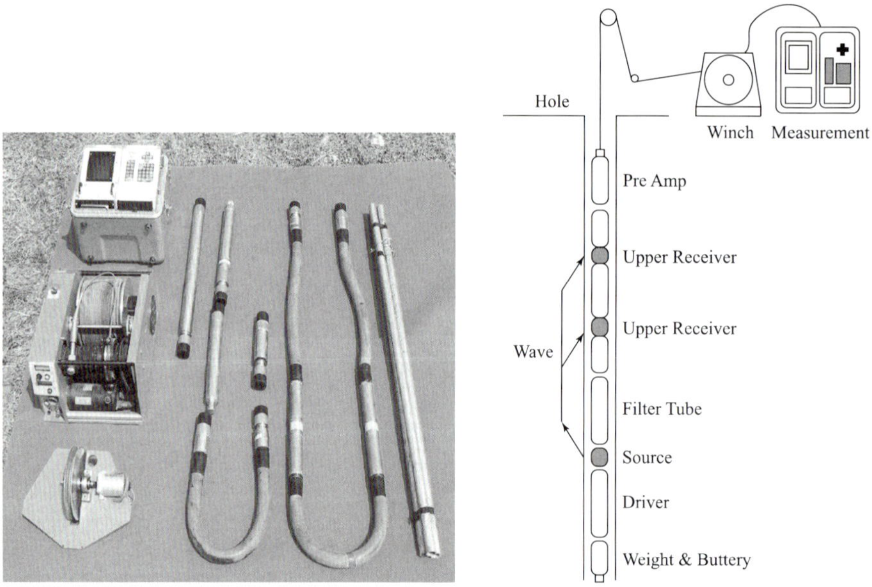

그림 3.4.9 원위치에서 지반의 동적변형특성 측정을 위한 Suspension P.S. 검층장비

10) 터널(Tunnel) 및 암반역학(Rock mechanics) 분야

인류의 역사는 동굴의 역사라 해도 과언이 아니다. 태초에 인간은 추위, 더위, 폭풍우 등 혹독한 자연환경 속에서 휴식처를 구하고 물건을 저장하기도하고 맹수의 위험으로부터 보호받기 위하여 천연동굴이나 인공굴을 이용하였다. 인간 활동이 다양화해짐에 따라 이러한 천연동굴이나 인공 굴은 지하공간이나 터널로 이어져 배수, 수송, 저장 기타 특수용도로 그 영역을 확대해가고 있다.

오늘날에 와서는 터널공사가 “세기의 공사”라 할 만큼 그 규모가 엄청나게 커졌다. 실례로 일본의 세이칸 터널(공사기간 24년, 연장 53.85 km), 영국과 프랑스 사이의 도버해협을 횡단하는 해저터널(Chunnel : 공사기간 4년, 연장 50 km) 등을 들 수 있다. 이러한 대규모 공사를 위해서는 고도화된 지반조사기법, 대용량 컴퓨터를 활용한 수치해석기법, 다양한 시공조건에 대응할 수 있는 보조공법과 계측관리기술, 시공장비의 대형화 및 첨단화 등을 필요로 한다. 한편 국내에서도 많은 터널공사와 도심지 지하철공사 등이 수행되어 해석 및 시공기술에 많은 발전을 이루어 왔으며, 최근에는 지하공간의 이용 및 핵폐기물 지하저장에 관한 연구가 활발히 진행되고 있다.

앞으로 지하공간의 활용에 관해서는 그 필요성이 더욱 증대될 것이므로 지금까지의 터널 및 지하공간과 관련된 국내외의 실패사례와 성공사례 등을 자료화하고 적극적인 관심과 재투자를 기해야 할 것으로 본다. 또한 터널 및 지하공간 분야의 문제점을 해결하고 발전을 지속적으로 도모하기위해서는 새로운 시공기계 및 시공기술의 개발과 국내여건에 맞는 설계방법의 개발 등이 중요한 과제이다. 그림 3.4.10은 3차원 터널해석 결과의 예이다.

따라서 터널 및 암반역학 분야에서 다루는 주요 검토(연구) 대상은 다음과 같은 것들이 있다.

- 지반조사, 특히 암반분류에 관한 사항
- 터널설계에 관한 사항(굴착설계, 보조공법 설계, 토사터널 설계, 암반터널 설계)

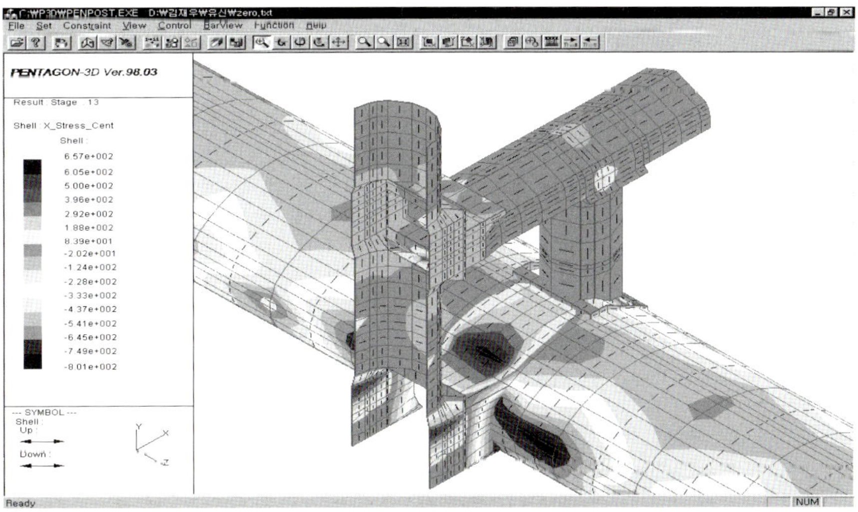

그림 3.4.10 3차원 터널해석 결과 예

- 터널의 안정해석에 관한 사항(보 요소법, 유한요소법, 유한차분법, 경계요소법, 개별요소법, 혼합법)
- 터널시공에 관한 사항
- 터널의 유지관리 및 보수에 관한 사항
- 균열 있는 암반의 역학 특성
- 암반사면의 안정해석

11) 토목섬유(Geosynthetics) 분야

우리나라에 새마을 운동이 시작되기 전 도시변두리나 시골에서 담이나 벽체를 만들 때 황토 흙에 볏짚을 넣은 재료를 사용하였다. 이는 황토 흙에 부족한 인장력을 볏짚이 대신해 주는 것으로, 오늘날 콘크리트와 와이어 메시관계 정도로 보면 될 것이다. 이러한 천연재료들은 시대의 변화에 따른 구조물의 형태변화와 더불어 사라지게 되었다. 그러나 1960년 이후 고분자 합성섬유 제품인 토목섬유(Geosynthetics)가 개발되면서 기존 천연재료가 갖지 못했던 우수한 시공성, 적용성, 경제성 등을 갖추고 있어 각종 토목구조물의 보강, 필터, 배수, 분리, 봉쇄 및 침식방지재 등으로 폭넓게 사용되고 있다.

이러한 토목섬유는 폴리프로필렌(Polypropylene), 폴리에스터(Polyester), 폴리에칠렌(Polyethllene), 폴리아크릴니트릴(Polyacrynitril), 나일론 등의 합성섬유를 직조하여 형성된 다공성 제품인 지오텍스타일(Geotextile)과 차수용 제품인 지오맴브레인(Geomembranes), 고강도 제품인 지오그리드(Geogrids) 및 지오텍스타일 관련제품 등을 포함한다. Geosynthetics라는 용어는 Geomechanics와 Synthetics가 합쳐져서 만들어진 용어로서 맨 처음 하천제방, 사면보호를 위해 필터용 지오텍스타일을 사용한 이래 연약지반 보강용, 수직배수재 등으로 그 영역이 점차 확대되어 오늘날에는 대규모 공사는 물론 고속전철, 지하구조물, 폐기물매립지 등 토목섬유 적용 구조물이 다양화, 대형화, 고난도화 되어 가고 있다. 최근 들어 토목섬유는 각광받는 건설용 신소재로서 공법개발을 위해 연구를 거듭하고 있는 실정이다. 이러한 관점에서 토목섬유분야에서는 다음과 같은 사항들을 주 관심(연구) 대상으로 하고 있다.

- 토목섬유 제품 개발에 관련된 사항
- 토목섬유 특성평가 및 시험법에 관한 사항
- 토목섬유 적용성에 관한 사항
  - 침식방지공

- 필터 및 배수재(수평, 연직)
- 분리재
- 보강재(사면, 제방)
- 보강토 옹벽의 뒷채움재
- 차수재

그림 3.4.11은 제체 보강 및 필터기능을 위한 토목섬유의 시공 예이다.

그림 3.4.11 제체 보강 및 필터기능을 위한 토목섬유의 시공 예

이상에서 소개한 분야 외에도 택지 혹은 단지조성, 댐 특히 흙 댐(Earth-dam), 하천제방 및 상·하수도시설 등의 설계, 시공 시에도 맨 처음 접해야 하는 사항들이 지반공학과 관련된 제반 문제들이다.

연습문제

1. 지름 50 mm, 높이 125 mm의 불교란시료의 습윤중량이 441.7 g이었고, 노건조 후의 중량이 401.7 g이었다. 흙의 비중이 2.72인 경우의 ① 함수비, ② 습윤밀도, ③ 건조밀도, ④ 공극비, ⑤ 공극률, ⑥ 포화도 ⑦ 포화밀도, ⑧ 수중밀도를 구하여라.

2. 현장모래의 습윤밀도가 1.84 g/cm^{3}이었고, 이것을 실험실에서 최대, 최소 습윤밀도를 측정했더니 1.98 g/cm^3, 1.72 g/cm^{3}이었다. 이 모래의 상대밀도를 구하고 상태를 판정하여라. 단, 함수비는 모두 25%이었다.

3. 어떤 흙덩어리의 무게가 500g일 때 이 흙의 함수비는 15%이었다. 흙덩어리 속의 토립자만의 무게는?

4. 어떤 점토의 토질실험 결과 $S_{\gamma}=100[\%], w=50[\%], \gamma_{sat}=1.8[t/m^3]$ 이었다. 이 흙의 비중 G_s 와 공극비 e 는?

3.5 측량, 측지 및 교통공학 분야

3.5.1 측량

측량이란 지구상의 자연 혹은 인공물의 위치를 찾아 이들 간의 상호관계를 결정하고 이를 수치나 도면으로 나타내며 이렇게 수집된 자료를 처리하는 일련의 학문이다(측량학의 정의). 측량법 2조에 의하면 측량이라 함은 토지 및 연안해역의 측량을 말하며 지도 및 연안해역 기본도의 제작과 측량용 사진의 촬영을 포함한다.

1) 측량의 분류

(1) 측량지역의 대소에 의한 분류

① 지구 측지학(Global geodesy)

지구의 크기와 형태를 결정하는 것으로 국가 기준점과 같은 중요한 측지좌표를 결정한다.

② 측지 측량(Geodetic surveying)

회전타원체로서의 지구를 고려하여 지구의 곡률을 고려한 국가의 측지망(Geodetic network)을 구성한다. 국가의 측지기준점(삼각점, 수준점, 중력점)을 정하고 국가기본도 제작, 평면축 측량 등에 이용된다.

③ 평면 측량(Plane surveying)

평면측량은 지구표면을 평면으로 가정하여 실시하는 측량인데, 정확도 "1/100만" 이하를 고려할 때, 반경 11 km 이내의 지역(380 km^2)을 평면으로 간주할 수 있다.

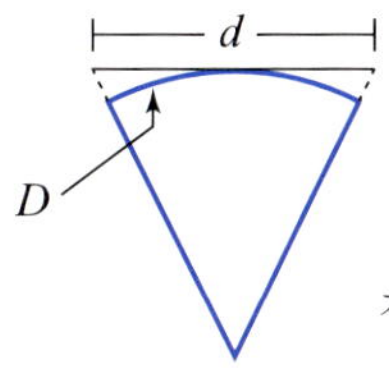

$$정확도(p) = \frac{(d-D)}{D} = \frac{1}{12}\left(\frac{D}{r}\right)^2$$

그림 3.5.1 정확도 1/1,000,000 이하를 고려할 때 평면으로 가정할 수 있는 반경

(2) 측량 순서에 의한 분류

① 기준점 측량(Control surveying), 골조측량

광대한 지역의 측량을 위해 요소마다 측점을 설치하여 일들을 정밀하게 측량한다(정확도가 중요함). 삼각측량, 삼변측량, 트래버스, 수준측량 등을 포함한다.

② 세부측량(Detail survey)

기준점들을 이용한 측량으로 정확도가 떨어져도 능률과 경제성을 위주로 한다.

(3) 측량기구에 의한 분류

- 체인 측량(Chain surveying) : 줄자, 헝겊, 테이프
- 트랜싯 측량(Transit surveying) : 트랜싯(연직, 수직각), 데오돌라이트(수평, 연직각측량)
- 수준 측량(Leveling) : 레벨을 이용한 점 사이의 높이측량
- 평판 측량(Plane table surveying) : 평판을 사용하여 야외에서 측정과 동시에 제도
- 스타디아 측량(Stadia surveying) : 트랜싯의 Stadia를 이용해 거리와 높이를 간접적으로 측량
- 트래버스 측량(Traverse surveying) : 다각측량이라고도 하는데 중소지역의 골조측량에 많이 사용
- 삼각 측량(Triangulation) : 수평위치를 정하는 가장 정밀한 측량법, 광대한 지역의 골조측량에 이용한다.
- 사진 측량(Photogrammetry) : 세부측량의 하나로 공중이나 지상에서의 사진을 이용한다.

2) 측량의 기준(Reference of surveying)

(1) 회전 타원체(Rotation ellipsoid)

지구의 형상에 가깝다고 생각되어지는 회전 타원체를 설정해 이 타원체 위의 거리좌표를 이용하였다. 극반경이 적도반경보다 약 20 km 작고, 우리나라에서는 동경을 지나는 자오선을 기준선으로 하는 Bessel 값을 사용하도록 규정하고 있다.

표 3.5.1 주요한 회전타원체(표준타원체)

발표자	사용국	장반경 $(a,\ km)$	단반경 $(b,\ km)$	편평도 $f=(b-a)/a$	비고
Bessel (1841)	한국, 일본, 동남아, 구소련 및 동구권	6377.397	6356.079	1/299.15	
Clark (1866)	북미, 캐나다	6378.206	6356.584	1/294.98	
Hayford (1909)	남미, 영국, 서유럽, 오스트레일리아	6378.388	6356.912	1/297.00	1924년 IUGG추천 국제타원제
IUGG (1980)	앞으로 측지계의 통일을 위한 추천값	6378.137	6356.752	1/298.26	1979.12 IUGG 결정

① Bessel 타원체

- 장경 : 6,377,397.155 m
- 편평률 : 1/299.1528

  $(a-b)/a$

(2) 지오이드(Geoid)

지구의 평균해수면으로 중력의 영향을 받는다. 여기에서 중력장은 지구내부밀도와 관련이 있으므로 지오이드는 불규칙한 타원체가 되면, 지오이드면은 중력방향에 수직이다.

$(x,\ y)$ 좌표는 기준타원체에서 결정하나 z좌표(고도)는 지오이드에서의 연직거리(높이)로 정한다.

(3) 위도, 경도

경도(Latitude)는 그리니치 자오면과 해당 지점을 통과하는 자오면 사이의 각도(λ)로서 동경・서경으로 정의하며, 위도(Longitude)는 자오선에 수직으로 적도면에 내린 선분이 적도면과 이루는 각도(ϕ)로서 우리나라의 기준점은 건설교통부 국립지리원 내(수원시 원천동)에 설치되어 있다.

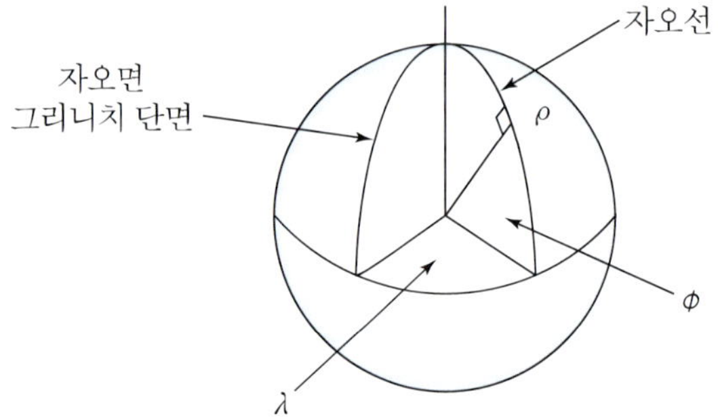

그림 3.5.2 위도와 경도

(4) 높이의 기준

우리나라 육지표고의 기준은 평균해수면(MSL : Mean Sea Level)을 사용하며, 그 위치를 지상에 영구표석으로 설치하고, 수준원점은 인하대학교 내에 있으며, 인천 앞바다의 해수면에서 26.68 m 높이이다.

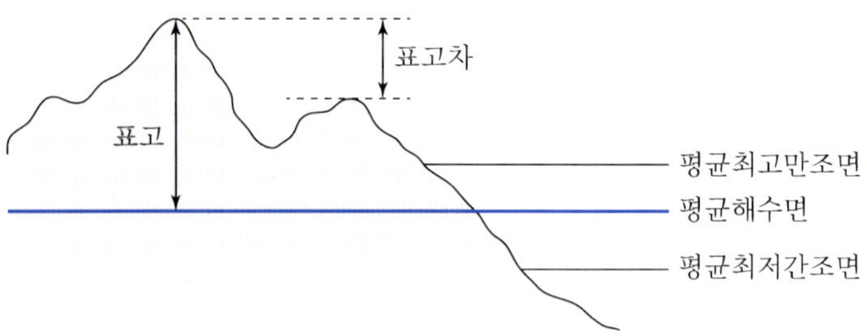

그림 3.5.3 높이의 기준

(5) 진북과 자북

자오선의 북극을 진북(N 또는 TN), 자침의 북쪽방향을 자북(MG)이라 하는데, 자북과 진북의 편차를 자침편차(Magnetic declination)라 하면, 우리나라에서는 통상 4~9°W이다. 진북을 기준으로 시계방향의 각도를 방위각(Azimuth)이라 하며, 임의의 방향을 기준으로 해서 측정한 값을 방향각(Bearing)이라 한다.

3) 측량 오차

측량시 사용기기 및 정확성의 한계로 인하여 참값을 얻기가 어려우며, 이와 같이 참값과 관측값 사이의 차이를 오차라 한다. 이때, 측량 오차는 자연조건, 기기 결함, 관측자의 습관, 부주의 등으로 발생하게 되는데, 이에는 그 성질에 따라 다음의 세 가지로 구분할 수 있다.

① 착오, 과오(Mistakes)
측정자의 잘못에 기인하며, 측정값들을 서로 비교하는 과정에서 발견할 수 있다.

② 정오차(正誤差, Constant or Systematic error)
분명한 원인에 의해 규칙적으로 발생되는 오차로 기계의 고장, 온도의 팽창 등을 들 수 있으며, 관측횟수에 따라 오차가 누적되므로 누차(Cumulative error)라고도 한다.

③ 우연오차(Accidential or Random error)
원인이 확실하지 않고 오차의 크기와 부호가 무작위로 발생하는 특성이 있어 때때로 상쇄되기도 하는 등으로 상쇄오차(Compensating error)라고도 한다. 일반적으로 작은 오차로 정규분포(Normal distribution)를 보이며 흔히 최소제곱법(Least square)으로 처리한다.

오차는 일반적으로 다음의 성질을 갖는다. 즉, 어느 양을 여러 번 관측할 때 그 최확값(Maximum probable value)은 산술평균이며(가우스의 법칙) ① 큰 오차가 생길 확률은 작은 오차가 생길 확률보다 매우 작고, ② 같은 크기의 정(+), 부(−)오차가 생길 확률은 같으며, ③ 매우 큰 오차는 거의 생기 않는다(오차의 3법칙).

4) 거리 측량

거리 측량(Distance surveying)은 모든 측량의 기본이다. 일반적으로 지상의 두 점 사이에는 높이차가 있으므로 모든 관측거리는 기준면상에 투영한 수평거리로 고쳐서 사용함을 원칙으로 한다. 거리 측량의 방법에는 줄자, 간접거리법(스타디아), 광파측거기(EDM : Electromagnetic Distance Measurement) 등의 방법을 가장 많이 사용한다.

(1) 권척(卷尺)

권척은 그 재료에 따라 철줄자, 쇠줄자, 합성섬유, Invar(니켈+강)합금 등이 있으며, 보조기구로는 온도계, 무게추, 장력계, 핸드레벨, 말뚝, 삼각 등을 사용하여 최대한 표준조건을 이룬 상태에서 관측하도록 해야 한다.

(2) 전자파 거리측정, 광파측거기 (EDM : Electromagnetic Distance Measurement)

원리로는 두 점간을 전파, 광파가 왕복하는 시간에 의해 거리를 관측하는 것이며, 송신파와 수신파의 위상차를 이용해 간접적으로 거리를 구한다.

$$D = \frac{\lambda}{2}\left(n + \frac{\phi}{2}\right)$$

여기서, ϕ : 위상차 - 변조파의 위상차

n : 주파수

λ : 파장

(3) 간접거리 측정(스타디아법)

망원경에 상하 스타디아 사이의 거리를 읽어서 이를 이용해 거리를 측정한다.

일반적인 트랜싯에서는 협장 l에서 읽힌 거리에 100을 곱한 것이 거리가 될 수 있도록 상수를 맞춰서 제작한다.

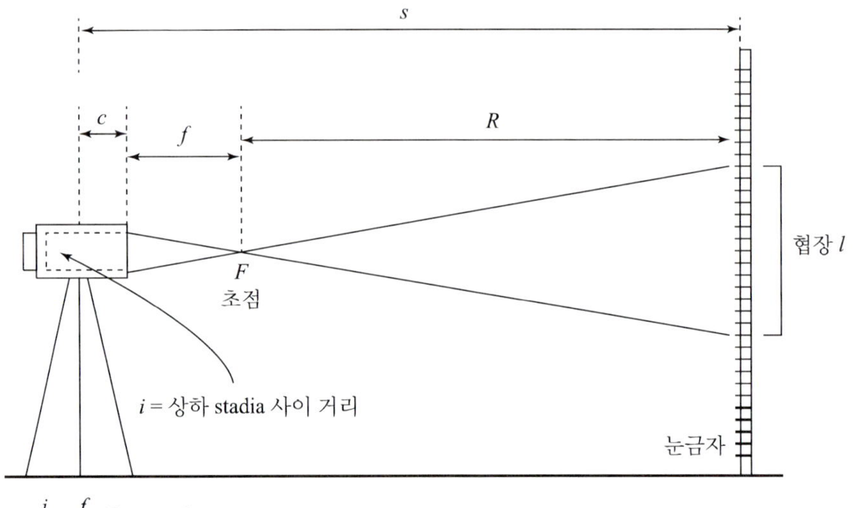

$$\frac{i}{l} = \frac{f}{R} \ (f : R = i : l)$$

※ 거리 $s = R + C + f = l(f / i) + C + f$

그림 3.5.4 스타디아 측량의 원리

5) GPS (Global positioning system)

GPS 위성에서 발사되는 전파를 수신하여 측점에 대한 삼차원 위치, 속도 및 시간 정보를 제공하도록 고안된 전천후 위성항법 시스템으로, 고도가 20,000 km인 6개의 정보를 궤도상에 각 3개씩 18개의 위성이 등간격으로 배치되어 12시간을 주기로 지구를 공전하고 있다. 따라서 어떤 위치에서도 항상 3 내지 4개의 위성전파를 수신할 수 있으며, GPS 위성은 두 개의 운반진동수(Carrier frequency)를 연속적으로 발사하는데, 이는 1575.42 MHz인 L_1과 122.760 MHz인 L_2이다. 이 두 진동수를 동시에 조합시키면 위성에서 지상으로 전파되는 전리층의 효과(Ionosphere effect)를 보정할 수 있다.

6) 수준 측량

수준 측량의 정의는 측량점의 표고 혹은 측량구간의 표고차를 구하는 측량으로 표고(고도)란 어느 지점에서 중력방향으로 기준면까지의 거리를 의미한다.

수준 측량은 양 점간의 높이차를 직접 측정하는 직접수준 측량과 연직각과 거리로부터 높이차를 계산해 내는 간접수준 측량으로 구분할 수 있다.

목적에 따라 분류하면 고저차 수준 측량, 단면제작을 위한 선수준 측량, 동고선 제작을 위한 면수준 측량으로 구분할 수 있다.

(1) 직접수준 측량

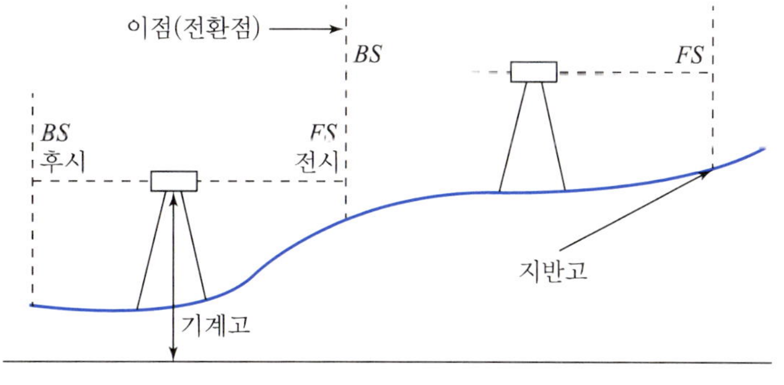

▶ back & fore sight · 기계고 : 기준점에서 시준선까지 높이
· 지반고 : 표척이 서워진 지점의 높이
· 이점(전환점) : 전시와 후시를 동시에 취함
· 중간시 : 양쪽 다 전시일 경우

그림 3.5.5 직접수준 측량의 원리

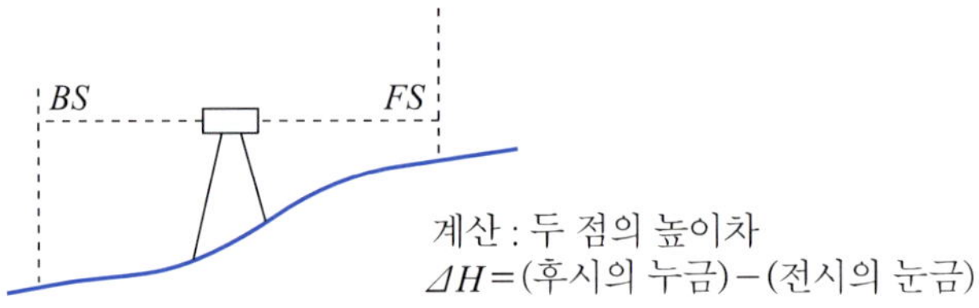

그림 3.5.6 직접수준 측량의 계산원리

(2) 간접수준 측량

일반적인 기압계를 사용한 기압수준측량

$$\Delta h = 18,460(logb - loga)(1+\theta t)$$

여기서, a, b : 두 점에서의 기압

Δh : 표고차

θ : 공기의 팽창계수(1.333665/℃)

t : 평균온도

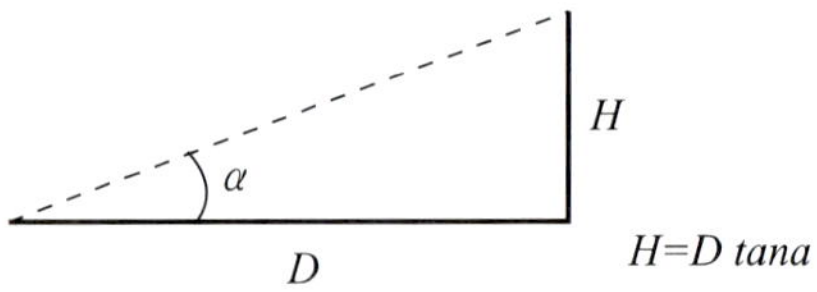

그림 3.5.7 간접수준 측량의 계산원리

(3) 삼각수준 측량

목표점까지의 거리와 각도를 측정하여 높이를 구하는 방법

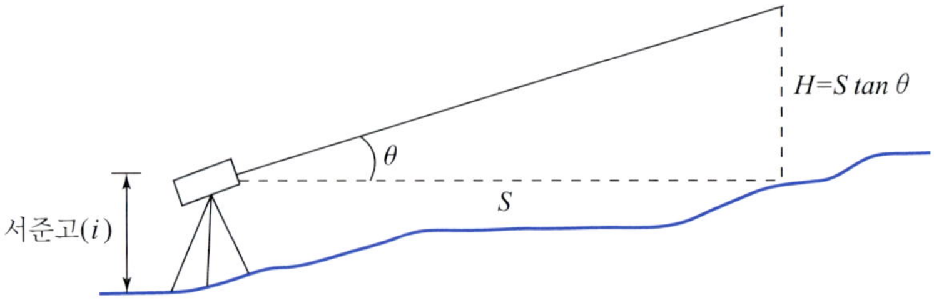

그림 3.5.8 삼각수준 측량의 계산원리

7) 각 측량(Angular measurement)

수평면 각측량의 계산원리 및 어느 측선이 앞의 측선과 이루는 각(교각)과 앞 측선의 연장선과 측선이 이루는 각도(편각, Deflection angle)를 표기하는 방법은 다음의 그림 3.5.10 및 3.5.11과 같다.

(1) 수평면

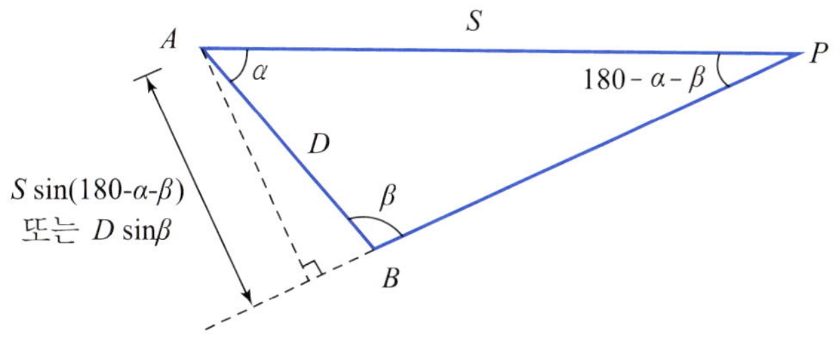

$$\therefore \frac{S}{\sin\beta} = \frac{D}{\sin(180 - \alpha - \beta)} = \frac{D}{\sin(\alpha + \beta)}$$

$$\therefore S = \frac{D \sin\beta}{\sin(180 - \alpha - \beta)} = \frac{D \sin\beta}{\sin(\alpha + \beta)}$$

$$H = \sin\beta \text{ 이므로 } H = \frac{D \sin\beta \tan\theta}{\sin(\alpha + \beta)} + i$$

그림 3.5.9 수평면 각측량의 계산원리

(2) 각도표기

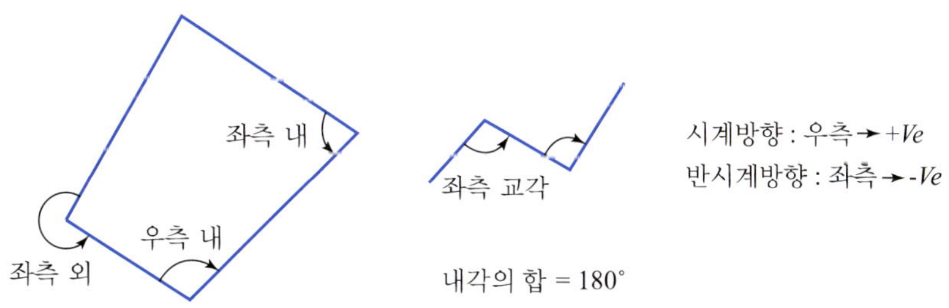

그림 3.5.10 수평면 교각의 표기법

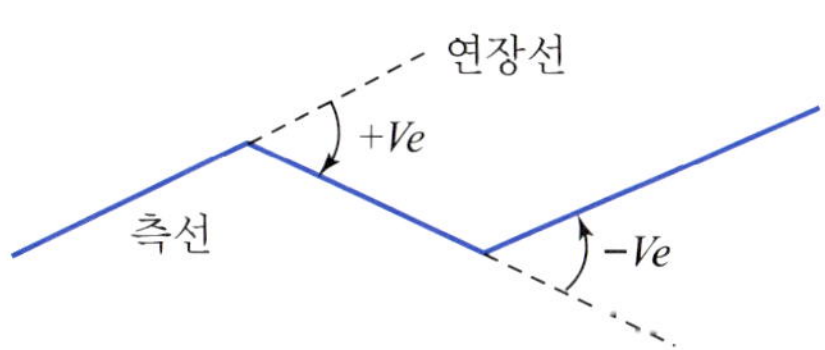

그림 3.5.11 수평면 편각의 표기법

8) 삼각 측량

삼각 측량이란 최초 변의 길이를 정밀하게 실측하고 그 밖의 변장은 삼각형의 내각을 측정하여 삼각법으로 결정한다. 기준점이 거의 같은 밀도로 분포해 있을 때 이 점들을 연결하면 삼각망이 형성된다.

삼각망의 종류로는 단삼각형, 단삼각쇄(단열삼각망), 복삼각쇄(사변형망), 삼각망, 유심삼각망 등으로 구분할 수 있다.

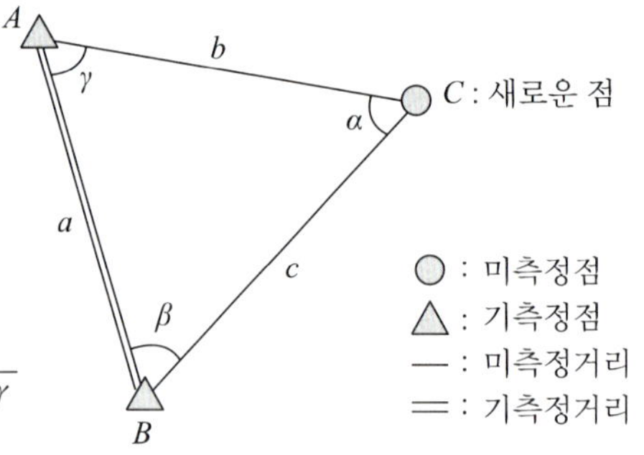

$$\frac{a}{\sin\alpha}=\frac{b}{\sin\beta}=\frac{c}{\sin\gamma}$$

그림 3.5.12 삼각망의 구성

(1) 단삼각형

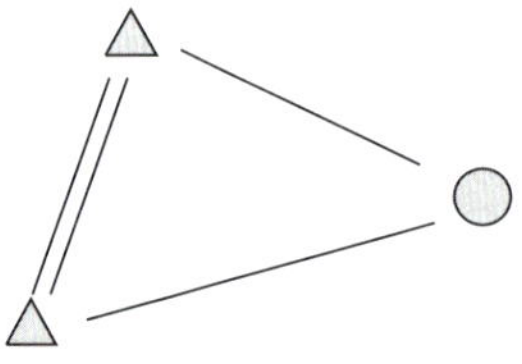

· 2개의 기지점+1개의 새로운 점으로 구성
· 삼각측량의 가장 기본적인 도형

(2) 단삼각쇄(단열삼각망)

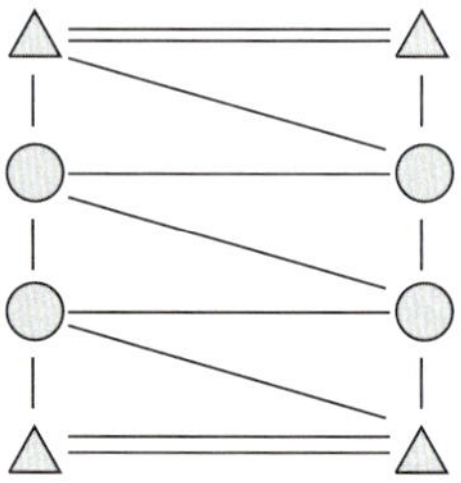

· 하천, 노선, 터널 등 긴 지형측량에 이용

(3) 복삼각쇄(사변형망)

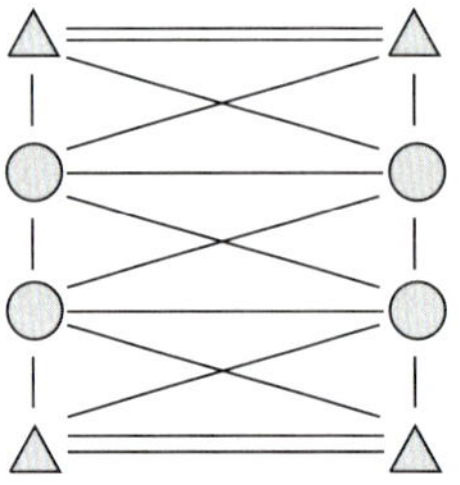

(4) 삼각망

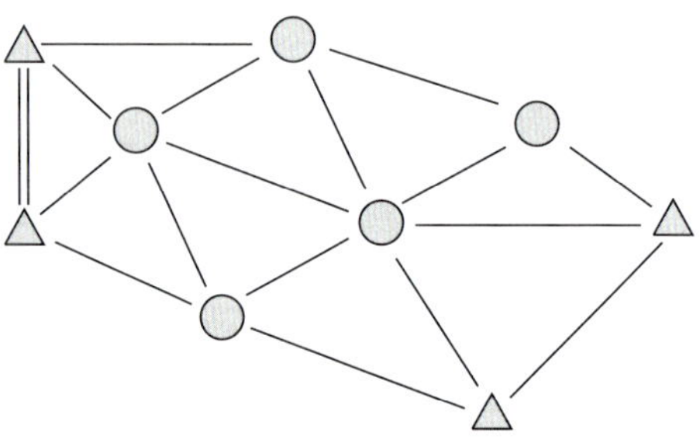

(5) 유심삼각망

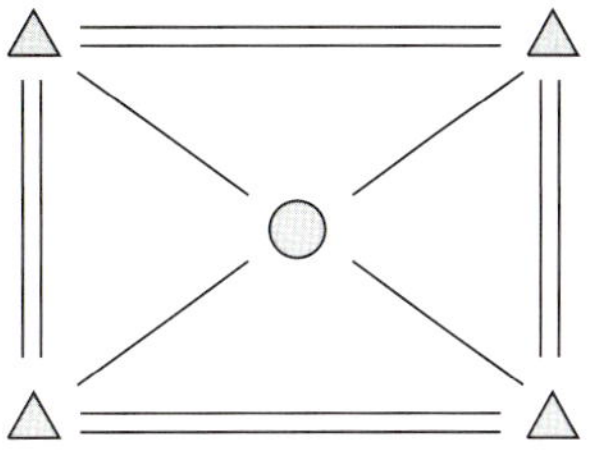

· 하나의 새로운 점 주변에 기지점이 둘러 싸인 망구조
· 1등 삼각점 2등 삼각점 등 기지점의 측정에 이용된다.

9) 평판 측량(Plane table surveying)

평판 측량이란 삼각(Tripod) 위에 놓인 평판대에 제도지를 부착하고 시준기를 사용하여 현장에서 제도하는 측량법을 의미한다. 주요 요소로는 다음과 같다.

- 삼각 : 평판을 수평으로 지지하는 다리로서 평판을 고정, 정준할 수 있는 장치
- 시준기(Alidade) : 평판 위에 올려놓고, 목표물을 시준하여 그 방향 또는 경사를 도상에 표시하는 기구이다.
- 수준기(Level) : 수평을 맞추기 위한 기포관
- 구심기+추(Plumbing fork & Plumb bob) : 지상의 측점과 평판의 측점을 동일선상에 두기 위한 것으로, 구심기로써 구심(Centering)을 할 때는 지상 측점을 가리키는 구심기의 끝이 평판 중심이 아니라, 시준기와 마찬가지로 그 위치에서의 도상측점(측침을 꽂아 두는 곳)에 일치하여야 한다는 것에 주의하여야 한다.

(1) 평판설치

평판은 정준, 구심, 표정의 세 조건이 만족되도록 설치하여야 한다.

- 정준(Leveling up) : 평판을 수평으로 맞춘다.
- 구심(Centering) : 평판상의 도면에서 측점을 표시하는 위치는 지상측점과 일치하여 동일수직선상에 있어야 한다.
- 표정(Orientation) : 평판이 항상 일정한 방향을 취해야 한다는 조건으로 평판상의 모든 직선에 대응하는 지상선과 평행하도록 평판을 회전시키는 작업이다.

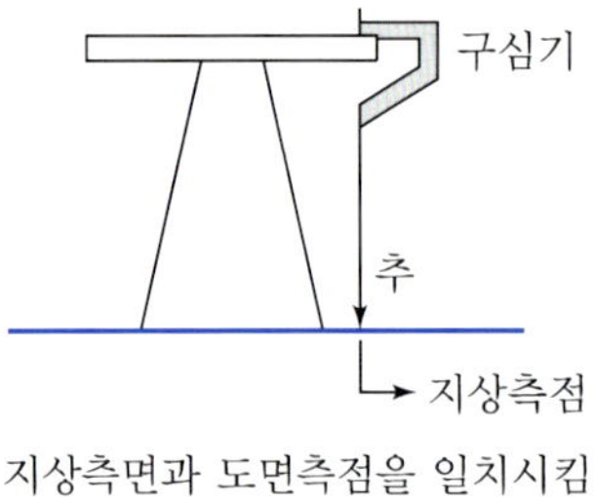

그림 3.5.13 구심기 사용법

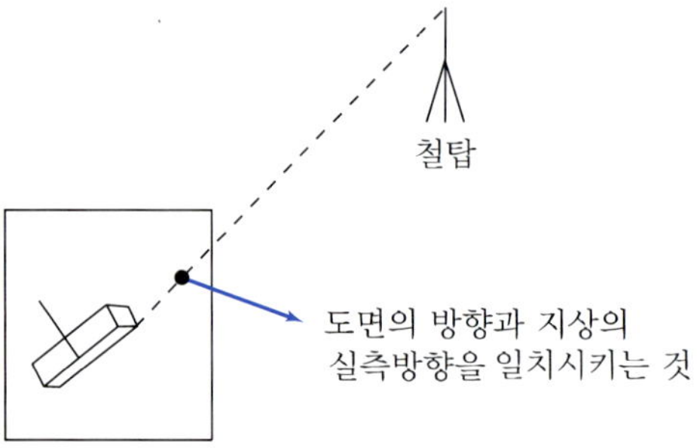

그림 3.5.14 평판의 표정법

(2) 평판측량방법

평판측량방법에는 다음과 같은 세 가지가 있는데, 실제로 측량할 경우에는 두 세 가지 방법을 함께 이용하는 경우가 많다.

① 방사법(Radiation method)

장애물이 없는 지역에서 그 중심부에 평판을 설치하고 주위의 측점을 차례로 시준하여 방향선을 긋고 거리를 측정하여 소정의 축척에 의하여 도상에 측점의 위치를 표시하는 방법이다. 이 방법은 쉬우나 오차를 검토할 수 있는 방법이 없다는 점이 흠이다.

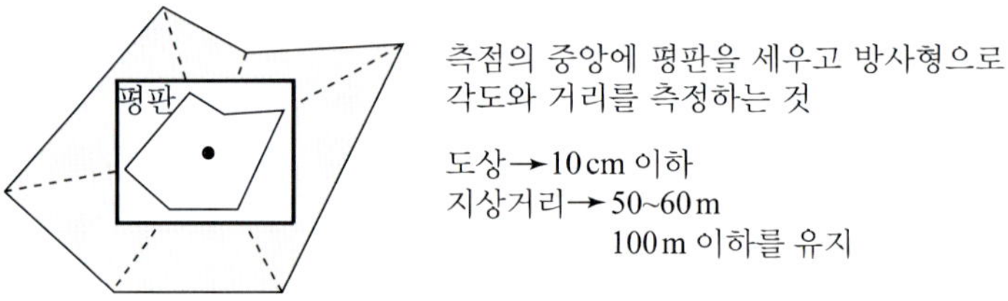

그림 3.5.15 방사법의 설명

② 도선법(전진법, Traversing method)

트래버스 방법을 이용하되 기지점으로부터 다른 기지점으로 방향과 거리를 순차적으로 측정하도록 한다.

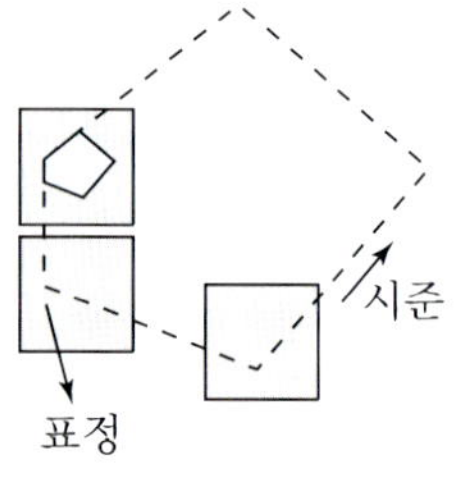

그림 3.5.16 전진법의 설명

③ 교회법(교차법, Intersection method)
2개 혹은 3개의 기지점에서 방향선을 그어 그 교점으로 미지점의 위치를 도상에서 결정한다.

10) 사진 측량

사진을 이용한 측량으로 ① 정량적 해석으로는 길이, 높이, 방향, 면적, 체적, 속도 등을, ② 정상적 해석으로는 대상물의 질적인 특성(빛의 반사값을 통계적으로 이용해 오염지역파악 등)을 규명하는 것이다. 이의 적용방법에 대한 분류로는

- 항공사진 : 항공기, 기구 등을 이용(수직촬영)
- 지상사진 : 지상에서 촬영(수평촬영)
  구조물의 변위와 형태, 교통문제, 범죄현장기록 등에 사용
- 원격탐사 : 인공위성
  다양한 파장의 전자파를 이용하여 환경, 자원문제, 생물학 등에 사용
- 기타 : 우주사진, 수중사진 등을 들 수 있다.

이에 따른 정확도는 표고의 경우 촬영고도의 1/10,000～1/5,000, 평면위치의 경우는 사진축적의 5～10배 크기의 지도를 제작할 수 있다.

(1) 적용분야

- 토지이용 : 국토기본도, 토지이용도, 임야도 작성, 지적도 정비
- 자원 및 토질조사 : 광맥, 지질단층 및 구조선 조사
- 수문조사 : 수계분포, 유역의 형태 및 유역면적의 산정, 저수지의 수량조사
- 토목설계 : 사진에 의한 구조물의 예비설계, DTM에 의한 도로 및 토지조성의 최적설계, 댐 · 항만 · 교량의 위치 및 경관조사, 댐이나 교량건설 후의 하상변동 조사
- 고고학 및 문화재 조사 : 항공사진판독에 의한 유적발견(Shade mark, Soil mark 및 Plant mark에 의함), 지상사진측량에 의한 건축물, 조각물의 보존과 복원
- 교통 및 도시계획 : 교통량 조사분석, 교통사고처리, 도로분포 및 변동상황 조사, 도시지표면 온도분포, 건축물의 크기, 높이, 종류 및 분포상태, 도시계획도 작성
- 삼림 및 농업 : 농작물의 종별, 작황, 관계효용, 병충해 조사, 토양의 함수비

조사, 수종별 수고 및 수관밀도조사, 벌태상황조사

- 환경조사 : 대기 및 수질오염, 조경해석, 관광도 제작, 인구분포조사, 동식물의 생태분포조사
- 해양 : 해양자원, 천해수심분포, 조류 및 파고의 측정, 수온조사, 해안침식, 토사이동, 적외선 사진에 의한 해수침입조사
- 기상 : 태풍, 천기예보, 구름조사, 풍향조사
- 군사정보 : 적정탐지, 목표지역의 지형 및 병력배치상황, 지하 미사일 기지 탐지, 위험목표물의 조기경보(Microwave 사진, 열적외선 사진, SLAR 등 이용)
- 재해조사 : 지진, 홍수, 화산폭발에 의한 피해상황조사, 산불, 산사태 피해조사
- 우주개발 : 월면의 지질조사 및 지도작성, 혹성표면의 해석, 천체물리학, 천체측지학적 응용, 천체지도 작성
- 의학 : 단층사진, X선 입체사진에 의한 정확한 진단, NMR 영상, 미립결정의 구조 분석
- 의상 및 인간공학 : 입체사진에 의한 의상과 자동설계, 인체의 동적상태 측정

(2) 항공사진의 성질

피사체의 영상은 그림 3.5.17에서와 같이 중심투영(Central or Perspective projection)으로 인하여 왜곡되고, 정밀사진 지도제작을 위해서는 정사투영(Ortho-projection)이 되도록 기하학적인 관계를 바로 잡아야 한다. 이 중심투영의 성질을 역으로 이용하여 단사진(單寫眞)에서 대상물의 표고차를 구할 수 있다.

- 정사투영 : 투영의 중심을 무한대 거리에 둔 투영도법
- 중심투영 : 기준면과 투영면 사이에 투영중심을 둠

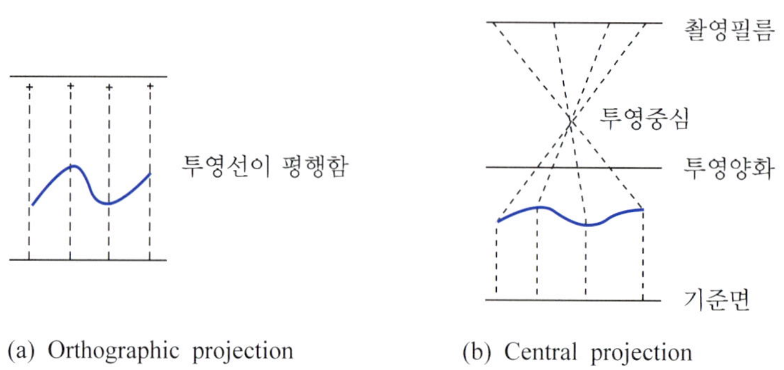

그림 3.5.17 정사투영과 중심투영

3.5.2 도로 및 교통공학

1) 교통계획의 의의, 목표와 대상

교통계획은 인구의 집중과 자동차 보급의 증대로 도시 교통문제가 사회적으로 크게 중시되기 시작한 20세기 초부터 발달되어 온 학문분야이다. 역사상 군사적으로 강력한 로마제국의 기초도 유럽 전 지역에 거미줄처럼 구성된 도로망 계획에 있었고, 로마제국 당시 시저는 로마의 도심교통혼잡을 방지하기 위하여 하루 중 일정시간동안은 도심지역에 대한 차량통행을 법으로 제한하기도 하였다. 그러나 당시의 도로계획은 현대적 의미의 교통계획과는 완전히 다른 군사목적의 개념이었으며, 도시교통의 혁신적인 전기는 대중교통(Public transit)개념의 창안에서 비롯되었다.

교통계획(Transportation planning)은 “사람이나 화물을 안전하고 신속, 편리, 쾌적, 저렴하게 이동할 수 있도록 과학적인 방법을 이용하여 장래를 예측하고 대안을 분석, 평가하여 최선의 대안을 선택하여 시해하는 방법”으로 정의할 수 있으며 교통서비스를 생산하는 교통체계(Transportation system)는 통로(Guideway), 차량(Vehicle), 운전자, 주정차 및 연계시설, 신호통제, 경영조직, 규제행정 등의 다양한 요소들로 구성된다.

교통계획의 주요 대상은 교통체계를 구성하는 요소와 이의 조작을 위해 투입되는 모든 투입물(Input)이며, 여기에는 Hardware와 Software의 양 요소가 다 같이 중시되는 것이다. 따라서 교통계획과정은 체계분석적 방법론에 의존하여야 하고, 흔히 경시되기 쉬운 대안의 창출과정이 차지하는 비중이 막중하다.

2) 교통계획의 접근방법

교통계획은 연구의 목적과 대상의 특성에 따라 크게 두 가지로 분류할 수 있다. 그것은 전력적 교통계획과정과 실시운용계획이다. 여기서 교통계획의 모형 대신에 과정이라는 용어가 쓰인 이유는 교통계획에는 수많은 부분모형을 구성하여 이들 모두들 일관성 있게 적용할 것이 필요하고, 관련된 모든 모형의 상호작동에 의해 최종결과가 얻어지기 때문이다. 전략적 교통계획과정은 장기적 관점에서 토지이용배분과 교통체계의 상호작용, 기본적 교통망 형태, 장기적 교통투자 수준과 교통수단별 투자배분, 주요 교통투자의 우선순위 등의 결정을 위한 연구이다. 이러한 두 가지 형태의 도시교통계획에 있어서 표준적 도시교통계획과정(The standard urban transportation planning process)은 전력적 연구의 핵심을 이룬다. 표준적 도시교통계획과정은 크게 네 가지 과정으로 구성된다. 첫째는 대상이 되는 도시지역과 주변지역을 포함한 도시생활권 전역에 관한 기존형황을 파악하고, 장래의 경제사회적 전망에 관한 추정이다. 여기서는 인구, 산첩, 고용 등의 경제사회적 특성, 토지이용과 교통시설 등의 현황 그리고 도시개발과 도시 및 지역경제예측이 포함된다. 둘째는 장래에 대한 경제활동배분, 즉 토지이용의 예측에서부터 시작하여 교통수요를 예측하는 단계이다. 세 번째 단계는 장래의 토지이용과 교통수요 예측을 기초로 여러 대안을 비교평가하여 최적대안을 선택하여 계획안을 수립하는 것이다. 마지막 단계는 선택된 계획(투자)사업을 시행하는 과정과 시행순서의 결정 그리고 정책적 측면에서의 보완방안을 강구하는 것이다. 이처럼 크게 네 가지 단계로 구분할 수 있는 표준적 도시교통계획과정은 보다 구체적으로

- 현황자료조사정리(Inventory)
- 토지이용예측
- 통행발생
- 통행배분
- 교통수단분담
- 노선배정
- 계획대안의 평가 · 선택
- 시행절차 및 정책

의 8단계로 세분할 수 있다.

3) 교통수요의 경제이론

소비자 행태이론에서 교통서비스에 대한 수요는 이처럼 소비자가 교통서비스를 포함한 여러 재화 중에서 이들의 한계효용에 의한 대체적 관계에 따른 선택의 문제로 접근할 것이 필요하다. 여기서 교통부문을 대중교통과 개인교통으로 구분하여 서로 다른 재화로 취급할 수 있다. 소비자 수요에 있어서 어떠한 재화의 상대가격의 변화 또는 소득의 변화에 따른 효과는 대단히 중요하다. 상대가격만의 변화에 따른 수요의 변화를 대체효과(Substitution effect)라 하고 반대로 실질소득만의 변화에 따른 수요의 변화를 소득효과(Income effect)라 한다. 어느 한 재화의 가격변화에서 결과되는 수요의 총효과(Total effect)는 이상의 두 가지 효과의 종합된 결과로 볼 수 있다. 재화 중에서 소득효과가 양인 것을 보통재라 하고, 부인 것을 열등재라 한다. 대중교통수요는 일정한 소득수준의 계층에 대해 열등재의 특성을 갖는 경우가 보통이다. 한편 두 가지 재화 X, Y에 있어서 어느 한 재화의 가격변동이 상대재화의 수요에 미치는 효과에 의해 대체재와 보완재로 구분할 수 있다. 수요의 가격교차 탄력성이 양인 경우를 대체재라 하고 부인경우를

보완재라 한다. 택시 교통수요는 개인 교통과의 관계에서 대체재의 성질을 가질 것이다. 교통수요에 있어서 미시경제이론의 응용은 대단히 유용하다. 그러나 교통수요는 일반재화의 수용은 수요와 몇 가지 다른 특성을 갖는다. 첫째, 교통은 통행활동 그 자체로부터 어떠한 효용이 창출되지 않는다. 일반 재화의 소비에서는 효용이 창출되지 않는다. 일반재화의 소비에서는 반드시 효용을 얻을 수 있으나, 통행에서는 오히려 비교통이 따른다. 교통수요는 통행 자체에 대한 수요가 아니라 교통과 그것의 목적활동에 대한 결합수요(Joint demand)인 것이다. 또는 교통수요는 통행의 목적활동에 대한 수요에 근거하고 있다는 점에서 파생수요(Derived demand)인 것이다. 따라서 통행으로부터 얻는 교통은 목적활동에 대한 총효용 그리고 총가격을 관찰할 수 있다면 통행과 목적활동의 결합재(Joint goods)에 대한 수요함수를 구성할 수 있을 것이다. 만일 통행과 목적활동에 관한 효용이 분리가능(Separable)하고, 그 효용을 분리해서 구성할 수 있을 것이다. 통행량의 통행가격에 대한 관계를 나타내는 교통의 수요함수는 일반재화에 대한 수요함수의 개념과는 상당한 차이가 있다. 경우에 따라서 통행량을 통행가격의 직접적 함수로 구성할 수 있을 것이다. 이 경우 통행가격의 증감에 따라 통행량이 변화하는 일반적인 수요함수의 특성이 적용될 것이다. 그러나 그것은 교통수요가 곧 재화의 수요를 창출한다는 가정을 전제로 하는 과정인 것이다. 교통수요는 이러한 특성 때문에 목적활동의 효용에 관한 명시적 고려를 필요로 한다. 전통적인 방법은 통행을 그 목적에 따라 구분하여 통행의 목정이 되는 활동을 간접적으로 고려하는 것이다. 이러한 통행목적은 첫째, 목적활동이 가격과 효용을 대변하는 대체변수로 이해될 수 있고, 둘째 교통체계의 변화에 대해 상당히 공통적 대응형태를 보이는 활동들의 구분으로 이해될 수 있는 것이다. 교통계획에서 흔히 채택되는 통행목적의 구분은 다음과 같다.

- 출근통행
- 통학통행
- 물건사기통행
- 직장업무통행
- 개인업무통행
- 친교통행
- 석사통행
- 위락통행

여기에는 통행의 정의에 따라 귀가 통행이 추가되어야 한다. 그리고 이외에 큰 비중을 차지하는 통행으로서는 수단 갈아타기 통행과 동승한 승객을 위한 통행이 있다.

그러나 이러한 목적의 통행은 수요분석 과정에서는 제외된다.

4) 통행발생

통행발생(Trip generation)은 도시교통수요 예측의 제1단계 과정으로서 계획대상도시지역의 장래 토지이용에 관한 정량적 예측을 기반으로 하여 각 존별 통행의 발생량을 예측하는 것이다. 한 통행은 2개의 통행단으로 정의되기 때문에 통행발생은 통행유출(Trip production)과 통행유입(Trip attraction)에 관한 분석으로 구성된다. 통행유출은 통행이 원천적으로 가정에서 발생된다는 점에서 통행의 양단 중 가정쪽 끝을 분석대상으로 하고, 통행유입은 통행단의 가정이 아닌 끝, 즉 상업, 업무, 학교, 사생은 일정하게 구분된 구역(또는 존)에 대해 그곳으로부터 밖으로 유출되는, 그리고 토지이용특성을 설명변수로 하여 분석하는 것이다. 이러한 통행발생에 의한 교통수요의 접근은 교통이 파생수요라는 점에서 기초하고 있다. 일정한 구역으로부터 유출되는, 그리고 그 구역에 유입되는 통행을 그 구역내의 토지이용과 경제사회적 활동의 함수로 보는 것이다. 일정한 구역(또는 존)을 분석단위로 하는 통행발생이 의미를 갖기 위해서는 통행발생특성과 구역특성과의 관계가 안정적이고 장래에 있어서도 같은 관계를 가정 할 수 있어야 한다. 여기서 통행의 발생과 활동과의 관계는 통행의 목적별 분류로서 한층 강화될 수 있다고 전제하는 것이다. 통행발생에 의한 교통수요 예측과정에 있어서 통행목적의 분류는 통행단 모형의 타당성을 높이는데 중요할 뿐만 아니라, 그 후의 통행배분, 수단선택, 노선배정의 단계에 있어서도 대단히 중요하다. 도시교통에서 흔히 사용되는 통행목적의 분류는 앞에서 제시한 바 있다.

5) 통행배분

통행배분(Trip distribution)은 표준적 도시교통 계획과정에 있어서 제2단계(경우에 따라서는 제3단계)에 속하는 과정이다. 통행배분의 목적은 각 존별로 예측된 통행유출(Trip production)과 통행유입(Trip attraction)을 각 존 간의 통행교차량(Trip interchange)으로 배분・예측하는 것이다.

장래의 존간 통행교차량의 예측을 위해서는 먼저 모든 존간의 기존 통행교차량의 현황표를 투입자료로 하여 정산하는 과정이 필요하다. 그리고 기준연도와 목표연도에 대해서 모든 존간 통행 저항의 측정을 위해서 코팅된 교통망도의 준비가 필요하다. 통행배분예측의 기본적 모형은 크게 다음의 세 가지로 나눌 수 있다.

- 성장인자 모형
- 중력 모형
- 간섭기회 모형

6) 노선배정

노선배정(Network assignment)은 순차적으로 통행수요예측의 최종단계로서 이전까지의 과정에서 산출된 통행량을 교통 시설에 배정하는 과정이다. 여기서는 교통량의 각 구간별 통행량과 교차로에서의 방향별 회전통행량을 구체적으로 추정하는 것이다. 전통적으로 노선배정은 공간적 차원에서의 교통시설별 이용통행량의 분석을 목적으로 하였으나, 최근에는 하루 중 시간(Clock time)의 경과에 따른 통행흐름, 즉 동태적 상황을 포함하는 미시적 노선배정(Micro assignment)의 기법이 발달되고 있다. 도시교통계획과정에 있어서 노선배정의 구체적 용도를 몇 가지 예시하면 다음과 같다.

- 교통망 계획대안의 평과와 새로운 대안의 개발
- 교통망 시설계획의 시행에 관해 단기적 우선순위결정
- 교통유방시설(Traffic generator)의 세부적 분석과 교통체계에 대한 영향분석
- 교통측에 관련된 시설 및 활동의 입지분석
- 설계통행량의 결정
- 다른 계획과정에 필요한 자료의 제공 및 정보환류반영

노선배정에서 사용하는 분석대상은 차량통행, 사람통행, 대중교통승객 또는 물동량의 어느 것이나 가능하다. 일반적으로 이 과정은 차량통행을 도로망에 대해, 승객을 대중교통망에 대해, 또는 항공승객을 지상교통수단에 대해 그리고 화물수송을 위한 노선배정에 적용되고 있다. 또한 도시쓰레기의 수거 · 운반을 위한 트럭운송체계의 분석, 공공시설물(소방서, 응급의료시설 등)의 입지결정, 교통비용이 산정을 위한 공식적 통행거리의 추정, 자동차 주요소의 입지 및 자동차 대기오염배출의 평가 등에 적용될 수도 있다. 노선배정을 위해 필요한 투입자료는 교통수단의 종류(도로, 대중교통, 또는 철도)에 따라 약간의 차이가 있을 수 있으나 기본적으로 다음과 같다.

- 교통망의 기하특성 : 존 그리고 교통망의 연결성과 연결구간의 위치와 거리 그리고 노폭 등
- 교통망 운행특성 : 교통망의 교차점과 연결구간에 있어서의 통행규제, 통행용량, 통행시간(비용), 그리고 대중교통 운행간격, 정류장 여부 등
- 통행대상물 : 차량, 사람 또는 화물단위의 통행교차량 그리고 미시적 노선배정을 위해서는 출발(또는 도착) 시간별 통행량의 분포노선배정에서 배출되는 결과자료 일반적으로 도로구간별 24시간 통행량, 피크시 대중교통 통행

량, 연간 물동량, 교차점에서의 방향별 회전통행량, 각 기・종점별 최소비용(시간)경로와 최소통행시간 그리고 교통체계의 연(延)통행시간(거리) 등이다.

7) 토지이용모형

교통수요는 원칙적으로 토지이용활동에서 파생된다. 따라서 전통적인 교통수요 예측과정은 장래의 토지이용에 대한 신빙성 있는 예측을 측정하고 있다. 토지이용현상은 일찍이 경제학분야에서 중요한 연구대상이 되었고, 경제지리, 도시계획 그리고 지역과학분야의 발달과정에서 과학적 연구대상으로 중시되어 온 분야이다. 교통계획을 위한 투입자료로서의 토지이용변수는 인구, 활동(Activity) 그리고 이들의(공간적)배분이다. 여기서 공간적 배분은 양(Intensity)과 이용(Type of use)을 모두 고려하는 것이다. 실제 있어서는 교통체계와 토지이용체계의 상호의존적 관계 때문에 토지이용과 교통수요의 예측내용은 연쇄적으로 재검토되어야 한다. 이러한 순환적 반복과정을 통하여 교통－토지이용체계의 균형상태에 관한 예측・계획을 수행하는 것이다. 토지이용예측은 일반적으로 인구와 활동에 관한 총량을 먼저하고 다음에 이들을 배분하는 과정을 따른다. 따라서 토지이용모형은 일반적으로 외생적으로 결정된 총량예측치를 투입자료로 요구한다. 일정한 공간적 범위(도시 또는 지역)에 대한 인구예측을 위해서는 인구성장, 인구이동, 지역경제와 고용 등의 연구가 필요하다.

8) 교통조사와 고시정보체계

도시의 행정・관리 및 연구・계획을 위해서는 방대한 자료가 끊임없이 수집・정리・분석되어야 한다. 이러한 도시자료의 요구 중에서 그 정도가 가장 큰 분야는 교통분야이다. 따라서 도시분야에 있어서 정보관리체계(Management and Information system)의 도입을 위한 노력이 교통부서에 의해 주도 되어 도시정보체계를 확립하게 된 것이 선진국의 공통된 경향이다. 그 동안 목격되고 있는 도시자료의 운영체계는 크게 네 가지, 즉 독립적 운영, 대단위 자료은행(Data bank), 단일목적위주의 모형체계 그리고 통합적 도시정보체계 그리고 통합적 도시정보체계로 나눌 수 있다.

관련부서별 독립적 운영은 자료업무의 중복과 낭비, 비능률이 심각하다. 자료은행방법은 관련부서가 공동으로 자료를 관리함으로써 자료수집의 중복을 어느 정도 피할 수 있다. 그러나 관련부서의 자료요구내용이 완전히 일치되기 힘든 설정에서 그 효과는 저하된다. 단일목적지향의 모형방법은 토지이용, 교통 그리고 주택 등과 같이 단일의 특정한 분야에 초점을 두고 자료수집 · 처리 · 모형분석의 정보과정을 효율적으로 수행할 수 있는 통합적 전산체계를 구축하는 것이다. 일반정보관리체계와 비교하여 도시정보체계의 특징은 지리좌표(Geo-coding)체계를 주축으로 하는 점이다. 지리좌표계는 대상지역의 각 지점을 직교좌표축에 의한 (x, y)좌표로 표시하는 것이다. 도시정보체계의 기본적 구성요소를 소대하면 다음과 같다.

- 자료수집과정
- 자료의 체계적 조직
- 지리좌표 코딩체계
- 자료의 보관 · 저장
- 자료의 검색(Retrieval), 갱신(Updating) 및 처리
- 도표 및 지도작성
- 분석모형의 Software

미국은 1954년 Census of business에 처음으로 도심지역의 지가, 공공시설 등에 관해 지리좌표계를 적용하기 시작하였다. 그 뒤 1970년 인구 및 주택센서스(Census of population and Housing)는 도시지역의 모든 인구 주택자료를 숫자코딩체계에 의해 가로, 가구면(Block face), 교차점, 「센서스 트랙」 등을 기초로 이제까지 가장 완벽한 지리좌표체계로 발전시켰다.

9) 통행시간의 가치

통행시간의 가치는 교통분석에 있어서 대단히 중요한 요소이다. 첫째, 교통부문의 투자사업 또는 정책대안의 경제적 타당성을 분석 · 평가하는데 시간가치는 중요하다. 다음은 교통수요와 통행자의 형태를 예측하는데 있어서 시간가치는 가장 기본적 파라미터의 하나이다. 통행시간가치는 비교적 단기적 의사결정에 의한 활동인 교통 활동뿐만 아니라 토지이용활동의 중요한 매개변수로 인정된다. 그러나 이들 각 부문에 있어서의 통행시간가치가 행위자에 의해 동일하게 인식되는지에 관해서는 분명하지 않다.

시간이 인간에게 가치를 가짐은 그것이 누구에게나 제한되어 있고 또 사람이 경제사회활동과 여가활동을 위해 시간을 필요로 하기 때문이다. 그러나 시간은 일정한 대가를 받고 타인에게 양도할 수 없는, 즉 거래될 수 있는 점에서 일반경제재와는 다르다. 교통분석에서 시간가치가 중요한 것은 통행활동은 반드시 시간

을 필요로 하고, 또 통행에 소요되는 시간은 통행활동과 동시적으로 소비(경과)되어야 하기 때문이다. 통행활동과 시간가치와의 관계는 통행서비스가 일반 재화와는 달리 저장이 불가능한 성질 때문에 더욱 중요하다. 시간은 시장가격이 없고 또 경제적 관점에서 볼 때, 최종 생산물이기보다는 중간생산물(Intermediate product)의 성질을 갖기 때문에 시간만에 대한 가치(VOT : Value of time) 많은 어려움이 있다. 시간가치가 교통분석에 실제로 적용된 것은 그에 대한 이론적 연구에 앞서서 훨씬 오랜 역사를 갖는다. 기록상 최초의 시간가치는 1925년 미국 공로청(Bureau of public road)에 의해 결정된 시간당 3달러이다. 그 뒤 1931년 유로-무료도로에 대한 노선선택현황을 근거로 Morrison이 추정한 차량-시간당 1.20달러는 1960년까지 가장 널리 통용된 시간가치의 값이었다.

10) 교통계획안의 평가

교통사업은 일반적으로 투자규모가 방대할 뿐만 아니라 사업효과가 장기적이고 폭넓기 때문에 대안의 선택, 즉 의사결정이 대단히 중요하다. 의사결정의 규칙은 여러 대안 등에서 일정한 목표를 가장 잘 달성할 수 있는 대안을 어떻게 선정할 것인가에 관한 명시적 절차이다. 선택된 대안이 계획목표를 얼마나 잘 달성하는가의 정도는 의사결정기준의 효과에 달린 것이다. 따라서 대안평가를 위해 흔히 사용되고 있는 의사결정기준의 장단점을 깊이 이해할 필요가 있다. 의사결정은 이미 지정된 다수의 대안 중에서 반드시 그리고 오직 하나의 대안을 선택하는 것이다. 따라서 평가분석에 앞서 후보대안집합을 창출하는 과정은 대단히 중요하다. 만일 그 대안 중에 우수한 또는 최적의 대안이 포함되어 있지 않다면 그 이상의 선택은 기대할 수 없기 때문이다. 또 그 대안집합 중에서 하나를 반드시 선택하는 것이기 때문에 만일 아무런 사업도 하지 않는(Do-nothing) 대안이 그 중에 포함되어 있지 않다면 무슨 사업이든지 실시하는 대안 중에서 하나가 반드시 선택될 것이다. 선택의 대상이 되는 후보대안집합을 구성하는 각 대안은 단일의 또는 여러 개의 투자사업으로 구성될 수 있다. 용어의 편의상 각 대안을 구성하는 사업 또는 대안은 요소대안으로 정의한다. 후보대안의 작성과정에서 기본적인 요소대안의 조합에 의해 보다 광범한 대안이 창출될 수 있다. 복수의 대안을 검토할 경우에는 대안(또는 요소대안) 상호간의 관계에 주목할 필요가 있다. 상호관계에 있어서 대안은 독립적인 것과 의존적인 것으로 나눌 수 있다. 독립적인 대안은 후보의 대안집합 중에서 어느 하나를 선택하는 것이 다른 대안의 선택여부에 아무런 영향을 미치지 않는 경우이다.

3.6 도시공학

3.6.1 도시설계

1) 도시와 직접경제

(1) 집적경제와 그 분류

기업은 기업간의 거래나 정보교환 등의 경제활동을 비교적 협소한 지역에 한정시킴으로써 다양한 형태의 이익을 얻을 수 있다. 이러한 이익을 집적경제라고 하는데, 이것은 도시성장을 이해하기 위한 중요개념 중 하나이다(윤주원과 허원, 1997; 그림으로 설명하는 도시계획).

(2) 집적경제와 도시의 성장

도시에서 발생한 집적경제는 기업의 측면에서 볼 때 저렴한 비용으로 높은 이익을 산출하는 수단이 된다. 그러므로 도시에 입지하는 기업은 업무활동을 보다 효율적으로 수행할 수 있으며, 생산성 향상으로 인하여 기술을 진보시킬 수 있다. 이와 같이 집적경제는 도시성장에 커다란 역할을 하며, 이러한 활동은 새로운 고용증대를 초래하고, 고용자의 가족도 유입되어 전체 인구를 증가시킨다. 그러나 이들의 입지촉진은 교통이나 공익시설 등 도시기반의 정비를 촉진시키고 도시집적현상을 더욱 심화시키게 된다.

(3) 도시규모에 따른 도시성장의 차이

도시의 규모에 따라 도시성장이 어떻게 달라지는지를 보면 지방권에서는 도시의 인구규모가 일정수준 이상이 아니면, 도시성장에도 자연히 한계가 나타남을 추측할 수 있다. 이것은 도시집적에 의한 도시성장력의 차이를 설명하고 있는 것이라 하겠다.

2) 도시와 교통정비

(1) 교통기술의 진보와 전국적인 도시의 재편성

최근의 도시화 특징 중 하나는 교통·통신기술의 단기간에 걸친 혁신으로 인해 도시의 재편성이 요구되어 왔다는 점이며, 내륙교통망이 정비됨에 따른 도시의 재편성, 전국적인 도로체계나 항로의 정비 등에서 비롯된 각 도시의 성쇠는 여러 선진국에서 공통적으로 보이는 현상이라고 하겠다.

(2) 도시공간구조의 변화

이러한 변화에 따라 도시내부의 공간구조도 크게 변화하는데, 입법・행정・사법과 관련된 건물들이 도시를 점유하게 되는데, 이러한 것들은 우선 철도역을 중심으로 하는 업무지구를 형성하고, 그 주변에 상업지구, 그리고 그 이외의 지구에는 주택지를 형성하게 된다.

(3) 근대 교통결절점의 변화

메이지 시대 이래의 철도발달, 선박대형화에 따라 화물수송은 주로 철도가 담당해 왔고, 배후지와 공장용지의 확보가 가능한 항구는 공업항이나 무역항으로 번영하였다. 최근에는 고속도로의 인터체인지, 공항, 고속전철역 등이 교통결절점 기능을 하고, 그 주변에 있는 도시를 크게 성장시킴과 동시에 성장도시근처에 교통거점을 형성시켰다. 이처럼 교통조건은 도시의 성장과 밀접한 관계가 있다.

(4) 교통정비가 해당지역에 주는 영향

도시와 교통정비와의 관계를 구체적으로 설명하던 단기측면에서는 교통편리성의 향상에 의해 행동권이 확대되며, 중・장기적인 측면에서는 각종 활동에 대한 입지조건의 비교우위에 의해 입자이전현상이 나타난다.

3) 도시의 내부구조모형

도시의 내부에는 상업지구, 주택지구, 공업지구 등 성격이 다른 여러 지구가 존재하고, 그것들이 집합하여 하나의 도시지역을 구성한다. 이러한 도시의 내부구조가 갖는 특징을 알기 쉽게 패턴화해서 간략한 모형으로 표현하는 작업이 현재까지 진행되어 왔다. 그 중 다음에 서술하는 네 종류의 고전적인 내부구조모형이 널리 알려져 있다.

- 동심원 지대 모형
- 선형 모형
- 다핵심 모형
- CBD-Core frame 모형

4) 도식구조의 형성

왜 도시는 중심부에서 상업이나 업무기능이 입지하고, 교외에는 주택이 입지하는 동심원 구조를 갖는가? 또 도시에 따라서 그 내부구조나 시가지 확산 형태가 다른 것은 왜일까? 도시의 내부구조모형은 도시구조의 본질을 간결하게 표현하고는 있지만, 이러한 의문에 모두 답할 수는 없다. 이러한 의문을 풀기 위해서 도시구조의 형성에 영향을 미치는 사항들에 대한 검토가 이루어져 왔다.

(1) 가치부여공선(價値曲線)

도시가 동심원 모양의 구조를 갖는 것에 관해서는 경제적 관점에서 설명되고 있다. 즉, 이들 각 가치부여곡선의 교차점 사이에서 최대의 지대를 갖는 용도건물이 그 부분에 입지하게 되므로, 결과적으로 동심원적인 도시구조가 형성된다는 것이다.

(2) 교통기관과 도시구조

도시마다 그 내부구조나 시가지 확장형태에서 차이가 생기는 원인 중 하나는 그 도시가 의존하는 교통기관이 각기 다르기 때문이며, 이러한 도시구조와 그 형성요인과의 관계를 알 수 있다면, 교통정비 등을 실시해서 장래 도시구조가 어떻게 변화해 갈 것인지에 대한 예측이 가능해진다. 또한 계획적으로 도시구조를 유도해 나가는데 있어 하나의 길잡이가 될 수 있다.

5) 도시디자인

(1) 도시디자인의 목적

도시의 토지나 공간구조를 얼마나 합리적으로 결정하는가 하는 것은 도시계획에 있어서 최대의 과제이다. 기능적이고 정연하며 개성적인 도시공간의 실현을 위해서는 이러한 도시계획과 건축디자인의 중간레벨 시점이 중요해진다. 결과적으로 일정한 이념을 토대로 도시공간을 디자인하려는 발상이 요구되는 것이다. 도시디자인과 관계되는 부문은 많은 분야와 연관되어 있는데 경관설계, 토지이용계획은 물론이고 도시교통계획이나 도시정비의 사업기법과도 밀접한 관련이 있다.

(2) 도시디자인의 실례

도시지역 전체를 대상으로 도시디자인을 시도한 예로서, 19세기 중반에 실시된 오스만(G.E. Haussmann)의 파리 개조계획은 대로에 접해 있는 건물들은 일정한 통일감을 나타내도록 요구되었고, 건물의 높이나 늘어선 건물군의 스카이라인, 빌딩간의 간격까지도 규제대상이 되었다. 또한 교통혼잡을 피하기 위한 목적에서 토지이용계획도 고안되었다. 이러한 도시디자인은 그 구상안을 실행 가능하게 하는 기법을 수반함으로써 유효성을 갖게 된다.

6) 신도시의 계획과 설계

자연발생적으로 성장해 온 대다수의 도시와 비교할 때 신도시는 명확한 역할과 위치부여를 통하여 의도적, 계획적으로 건설되는 도시로 정의할 수 있다. 신도시의 건설은 관련된 기존도시가 안고 있는 과밀화·과대화와 같은 제반문제를 개선함과 동시에 지역구조의 재편성을 통해 권역 전체의 균형 잡힌 발전을 꾀하기 위한 목적을 갖는다.

(1) 외국의 신도시 개발

신도시는 그 기능에 따라 다양한 형태로 분류된다. 신도시들 중에서 가장 일반적인 것은 대도시 근교에 거주기능을 중심으로 개발된 구역이며, 이와는 달리 파리나 워싱턴은 이러한 점개발형 뉴타운 개발과는 달리, 도심부를 기점으로 하는 여러 개의 축을 따라 도시화의 압력을 교외로 유도하고, 필요에 따라 뉴타운을 그 축상에 건설해 나가는 방안을 채택하고 있다.

(2) 일본의 신도시 개발

일본에서는 뉴타운 거주자들의 직장이 주로 동경이나 오사카 등의 도시에 집중되어 있는 베드타운적 성격이 강한 것이었으며, 이제는 지역의 중심역할을 담당하기에 이르렀다. 현재 일본에서는 용지부족과 수요자측 기호의 다양화로 인해 변화가 결핍된 대규모 뉴타운보다는 다양성이 있는 소규모 뉴타운 건설이 주류를 이룬다. 또 대규모의 신도시 개발은 문화학술, 연구도시처럼 연구기능 등을 수행하는 곳으로 변화하고 있어 신도시 신설은 기존 도시계획의 방치 내지 포기를 의미하는 것이 아니라, 신·구 양 도시의 장기적이고 종합적인 계획에 기초를 두고 행해야 한다.

3.6.2 조경

1) 조경의 개념과 발달

(1) 조경의 개념과 의의

조경(造景)의 해석은 학자마다 약간씩 견해차이가 있으나 포괄적으로 설명한다면 조경이란 산업이 발전됨에 따라 인간이 파괴해 놓은 훼손된 대자연을 자연에서 얻어진 각종 조경재료를 활용하여 모든 공간에 이용함으로써 각종 공해와 오염 등 모든 부작용을 해소시켜서 위안과 휴식, 편리, 오락, 보건위생, 적응 등의 목적을 충족시키기 위하여 종합적인 학문을 비경으로 기능적인 면과 감상인 면이 동시에 응용되는 것으로서, 입체적 공간으로부터 평면적 공간에 이르기까지 형태학적 또는 생태학적으로 연구, 계획, 분석, 설계하여 이를 시공 및 관리하며, 인간이 생활을 영위하기 위한 환경의 개선에 관한 모든 것을 조경이라 말할 수 있다(김광래 등, 2001 ; 조경학). 다시 말해서 대자연에서 얻어진 조경재료를 응용하여 인간의 생활과 목적에 알맞게 인간의 힘과 지혜와 기술을 가미하여 경관을 조성하는 하나의 종합적인 예술이다.

오늘날의 조경은 첫째, 온 지구상의 동식물과 기타 물질들이 서로 조화와 생태적인 균형을 이루어 직접·간접으로 좋은 환경을 느낄 수 있도록 하여야 하며, 둘째는 우리의 시각형태의 미(美)로 인한 즐거움을 제공받을 수 있어야 하며, 셋째로 무형적인 소리, 냄새, 기후 등을 조절하여 환경을 개선하는 일 외에도 다양한 것들을 포함할 수 있다. 우리나라 건설업법 시행령(건설공사종류)에 서는 조경공사란 경관 및 환경의 조성과 보전사업으로서 수정, 녹지, 휴식, 운동, 유희, 교화, 편익, 보전관리 시설 및 기타 이에 관련되는 모든 경관시설을 하는 공사라고 기재되어 있다.

Webster 사전에는 "조경이란 보도와 식재계획, 교통시설물의 구조를 배치하여 인간이 쾌적하도록 부지를 정리하는 기술이다."라고 기록되어 있다. 조경설계기준(건설부, 1975)에서는 "조경이란 문자 그대로 경관을 조성하는 예술이다. 그러나 이것은 조각가나 화가가 만들어 내는 하나의 그림과는 확연히 다른 것으로 이는 인간이 이용하는 모든 옥외공간과 토지를 이용하여 개발·창조함에 있어서 보다 기능적이고 경제적이며 시각적인 환경을 조성하고 보존하는 생태적인 예술성을 띤 종합과학예술이라 하겠다"라고 기록하였다.

(2) 조경의 목적과 필요성

공해와 오염이 심하지 않던 옛날에는 경관의 감상면에만 치중하였으므로 이때에는 조경은 일반 서민층에서는 실생활에 필요성을 느끼지 못했으며, 특수계급층만이 가지고 있었기 때문에 사치성을 내포하고 있었다. 그러나 인구가 증가하고, 주택이 늘어나고, 도시인구집중으로 일어나는 부작용, 즉 소음, 교통사고, 질병, 각종 오염과 공해, 일조상실, 자도아의 배기가스, 공장의 굴뚝에서 나오는 까만 연기, 폐수로 인한 맑은 물의 오염, 기계소리, 정리되지 않은 무계획한 건물이나 시설물 등으로 각종 동식물의 멸종위기에 도달하였고 동식물의 멸종은 유전인자의 파괴로 육종개발에까지 제약을 받게 되었다. 이와 같은 사실은 가정정원을 위시하여 도시환경개선과 인류가 생존하기 위하여 자연을 보호하고 보존하며 인류에게 실질적으로 운동과 오락, 사교와 휴양, 교육, 산책, 보건위생 등 다목적으로 필요성을 느끼게 되었다. 따라서 기온과 습도의 조절, 방품, 방광, 방음, 방진, 방사, 방설, 방한, 방화, 방서, 방재, 각종 공해방지 등의 문제점을 가지게 되었다. 그러므로 문화재의 옛것과 향토적인 것, 외래적인 것, 새로운 것 등을 연구・분석하여 개발하고 적재적소에 문화적・과학적으로 배치하고 시설함으로써 아름다운 환경을 만들 수 있는 조경이 필요하게 된 것이다. 그러므로 조경은 토지구조물, 식생, 물 등을 대상으로 해서 인간이 이용하고 위락을 도모하는 방향에서 그 형태를 구성하며, 기증과 경관의 성격을 조화시켜 새로운 옥외공간을 창조하는데 그 목적이 있는 것이다(김광래 등. 2001 ; 조경학).

3.7 환경공학

3.7.1 환경

환경이란 사람의 주위(Surroundings)를 지칭하는 말로 지구 전체적인 차원에 대한 오염물질의 처리공정 등을 의미한다. 이에 더하여 환경공학의 정의로는 인간과 환경 등 상호간의 영향으로부터 상호 모두를 보호하려는 공학의 한 분야를 의미한다.

환경에 대한 인간의 영향을 살펴보면 자연형태에서 지구상의 생명체는 자연과의 균형 속에서 상호영향을 주고받을 수 있었으나, 인구의 증가로 인하여 자연적 및 인위적으로 발생된 폐기물이 생물계에 대량 배출되어 자연의 균형이 깨지게 되었다. 자연적인 욕구에 대한 충족을 위해서 공기, 물, 식량, 피난처, 배설물 등 생존을 위한 욕구를 충족시켜 주어야 하며, 후천적인 욕구에 대한 충족을 위해서는 산업혁명 후 가공, 제조, 정제된 물품의 수요가 증가하고 분해 및 처리의 어려움이 증가하는 등의 영향을 끼치게 된다.

1) 수질 : 전망과 특성

(1) 수자원의 활용을 위해서 양적인 중요성으로는 이수 및 치수에 관한 사항을, 질적 중요성으로는 수질과 사람의 건강 및 복지의 관련성을 파악하는 것이 중요한 연구주제이다. 그러나 19세기 중엽에 이르러서야 폐기물 및 음료수와 질병과의 관계를 파악하게 되었고, 1854년 John Snow 박사가 우물물의 사용과 콜레라의 관련성을, 19세기 말 Pasteur 등이 질병에 대한 세균이론을 연구하는 등 최근 100년에 이르러서야 수질과 관련한 연구가 이루어지게 되었다.

(2) 물의 순환과 수질(Hydraulic cycle and Water quality)에 관한 물의 특성으로는 자연계에 존재하는 가장 풍부한 물질의 하나이며, 각종 반응을 위한 용매의 역할, 물의 순환(수문학적 순환)을 통한 증발로부터 강우, 유출단계를 거치면서 불순물을 포함하게 되는 등 물의 순환과 수질과의 관계를 나타낼 수 있다.

(3) 물의 특성과 관련된 수질매개변수의 종류

① 물리적 수질매개변수(Physical water-quality parameter)
눈으로 보거나 맛보고 냄새 맡는 감각에 관계되는 물의 특성으로 현탁고형물(SS), 탁도, 색도, 맛과 냄새, 온도 등이 포함된다.

② 화학적 수질매개변수(Chemical water- quality parameter)
물의 용매용량에 관련되어 나타나는 수질특성으로 전용존 물질, 알칼리도, 경도 플루오르, 금속, 유기물과 영양분 등을 포함한다.

③ 생물학적 수질매개변수(Biological water-quality parameter)
물에 존재하는 생물군간의 순환매체적 수질특성인자로 병원균 및 병원균지표 등을 들 수 있다.

2) 자연계에서의 물의 정화과정 (Water purification processes in natural system)

(1) 물리적 과정(Physical process)

① 희석(Dilution)

금세기 초 폐수처리의 기본방안으로 생각하여 분산, 혼합 등의 과정을 사용하고 "유입질량과 유출질량의 합은 같다"라는 가정에 의하여 운영하였다.

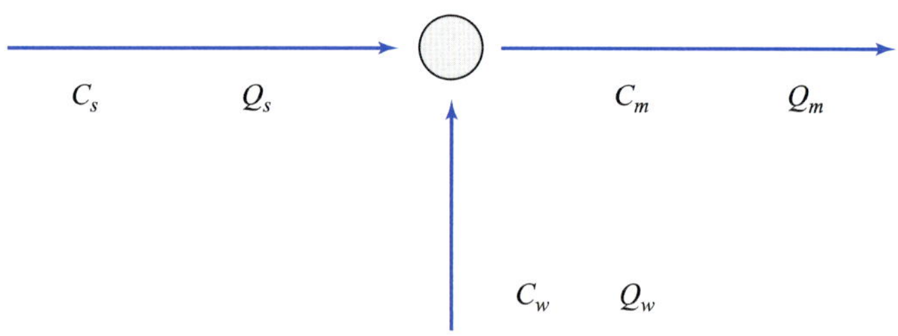

$$C_sQ_s + C_wQ_w = C_mQ_m$$

$$Q_m = Q_s + Q_w$$

$$C_m \frac{C_sQ_s + C_wQ_w}{Q_m} = \frac{C_sQ_S + C_wQ_w}{Q_s + Q_w}$$

여기서, C : 선택된 물질의 농도(질량/부피, mg/m^3)
Q : 부피유량(부피/시간, m^3/s)
s, w, m : 하천, 폐수 및 혼합물의 조건

그림 3.7.1 희석의 원리 및 관련수식

② 침강(Sedimentation)과 재현탁(Resuspension)

빛의 투과를 방해하여 식물의 광합성을 방해하고, 물고기의 아가미 등 호흡구조에 피해를 방생시키므로, 침강분리에 의한 현탁입자의 제거나 침강물에 의한 하천공간메움현상, 수로변화, 저수용량의 감소 등이 나타날 수 있다. 홍수 및 폭우 등 난류발생에 의한 고형물질의 재현탁 현상 및 이동으로 인하여 탁도가 증가하기도 한다.

③ 여과(Filtration)

갈대밭, 돌, 자갈 등에 의한 유기 및 무기물질 등의 걸림현상 혹은 토양층 및 대수층과의 교환을 통한 여과 등 지하침투에 의한 여과 등을 포함한다.

④ 기체전달(Gas transfer)

물 속 내·외로의 기체순환과정의 원리를 나타내며, 액체와 기체 사이의

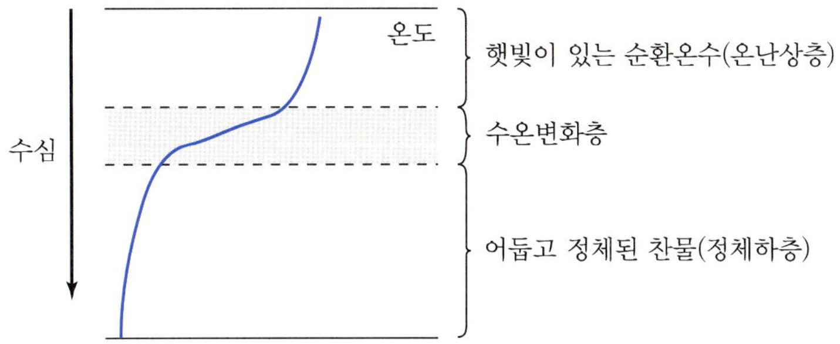

그림 3.7.2 열적성층의 원리

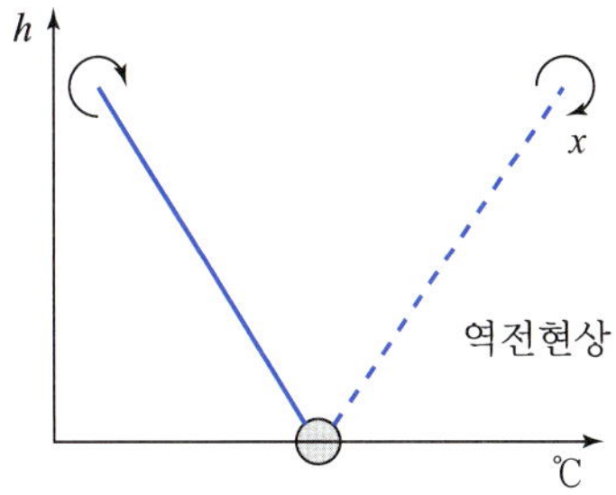

그림 3.7.3 대기의 경우(역전현상의 발생과 오염의 확산)

교환과정을 결정짓는 특정으로 기체용해도(기체가 물에 용해되는 정도 – 물과 평형을 이루는 기체의 농도)와 전달속도(용해 및 방출이 일어나는 속도) 등을 들 수 있다.

⑤ 열전달(Heat teansfer)

물은 토양, 공기에 비하여 열변화에 안정적(비열이 높다)이며, 온도의 변화에 따라 밀도가 변화한다(4℃에서 최대). 이러한 성질에 따라 저수지와 호수에서의 열전달로 인한 열적성층(Thermal stratification)현상이 발생할 수 있다.

(2) 화학적 과정(Chemical process)

광물질과 기체의 함유관계에 따른 산화–환원, 용해–침전 및 화학적 전화 등이 자연적 정화과정을 돕거나 방해하는 역할을 말한다.

① 화학적 전화(Chemical conversion)

질소와 인은 수로에 있어서 가장 필수적인 영양분(부영양화에 주영향)이며, 미생물과 플랑크톤의 성장에 필요하다.

수중 생산성의 증가 → 조류의 과다성장 → 폐사로 인한 미생물의 증가 → 산소고갈을 부여양화의 과정이라 한다.

중요한 화학적전화과정은 물의 pH의 변화로부터 하천을 보호한다.

$$CaCO_3 + H^+ \leftrightarrow Ca^{2+} + HCO_3^-$$

(3) 생화학적 과정(Biochemical process)

화학반응은 비자발적 반응으로 외부 에너지원이 필요하며, 생분해성 유기물이나 다른 영양분의 경우 먹이와 에너지의 관계로 공급되고, 생물동화, 생존, 성장 및 번식 등 먹이이용과정 등의 대사과정으로 나타난다.

① 대사과정(Metabolic process)

개사과정의 주요단계로는 "이화 ↔ 동화" 과정을 들 수 있는데, 이화과정은 새로운 세포의 합성과 에너지 공급과정을, 동화과정은 세포성장을 위해 필요물질의 생성과정을 의미한다. 효소(Enzyme)란 자신은 반응물이 되지 않으면서 반응에 영향을 미치는 유기촉매를 의미하며, 구성효소(Constitutive enzyme)란 효소들이 특정미생물들의 정상적인 일부분이 되는 경우이고, 적응효소(Adaptive enzyme)란 독성물질과의 만남에 따라 생성되는 특정효소를 의미한다.

② 자연수계의 미생물

고전적 생물분류에 의하면 식물과 동물로 구분할 수 있고, 단세포생물은 시물과 동물의 기능을 동시에 수행할 수 있다.

박테리아는 유기물질의 1차 분해자로서 에너지와 물질을 무기물원으로부터 얻는 박테리아를 종속영양생물(Heterotroph), 광영양생물(Phototroph)은 에너지원으로 햇빛을 이용하고 물질원으로 무기물을 이용한다.

호기성 종속영양생물(Aerobic heterotroph)은 대사작용에 산소가 필요하나 혐기성 종속영양생물(Anaerobic heterotroph)은 산소가 없는 상태에서 유기물을 이용하며, 통기성 종속영양생물(Facultative heterotroph)은 조건에 따라 호기 및 혐기성 과정으로 변화하는 생물을 의미한다. 독립영양 박테리아의 주요기능은 질소 및 황화합물을 산화시켜 안정한 최종생성물을 형성한다.

원생동물은 단세포 생물이며 2분법(Binary fission)에 의하여 번식하면 먹이로서 고형물을 섭취하고 박테리아보다 10~100배 정도 크며, 박테리아 세포 및 콜로이드성 유기물 등을 먹이로 한다. 대표적으로 섬모충(Ciliate)을 들 수 있으며, 유기물질의 대량 소비자이다.

조류(Algae)는 독립영양 광합성 생물로 자연 정화작용의 주요 역할을 한다. 기타의 생물은 1차 생산자의 증식의 균형을 유지시키며, 유기물질이 고등동물로 이동하는 연쇄과정의 주요 연결요소가 된다.

(4) 생분해성 유기 폐기물에 대한 하천의 반응

① 용존산소수지(Dissolved-oxygen balance)

산소는 자연수계에 있어서 가장 중요한 성분 중의 하나이며 생명유지, 유기물의 안정화(생화학적 산소요구량, BOD) 등에 필요하다. 지표수에 대한 산소의 공급방법으로는 ㉠ 대기로부터의 산소용해와, ㉡ 조류의 광합성이 있는데, 대기로부터의 용해되는 산소공급방법이 중요하다. 재포기(Re-aeration)란 용존 산소의 농도가 평형값 이하로 내려가면 산소가 물속으로 이동하는 현상으로 산소결핍량은

$$D = C_s - C \tag{3.7.1}$$

여기서, D : 용존산소 결핍량

C_s : 평형 산소농도

C : 실제산소농도(mg/L)

결핍량의 변화율은

$$\frac{dD}{dt} = \frac{d(C_s - C)}{dt} = -\frac{dC}{dt} \tag{3.7.2}$$

C_s가 변화하지 않을 때 산소소비와 같은 속도로 결핍량이 증가하고, 용존산소의 결핍량은 재포기의 추진력이 된다.

② 용존산소모형(Dissolved-oxygen model)

Treeter와 Phelps(1925)에 의해 개발된 모형으로 BOD의 소모와 하천의 재포기함수로 산소결핍량의 변화를 예측한다. 산소의 제거속도(Rate of oxygen removed)로 하천에서의 용존산소의 감소속도는 BOD 소비속도와 관련하여 $\frac{dy}{dt} = \frac{dD}{dt} = r_D$ 이고, 이를 식 (3.7.2)에 대입하면

$$\frac{dy}{dt} = \frac{dD}{dt} = r_D \tag{3.7.3}$$

BOD 소비속도의 증가는 산소결핍의 변화속도를 증가시킨다. 산소의 첨가속도(Rate of oxtgen addition)인 재포기 속도는 산소결핍량에 대한 1차 반응(재포기는 결핍량에 비례)으로

$$r_R = -k_2 D \tag{3.7.4}$$

여기서, r_R : 산소가 대기로부터 용해되는 속도
D : 산소결핍량
k_2 : 시스템 고유의 재포기 상수

－부호는 재포기에 의한 산소공급의 증가로 산소 결핍이 감소됨을 의미하고, k_2에 영향을 미치는 인자들은 하천의 난류도, 표면적, 수심 및 온도 등으로 θ는 1.016이 가장 보편적이다, 결국 하천에서의 산소결핍은 산소소비와 재포기의 함수로 식 (3.7.3)과 식 (3.7.4)의 관계는 결핍에 대해 서로 반대되는 효과를 지니고 있다. 따라서 결핍량의 변화율은 두 반응의 합으로 표시할 수 있다.

$$\frac{dD}{dt} = r_D + r_R = k_1 L_t - k_2 D \tag{3.7.5}$$

실제 산소농도($C_s - D_t$)는 그림 3.7.4와 같이 아래로 처진 독특한 형태를 하고 있는데 이를 산소하락곡선(Oxygen sag curve)이라 한다.

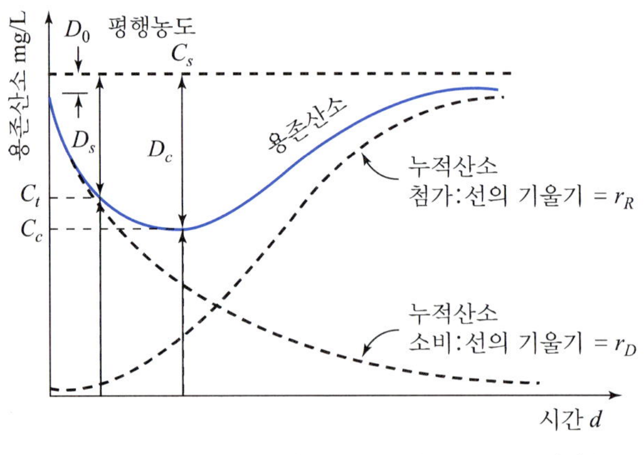

(시간에 따른 결핍량의 변화율=산소제거속도+산소첨가속도)

그림 3.7.4 산소하락곡선

3) 공기질 : 정의, 특성 및 전망

공기오염이란 "외기 중에 한 가지 또는 그 이상의 공기오염물(즉 먼지, 연무, 가스, 미스트, 냄새, 연기 또는 증기)이 상당량이 존재하고, 그 특성과 체류기간이 충분하여 사람, 식물, 동물 또는 재산에 해가 되는지, 해를 끼칠 우려가 있거나, 안락한 삶 또는 재산의 영위에 상당한 간섭을 하게 되는 것을 의미(Bishop, 1597)"하며 자연발생적 공기오염으로는 화산, 산불, 연무, 가스, 폭풍 등을 들 수 있으며, 궁극적 지구대기오염의 원인 및 책임은 인간활동에 있다.

(1) 공기오염 – 과거, 현재, 미래

① 역사적 개관

프로메테우스(Prometheus)에 의하여 인간에게 불이 전달되었다는 신화는 인간문면의 근원인 불과, 이로 인하여 인간이 최초로 만든 공기오염물의 발생을 의미한다.

Queen Elizabeth I 즉위시 발생한 스모그(Smog)는 연기(Smoke)와 안개(Fog)가 혼합되어 발생되어진 현상으로, 스모그현상은 사람의 호흡기관에 영향을 주고, 눈과 목을 자극하여 노인 및 만성 호흡기 장애인들에게 피해가 있는 것으로 알려져 있어, 1955년 12월 9일 영국에서는 4000여 명의 사망자가 발생했었던 기록이 있다.

② 공기오염의 세계적 연관성

공기오염의 경우, 수질 및 지반오염현상과는 달리 일부지역의 피해관점이 아닌 지구행성개념으로의 연관상 파악이 필요하다. 즉, 중국의 황사, 체르노빌 방사능 유출시건 등은 국지적 현상이 전 세계적으로 피헤를 확산시킬 수 있다. 최근의 대표직 대기오염의 변화는 신성비(Acid rain)의 출현으로 이는 기상배출물인 황산화물(SO_x) 및 질소산화물(NO_x)이 수증기 및 햇빛과 반응하여 화학적으로 확산(H_2SO_4) 및 질산(HNO_2)과 같은 강산성 화합물로 변화하여 생성되는 현상이며, 플루오르탄소(Fluorocarbon, 프레온가스)의 염소와 오존의 반응은 성층권의 오존층을 감소시키는 원인이 되고, 이산화탄소의 증가로 대기산소의 감소 및 대기권의 온도상승효과가 발생될 수 있다.

③ 대기의 조성과 구조

대기의 구분은 고도에 따른 온도의 변화현상에 따라 다음과 같은 4개의 층으로 구분한다. 즉, 고도의 상승에 따라 온도가 상승·감소하는 경향을 보이는 대류권(Troposphere), 성층권(Stratosphere), 중간권(Mesosphere), 열권(Thermosphere)의 4개 기본층으로 구분할 수 있으나, 생물의 대부분이 생활하고 대류현상으로 인한 오염방지를 위한 최대의 관심층으로는 대류권을 들 수 있다. 대류권공기(우리가 호흡하는 공기)를 부피기준으로 구분하면 질소(N_2) 78%, 산소(O_2) 21%, 아르곤(Ar) 1%, 이산화탄소(CO_2) 0.03%로 구성되어 있다.

④ 오염발생원

대기오염을 일으키는 자연오염물로는 꽃가루, 균류포자, 산불 및 화산폭발 연기와 먼지입자 등, 메탄(CH_4) 분해시 발생되는 일산화탄소(CO), 탄화수소, 유기물의 혐기성 분해에 의한 황화수소(H_2S)와 메탄(CH_4) 등을 포함하며, 인공오염물로는 다음과 같이,

㉠ 이동수송(Mobile transportation) : 자동차, 항공기, 철도, 선박, 휘발유의 취급, 및 증발

㉡ 고정연소(Stationary combustion) : 주택, 상업, 산업동력 및 난방, 증기동력 발전소 등

㉢ 공업공정(Industrial process) : 화학, 금속 및 펌프, 제지공업, 석유정제

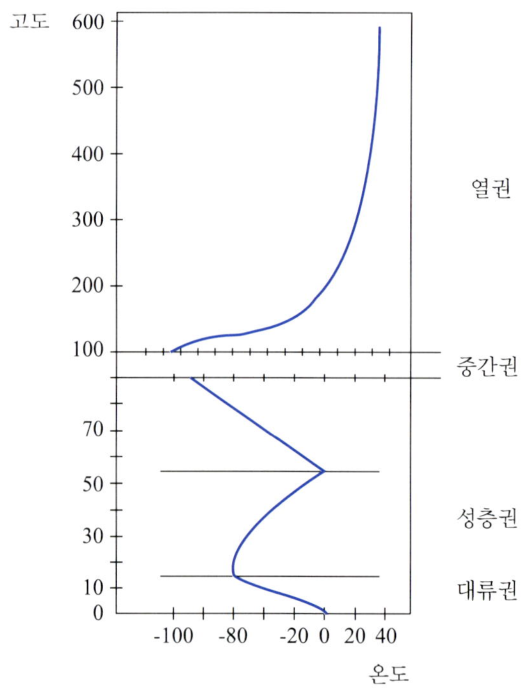

그림 3.7.5 고도에 따른 온도의 변화양상

㉣ 고형폐기물 처분(Solid-waste disposal) : 가정・산업쓰레기, 석탄재, 농산폐기물 등

네 가지의 기본 부류로 구분할 수 있으며, 공기오염의 단일 발생원으로 가장 큰 것은 수송(1977년 57%, 1980년 55%), 다음이 난방의 순이다.

4) 소음공해(Noise pollution)

소음공해로 인한 피해는 사람에게 정신적으로만이 아니라 심리적으로도 악영향을 끼칠 수 있는 잠행성 오염물(Insidious pollution)로서 이로 인한 손상은 대개 장기적이고 영구적이다. 그럼에도 불구하고 대중의 관심이 적고(방사능을 제외하고는) 가장 잘 알지 못하고 있는 것이 바로 이 오염물인 것이다.

(1) 소음의 개념

소리는 에너지의 전달(Transfer of energy) 과정이며, 공기와 같은 매질(Midium)을 통하여 질량의 전달 없이 이동한다. 대기 중에서 압력파(Pressure wave)의 이동속도는 344 m/s(20℃)이다. 주파수는 음의 고저와, 진폭은 음의 세기와 관련이 있는데, 파장과 주파수의 관계는

$$\lambda = \frac{c}{f} \tag{3.7.6}$$

여기서, λ : 파장(Wave length), [m]

c : 주어진 매질 중에서의 음속(Velocity of sound), [m/s]

f : 진동수(주파수, Frequency), [cycle/s]

소리의 이동속도는 매질의 탄성(Elasticity)에 따라 좌우되며, 음향학(Acoustics)에서의 진동수(주파수)의 단위는 Hertz (Hz, cycle/s)를 사용한다. 인간의 통상 가청영역(Audible range)은 20～20,000 Hz이며, 가청음압의 범위는 0.00002～200,000 N/m^{2}로서 그 범위가 매우 넓고, 이를 표현하기가 불편하므로 decibel (dB)로 표시[로그의 비(ratio)로서 표시]한다.

$$\mathrm{SPL}(\mathrm{dB}) = 20\log\left(\frac{P}{P_{ref}}\right) \tag{3.7.7}$$

여기서, SPL (Sound pressure level) : 음압수준, 단위 dB

P : 음파압력

P_{ref} : 기준압력, 대개 가청한계(Threshold of hearing)인 0.00002 $N/m^2(2 \times 10^{-5}\ N/m^2)$로 표시

(2) 소음이 건강에 미치는 영향

소음은 일반적으로 원치 않는 소리, 즉 우리 문명의 소산으로 견딜 수 없는 소리를 소음이라 정의한다. 이러한 소음의 영향으로는 과다한 소음으로 인한 정신적 손상 외에도 청각의 일시적 손상 혹은 영구한계변이의 발생이나 노화로 인한 손실 등을 들 수 있는데, 아주 오랜 옛날 조상(동굴인)들의 경우 소음이란 위험신호를 나타내는 것으로 이건이 현대인들의 잠재의식에도 영향을 미치는 것으로 보인다.

(3) 소음으로 인한 경제적 손실

소란한 병원의 경우 회복기간이 길어지고, 추가적으로 사용되는 수면제의 값, 산업에서의 손실기간, 주택방음시설, 공항소음 등의 방음시설 등 경제적 손실 등을 발생시키게 된다.

3.8 시공학 및 건설관리공학

프로젝트는 인간과 비인간적인 자원을 특정한 목적을 성취하기 위해 일시적인 조직에 흡수하여 생산하거나 서비스를 제공하는 일로, 목표를 달성하는데 합리적인 기간설정이 필요하다. 그러므로 공사는 사람의 집단이 자원을 사용해서 일정기간 내에 건조물을 완성시키는 것으로 사람들의 활동을 윤활히 하고, 능력을 효율적으로 발휘할 수 있는 조직이 필요하며 이 조직이 최소의 비용을 사용해서 최단의 기간에 목표를 달성하는 것이다. 관리는 현장유지와 개선의 측면에서 보게 되며, 어떤 공정이 최대의 효율에 도달할 때 이것을 표준화하고, 현장을 유지하는 노력과 부단히 개선해서 새로운 높은 표준에 도전하는 것을 관이라고 한다. 그러므로 공사에 관한 관리는 공사관리라 하며, 더욱 세분하면 공정관리, 공사비 관리, 품질관리, 안전관리로 나누고, 공사비 관리는 공사비의 구성요소인 노임, 자재, 중기관리로 나누어진다. 품질은 공기와 공사비에 큰 영향을 주게 되므로 시방

서와 지정된 표준에 따르는 것을 전제로 한다. 그러므로 공사관리는 주로 공기와 공사비 관리를 하는 것이다(권기태, 1985; 토목시공학).

공정관리란 착공에 앞서 작성된 예정공정표를 표준으로 삼아 시공진도를 관리하는 것으로 표준으로 될 예정공정표는 그림 3.8.1과 같이 시대적으로 변형되었다.

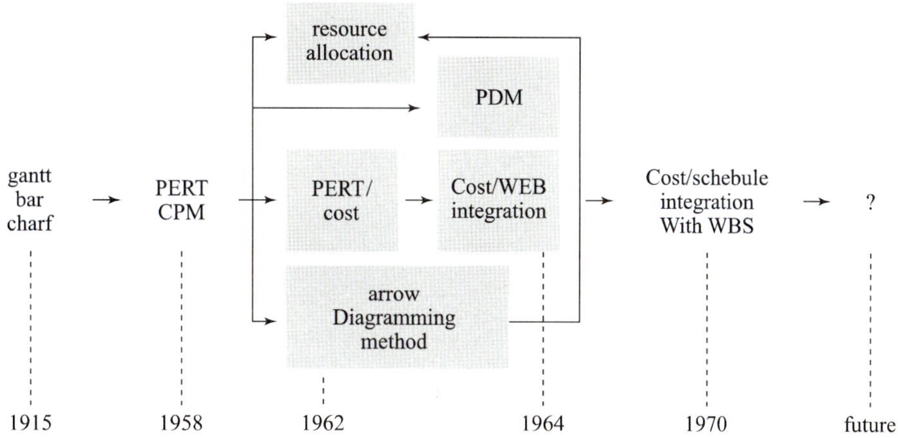

그림 3.8.1 Project control method의 변환(권기태, 1985)

1) PERT/CPM

PERT (Program evaluation and Review technique)는 U. S. navy에서 1957~1958년 사이에 개발된 것으로 전략적인 차원에서 공정에 주관심을 두고 비용에 대해서는 융통성 있게 조정할 수 있는 조정할 수 있는 것이었고, CPM (Critical path method)은 Du pont company에서 같은 연대에 개발한 것으로 비용관리는 엄격한데 반해서 공기에 있어서는 융통성을 주었던 것이었으나 현재로서는 모두가 변형되어 구별 없이 같이 사용되고 있다.

2) 자원할당(Resource allocation)

Leveling이라고도 하며, PERT/CPM network상에서 Critical path가 아닌 Path 상에 있는 Activity를 이동시킴으로써 공기를 지연시키지 않고 자원의 소요량을 평준화 하는 것을 자원할당(Resource allocation)이라 한다.

3) PERT/cost

1960년대의 PERT, CPM은 각 Activity 비용으로부터 공사비를 추적하는 방법인 PERT/cost, CPM/cost 등을 사용했다. PERT/cost는 프로젝트 진도와 비용으로 준공시까지 투입될 총비용을 예측하는 도구로 사용되었다.

4) PDM (Precedence diagramming method)

1962~1964년간에 Stanford 대학에서 개발한 것으로 ADM (Arrow Diagramming Method)에서는 모든 Activity간에는 Finish to start 연계만이 표기가 가능하고, 다른 제약조건을 주고자 할 때는 Dummy를 사용한다. 그러나 PDM은 Finish to start뿐만 아니라 Start to start, Finish to finish, Start to finish의 관계로 나타낼 수 있다. 그림 3.8.2는 ADM과 PDM을 비교한 것이다. SS1은 Start to start가 1일 차로 착수하여 FF1, Finish to finish가 1일 차로 완료되는 것을 나타낸다.

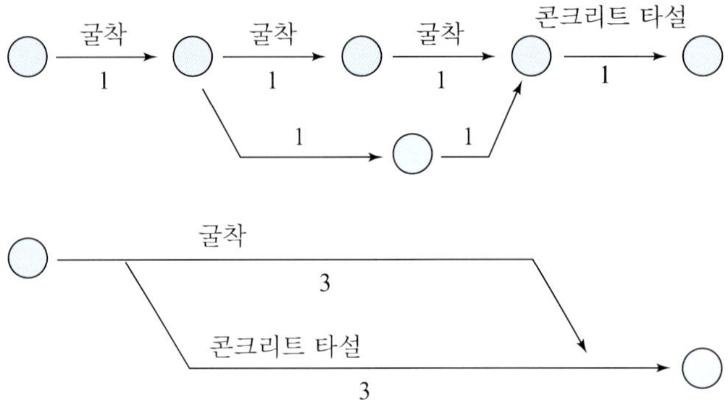

그림 3.8.2 ADM과 PDM의 비교(권기태, 1985)

5) WBS (Work breakdown structure)

WBS는 프로젝트가 수행되는 과정을 표시하는 것으로 일반적으로 기능(Funtion)으로부터 Activity, Activity는 다시 Operation, Task로 마치 나뭇가지와 같이 하위 level로 확산된다. 최근에는 WBS를 비용과 공정이 추적되고, 보고되는 계통으로 분할한다.

6) 공사비 및 공정관리(Cost and Schedule integration with WBS)

공사비와 공정을 WBS에 융합시키는 것으로 Network를 구성하는 모든 Activity를 WBS에 의하여 분할하고 각 Activity와 비용을 결합시켜서 Activity별 비용추적과 계획공정에 의한 비용보고를 하는 것이다. 어떤 관리기법을 사용할지라도 예정공정표를 작성해야 한다. PERT/CPM은 그래프에 의한 기법으로 Network가 심장이 되며, Network상의 각 Activity는 선행조건을 표시하면서 프로젝트의 완료를 유도하게 된다. 이와 같은 PERT/CPM은 Gantt bar chart에 비하면 Activity 상호간의 선행과 후행관계를 분명히 하고 있으며, Activity는 Arrow로 표시하고, Arrow는 시간 · 인력 · 장비 · 시설 등이 필요하고, Network 상에서 Event라고 불리는 한 쌍의 Node에서 시작해서 Node에서 완료되도록 표시하며, Arrow의 꼬리에서 시작하여 화살방향으로 시간의 흐름을 표시한다. 이와 같은 Arrow로 연결된 Network의 일정계산은 수작업으로 가능하나 Activity가 500개 이상이 되고, 매월 주기적인 Updating을 할 때 같은 작업을 반복해야 하므로 대단히 불편하다. 그러다 Computer의 등장으로 이와 같은 번거로운 계산은 자동화된 기계에 의하여 손쉽게 계산할 수 있게 되었다. Computer에 의한 계산은 자동화된 기계에 의하여 손쉽게 계산할 수 있게 되었다. Computer에 의한 계산은 Nap'S라고 불리는 Software의 개발로 가능하게 되었으며, Nap's (network analysis processor)는 Computer 회사와 전문적인 Software Supplier에 의하여 개발 · 공급되고 있어 사용자는 이용법만 알면 충분하다. 우리나라에서는 PROJAS와 ARTEMIS, CUE, VISION 등의 Nap's를 이용하고 있으며, Nap'S를 이용한 공정관리의 과정을 도시하면 그림 3.8.3과 같다. 그림의 (1)~(7)은 각 Step을 표시하며, 작업내용을 설명하면 다음과 같다.

① Step(1) Network diagram 작성

프로젝트를 분할해서 하나의 작업으로 대표되는 Activity로 세분하여 각 Activity간의 선후위관계를 명시하는 Network를 작성한다.

② Step(2) 각 Activity의 공기와 투입될 자원의 계산

Activity는 시간과 인력, 자재, 장비 등을 요구하고 있으므로 Activity를 수행하는데 필요한 자원의 투입과 이에 따라 생산성을 결정하므로 공기(Duration)를 산정한다. 이때 투입되는 자원과 생산성의 판단은 어디까지나 객관성이 있는 표준작업을 근거로 산출되어야 한다.

③ Step(3) Network 일정계산

Nap's를 이용하여 일정계산을 해서 각 Activity의 Earliest 및 Latest start, Finish time, Total time, Total float, Free float, Critical path 등을 산출해서 Out put을 Print한다.

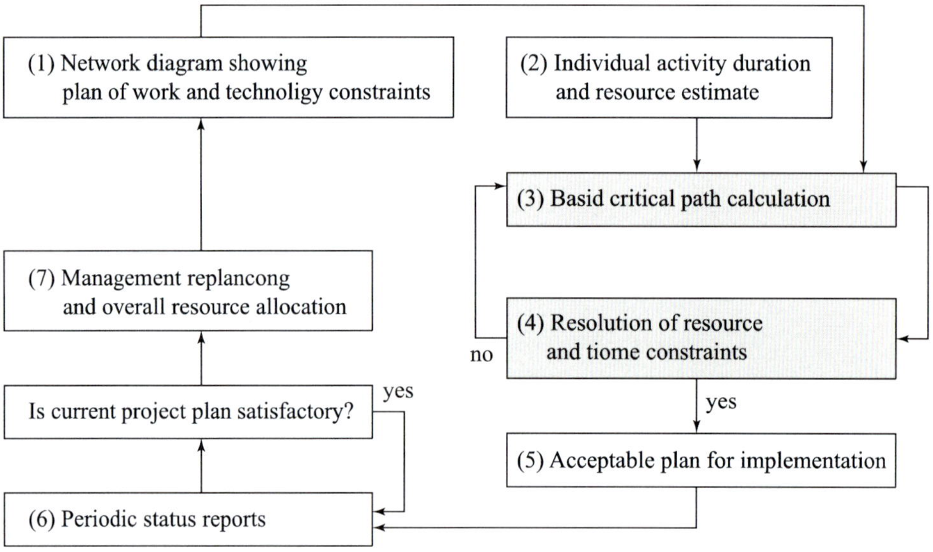

그림 3.8.3 Network based planning and control procedure(권기태, 1985)

④ Step(4) Network를 계약과 현장조건에 부합되게 조정

Step(3)에서 계산한 준공일정이 계약공기를 초과하거나 특정한 자원의 소요가 과다할 때에는 평준화하고, 이와 같은 과정은 Step(3)과 Step(4)를 순환하면서 반복하게 된다. 이때 공기를 단축하는데 있어서 Critical path와 Critical에 가까운 Path상의 모든 Activity의 단위시간 단축에 따른 추가비용을 비교해서 최소비용으로 공기단축이 가능하도록 한다. 또한 자원에 있어서도 특수인력과 장비소요가 평준화되게 한다.

⑤ Step(5) 계획공정의 확정

Step(4)에서 Step(3)으로 반복 순환하면서 만족스러운 계획이 성립되면, 현장활용에 편리하도록 보고서로 출력한다. Step(4)와 Step(3)의 반복으로도 만족스러운 계획이 되지 않을 때는 Step(7)로 돌아가 Network를 재수정해서 Step(1)에서 다시 온다.

⑥ Step(6) Updating

계획공정에 대한 현장 실공정을 대비분석하며, 대책을 수립하는 것으로 주기적으로 실시하며 Network를 수정해야 할 때는 Step(7)로 간다.

⑦ Step(7) Network의 수정

Step(4)에서 또는 Step(6)에서 Network를 재수정해야 할 때는 Step(7)로 돌아가 Network 수정 후 Step(1), (2), (3) … 로 순환된다.

연습문제

1. 다음용어에 대하여 설명하시오(측량학).
   ① TM, MTM, UTM의 차이를 설명하시오.
   ② 우리나라의 평면직각 좌표계
   ③ EDM
   ④ GPS
   ⑤ degree, grade, radian
   ⑥ 평판측량방법의 비교
   ⑦ 회전타원체, 지오이드
   ⑧ 등고선의 성질

2. 다음 용어에 대하여 설명하시오(도로 및 교통, 도시설계 및 조경).
   ① 도로의 확장과 지하철의 운송부담 변화경향
   ② 교통(신호)시스템의 발전 경향
   ③ 교통계획의 수립과정(새로운 도시 가로조성계획의 수립)
   ④ 생태공원 및 환경친화적 도시설계의 개념
   ⑤ 도시화로 인한 인간생활 변화영향
   ⑥ 조경과 건축의 조화
   ⑦ 외국의 신도시 개발 예
   ⑧ 동심원 지대 모형

3. 다음 용어에 대하여 설명하시오(환경 및 상하수도).
   ① 환경용량
   ② 우리나라가 물부족국가로 분류되는 현황과 수자원공학의 필요성
   ③ 수소이온농도(pH : potential of hydronium)
   ④ BOD-DO 모형
   ⑤ 점오염원과 비점오염원의 구분
   ⑥ 골프장의 확산으로 인한 자연계에 미치는 오염영향
   ⑦ 원자력 발전소의 확산으로 인한 환경 피해 사항의 조사
   ⑧ 오존층의 감소영향과 사례조사
   ⑨ 황사의 영향과 피해사례조사
   ⑩ 소음의 중요성과 오염으로서의 분류이유

4. 다음 용어에 대하여 설명하시오(시공학 및 건설관리).
   ① 건설기계의 종류 및 특징
   ② 토공설계절차
   ③ 콘크리트 강도의 품질관리방안
   ④ CPM/PERT
   ⑤ 건설공사의 계획에서 완공까지의 수행 예 조사

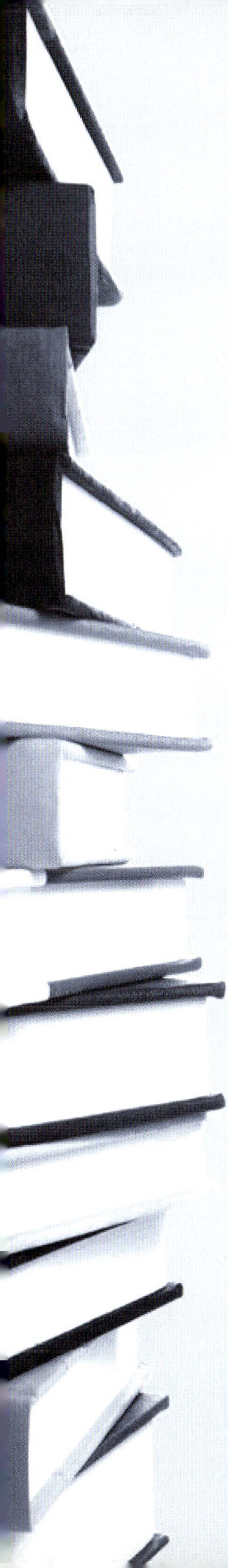

Chapter

04

기초과목과 건설공학

행동의 씨앗을 뿌리면 습관의 열매가 열리고,
습관의 씨앗을 뿌리면 성격의 열매가 열리고,
성격의 씨앗을 뿌리면 운명의 열매가 열린다.

From 나폴레옹

4.1 생활 속의 수학

4.1.1 집합

1) 집합이란?

어떤 모임이나 묶음의 개념을 집합이라 할 수 있는데, 여기에는 어떤 조건이 있어야 한다. 이를테면

"잘 생긴 남자의 모임", "작은 자연수의 모임(묶음)"

등은 어느 정도 잘 생긴 남자를 「잘 생긴 남자」라고 할 것이며, 어느 정도 작아야 「작은 자연수」라고 할 것인가에 대한 판단 기준이 애매모호하다. 수학에서의 정의는 이와 같이 그 대상을 명확히 구별할 수 없는 모임이나 묶음을 집합이라 하지 않는다. 이에 대하여

"안경 쓴 남자의 모임", "3 이하 자연수의 모임(묶음)"

등은 누구나 객관적으로 명확하게 구별할 수 있다.

1, 2, 3은 "3 이하 자연수의 모임"이며, 대상 하나하나를 그 집합의 원(element) 또는 원소라 한다.

정의	집합(대문자)	⇨	모임, 묶음(명확하게 구별)
	원소(소문자)	⇨	그 집합의 구성요소

또한, a가 집합 S의 원소이고, b는 원소가 아닐 때, 다음과 같이 나타낸다.

표시법	a는 S에 속한다.	⇨	$a \in S$
	b는 S에 속하지 않는다.	⇨	$b \notin S$

보기 ▮ 다음 모임들 중에서 집합이라고 할 수 있는 것은?

① 빨간 딸기의 모임　　② 예쁜 여자의 모임

③ 수학점수가 80점 이상의 모임　　④ 착한 남자의 모임

⑤ 우리반 여자의 모임　　⑥ 힘센 사람의 모임

풀이 ▮ '빨갛다. 예쁘다, 착하다, 힘세다'라는 말은 객관적으로 명확하게 구분할 수 없으므로, ①, ②, ④, ⑥은 집합이라 할 수 없다.

[요점] 집합 ⇨ 객관적으로 명확하게 구별할 수 있는 모임(묶음)

---

2) 집합을 배우는 이유

우리 일상생활과 밀접한 관계가 있으며, 수학의 기초가 된다.

(1) 집합

- 집합(集合, Set)은 조건에 따라 그 대상을 분명히 알 수 있는 것들의 모임
  ⇨ 막연한 모임(묶음)은 집합이 아니다

(2) 생활 속의 집합

- 물건을 정리할 때, 같은 종류끼리 정리하면 깔끔해진다.
- 초등학교 동창들의 모임, 같은 전공끼리의 모임, 각종 모임 등

(3) 전공속의 집합

- CAD (Computer Aid Design) 및 그래픽 프로그램, 유한요소 해석 프로그램에서 불대수를 이용한 3D 모델링
- 불대수(Boolean algebra)를 이용한 논리회로 구축

3) 집합의 표시법

수학의 생명은 기호화에 있다고 해도 과언이 아닐 정도로 수학적인 문장을 기호로 표현하는 것은 매우 중요하다. 글로 표현하는 것보다 이를 기호화하면 한눈에 볼 수 있고, 효율적인 연산을 할 수 있는 경우가 많이 있다.

요점　수학적인 문장 ⇨ 기호화

이를테면 "3 이하 자연수의 모임"의 원소는 1, 2, 3이다. 이것을 집합기호 { } 안에 표시하면 {1, 2, 3}이고, 이 집합을 S라 하면, 다음과 같이 표시할 수 있다.

표시법　$S = \{1, 2, 3\}$ ⇨ 원소나열법

$S = \{x | x \leq 3,\ x\text{는 자연수}\}$ ⇨ 조건제시법

전자는 집합 S에 속하는 모든 원소를 나열하는 방법(원소나열법)이고, 후자는 집합 S에 속하는 원소들의 공통된 조건(3 이하의 자연수)을 제시한 방법(조건제시법)이다.

(1) 기호화

- 지도를 보면, 산이나 강, 학교, 병원, 온천, 절 등을 글로 표현하지 않고 약속된 기호로 표현한 것을 보았을 것이다. 이처럼 기호를 써서 표현하면 빠르고 명확하게 구분할 수 있는 장점이 있다.
- 차를 타고 여행하다 보면 교통표지판과 신호등을 흔히 볼 수 있다. 교통표지판과 신호등은 보행자나 운전자가 지켜야 할 사항을 글 대신 알기 쉬운 기호를 써서 나타낸 것이다.

보기 ▮ 다음 각 집합을 기호로 나타내시오.

① 3의 배수의 집합 A ② 6의 양의 약수의 집합 B

③ 자연수의 집합 C ④ 실수의 집합 D

풀이 ▮ ① $A = \{3, 6, 9, \cdots, 3n\}$ 또는 $A = \{x | x = 3n,\ n$은 자연수$\}$

② $B = \{1, 2, 3, 6\}$

③ $C = \{x | x$는 자연수$\}$

④ $D = \{x | x$는 실수$\}$

4.1.2 행렬

1) 행렬이란?

(1) 행렬의 정의

다음 표는 갑, 을 두 학생의 성적을 나타낸 것이다.

	국어	영어	수학
갑	90	85	73
을	85	80	92

위 표에서 숫자만을 뽑아 다음과 같이 큰 괄호 ( )안에 직사각형 꼴로 나타내면, 편리할 때가 많다.

$$\begin{pmatrix} 90 & 85 & 73 \\ 85 & 80 & 92 \end{pmatrix}$$

이와 같이 수나 문자를 직사각형 꼴로 배열하여 괄호로 묶은 것을 행렬이라 하며, 괄호 안의 수나 문자 90, 85, ⋯ 등을 이 행렬의 원 또는 성분이라 한다.

정의 행렬 ⇨ 수나 문자를 괄호 ( )안에 직사각형의 꼴로 배열한 것

(2) 행렬의 꼴(모양)

행렬의 가로 줄 ⇨ 행(Row)

행렬의 세로 줄 ⇨ 열(Column)

제1행, 제2행 $\begin{pmatrix} 90 & 85 & 73 \\ 85 & 80 & 92 \end{pmatrix}$

제1열, 제2열, 제3열 $\begin{pmatrix} 90 & 85 & 73 \\ 85 & 80 & 92 \end{pmatrix}$

오른쪽과 같이 2개의 행과 3개의 열로 구성된 행렬을 2행 3열의 행렬 또는 간단히 $\mathbf{2\times3}$ 행렬이라 한다.

일반적으로 m개의 행과 n개의 열로 된 행렬을 $\boldsymbol{m\times n}$ 행렬이라 한다. 특히, 행의 수와 열의 수가 같은 행렬을 정사각행렬이라 한다.

보기 ▌ 다음 행렬의 꼴을 말하시오.

① $\begin{pmatrix} 1 & 5 \\ 2 & 4 \end{pmatrix}$ ② $\begin{pmatrix} 1 \\ -3 \end{pmatrix}$ ③ $(1 \ 3 \ 0 \ -5)$

④ $\begin{pmatrix} 1 \\ 2 \\ 3 \end{pmatrix}$ ⑤ $\begin{pmatrix} 2 & 4 & 6 \\ 1 & 5 & 3 \end{pmatrix}$ ⑥ $\begin{pmatrix} 2 & 4 & 6 \\ 1 & 5 & 3 \\ 0 & 3 & 7 \end{pmatrix}$

풀이 ▌ ① 2×2 행렬 ② 2×1 행렬 ③ 1×4 행렬

④ 3×1 행렬 ⑤ 2×3 행렬 ⑥ 3×3 행렬

---

2) 행렬을 배우는 이유

행렬을 이용하면 수많은 수의 배열을 간단히 하나의 기호를 사용하여 표시할 수 있다.

- 생활 속의 행렬
  - 일상생활 속에서 쉽게 접할 수 있다.
- 전공속의 행렬
  - 전기회로나 Robotics, 컴퓨터 그래픽 및 애니메이션, 최적화 문제, 연립미분방정식 등에 활용
  - 공학문제를 수치적으로 계산하는 연립방정식 문제를 풀 때 활용

3) 행렬의 표시

다음과 같이 보통 행렬은 대문자 A, B, C, ⋯ 등으로 나타내고, 그 성분은 소문자 $a, b, c, \cdots$로 나타낸다.

$$A=\begin{pmatrix}90 & 85 & 73\\ 85 & 80 & 92\end{pmatrix},\ B=\begin{pmatrix}2 & 5\\ 3 & 4\end{pmatrix},\ C=\begin{pmatrix}5\\ 3\end{pmatrix}$$

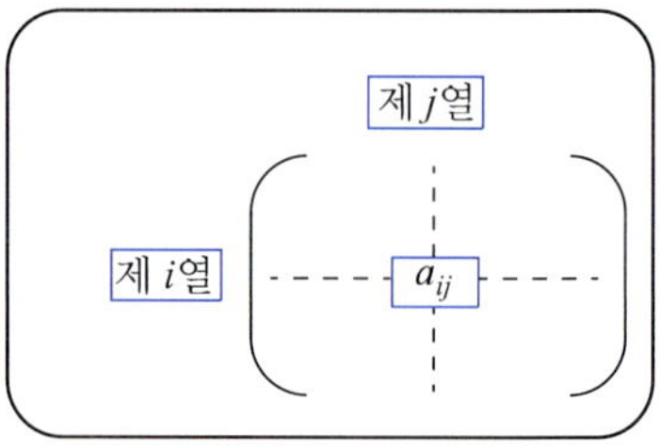

오른쪽 그림에서와 같이 제 i 행과 제 j 열이 교차하는 위치에 있는 성분을 그 행렬의 (i, j)성분 또는 (i, j)원이라 하고, 간단히 a_{ij}와 같이 나타낸다.

이를테면 위의 행렬 A는 다음과 같이 나타낼 수 있다.

(1, 1)성분 : $a_{11}=90$, (1, 2)성분 : $a_{12}=85$, (1, 3)성분 : $a_{13}=73$

(2, 1)성분 : $a_{21}=85$, (2, 2)성분 : $a_{22}=80$, (2, 3)성분 : $a_{23}=92$

요점 $\quad A=\begin{pmatrix}a_{11} & a_{12} & a_{13}\\ a_{21} & a_{22} & a_{23}\end{pmatrix} \ \Rightarrow\ A=(a_{ij})$

보기 ▮ 행렬 $A=(a_{ij})$, $B=(b_{ij})$ 가 각각 $A=\begin{pmatrix}2 & 4 & 6\\ 1 & 5 & 3\\ 0 & 3 & 7\end{pmatrix}$,

$B=\begin{pmatrix}b_{11} & b_{12} & b_{13}\\ b_{21} & b_{22} & b_{23}\end{pmatrix}$일 때, 다음 물음에 답하시오.

① 행렬 A 의 제2행 성분

② 행렬 A 의 (3, 2)성분

③ a_{12}, a_{23}, a_{33}

④ $b_{ij}=3i-2j+1$ 일 때, 행렬 B를 구하시오.

풀이 ▮ ① 1, 5, 3

② 3

③ $a_{12}=4,\ a_{23}=3,\ a_{33}=7$

④ $B=\begin{pmatrix}b_{11} & b_{12} & b_{13}\\ b_{21} & b_{22} & b_{23}\end{pmatrix}=\begin{pmatrix}2 & 0 & -2\\ 5 & 3 & 1\end{pmatrix}$

---

4) 행렬의 덧셈, 뺄셈, 실수배

같은 꼴인 다음과 같은 두 행렬 A, B에 대하여

$$\mathrm{A}=\begin{pmatrix} a_{11} & a_{12} \\ a_{21} & a_{22} \end{pmatrix},\quad \mathrm{B}=\begin{pmatrix} b_{11} & b_{12} \\ b_{21} & b_{22} \end{pmatrix}$$

- 행렬의 덧셈
  A와 B의 대응하는 성분의 합을 성분으로 하는 행렬을 A와 B의 합이라 하고 A + B로 나타낸다.
- 행렬의 뺄셈
  A의 성분에서 이에 대응하는 B의 성분을 뺀 것을 성분으로 하는 행렬을 A에서 B를 뺀 차라 하고 A − B로 나타낸다.
- 행렬의 실수배
  실수 k에 대하여, 행렬 A의 각 성분에 k를 곱한 수를 성분으로 하는 행렬을 A의 k배라 하고 kA로 나타낸다.

정의

행렬의 합 ⇨ $\mathrm{A}+\mathrm{B}=\begin{pmatrix} a_{11}+b_{11} & a_{12}+b_{12} \\ a_{21}+b_{21} & a_{22}+b_{22} \end{pmatrix}$

행렬의 차 ⇨ $\mathrm{A}-\mathrm{B}=\begin{pmatrix} a_{11}-b_{11} & a_{12}-b_{12} \\ a_{21}-b_{21} & a_{22}-b_{22} \end{pmatrix}$

행렬의 실수배 ⇨ $k\mathrm{A}=\begin{pmatrix} ka_{11} & ka_{12} \\ ka_{21} & ka_{22} \end{pmatrix}$

보기 ▮ 다음에서 두 행렬의 연산이 가능한 것을 찾고 이를 계산하시오.

① $(1\ \ 3)+(-1\ \ 4)$ ② $\begin{pmatrix} 2 & 0 \\ 3 & 2 \end{pmatrix}-\begin{pmatrix} -2 & 0 \\ -1 & 5 \end{pmatrix}$

③ $3\begin{pmatrix} 1 & 2 \\ 3 & 4 \end{pmatrix}+2\begin{pmatrix} 2 & 0 \\ 1 & 5 \end{pmatrix}$ ④ $2\begin{pmatrix} 1 \\ 2 \\ 3 \end{pmatrix}+\begin{pmatrix} 1 & 2 \\ 3 & 5 \end{pmatrix}$

풀이 ▮ ① $(0\ \ 7)$ ② $\begin{pmatrix} 4 & 0 \\ 4 & -3 \end{pmatrix}$ ③ $\begin{pmatrix} 7 & 6 \\ 11 & 22 \end{pmatrix}$

④는 행렬의 꼴이 같지 않으므로, 연산을 수행할 수 없다.

[요점] 덧셈, 뺄셈 ⇨ 행렬의 꼴이 같아야 한다.

5) 행렬의 곱셈

(1) 행렬의 곱셈 정의

행렬의 덧셈, 뺄셈, 실수배는 그 연산 규칙이 수, 식과 동일하나, 곱셈은 다소 복잡하므로 다음의 정의를 충분하게 숙지하여야 한다.

다음 [표1]은 A마트와 B마트의 공책과 연필의 단가를 나타낸 것이고, [표2]는 갑과 을이 사려고 하는 수량을 나타낸 것이다.

[표1] (단가 : 원)

	공책	연필
A마트	300원	80원
B마트	250원	130원

[표2] (수량 : 개)

	갑	을
공책	3개	4개
연필	5개	3개

이 때, 갑이 A마트의 제품을 살 경우 지불해야 할 금액은 $300 \times 3 + 80 \times 5 = 1300$, B마트의 제품을 살 경우 지불해야 할 금액은 $250 \times 3 + 130 \times 5 = 1400$이다. 마찬가지로 을이 지불해야 할 금액도 계산할 수 있다. 이것을 정리하면 [표3]과 같다.

[표3] (지불금액 : 원)

	갑	을
A마트	$300 \times 3 + 80 \times 5 = 1300$	$300 \times 4 + 80 \times 3 = 1440$
B마트	$250 \times 3 + 130 \times 5 = 1400$	$250 \times 4 + 130 \times 3 = 1390$

위의 관계를 다음과 같이 행렬을 이용하여 나타내면 여러 가지 계산이 함께 처리되어 편리하다.

$$\begin{pmatrix} 300 & 80 \\ 250 & 130 \end{pmatrix}\begin{pmatrix} 3 & 4 \\ 5 & 3 \end{pmatrix} = \begin{pmatrix} 300\times3+80\times5 & 300\times4+80\times3 \\ 250\times3+130\times5 & 250\times4+130\times3 \end{pmatrix}$$

이와 같이 행렬의 곱을 다음과 같이 정의한다.

정의

행렬의 곱 ⇨ $\begin{pmatrix} a & b \\ c & d \end{pmatrix}\begin{pmatrix} x & u \\ y & v \end{pmatrix} = \begin{pmatrix} ax+by & au+bv \\ cx+dy & cu+dv \end{pmatrix}$

앞 행렬의 열의 개수 = 뒤 행렬의 행의 개수

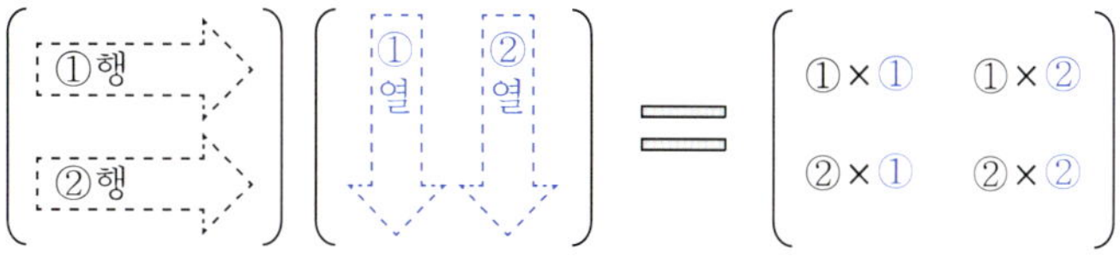

요점 행렬의 곱 ⇨ 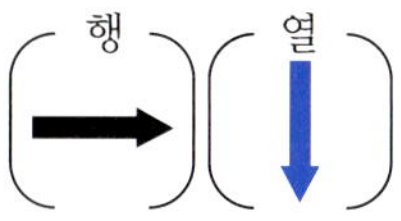

보기 ▮ 다음 행렬의 곱셈을 계산하시오.

① $\begin{pmatrix}1 & 3\end{pmatrix}\begin{pmatrix}2\\4\end{pmatrix}$　　② $\begin{pmatrix}1 & 3 & 5\end{pmatrix}\begin{pmatrix}2\\4\\5\end{pmatrix}$

③ $\begin{pmatrix}1 & 3\end{pmatrix}\begin{pmatrix}-3 & 2\\0 & 5\end{pmatrix}$　　④ $\begin{pmatrix}1 & 3 & 5\end{pmatrix}\begin{pmatrix}1 & 2\\3 & 4\\5 & 6\end{pmatrix}$

풀이 ▮ ① $1\times2+3\times4=14$

② $1\times2+3\times4+5\times5=39$

③ $(1\times(-3)+3\times0\quad 1\times2+3\times5)=(-3\quad 17)$

④ $(1\times1+3\times3+5\times5\quad 1\times2+3\times4+5\times6)=(35\quad 44)$

4.1.3 벡터

1) 벡터란?

(1) 스칼라와 벡터

길이, 넓이, 질량 등과 같이 크기만을 갖는 양(Quantity)을 스칼라(Scalar)라 하고, 속도나 힘과 같이 크기와 방향을 동시에 갖는 양을 벡터(Vector)라고 한다.

	정의	표기	예
스칼라	크기만 갖고 있는 양	실수	길이, 넓이, 부피, 질량, 온도
벡터	크기 및 방향을 모두 갖는 양	화살표	속도, 가속도, 변위, 힘

이를테면, 벡터인 도형(Figure)의 평행이동($F \rightarrow F'$)은 그 도형위의 임의의 점 A가 처음 위치에서 마지막 위치 B에 옮겨질 때, A에서 B까지의 거리(크기)와 A에서 B로 향하는 방향으로 결정된다.

이 유향선분 AB에 대하여 그 위치는 관계하지 않고(즉, 시점 A의 위치에 관계없이), 그 크기와 방향만 생각할 때, 이와 같은 양을 벡터라 하고, $\overrightarrow{AB}$로 나타낸다. A점을 시점 B점을 종점이라 하며, 화살표(→) 방향은 시작점에서 끝나는 점으로 향하게 그린다.

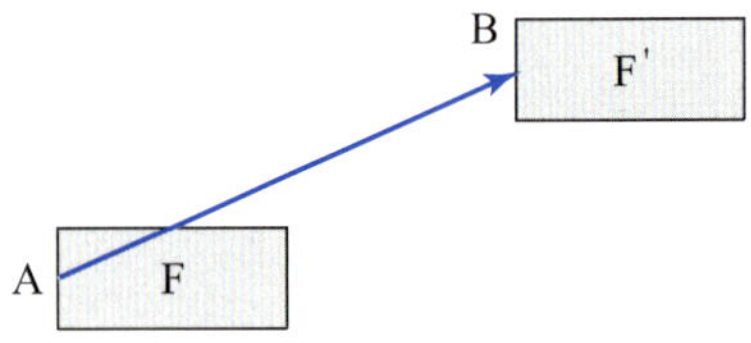

(2) 벡터의 표시 및 크기

벡터 $\overrightarrow{AB}$의 방향은 유향선분 AB의 방향이고, 그 크기는 선분 AB의 길이이다. 벡터의 크기를 절대값 기호를 써서 $|\overrightarrow{AB}|$로 나타낸다.

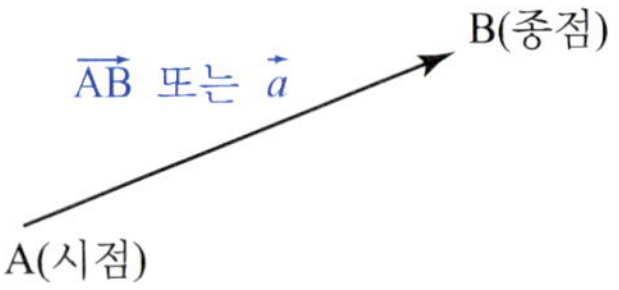

2) 벡터를 배우는 이유

벡터는 물리학의 한 분야인 역학을 쉽게 계산하기 위해 만들어진 이론이다.

- 전공 속의 벡터
  역학분야에서 합력과 분력을 계산할 때 이용한다.
- 역학(力學, Mechanics)
  물체간에 작용하는 힘과 운동의 관계를 연구하는 학문이다. 운동학, 동역학, 정역학 등의 체계로 이루어져 있다.

3) 벡터의 덧셈과 뺄셈

(1) 벡터의 덧셈

다음 그림과 같이 도형 F를 두 번 평행이동(A → B → C)한 결과와 한 번 평행이동(A → C)한 결과는 같아야 한다. 즉,

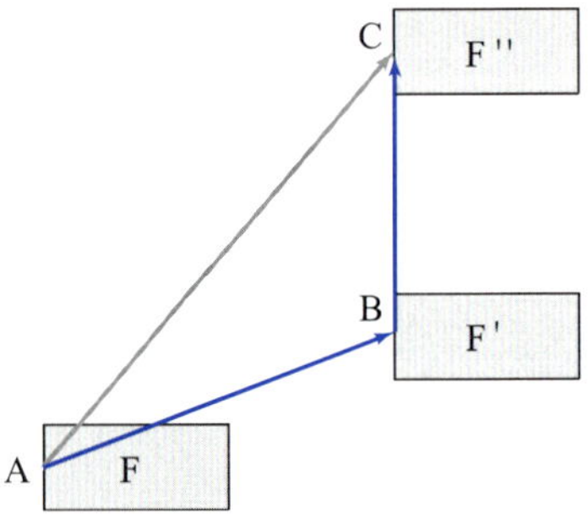

정의　벡터의 합 ⇨ $\overrightarrow{AB} + \overrightarrow{BC} = \overrightarrow{AC}$

(2) 삼각형의 법칙

$$\vec{a}+\vec{b}=\vec{c} \Leftrightarrow \overrightarrow{AB}+\overrightarrow{BC}=\overrightarrow{AC}$$

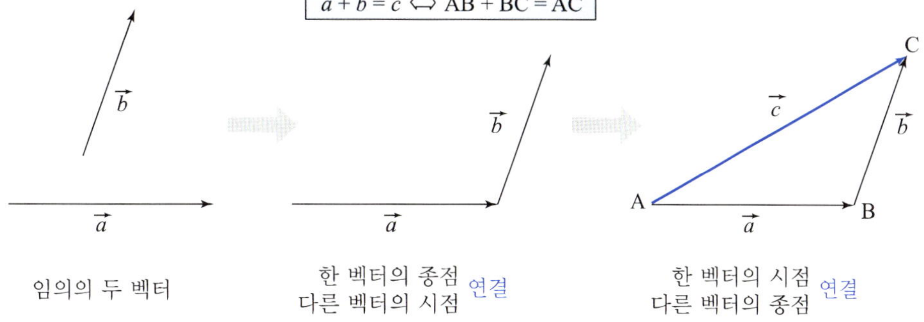

(3) 평행사변형의 법칙

$$\vec{a}+\vec{b}=\vec{c} \Leftrightarrow \overrightarrow{OA}+\overrightarrow{OB}=\overrightarrow{OC}$$

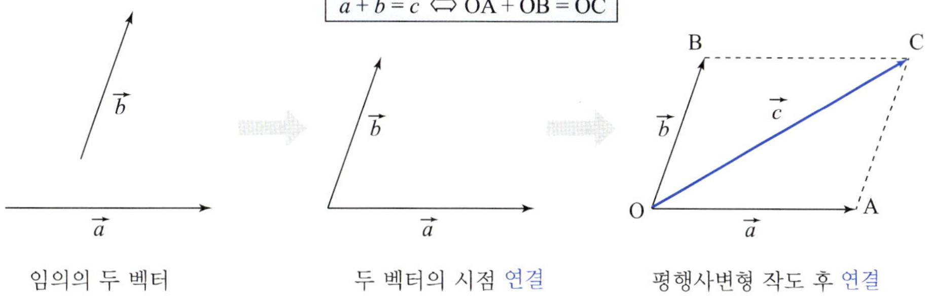

따라서 임의의 두 벡터가 주어졌을 때, 그 합은 삼각형의 법칙과 평행사변형의 법칙 중 편리한 방법에 따라 작도하면 된다.

요점 벡터의 연산 ⇨ 스칼라(실수)의 연산과 달리 방향도 고려해야 한다.

(4) 벡터의 뺄셈

다음 그림과 같이 임의의 두 벡터가 있을 때, 두 벡터로 이루어지는 $\triangle OAB$를 생각하자.

$$\vec{b}+\vec{x}=\vec{a} \Leftrightarrow \overrightarrow{OB}+\overrightarrow{BA}=\overrightarrow{OA}$$

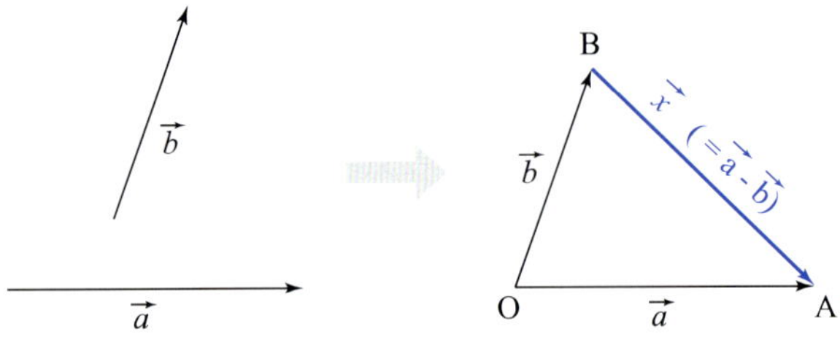

임의의 두 벡터 두 벡터의 시점 연결

$\vec{a}=\overrightarrow{OA}$, $\vec{b}=\overrightarrow{OB}$, $\vec{x}=\overrightarrow{BA}$라 하면, 덧셈에 대한 삼각형의 법칙에 의하여 $\overrightarrow{OB}+\overrightarrow{BA}=\overrightarrow{OA}$이므로, $\vec{x}=\overrightarrow{BA}$는 다음과 같다.

$$\therefore\ \overrightarrow{BA}=\overrightarrow{OA}-\overrightarrow{OB}=\vec{a}-\vec{b}$$

요점
- 벡터의 합 ⇨ $\overrightarrow{AB}+\overrightarrow{BC}=\overrightarrow{AC}$
- 벡터의 차 ⇨ $\overrightarrow{OA}-\overrightarrow{OB}=\overrightarrow{BA}$

보기 ▌ 오른쪽 그림의 평행사변형에서 대각선의 교점을 O, $\overrightarrow{OA}=\vec{a}$, $\overrightarrow{OB}=\vec{b}$라 할 때, 다음 벡터를 $\vec{a}$, $\vec{b}$로 나타내시오.

① $\overrightarrow{CB}$ ② $\overrightarrow{DC}$ ③ $\overrightarrow{AB}$

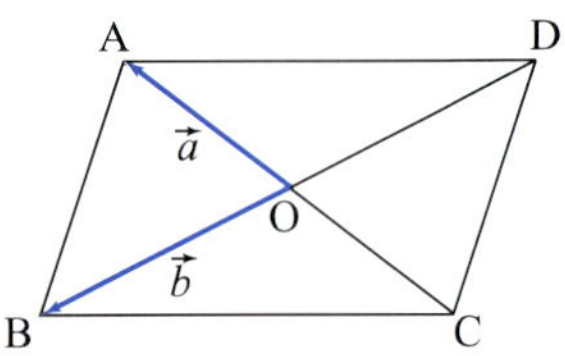

풀이 ▌ 시점이 일치하지 않더라도 크기와 방향이 같으면 두 벡터는 같다.

① $\overrightarrow{CB}=\overrightarrow{CO}+\overrightarrow{OB}=\vec{a}+\vec{b}$

② $\overrightarrow{DC}=\overrightarrow{DO}+\overrightarrow{OC}=\vec{b}-\vec{a}$

③ $\overrightarrow{AB}=\overrightarrow{AO}+\overrightarrow{OB}=-\vec{a}+\vec{b}$

보기 ▌ 오른쪽 그림의 직육면체에서 $\overrightarrow{AB}=\vec{a}$, $\overrightarrow{AD}=\vec{b}$, $\overrightarrow{AE}=\vec{c}$라 할 때, 다음에 답하시오.

① $\overrightarrow{AG}$, $\overrightarrow{HB}$를 $\vec{a}$, $\vec{b}$, $\vec{c}$로 나타내시오.

② $\vec{a}-\vec{b}+\vec{c}$를 하나의 벡터로 나타내시오.

③ $\vec{a}+\vec{b}-\vec{c}$를 하나의 벡터로 나타내시오.

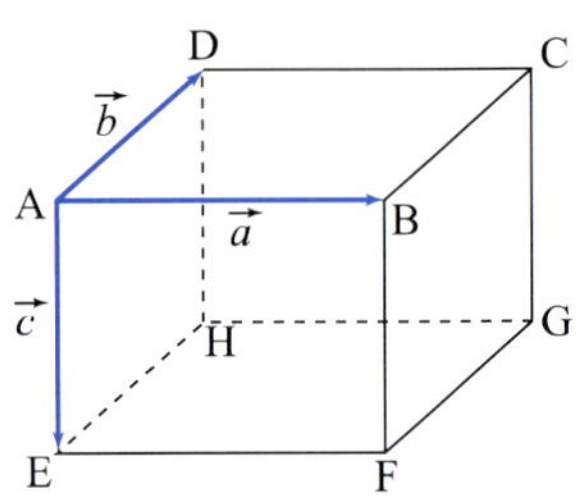

풀이 ▌ ① $\overrightarrow{AG} = \overrightarrow{AC} + \overrightarrow{CG} = \overrightarrow{AB} + \overrightarrow{AD} + \overrightarrow{AE} = \vec{a} + \vec{b} + \vec{c}$

$\overrightarrow{HB} = \overrightarrow{HF} + \overrightarrow{FB} = \overrightarrow{AB} - \overrightarrow{AD} - \overrightarrow{AE} = \vec{a} - \vec{b} - \vec{c}$

② $\vec{a} - \vec{b} + \vec{c} = \overrightarrow{AB} - \overrightarrow{AD} + \overrightarrow{AE} = \overrightarrow{DB} + \overrightarrow{BF} = \overrightarrow{DF}$

③ $\vec{a} + \vec{b} - \vec{c} = \overrightarrow{AB} + \overrightarrow{AD} - \overrightarrow{AE} = \overrightarrow{AC} - \overrightarrow{AE} = \overrightarrow{EC}$

4.1.4 함수

1) 함수란?

'함수'라는 말은 흔히 쓰는 말이면서도 '함수란 무엇인가'라고 물으면 대답을 잘 못하는 학생들이 의외로 많은 것 같다. 이것은 함수의 정의는 매우 간단하지만, 실질적인 의미 파악이 안 되었기 때문인 것 같다. 따라서, 여기에서는 함수라는 의미를 명확하게 파악하는데 중점을 두고 공부하기로 한다.

세상의 모든 것은 서로 관계를 맺고 있다. 사람과 사람사이의 관계, 사람과 동물사이의 관계, 물체와 물체사이의 관계 등 모든 것이 관계를 맺고 있다. 이렇게 서로서로 관계를 맺는 것이 '함수'의 시작이다.

(1) 대응

이를테면 X = {한국, 프랑스, 미국}은 나라들의 집합이고, Y = {한국, 프랑스, 미국}은 도시들의 집합일 때, 나라와 수도의 짝을 지어보면 다음 그림과 같다.

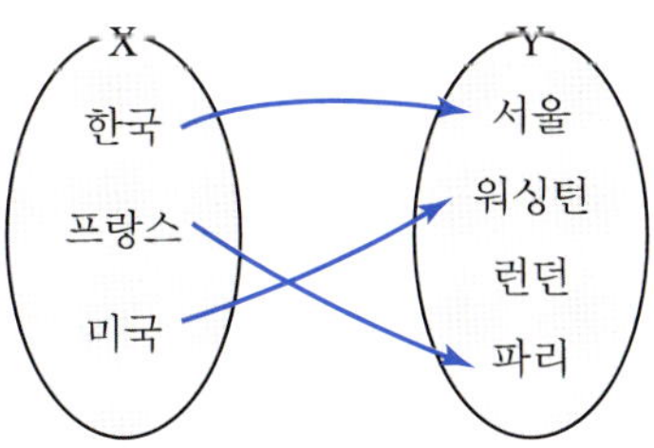

이와 같이 두 집합의 원끼리 어떤 조건에 따라 짝을 지어 맺는 것을 대응 또는 관계라 한다.

2) 함수를 배우는 이유

세상의 모든 것은 서로서로 어떤 관계를 맺고 있으며, 이러한 관계를 식으로 표현하여 상관관계를 밝히는 기초로 활용한다. 즉, 한 변수가 다른 변수에 의하여 어떻게 변하는가의 규칙을 알기 위해 함수를 배운다.

(1) 생활 속의 함수

- 게임시간과 시험점수와의 관계
- 꽃잎 개수와 향기와의 관계
- 자동차 속도와 연비와의 관계
- 은행에 저금한 돈과 이자와의 관계
- 집중한 시간과 시험점수와의 관계 등

(2) 전공 속의 함수

- 1차 함수, 2차 함수, n차 함수 등
- 유리함수, 무리함수
- 지수함수, 로그함수, 삼각함수 등

3) 함수

(1) 함수

이전 절에서 세상의 모든 것은 상호관계를 맺고 있다고 설명하였다. 이것을 대응이라고 정의하였는데, 함수는 관계(대응) 중에서 '특수한 관계(대응)'라 할 수 있다.

즉, 공집합이 아닌 두 집합 X, Y에 대하여, X의 각 원에 Y의 원이 하나씩 대응될 때, 이 대응을 **X**에서 **Y**로의 사상(또는 함수)라 하고, 함수(Function)의 첫 글자 f를 써서 다음과 같이 나타낸다.

$$f : \mathrm{X} \to \mathrm{Y} \quad \text{또는} \quad \mathrm{X} \xrightarrow{f} \mathrm{Y}$$

또한, 함수 f에 의해 X의 원 x에 Y의 원 y가 대응하는 것을 다음과 같이 나타내고, y는 x의 함수라고 한다.

$$f : x \to y, \quad x \xrightarrow{f} y, \quad y = f(x)$$

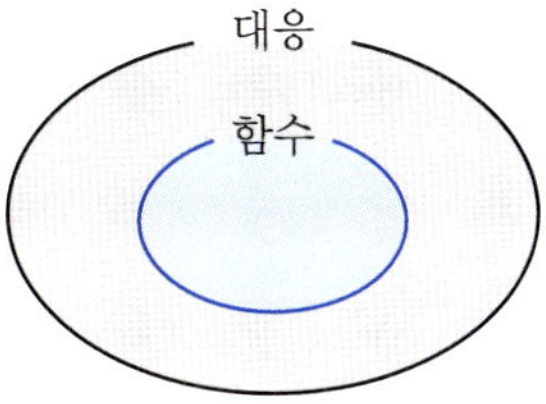

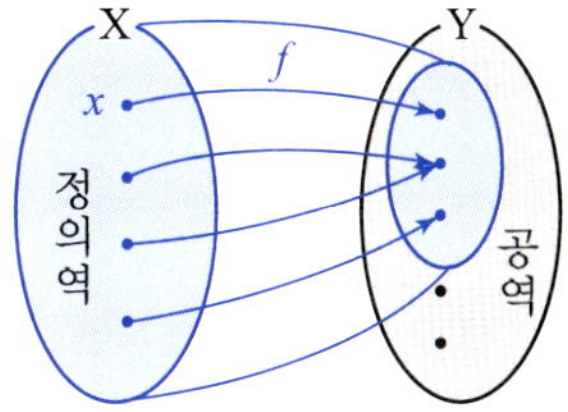

요점

	함수 $f: x \to y$ 또는 $f: \mathrm{X} \to \mathrm{Y}$	
원 x	y의 역상 또는 원상	독립변수
원 y	x의 함숫값 또는 상	종속변수
집합 X	정의역	
집합 Y	공역	
집합 $f(\mathrm{X})$	치역	

(2) 함수의 여러 형태

다음 그림과 같은 대응관계 $f: \mathrm{X} \to \mathrm{Y}$는 모두 함수이다.

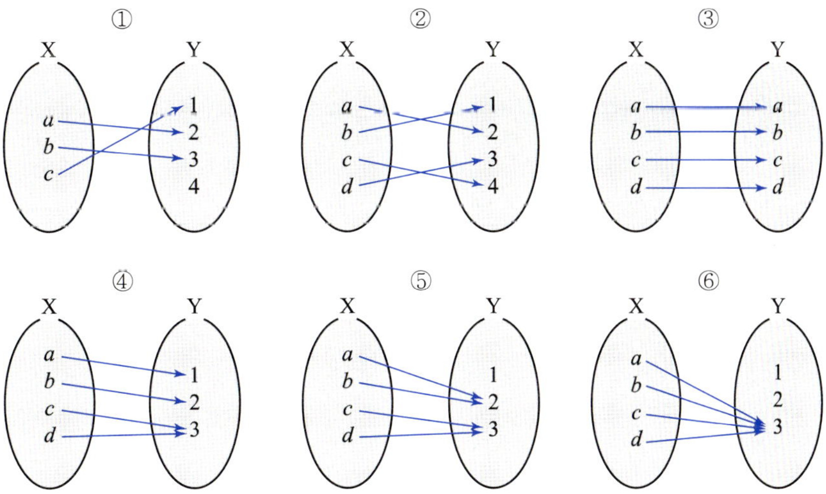

위의 대응관계를 정리하면 다음과 같다.

함수 예	함수 형태	정 의
②, ③, ④	치역과 공역이 일치 $f(\mathrm{X}) = \mathrm{Y}$	-
①, ⑤, ⑥	치역이 공역의 진부분집합 $f(\mathrm{X}) \subset \mathrm{Y}$이고 $f(\mathrm{X}) \neq \mathrm{Y}$	-
①, ②, ③	X의 서로 다른 원에 Y의 서로 다른 원이 대응	일대일 함수 → $x_1 \neq x_2$이면 $f(x_1) \neq f(x_2)$
②, ③	일대일 함수 중에서 치역과 공역이 같은 함수	일대일 대응 → 일대일 함수이면서 $f(\mathrm{X}) = \mathrm{Y}$
③	일대일 대응 중에서 정의역과 공역이 같고, X의 각 원 x에 x자신이 대응되는 함수	항등함수 → 일대일 대응이면서 $\mathrm{X} = \mathrm{Y}$이고 $f(x) = x$
⑥	치역이 하나의 원으로만 이루어진 함수	상수함수 → $n(f(\mathrm{X})) = 1$

4.1.5 지수와 로그

1) 지수란?

(1) 거듭제곱

이를테면 2를 두 번 곱하는 것은 2×2, 2를 세 번 곱하는 것은 $2 \times 2 \times 2$, 등으로 표현한다. 그러면 2를 10번, 100번 곱하는 것은 어떻게 표현할까? 이렇게 같은 수나 또는 같은 문자를 거듭해서 곱할 때(거듭제곱) 간단하게 표현하는 방법이 지수인 것이다. 즉, $2 \times 2 = 2^2$, $2 \times 2 \times 2 = 2^3$, $2 \times 2 \times 2 \times 2 \times 2 \times 2 \times 2 \times 2 \times 2 \times 2 = 2^{10}$ 이런 식으로 표현하면 간단하기 때문에 다음과 같이 지수를 정의하고 사용하는 것이다.

$2 \times 2 \times 2 = 2^3$ 에서 ⇨ 2를 밑, 위의 숫자 3을 지수라고 부른다.

요점

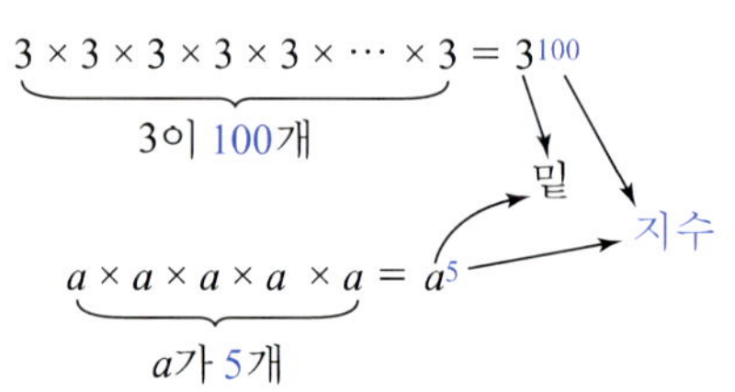

(2) 지수(指數, Exponent)

어떤 수나 문자의 오른쪽 어깨 위에 붙여 그 수나 문자의 거듭제곱을 나타내는 숫자나 문자를 말한다. 즉, 같은 수 a를 n번 거듭 곱한 것을 a^n으로 나타내고, a의 거듭제곱이라고 하는데, 이때 n을 지수라고 한다.

보충 | 지수법칙 설명

① $3^2\times 3^5=(3\times3)\times(3\times3\times3\times3\times3)=3^7 \Leftarrow 3^{2+5}$ $\quad\therefore\ a^m\times a^n=a^{m+n}$

② $3^5\div 3^2=\dfrac{(3\times3\times3\times3\times3)}{(3\times3)}=3^3 \Leftarrow 3^{5-2}$ $\quad\therefore\ a^m\div a^n=a^{m-n}\ (m>n)$

$3^2\div 3^5=\dfrac{(3\times3)}{(3\times3\times3\times3\times3)}=\dfrac{1}{3^3} \Leftarrow \dfrac{1}{3^{5-2}}$ $\quad\therefore\ a^m\div a^n=\dfrac{1}{a^{n-m}}\ (m<n)\ (a\neq 0)$

③ $(2^3)^4=(2^3)\times(2^3)\times(2^3)\times(2^3)=2^{12} \Leftarrow 2^{3\times4}$ $\quad\therefore\ (a^m)^n=a^{mn}$

④ $(2\times5)^3=(2\times5)\times(2\times5)\times(2\times5)=2^3 5^3$ $\quad\therefore\ (ab)^n=a^n b^n$

보기 ▌ 다음 각 식을 간단히 하시오.

① $(-a)^2\times(-a)^3$ ② $(-3a^2b^3c^4)^3\times(2a^3b)^2$

③ $\{(a^l)^m\}^n$ ④ $(-x^2y^3z^2)^3\div(x^3y)^5$

⑤ $\left(\dfrac{y^2}{x^5}\right)^3\div\left(\dfrac{x^2}{y}\right)^2$

풀이 ▌ ① $(-a)^2\times(-a)^3=(-a)^{2+3}=(-1)^5\cdot a^5=-a^5$

② $(-3a^2b^3c^4)^3\times(2a^3b)^2=(-3)^3a^6b^9c^{12}\times 2^2a^6b^2$

$$=(-27)\times4\times a^{12}b^{15}c^{14}$$

$$=-108a^{12}b^{15}c^{14}$$

③ $\{(a^l)^m\}^n=(a^{lm})^n=a^{lmn}$

④ $(-x^2y^3z^2)^3\div(x^3y)^5=-x^6y^9z^6\div x^{15}y^5$

$$=-\frac{x^6y^9z^6}{x^{15}y^5}=-\frac{y^4z^6}{x^9}$$

⑤ $\left(\dfrac{y^2}{x^5}\right)^3\div\left(\dfrac{x^2}{y}\right)^2=\dfrac{y^6}{x^{15}}\div\dfrac{x^4}{y^2}=\dfrac{y^6}{x^{15}}\times\dfrac{y^2}{x^4}=\dfrac{y^8}{x^{19}}$

2) 지수를 배우는 이유

아주 커다란 수의 세계, 아주 작은 수의 세계를 통해서 지수의 활용에 대해서 알아보자.

(1) 기하급수적 증가

우리는 기하급수의 의미를 설명할 때, 흔히 하는 이야기가 있다. 즉, 첫날 1원, 둘째 날 2원, 셋째 날 4원, 넷째 날 8원 … 이렇게 매일 2배씩 한 달 동안 저축하면 얼마나 되겠는가? 계산해 보자.

$$1 + 2 + 2^2 + 2^3 + \cdots + 2^{29}$$

이 수가 비록 작아 보이지만, 계산해 보면 1,073, 741, 823원, 무려 10억이 넘는 돈이 된다. 이러한 증가를 '기하급수적 증가' 또는 '지수적 증가'라고 한다.

(2) 지수를 배우는 이유

이를테면 다음과 같은 큰 수를 표현할 때, 지수를 사용하지 않는다면 매우 힘들 것이다.

지구의 질량 : 5.9736×10^{24} kg
태양의 질량 : 1.989×10^{30} kg
지구상에 있는 곤충의 수 : 10^{16}마리 등

또한, 다음과 같은 작은 수를 표현할 때, 역시 지수를 사용하지 않는다면 매우 힘들 것이다.

전자의 질량 : 9.109×10^{-31} kg
양성자의 질량 : 1.673×10^{-27} kg 등

이와 같이 지수를 사용함으로써 큰 수나 작은 수를 편하게 표현할 수 있다.

(3) 지수의 활용

특히, 차세대 신기술로 불리는 '나노기술(NT)'과 급속히 발전하고 있는 '정보기술(IT)'에서 지수가 활용되고 있다.

나노기술이란 10억분의 1 수준의 정밀도를 요구하는 극미세가공 과학기술을 말한다. 사람 몸 안에서 암세포를 제거하고 세균과 싸우는 나노로봇, 냄새까지 전

보충 **큰 수, 작은 수의 표시**

숫자(Decimal)	거듭제곱(10^n)	기호(Symbol)	읽는법(Prefix)
1,000,000,000,000,000	10^{15}	P	페타(peta)
1,000,000,000,000	10^{12}	T	테라(tera)
1,000,000,000	10^9	G	기가(giga)
1,000,000	10^6	M	메가(mega)
1,000	10^3	k	킬로(kilo)
1	10^0	-	-
0.001	10^{-3}	m	밀리(milli)
0.000 001	10^{-6}	μ	마이크로(micro)
0.000 000 001	10^{-9}	n	나노(nano)
0.000 000 000 001	10^{-12}	p	피코(pico)
0.000 000 000 000 001	10^{-15}	f	펨토(femto)

※ 동양(중국식)의 큰 수는 '일, 만, 억, 조, 경, 해, 자, 양, 구, 간, 정, 재, 극'으로 10^4(만)씩 차이가 난다. 즉, 억은 10^8, 해는 10^{20}, 극은 10^{48}을 의미한다.

달해 주는 TV 등을 개발하는 기술이다. 로봇이 얼마나 작기에 우리 몸속에서 활동하는 세균과 싸우는 걸까? 이런 작은 수를 지수가 표현하고 계산하는 것이다.

정보기술하면 컴퓨터를 빼 놓을 수 없다. 컴퓨터가 처리하는 정보의 기본 단위는 바이트(byte, B)이다. 컴퓨터 기억장치의 용량(정보량)을 나타낼 때, 킬로바이트(KB), 메가바이트(MB), 기가바이트(GB), 테라바이트(TB), 심지어는 페타바이트(PB)까지 사용하기도 한다. 이런 큰 수를 지수가 표현하고 계산하는 것이다.

$1\text{ KB} = 2^{10}\text{ B}$ $\quad 1\text{ MB} = 2^{10}\text{ KB}$ $\quad 1\text{ GB} = 2^{10}\text{ MB}$

$1\text{ TB} = 2^{10}\text{ GB}$ $\quad 1\text{ PB} = 2^{10}\text{ TB}$

① 나노기술(Nano Technology, NT) : 10억분의 1 수준의 정밀도를 요구하는 극미세가공 과학기술을 말하며, 10 억분의 1 m인 1 nm 크기에서 물질을 조작하는 기술로서 차세대 메모리와 태양전지, 치료용 약물 개발에 활용되고 있다.

② 정보기술(Information Technology, IT) : 조선 · 철강 · 자동차 · 섬유 등 기존의 제조업이 직접적인 유형 가치를 창출하는 데 중점을 두는 반면, 정보

기술은 컴퓨터・소프트웨어・인터넷・멀티미디어・경영혁신・행정쇄신 등 정보화 수단에 필요한 유형・무형기술을 아우르는, 즉 간접적인 가치 창출에 무게를 두는 새로운 개념의 기술이다.

③ 미래 유망신기술산업 6T : BT (Biology Technology, 생명공학분야), CT (Culture Technology, 문화관광 컨텐츠 분야), ET (Environment Technology, 환경공학분야), IT (Information Technology, 정보통신분야), NT (Nano Technology, 초정밀원자세계 분야), ST (Space Technology, 우주항공분야)

3) 로그란?

(1) 로그의 발견

지구의 질량, 우주의 별의 개수, 우주의 크기, 사하라 사막의 모래의 개수 등 아주 큰 수를 표시할 때나 전자의 질량, 중성자의 크기, 세포의 크기 등 아주 작은 수를 표시할 때 지수를 이용하면 편리하다는 것을 공부했다.

이제 이러한 아주 큰 수(작은 수)의 연산에 대해서 알아보자.

16세기는 천문학이 급속도로 발달된 시기이다. 이 때 별의 질량이나 지구에서 태양까지의 거리 등을 계산할 때, 계산의 복잡성 때문에 천문학자들이 많은 고통을 받았다. 이처럼 아주 큰 수들의 복잡한 연산을 쉽게 계산하기 위해서 고안된 것이 바로 로그이다. 즉, 복잡한 수를 곱하거나 나눌 때, 로그를 이용하게 되면 곱셈은 덧셈으로 나눗셈은 뺄셈으로 바꾸어 계산할 수 있다.

① 로그(Logarithm, log)

- 그리스어인 Logos (Ratio, 비율)와 Arithmos (Number, 수)를 결합하여 로그(Logarithm, Log)라는 단어를 만듦.
- Logarithm의 뜻은 비를 계산한 수이다.
- 16세기 영국의 천문학자 네이피어(J. Napier)에 의해 고안되었다.

(2) 로그의 이론적 배경

이를테면 다음 표와 같은 등비수열과 등차수열이 있을 때

등비수열	1	2	4	8	16	32	64	128	256	512	1024	2048	4096	8192	…
	2^0	2^1	2^2	2^3	2^4	2^5	2^6	2^7	2^8	2^9	2^{10}	2^{11}	2^{12}	2^{13}	…
등차수열	0	1	2	3	4	5	6	7	8	9	10	11	12	13	…

앞의 표에서 등차수열의 각 항은 그와 대응되는 등비수열의 항인 2의 지수와 일치한다.

$$8 = 2^3 \Leftrightarrow 3 \qquad 256 = 2^8 \Leftrightarrow 8$$

등비수열의 지수 = 등차수열의 항

(3) 로그의 정의

이를테면 $x^2 = 5$에서 x는 5의 제곱근이며, $x = \pm\sqrt{5}$라는 것은 지수에서 이미 배웠다. 그러면 $2^x = 5$에서 x는 어떻게 구할 것인가? 이것이 로그에서 다룰 내용이다. 즉, log(로그)라는 기호를 써서 $x = \log_2 5$로 나타내기로 약속한다.

$$2^x = 5 \quad \Leftrightarrow \quad x = \log_2 5$$

일반적으로 $a > 0$, $a \neq 1$일 때, 임의의 양수 b에 대하여 $a^x = b$를 만족시키는 실수 x는 오직 하나 존재한다. 이 실수 x를 a를 밑으로 하는 b의 로그라 하고, $\boldsymbol{x = \log_a b}$로 나타낸다. 이 때 b를 진수라 한다.

$$a > 0,\ a \neq 1,\ b > 0 \text{일 때}, \quad a^x = b \quad \Leftrightarrow \quad x = \log_a b$$

지수와 로그

요점

지수 진수

$a^x = b \quad \Leftrightarrow \quad x = \log_a b$

밑

$2^x = 5 \quad \Leftrightarrow \quad x = \log_2 5$

log의 조건

진수 b는 양수 진양

밑 a는 1이 아닌 양수

밑은 일이(이리) 아닌 양

보기 ▮ 다음 지수형식을 로그($x = \log_a b$)의 형태로 고치시오.

① $3^2 = 9$ ② $10^{-3} = 0.001$

③ $27^{\frac{1}{3}} = 3$ ④ $10^3 = 1000$

풀이 ▮ ① $2 = \log_3 9$ ② $-3 = \log_{10} 0.001$

③ $\dfrac{1}{3} = \log_{27} 3$ ④ $3 = \log_{10} 1000$

[요점] $a^x = b \quad \Leftrightarrow \quad x = \log_a b$

보기 ▮ 다음 로그형식을 지수($a^x = b$)의 형태로 고치시오.

① $0 = \log_5 1$ ② $3 = \log_3 27$

③ $-2 = \log_{10} 0.01$ ④ $2 = \log_{10} 100$

풀이 ▮ ① $5^0 = 1$ ② $3^3 = 27$

③ $10^{-2} = 0.01$ ④ $10^2 = 100$

4) 일상속의 지수, 로그

지수함수 · 로그함수는 많은 자연현상을 수학적으로 설명하는데 아주 유용하다. 이후에 나타나는 식들은 굳이 암기할 필요는 없고, "우리 실생활에서 지수와 로그가 많이 나타나는구나!"라는 정도로만 알아두면 될 것 같다. 그러면 일상생활에서 어떻게 활용되는지 알아보자.

(1) 복리법과 지수함수

은행에서 이자를 주는 방법은 단리법과 복리법이 있다. 단리법은 원금에 대한 이자만 계산하는 방식이고, 복리법은 이전의 이자를 원금에 가산한 합계액에 대한 이자를 계산하는 방식이다. 예를 들어, 100원의 돈을 예금했을 때, 1년 후에 이자율이 10%일 경우 단리법과 복리법으로 계산하면 다음과 같다.

	원금	1년 후	2년 후	3년 후	4년 후	5년 후	…	10년 후	…	20년 후	…	40년 후
단리법	100	110	120	130	140	150	…	200	…	300	…	500
복리법	100	110	121	133	146	161	…	259	…	673	…	4,526

원금을 $a(=100)$, 이자율을 $r(=10\%)$, 기간을 n(=1년, 2년 등)이라 하면, 단리법에 대한 원리합계는 $S = a(1+rn)$, 복리법에 대한 원리합계는 $S = a(1+r)^n$로 나타내어진다. 이것을 그림으로 나타내면 그림 4.1.1과 같다. 즉, 단리법은 직선적으로 증가하는데 반해, 복리법은 기하급수적으로 증가(지수적 증가)하는 것을 볼 수 있다.

(2) 현수선과 지수함수

현수선은 굵기와 무게가 균일한 밧줄의 양끝을 같은 높이의 두 위치에 고정시켰을 때, 그 사이에서 밧줄이 처진 것 같은 모양의 곡선이다. 이것은 중력에 의해서 생기는 것으로, 포물선과 비슷하지만 2차 곡선은 아니며, 다음과 같은 식으로 표현된다.

$$\text{현수선} \quad \Rightarrow \quad y = \frac{a}{2}\left(e^{\frac{x}{a}} + e^{-\frac{x}{a}}\right)$$

현수선을 그래프로 나타내면 그림 4.1.2와 같으며, 실생활에서의 현수교는 그림 4.1.3에 나타내었다.

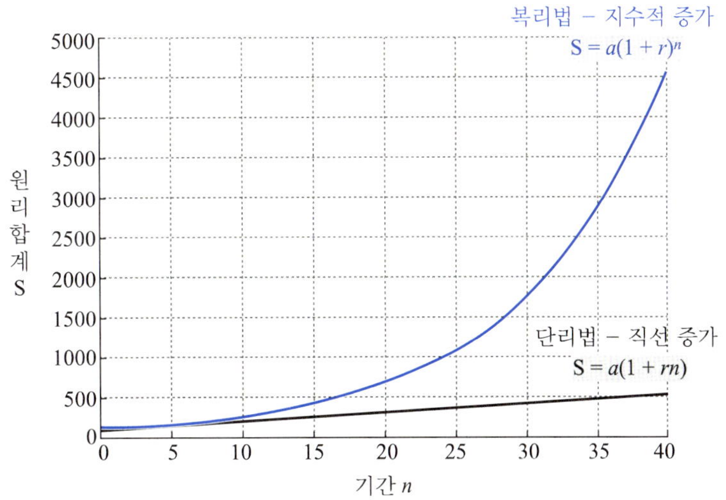

그림 4.1.1 지수함수

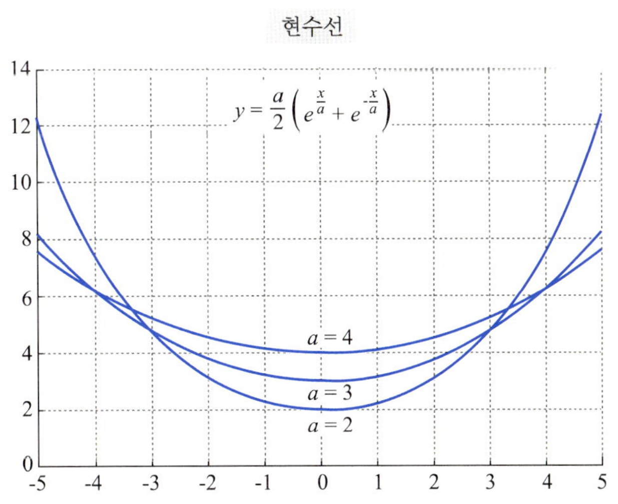

그림 4.1.2 현수선

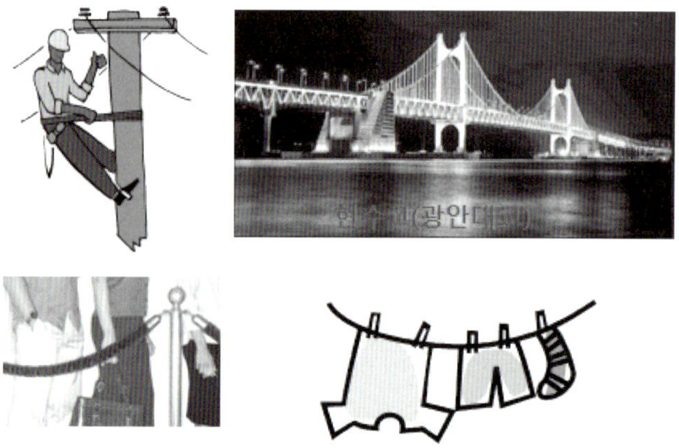

그림 4.1.3 현수선의 예

(3) 반감기와 지수함수

반감기(半減期, Half life)란 어떤 특정 방사성 핵종(核種)의 원자수가 방사성 붕괴에 의해서, 원래의 수의 반으로 줄어드는 데 걸리는 시간을 말하는데, 지수의 형태로 나타나며 고고학 등에서 많이 이용된다. 반감기는 핵종에 따라 고유한 값을 가지기 때문에, 암석의 연대를 측정할 때 주로 이용한다.

이를테면, 공룡의 뼈 속 C^{14}와 C^{12}의 비를 측정하면 공룡이 살았던 시기를 알 수 있다. 공기 중의 C^{14}대 C^{12}의 비는 일정하다. 모든 식물과 동물은 살아있는 동안 호흡을 하므로 동일한 비율을 유지한다. 그런데 생물이 죽게 되면 탄소의 공급이 중단된다. 이때, C^{14}는 방사성 동위원소여서 스스로 붕괴하지만 C^{12}는 그대로 있게 된다. 따라서 시간이 흐르게 되면 C^{14}대 C^{12}의 비가 감소하게 된다. 이러한 감소는 지수적으로 감소하게 되는데, 이로부터 뼈의 나이를 알 수 있다.

(4) 냉각법칙과 지수함수

이를테면, 뜨거운 커피가 식을 때 처음에는 빠른 속도로 식어가다가 어느 정도 시간이 지나 대기 온도에 가까워지면 서서히 식게 되는데, 이를 뉴턴의 냉각법칙이라 한다.

어떤 물체의 처음 온도를 T_0, t분 지난 후의 온도를 T, 주위의 온도를 T_s라 할 때, 시간 t와 온도 T사이의 관계는 다음과 같다.

뉴턴의 냉각법칙 ⇨ $$T - T_s = (T_0 - T_s)e^{-kt}$$

이 냉각법칙을 이용하면 뜨거운 커피가 언제쯤 몇 도까지 식는지 알아낼 수 있다. 물론 이것을 계산하기 위해서는 로그를 알아야 한다. 지수와 로그는 불가분의 관계라는 것은 이미 알고 있다.

또한, 냉각법칙을 이용하여 죽은 사람의 죽은 시간도 추정할 수도 있다.

(5) 베버의 법칙과 로그함수

이를테면, 조용한 교실에서는 작게 이야기해도 잘 들을 수 있다. 하지만, 시끄러운 시장이나 지하철에서는 목소리를 크게 해야 이야기를 들을 수 있다. 즉, 처음 자극의 세기가 작으면 작은 변화도 감지할 수 있지만, 처음 자극의 세기가 크면 변화도 커야 느낄 수 있게 된다. 이를 베버의 법칙이라 한다.

우리의 실생활에서 베버의 법칙은 많이 찾아 볼 수 있다. 처음에 꿀을 먹고 과일을 먹으면 맛이 없게 느껴지며, 환한 낮에는 네온사인이 밝게 느껴지지 않지만 밤에는 휘황찬란하게 느껴지는 것 등이 그 예이다.

이 베버의 법칙을 식으로 표현하면, 로그함수가 된다. 페히너는 베버의 법칙에 바탕을 두고 베버－페히너의 법칙을 유도하였다. 즉, "감각의 양은 그 감각이 일어나게 한 자극의 물리적인 양의 로그에 비례한다"이다. 감각 S와 자극 I사이의 관계는 다음과 같은 로그의 관계가 있다는 것이다.

베버－페히너의 법칙 ⇨ $\mathrm{S} = k\log\mathrm{I}$

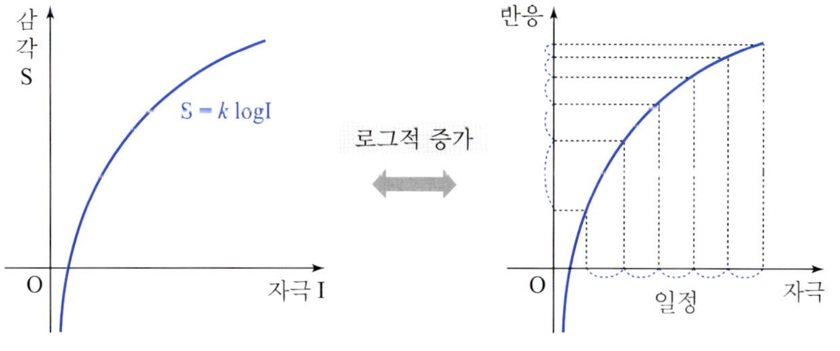

그림 4.1.4 로그함수

지수에서 배운 지수적 증가(기하급수적 증가)는 증가하는 폭이 커지는 반면, 위의 그림에서 보면 자극은 일정한데 반응의 폭은 증가하는 폭이 작아진다. 이와 같은 증가를 로그적 증가라 한다.

이 베버의 법칙은 다음에 설명하는 우리주변의 로그함수에서 많이 활용된다.

(6) 우리 주변의 로그함수

① 별의 밝기 : 등급(등성)

등급(等級, Magnitude)이란 별의 밝기 단위로서 그리스시대 눈으로 보아 가장 밝은 별을 1등성, 가장 어두운 별을 6등성으로 5단계를 나눈 것인데, 후에 1등급 차이 밝기는 약 2.5배가 되는 것이 밝혀졌다. 오늘날에는 천구 북극 근처의 기준 별로 밝기를 비교하거나 포그슨 방정식을 이용하여 정량적으로 계산한다. 즉, 별의 등급 m과 별의 밝기 I 사이의 관계는 다음과 같다.

포그슨의 공식 ⇨ $m = -\frac{5}{2}\log \mathrm{I} + \mathrm{C}$ (C는 상수)

② 지진의 강도 : 규모

지진의 강도를 나타내는 척도에는 진도와 규모가 있는데, 보다 정량적으로 평가하는 수단이 바로 규모(리히터 규모 : Richter magnitude)이다. 진폭 A (μm)인 지진의 강도 M은 다음과 같다.

리히터 규모 ⇨ $\mathrm{M} = \log \mathrm{A} - \log \mathrm{A}_0$

에너지(지진 피해의 중요한 척도) ⇨ $\log \mathrm{E} = 4.8 + 1.5\mathrm{M}$

예를 들어, 규모 7은 규모 6보다 10배(에너지면에서는 32배) 크다. 또한 규모 9는 규모 1보다 10^8, 즉 1억배(에너지면에서는 32^8) 크다. 이와 같이 엄청난 차이를 수학적 편이를 위해 로그를 이용하여 간단하게 표현하는 것이다.

③ 소리의 크기 : 데시벨(dB)

소리의 세기는 오실로스코프와 같은 기구를 이용해서 객관적으로 측정 가능하다. 반면 소리의 감각적인 크기는 귀를 통해 뇌에서 느끼는 생리적인 감각이므로 사람마다 다르게 받아들인다. 그래서 기준음(표준음)을 잡고 그에 비해 얼마나 더 큰가를 소리의 크기로 정한다. 일반적으로 사람이 느끼는 소리의 크기는 세기(강도)의 상용로그 값에 비례한다. 표준음(0 dB)의 세기를 I_0라 할 때, 강도 I인 소리의 데시벨 L은 다음과 같다.

데시벨 ⇨ $\mathrm{L} = 10\log\frac{\mathrm{I}}{\mathrm{I}_0}$

그러므로 정상적인 귀로 들을 수 있는 가장 작은 소리의 크기인 0 dB을 기준으로 10 dB씩 증가하는 경우 소리의 세기는 10배씩 강해진다. 20 dB의 소리는 10 dB의 소리보다 2배가 아니라 10배 강한 소리이고, 0 dB의 소리보다는 10배의 10배, 즉 100배 강하다. 또한, 60 dB의 소리는 20 dB의 소리에 비해 세기가 10^4배 즉, 10,000배 강한 것이다.

④ 산성도 : 수소이온농도(pH)

대기 오염의 결과로 산성비가 내리고, 토양이 산성화되고 있다는 소식을 종종 듣는데, 이때 'pH 4.5', 'pH 5.2'와 같은 수치를 접하게 된다. 또 비누 선전에도 pH가 등장한다. 이런 수치는 용액 속의 수소이온농도를 측정해서 얻는다. 그런데 수소이온농도는 용액에 따라 대단히 큰 차이를 보이기 때문에, 이를 상용로그를 이용해서 수소이온 지수(pH)로 바꾸어 0부터 14까지의 수로 나타낸다.

수소이온농도 ⇨ $pH = -\log[H^+]$

여기서, $[H^+]$는 1 L의 용액 속에 있는 수소 이온의 그램 이온수를 말한다. 만약 수용액 중에 수소 이온이 1.0×10^{-7} g 있다면 이때의 pH는 7인 중성이다. 수소 이온이 많아질수록 용액은 산성에 가까워지며, 폐수처리를 할 경우나 중화·응집 등 화학적 처리를 할 때 중요한 구실을 한다.

4.1.6 삼각함수

1) 호도법

(1) 각도를 표현하는 방법

60분법 : 30°, 45°, 90°등 (실용적인 측면에서 사용)

호도법 : $\frac{\pi}{6}$, $\frac{\pi}{3}$, $\frac{\pi}{2}$ 등 (이론적인 측면에서 사용)

(2) 호도법

다음 그림과 같이 세 경우의 ∠AOB는 모두 같다.

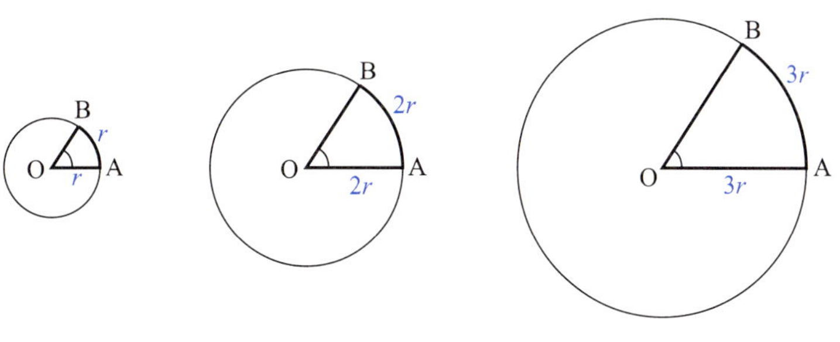

즉, 원호 위에 반지름 크기만큼 호를 잡을 때, ∠AOB는 반지름에 관계없이

항상 일정하다. 이 때 ∠AOB를 1호도(Radian)라 한다.

정의 1호도(Radian) ⇨ 반지름 크기의 호에 해당하는 각도(반지름의 크기에 관계없이 일정)

(3) 호도법과 60분법과의 관계

다음 그림에서 반원의 둘레는 πr이므로,

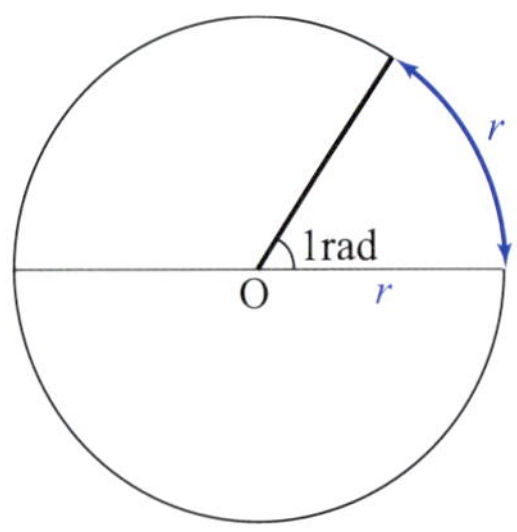

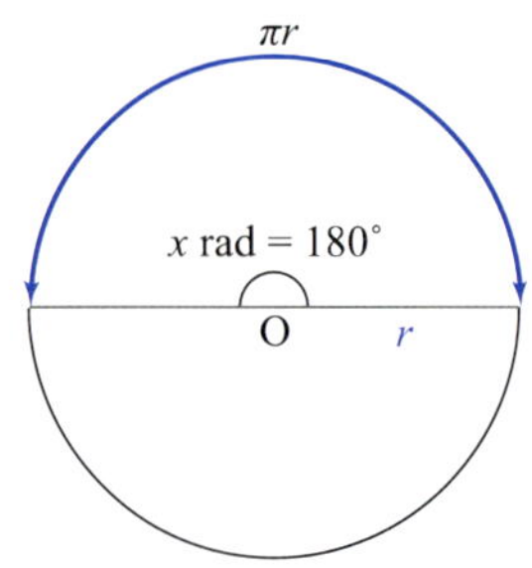

$r : 1(\text{rad}) = \pi r : x(\text{rad})$

$\therefore\ x(\text{rad}) = \pi(\text{rad}) = 180^\circ$

정의 $\pi\ \text{rad} = 180^\circ$ ⇨ $\begin{cases} 1\ rad = \dfrac{180^\circ}{\pi} \fallingdotseq 57^\circ 17' 45'' \\ 1^\circ = \dfrac{\pi}{180} rad \fallingdotseq 0.01745\ \text{rad} \end{cases}$

※ 호도법(弧度法, Radian) : 호도(Radian)를 단위로 하는 각의 측정법으로 주로 이론상의 연구에 사용된다. 라디안법이라고도 한다.

보기 ▌ 다음 각을 60분법은 호도법으로, 호도법은 60분법으로 고치시오.

① 45° ② 105° ③ $\frac{\pi}{3}$ rad ④ 5 rad

풀이 ▌ ① $45^\circ = \dfrac{\pi}{180} \times 45 = \dfrac{\pi}{4}(\text{rad})$

② $105^\circ = \dfrac{\pi}{180} \times 105 = \dfrac{7\pi}{12}(\text{rad})$

③ $\dfrac{\pi}{3}\text{rad} = \dfrac{180^\circ}{\pi} \times \dfrac{\pi}{3} = 60^\circ$

④ $5\text{rad} = \dfrac{180^\circ}{\pi} \times 5 = \dfrac{900^\circ}{\pi}$

---

(4) 부채꼴의 호의 길이와 넓이

호도법을 이용하면 부채꼴의 호의 길이와 넓이에 관한 공식을 쉽게 유도할 수 있다. 다음 그림과 같이 반지름 r, 중심각 θ(rad)인 부채꼴의 호의 길이를 l, 넓이를 S라 하면, 다음과 같은 비례관계가 성립한다.

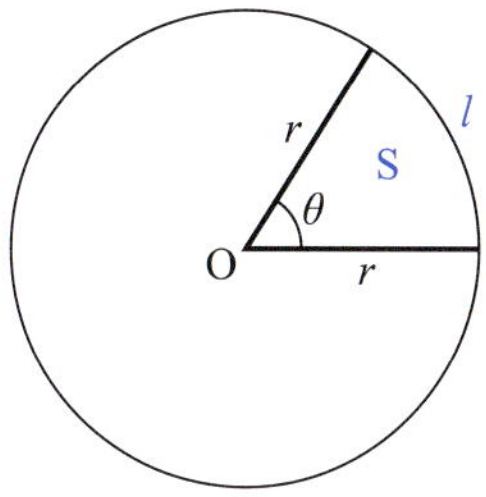

요점

$$\theta : l = 2\pi : 2\pi r \qquad \therefore\ l = r\theta$$

$$\theta : \mathrm{S} = 2\pi : \pi \mathrm{r}^2 \qquad \therefore\ \mathrm{S} = \frac{1}{2}r^2\theta = \frac{1}{2}rl$$

2) 삼각비

(1) 삼각비의 정의

$\angle C = 90°$, $\angle A = \theta$인 직각삼각형 ABC에서 θ가 일정하면 변의 길이에 관계없이 변의 비율들이 일정하게 된다. 이 일정한 비율을 다음과 같이 정의한다.

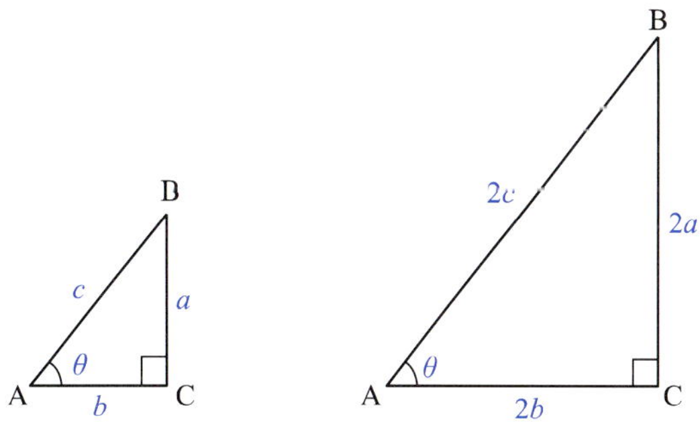

정의

$$\sin\theta = \frac{a}{c} = \frac{\text{먼 변}}{\text{빗변}}$$

$$\cos\theta = \frac{b}{c} = \frac{\text{가까운 변}}{\text{빗변}}$$

$$\tan\theta = \frac{a}{b} = \frac{\text{먼 변}}{\text{가까운 변}}$$

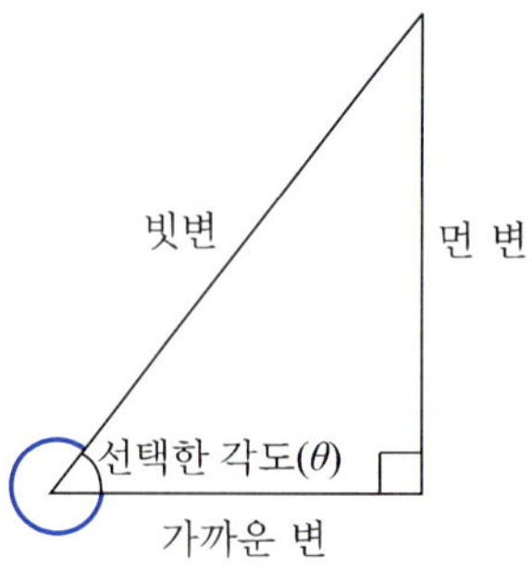

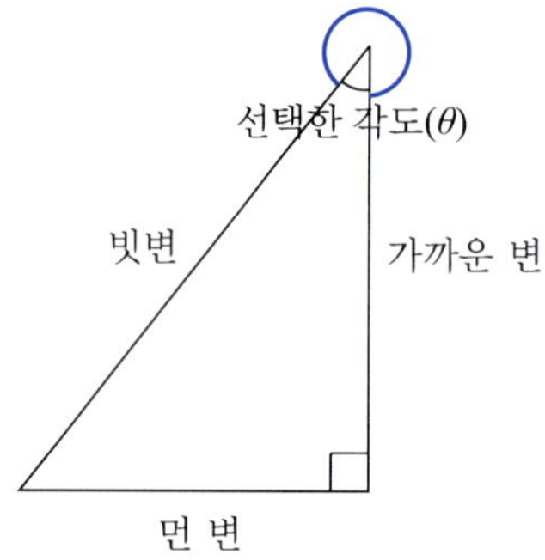

① 변의 정의

- 빗변 : 직각삼각형에서 직각에 대한 변, 비스듬히 기울어진 변
- 가까운 변 : 선택한 각도(θ)를 중심으로 가까이 있는 떨어진 변
- 먼 변 : 선택한 각도(θ)를 중심으로 멀리 떨어진 변

② 삼각비

- Sin : 먼 변/빗변으로 정의되며, 직각삼각형에서 빗변을 끼고 영어 필기체 소문자 s(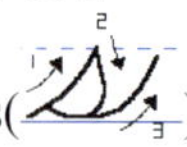)를 취하면 된다.
- Cos : 가까운 변/빗변으로 정의되며, 직각삼각형에서 빗변을 끼고 영어 알파벳 c를 취하면 된다.
- Tan : 먼 변/가까운 변으로 정의되며, 직각삼각형에서 빗변을 끼지 않고, 영어 필기체 소문자 t(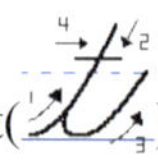)를 취하면 된다.

(2) 특수각의 삼각비

다음 그림과 같이 정삼각형, 정사각형을 이용하면, 특수각(30°, 45°, 60°)에 대한 삼각비의 값을 쉽게 구할 수 있다.

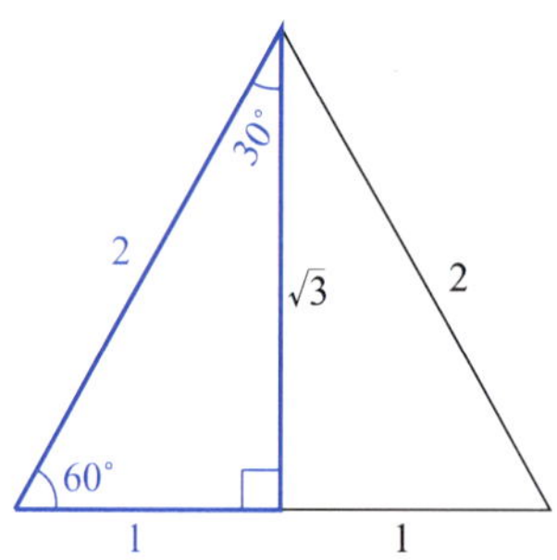

한 변의 길이가 2인 정삼각형

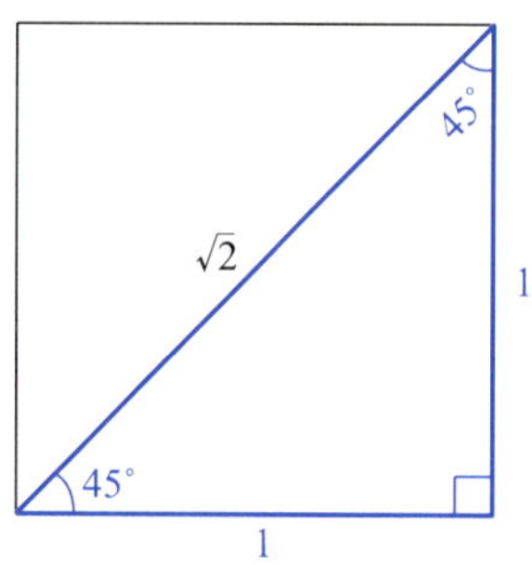

한 변의 길이가 1인 정사각형

θ	30°	45°	60°
$\sin\theta$	$\frac{1}{2}$	$\frac{1}{\sqrt{2}}$	$\frac{\sqrt{3}}{2}$
$\cos\theta$	$\frac{\sqrt{3}}{2}$	$\frac{1}{\sqrt{2}}$	$\frac{1}{2}$
$\tan\theta$	$\frac{1}{\sqrt{3}}$	1	$\sqrt{3}$

① 전공속의 삼각함수

- 거리 측량, 각 측량 및 역학에서 힘의 합성, 분해

4.1.7 미분

1) 미분이란?

(1) 미분이란?

세상의 모든 것은 변화한다. 크기도 변하고, 모양도 변하고, 심지어 가치관 및 사상도 변한다. 이러한 변화 가운데 변화가 큰 것도 있고, 작은 것도 있다. 이 변화하는 비율(변화율)을 알아내는 수학적 도구가 미분인 것이다.

미분은 세상의 모든 것이 변화하는데 도대체 "어떻게 변화하나?" 또는 "얼마만큼 변화하나?"를 알기 위한 수단이다.

요점　미분 = (순간)변화율미분 = (순간)변화율

(2) 평균변화율

x가 a에서 b까지 변할 때, 함수 $f(x)$는 $f(a)$에서 $f(b)$까지 변한다. 이 때, 변화의 비율을 평균변화율이라고 한다.

정의　평균변화율 ⇨ $\dfrac{\Delta y}{\Delta x} = \dfrac{f(b)-f(a)}{b-a}$

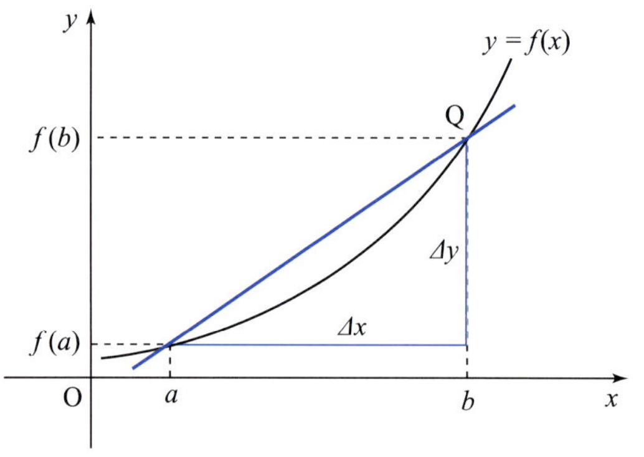

또한, 위의 그림에서 $b = a + \Delta x$이므로 b를 위의 식에 대입하면, 평균변화율은 $\dfrac{\Delta y}{\Delta x} = \dfrac{f(a+\Delta x) - f(a)}{\Delta x}$와 같이 구할 수도 있으며, 평균변화율의 기하학적 의미는 직선 PQ의 기울기를 의미한다.

요점 평균변화율의 기하학적 의미 ⇨ 직선 PQ의 기울기

보기 ▮ 다음 각 함수의 지정된 구간에서의 평균변화율을 구하시오.

① $f(x) = 3x + 1$, $[2, 5]$

② $f(x) = \sqrt{x}$, $[1, 4]$

③ $f(x) = x^3 + 4$, $[2, 3]$

④ $f(x) = x^2$, $[a, b]$

풀이 ▮ 함수 $y = f(x)$의 구간 $[a, b]$에서의 평균변화율은 다음과 같다.

[요점] $\dfrac{\Delta y}{\Delta x} = \dfrac{f(b) - f(a)}{b - a}$

① $\dfrac{\Delta y}{\Delta x} = \dfrac{f(b) - f(a)}{b - a} = \dfrac{f(5) - f(2)}{5 - 2} = \dfrac{(3 \times 5 + 1) - (3 \times 2 + 1)}{3} = 3$

② $\dfrac{\Delta y}{\Delta x} = \dfrac{f(b) - f(a)}{b - a} = \dfrac{f(4) - f(1)}{4 - 1} = \dfrac{\sqrt{4} - \sqrt{1}}{3} = \dfrac{1}{3}$

③ $\dfrac{\Delta y}{\Delta x} = \dfrac{f(b) - f(a)}{b - a} = \dfrac{f(3) - f(2)}{3 - 2} = \dfrac{(3^3 + 4) - (2^3 + 4)}{1} = 19$

④ $\dfrac{\Delta y}{\Delta x} = \dfrac{f(b) - f(a)}{b - a} = \dfrac{b^2 - a^2}{b - a} = \dfrac{(b+a)(b-a)}{b - a} = b + a$

---

(3) 순간변화율(미분계수)

평균변화율에서 $\Delta x \to 0\,(b \to a)$일 때의 극한 값을 a점에서의 순간변화율(변화율) 또는 미분계수라고 한다.

정의

순간변화율(미분계수)

$$\Rightarrow \lim_{\Delta x \to 0} \frac{\Delta y}{\Delta x} = \lim_{\Delta x \to 0} \frac{f(a+\Delta x)-f(a)}{\Delta x} = \lim_{b \to a} \frac{f(b)-f(a)}{b-a}$$

① 순간변화율 : 평균변화율에서 분모의 크기가 매우 작을 때를 말하며, 간단히 변화율이라고 한다.

② 극한(極限, Limit) : 어떤 양이 일정한 규칙에 따라 어떤 일정한 값에 한없이 가까워지는 일. lim는 '리미트(Limit)'라고 읽는다.

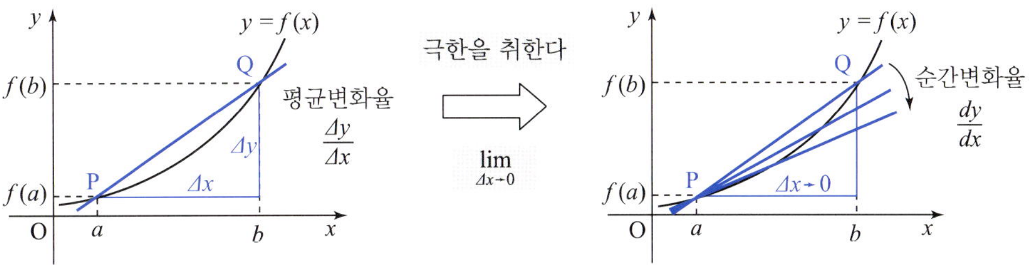

요점

변화율(미분계수)의 기하학적 의미

$\Rightarrow$ 점 P($x=a$인 점)에서의 접선의 기울기

(4) 미분계수 표시방법

변화율, 즉 미분계수를 다음과 같은 표시방법 중 하나로 나타낸다.

표시법

미분계수 표시방법 $\Rightarrow$ $f'(a)$, $y'_{x=a}$, $\left[\dfrac{dy}{dx}\right]_{x=a}$

(a점에서의 미분계수)

(5) $\dfrac{\Delta y}{\Delta x}$ vs. $\dfrac{dy}{dx}$

$\dfrac{\Delta y}{\Delta x}$은 평균변화(큰변화)를 나타내며, $\dfrac{dy}{dx}$은 순간변화(작은변화)를 나타낸다.

즉, Δ와 d는 '차이'를 나타내는 영어 'Difference'의 첫 자(d)의 대문자와 소문자를 의미한다.

$\dfrac{\Delta y}{\Delta x}$	대문자(Δ) → 큰변화	평균변화율	$\therefore \lim_{\Delta x \to 0} \dfrac{\Delta y}{\Delta x} \equiv \dfrac{dy}{dx}$
$\dfrac{dy}{dx}$	소문자(d) → 작은변화	순간변화율	(큰변화 → 순간변화)

보기 ▮ 다음 각 함수의 $x=1$에서의 미분계수를 구하시오.

① $y=x^2+1$　　② $y=x^2-3x$

③ $y=\sqrt{x}$　　④ $y=\dfrac{1}{x}$

풀이 ▮ 미분계수의 정의에 따라 구한다. 즉, 함수 $y=f(x)$의 $x=1$에서의 미분계수는 다음과 같다.

[요점] $\left[\dfrac{dy}{dx}\right]_{x=1} = \lim_{\Delta x \to 0} \dfrac{f(1+\Delta x)-f(1)}{\Delta x}$

① $$\left[\frac{dy}{dx}\right]_{x=1} = \lim_{\Delta x \to 0} \frac{f(1+\Delta x)-f(1)}{\Delta x} = \lim_{\Delta x \to 0} \frac{\{(1+\Delta x)^2+1\}-\{1^2+1\}}{\Delta x} = \lim_{\Delta x \to 0} \frac{2\Delta x+(\Delta x)^2}{\Delta x} = \lim_{\Delta x \to 0}(2+\Delta x)=2$$

② $$\left[\frac{dy}{dx}\right]_{x=1} = \lim_{\Delta x \to 0} \frac{f(1+\Delta x)-f(1)}{\Delta x} = \lim_{\Delta x \to 0} \frac{\{(1+\Delta x)^2-3(1+\Delta x)\}-\{1^2-3\cdot 1\}}{\Delta x} = \lim_{\Delta x \to 0} \frac{-\Delta x+(\Delta x)^2}{\Delta x} = \lim_{\Delta x \to 0}(-1+\Delta x)=-1$$

③ $$\left[\frac{dy}{dx}\right]_{x=1} = \lim_{\Delta x \to 0} \frac{f(1+\Delta x)-f(1)}{\Delta x} = \lim_{\Delta x \to 0} \frac{\sqrt{1+\Delta x}-\sqrt{1}}{\Delta x} = \lim_{\Delta x \to 0} \frac{(\sqrt{1+\Delta x}-\sqrt{1})(\sqrt{1+\Delta x}+\sqrt{1})}{\Delta x(\sqrt{1+\Delta x}+\sqrt{1})} = \lim_{\Delta x \to 0} \frac{\Delta x}{\Delta x(\sqrt{1+\Delta x}+\sqrt{1})} = \lim_{\Delta x \to 0} \frac{1}{\sqrt{1+\Delta x}+\sqrt{1}} = \frac{1}{2}$$

④ $$\left[\frac{dy}{dx}\right]_{x=1} = \lim_{\Delta x \to 0} \frac{f(1+\Delta x)-f(1)}{\Delta x} = \lim_{\Delta x \to 0} \frac{\frac{1}{1+\Delta x}-\frac{1}{1}}{\Delta x}$$
$$= \lim_{\Delta x \to 0} \frac{-1}{1+\Delta x} = -1$$

---

① 미분계수의 이해

$$\lim_{■ \to ●} \frac{f(■)-f(●)}{■-●} = f'(●)$$

$$\lim_{■ \to 0} \frac{f(●+■)-f(●)}{■} = f'(●)$$

⇒ ■는 ■끼리, ●는 ●끼리 서로 같아야 한다.

2) 미분을 배우는 이유

대부분의 물리현상을 미분방정식으로 표현된다.

미분을 이용하여 최대, 최솟값을 구할 수 있다. 최대, 최솟값은 설계에서 매우 중요하다.

(1) 미분(微分, Differential)

미분(微分)의 한자의 뜻은 "작을 미, 나눌 분"의 뜻으로, 아주 작게 나눈다는 의미이다.

매우 작은 변화율 = 순간변화율

(2) 생활 속의 미분

- 과속 단속 카메라의 원리
- 인터넷 속도
- 등산할 때 산의 경사도
- 도로의 경사 등

(3) 전공 속의 미분

- 패러데이의 전자기 유도 법칙

3) 도함수

(1) 도함수의 정의

- 함 수 : $x \to f(x)$ (x에서 $f(x)$로의 함수, 1 : 1 대응)
- 도함수 : $x \to f'(x)$ (x에서 $f'(x)$로의 함수, 1 : 1 대응)

요점 (원래) 함수
: $y = f(x)$
파생된 함수
: $y = f'(x)$

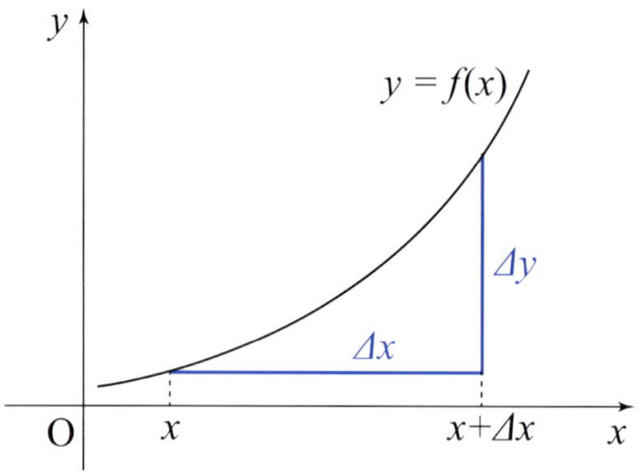

정의 도함수 ⇨ $f'(x) = \lim\limits_{\Delta x \to 0} \dfrac{\Delta y}{\Delta x} = \lim\limits_{\Delta x \to 0} \dfrac{f(x+\Delta x) - f(x)}{\Delta x}$

(임의의 점에서의 미분계수들의 집합)

요점 도함수의 기하학적 의미 ⇨ 임의의 점에서의 접선의 기울기

(2) 도함수의 표시방법

도함수를 다음과 같은 표시방법 중 하나로 나타낸다.

표시법 도함수 표시방법 ⇨ y', $f'(x)$, $\dfrac{dy}{dx}$, $\dfrac{df(x)}{dx}$, $\dfrac{d}{dx}f(x)$

※ 도함수(導函數, Derivative) : 도함수는 원래 함수에서 유도된 또는 파생된 함수라는 뜻으로 미분계수 $f'(a)$들의 집합이다. 즉, 미분계수 $f'(a)$에서 a 대신 x를 대입한 것

4.1.8 적분

1) 적분이란?

우선, 적분의 개괄적 개념에 대해서 설명하고자 한다.

미분은 국소적인 변화를 다루는 반면, 적분은 국소적인 양의 집적(集積)을 다룬다. 역사적으로 미분과 적분은 별개의 분야로 출발하였다. 즉, 미분은 곡선의 접선문제로, 적분은 면적문제로부터 출발하였다. 이후 적분값을 나타내는 함수가 역도함수와 같다는 것이 미적분학의 기본정리를 통해 증명되면서 미적분학으로 발전하였다.

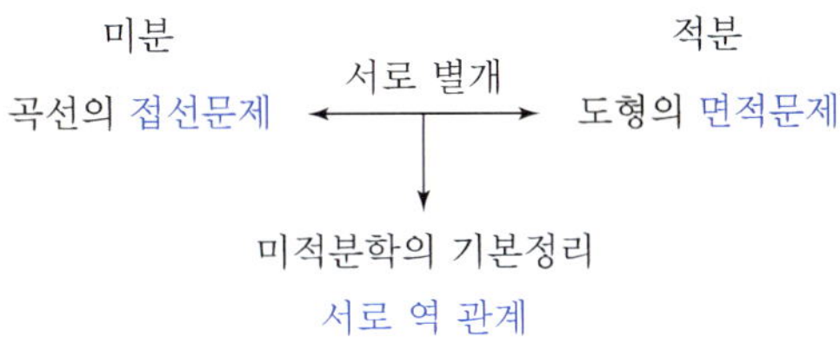

(1) 적분의 원리(원의 넓이)

이를테면, 다음 그림과 같이 반지름 r인 원에 정사각형, 정팔각형, 정십이각형을 내접해 보면, 정사각형을 내접시킬 때보다 정팔각형을 내접시킬 때의 정다각형의 넓이가 원의 넓이에 더 가깝다는 사실을 알 수 있다.

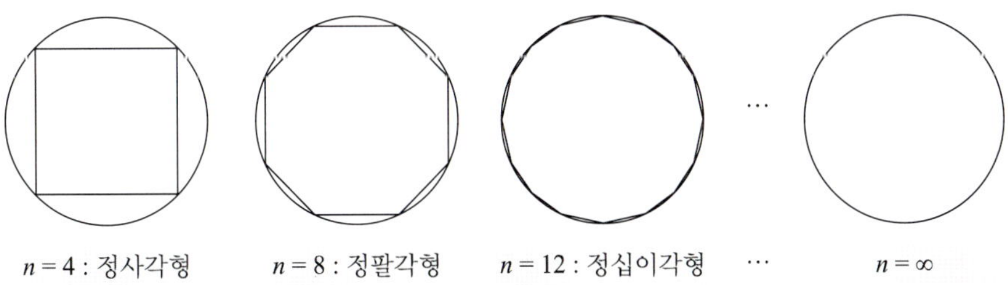

이와 같이 내접되는 정다각형의 변수가 크면 클수록 그 넓이가 원의 넓이에 더욱 더 가까워진다는 것을 쉽게 알 수 있다. 즉, 정다각형의 변수를 무한히 크게 했을 때의 극한값이 원의 넓이가 된다.

다음 그림에서 정n각형의 넓이를 S_n이라 하면

$$S_n = \triangle OAB \times n = \frac{1}{2} AB \times h \times n = \frac{1}{2} h \times n \times AB$$

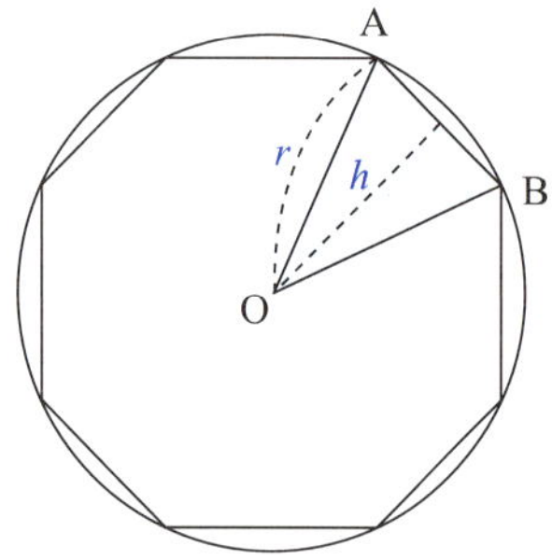

여기서, 정n각형의 둘레를 l_n이라 하면

$$n \times AB = l_n$$

$$\therefore\ S_n = \frac{1}{2} h l_n$$

여기에서 $n \to \infty$의 극한을 취하면

$n \to \infty$ 일 때 ⇨ $l_n \to 2\pi r,\ h \to r$

이므로, 원의 넓이 S은 다음과 같다.

$$S = \lim_{n \to \infty} S_n = \lim_{n \to \infty} \frac{1}{2} h l_n = \frac{1}{2} r 2\pi r = \pi r^2$$

같은 생각으로 입체의 부피도 구할 수 있다. 이와 같은 방법을 구분구적법이라 한다.

구분구적법

① 충분히 작은 n개의 기본도형으로 세분

② 근사값 : n개의 기본도형의 넓이

③ 정확한 값 : $n \to \infty$일 때의 극한

2) 적분을 배우는 이유

옛 농경사회뿐만 아니라 현재에 있어서도 밭(토지)의 크기, 즉 밭(토지)의 넓이(부피)를 재는 일은 매우 중요하다.

적분은 미분과의 불가분의 관계에 있으며, 미분의 역연산(逆演算)이다.

① 적분

적분(積分)의 한자 의미는 '쌓다', '모으다'의 뜻을 가진 積(적), '나누다', '부분'이란 뜻의 分(분)의 합성어이다. 즉, 積分은 '나눈 부분을 모으는 것' 또는 '무수하게 많은 조각들을 더하는 것'으로 풀이된다.

② 전공 속의 적분

건설공사 시 흙의 양 계산 등

3) 부정적분

(1) 부정적분의 정의

면적을 구하는 방법은 뒤에서 자세히 다루기로 하고, 우선 적분의 정의에 알아보자. 이를테면 「7장 미분」에서 x^4의 도함수를 구하면 $4x^3$이 되고, 이것을 다음과 같이 표현하였다.

x^4의 도함수는 $4x^3$이다. 또는 x^4을 미분하면 $4x^3$이다.

$$(x^4)' = 4x^3 \quad \text{또는} \quad \frac{d}{dx}x^4 = 4x^3$$

위의 미분개념을 역으로 생각하면, 도함수가 $4x^3$일 때, 원래의 함수는 x^4임을 알 수 있다. 이것을

$4x^3$의 원시함수(원래함수)는 x^4이다. 또는 $4x^3$의 부정적분은 x^4이다.

라고 말한다. 그런데, 미분의 정의에 의해서

$$x^4 - 2,\ x^4 - 1,\ x^4 + 1,\ x^4 + 1,\ \cdots$$

등의 도함수도 모두 $4x^3$이기 때문에, $4x^3$의 원시함수를 x^4만이라고 말할 수 없다. 그러나 이들 사이에는 상수만큼의 차이밖에 없기 때문에, C를 임의의 상수라 할 때,

일반적으로 $4x^3$의 원시함수는 $x^4 + \mathrm{C}$이다.

라고 말하는 것이 보다 정확하게 말하는 것임을 알 수 있다.

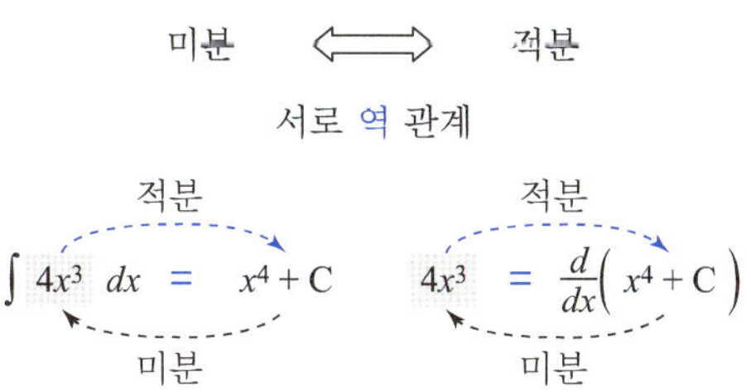

이와 같은 말을 다음과 같이 나타내기로 약속한다.

$$\int 4x^3\,dx = x^4 + \mathrm{C}$$

또한, 위에서처럼 어떤 함수의 원시함수는 상수 C에 따라서 무수하게 많이 존

재한다. 이와 같이 확실하게 하나의 값으로 정해지지 않은 의미에서 '부정(不定)'이라는 말을 써서 부정적분이라 한다.

일반적으로 함수 $f(x)$가 주어져 있을 때, $F'(x)=f(x)$인 함수 $F(x)$를 $f(x)$의 원시함수(부정적분)이라 할 때, 다음과 같다.

요점

$$F'(x)=f(x) \Leftrightarrow \int f(x)dx = F(x)+C$$

여기서, C를 적분상수, 함수 $f(x)$를 피적분함수, x를 적분변수라 한다.

보기 ▌ 다음 등식을 만족시키는 함수 $f(x)$ 또는 $F(x)$를 구하시오.

① $\int f(x)dx = -x^3+2x^2+2010$

② $\int (x-1)f(x)dx = x^3-3x+C$

풀이 ▌ 부정적분의 정의를 이용한다.

① 양변을 미분하면 $f(x)=-3x^2+4x$

② 양변을 미분하면 $(x-1)f(x)=3x^2-3=3(x+1)(x-1)$ 이므로, $f(x)=3(x+1)$

---

(2) 부정적분과 도함수

성질

① $\dfrac{d}{dx}\left\{\int f(x)dx\right\}=f(x)$ 적분 → 미분 : 원래의 식

② $\int\left\{\dfrac{d}{dx}f(x)\right\}dx = f(x)+C$ 미분 → 적분 : 원래의 식 + C

4) 정적분

(1) 정적분의 정의

앞에서 공부한 구분구적법을 좀 더 일반적으로 생각해 보기로 하자.

이를테면 곡선 $y=f(x)$와 x축 및 두 직선 $x=a$, $x=b$로 둘러싸인 도형의 넓이 S를 구해보자.

폐구간 $[a, b]$을 n등분한 각 분점을

$$x_0(=a),\ x_1,\ x_2,\ \cdots,\ x_{n-1},\ x_n(=b)$$

라 하자. 아래 그림과 같이 2가지 경우(①, ②)로 직사각형을 만들 수 있다. 그 합을 각각 S_n, $S_n{}'$라 하자. 직사각형의 넓이는 밑변×높이이므로, 밑변과 높이를 구하면 다음과 같다.

$$\text{밑변 : 등간격 } \Delta x = \frac{b-a}{n}$$

$$\text{높이 ① : } f(x_0),\ f(x_2),\ \cdots\ ,\ f(x_{n-1})$$

$$\text{높이 ② : } f(x_1),\ f(x_2),\ \cdots\ ,\ f(x_n)$$

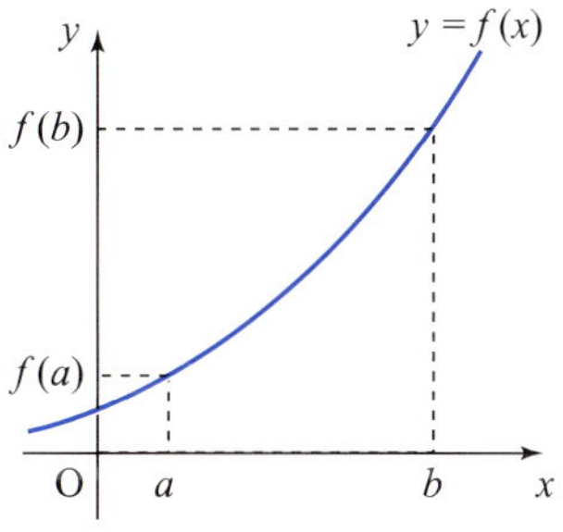

면적 S

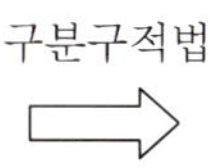

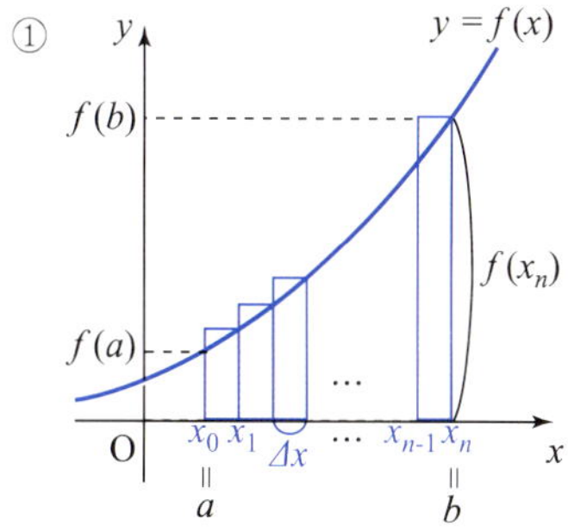

면적 S_n

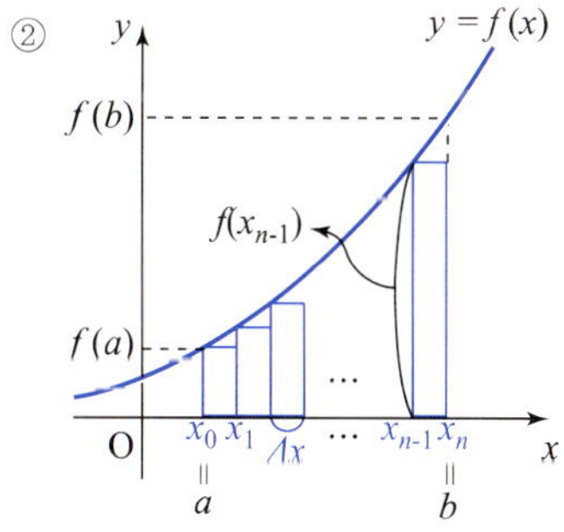

면적 $S_n{}'$

그러므로 면적을 다음과 같이 구할 수 있다.

$$\begin{aligned} \therefore\ S_n &= f(x_1)\Delta x + f(x_2)\Delta x + \cdots + f(x_n)\Delta x \\ &= \sum_{k=1}^{n} f(x_k)\Delta x \end{aligned}$$

$$\begin{aligned} \therefore\ S_n{}' &= f(x_0)\Delta x + f(x_1)\Delta x + \cdots + f(x_{n-1})\Delta x \\ &= \sum_{k=0}^{n-1} f(x_k)\Delta x \end{aligned}$$

여기서, $n \to \infty$ 일 때의 극한을 생각하면, 위의 두 값(S_n, S_n')은 서로 같아지게 되고, 이 값이 곧 구하고자하는 면적 S이다.

$$S = \lim_{n \to \infty} S_n = \lim_{n \to \infty} S_n' \text{ (어떤 값을 취해도 같다)}$$

위의 값을 $f(x)$ 의 a 에서 b 까지의 정적분이라 정의하고, $\int_a^b f(x)\,dx$ 로 나타내기로 하자. 즉,

요점 정적분 ⇨ $\int_a^b f(x)\,dx = \lim_{n \to \infty} \sum_{k=1}^{n} f(x_k)\,\Delta x$

이며, a 와 b 를 각각 정적분의 아래끝, 위끝이라 한다.

(2) 정적분의 예 I – 직선으로 둘러싸인 면적

이를테면 직선 $y = x$ 와 x 축 및 두 직선 $x = 1$, $x = 3$으로 둘러싸인 도형의 넓이 S를 구해보자.

밑변 : 등간격 $\Delta x = \dfrac{3-1}{n} = \dfrac{2}{n}$

높이 : $f(x_1)$, $f(x_2)$, $\cdots$, $f(x_n)$

즉, $\left(1 + \dfrac{2}{n}\right)$, $\left(1 + \dfrac{4}{n}\right)$, $\cdots$, $\left(1 + \dfrac{2n}{n}\right)$

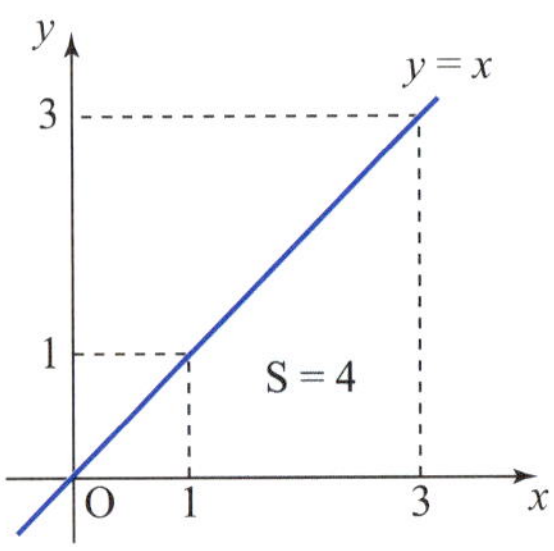

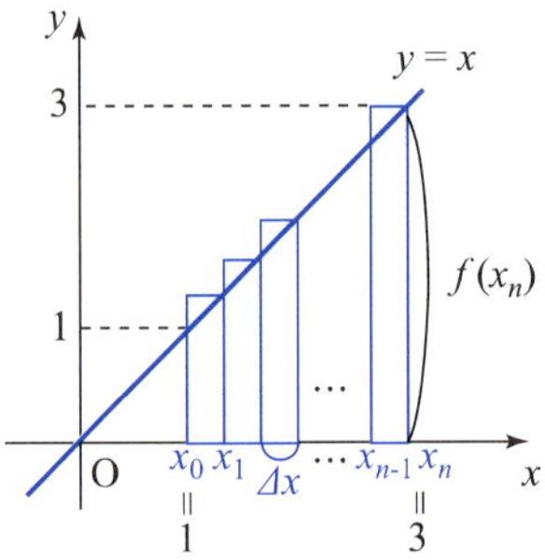

$$\begin{aligned}\therefore\ S &= \lim_{n\to\infty}\sum_{k=1}^{n} f(x_k)\,\Delta x \\ &= \lim_{n\to\infty}\left[\left(1+\frac{2}{n}\right)\frac{2}{n}+\left(1+\frac{4}{n}\right)\frac{2}{n}+\cdots+\left(1+\frac{2n}{n}\right)\frac{2}{n}\right] \\ &= \lim_{n\to\infty}\frac{2}{n}\left[\left(1+\frac{2}{n}\right)+\left(1+\frac{4}{n}\right)+\cdots+\left(1+\frac{2n}{n}\right)\right] \\ &= \lim_{n\to\infty}\frac{2}{n}\sum_{k=1}^{n}\left[k+\frac{2k}{n}\right] \\ &= \lim_{n\to\infty}\frac{2}{n}\left[n+2\frac{n(n+1)}{2}\frac{1}{n}\right] \\ &= \lim_{n\to\infty}\frac{2}{n}(2n+1)\end{aligned}$$

$$\therefore\ S = \lim_{n\to\infty}\left(4+\frac{2}{n}\right) = 4$$

또한, 정적분의 정의 $\int_a^b f(x)\,dx = \lim_{n\to\infty}\sum_{k=1}^{n} f(x_k)\Delta x$에 의해서

$$S = \int_a^b f(x)\,dx = \int_1^3 x\,dx = \left[\frac{x^2}{2}\right]_1^3 = \left[\frac{3^2}{2}-\frac{1^2}{2}\right] = 4$$

임을 알 수 있으며, 구분구적법보다는 정적분으로 구하는 것이 쉽다는 것을 알 수 있다.

4.2 지구과학과 건설공학

4.2.1 지구의 내부 구조

지구는 표면을 구성하고 있는 지각, 그 밑의 두껍고 물렁물렁한 맨틀, 그리고 액체로 생각되는 외핵, 철과 니켈로 된 단단한 공 모양의 내핵으로 이루어져 있다.

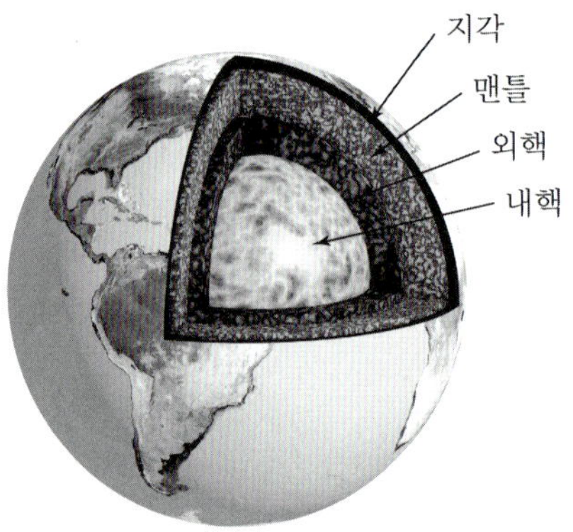

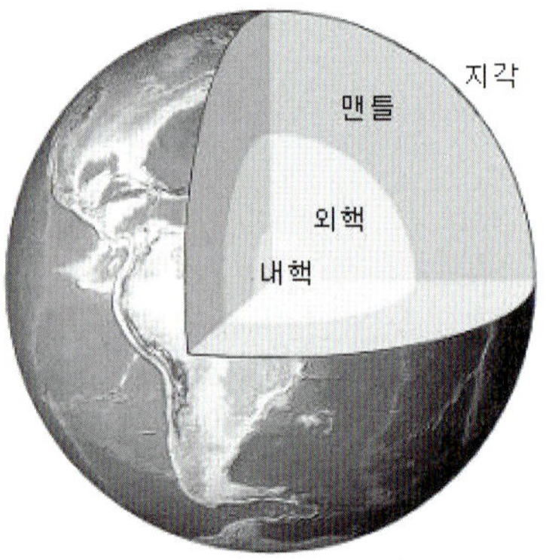

1) 지구 내부의 조사

(1) 조사방법

① 직접적인 방법

- 시추법 : 직접 땅을 파고 들어가서 조사하는 방법(현재 13 km까지 팔 수 있다)
- 화산 분출물 조사 : 화산이 폭발할 때 분출되는 물질 조사

[단점] 비용이 많이 들고, 기술도 필요하며, 무엇보다 지구 겉 부분만 알 수 있다.

② 간접적인 방법

- 광물합성 실험 : 지구 내부와 같은 조건을 만들어 광물을 합성하여 지구 내부에 있는 물질의 종류와 상태를 알아내는 방법
- 지진파 분석 : 지진이 발생할 때 지구 내부로 전달되는 지진파의 거동 분석(가장 효과적)

(2) 지진파 분석

지진파는 물질의 종류에 따라 속도가 달라지며, 물질의 경계면에서 반사되거나 굴절되기 때문에 지구 내부의 구조, 상태 및 밀도 등을 알 수 있다.

① 시추(試錐, Boring, Drill)
지각 내부의 여러 지식을 얻기 위하여 또는 석유, 천연가스, 온천, 지하수 등을 채취하기 위해 지각 속에 구멍을 뚫는 일을 말한다. 광산에서도 중요한 작업으로 배수구 구멍, 통기용 구멍, 광석을 나르는 통로 등을 만든다. 사용 목적에 따라 길이가 수 m~수천 m, 지름은 수 mm~수십 cm, 크게는 수 m에 이르는 대규모의 시추도 실시된다.

2) 지진파(地震波, Seismic wave)

오랜 세월동안 암석층에 계속해서 압력이 쌓이다가 마침내 더 이상 견디지 못하고 폭발할 때 그 에너지가 파의 형태로 사방으로 퍼져 나가는데 이것이 지진파이다. 종을 치면 종소리가 모든 방향으로 퍼지는 것처럼 지진이 발생하면 그 진동이 지진파의 형태로 사방으로 퍼져나간다.

지진으로 생겨난 진동은 탄성체인 암석을 통해서 전달되는 탄성파의 일종으로 생각할 수 있다. 즉, 진동수에 차이가 있을 뿐, 소리가 공기, 물, 벽을 통해 전달되듯 매질을 통해서 전달되며 기체보다는 액체, 고체에서 전달속도가 빠른 탄성파이 일반적인 특성을 갖고 있다.

종을 치면 종소리가 모든 방향으로 퍼지는 것처럼 지진이 발생하면 그 진동이 지진파의 형태로 사방으로 퍼져나간다. 지진파는 매질(媒質) 내부를 3차원적으로 전달하는 '실체파'와 지구 표면을 따라서 전파되는 '표면파'로 구분된다. 실체파는 지각 내부를 통과해 전달되는 파로 파의 진행방향과 매질의 이동방향이 같은 P파(Primary wave)와 파의 진행방향과 매질의 이동방향이 수직인 S파(Secondary wave)의 두 가지가 있다. 표면파는 지표면을 따라 파가 전달되어 지진이 발생하면 큰 피해를 입힌다. 이러한 표면파에는 레일리파(Rayleigh wave)와 러브파(Love wave)가 있다. 지진파의 속도는 P파가 가장 빠르고 다음이 S파, 가장 느린 것이 표면파이다. 실체파는 파장에 상관없이 일정한 속도를 유지하지만 표면파는 파장에 따라 그 속도가 변화한다.

종류	P파(종파)	S파(횡파)
진행방향	물체의 진동방향과 평행 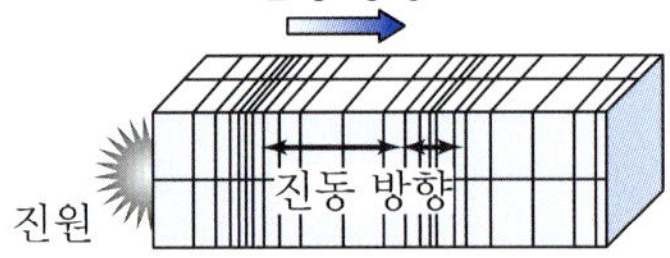	물체의 진동방향과 수직 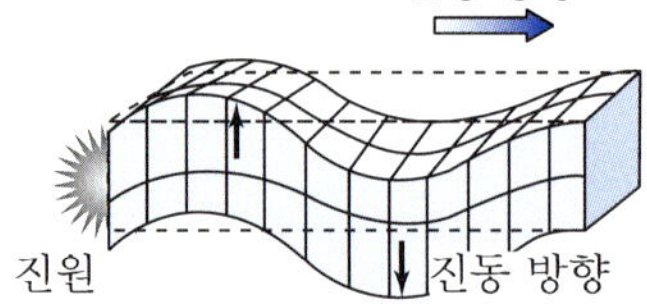
속도	빠르다(7 ~ 8 km/s).	느리다(3 ~ 4 km/s).
물질의 진동방향	파의 진행방향과 평행	파의 진행방향에 수직
통과물질	고체, 액체, 기체(고체 > 액체 > 기체 순으로 전달속도가 빠름)	고체만 통과함 (액체, 기체는 통과하지 못함)
피해 정도	비교적 작다.	비교적 크다.

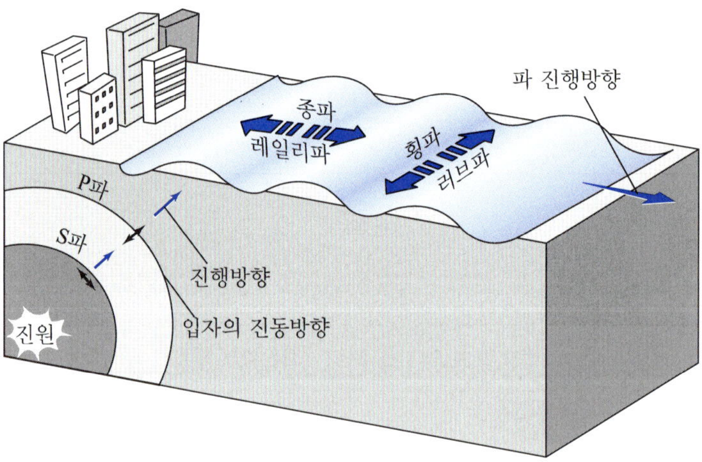

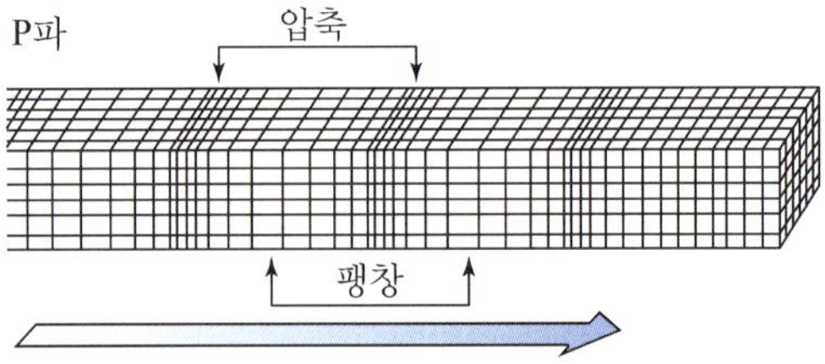

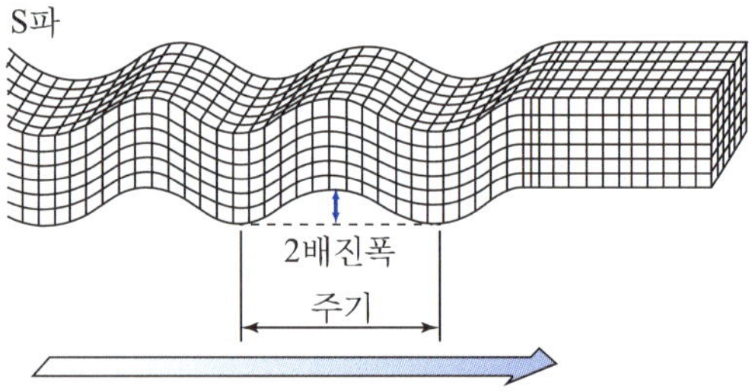

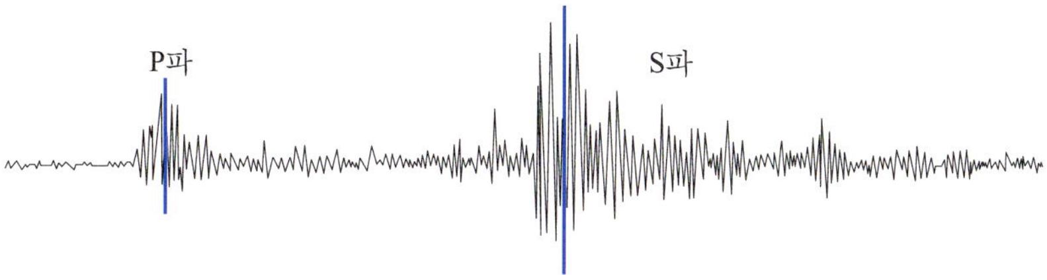

지진계에 의한 기록

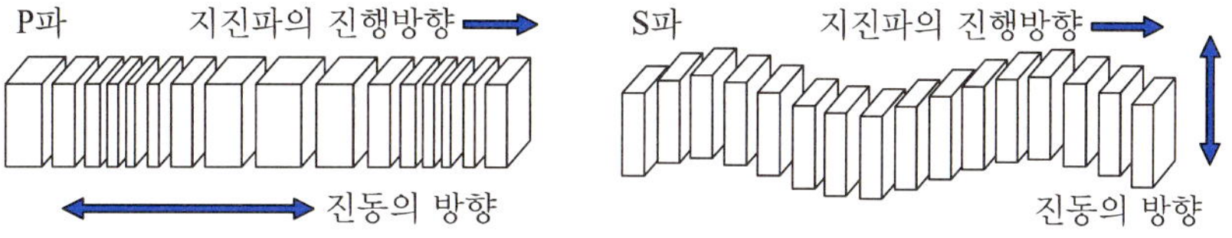

지진파의 전파(지진파 전파 재질의 변형)

(1) PS시(初期微動時間)

진원에서 지진이 발생하면 P파와 S파가 동시에 출발하지만 전파속도의 차이에 의해 P파가 도착하고 나서 S파가 도착하는데, S파가 도착할 때까지의 수평성분의 미세한 진동을 초기미동시간(PS시)라고 한다.

지진의 진원까지의 거리를 구할 수 있다(속력 = 거리/시간).

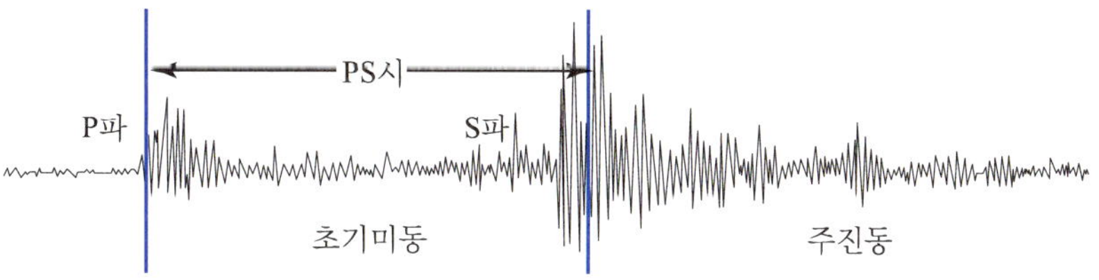

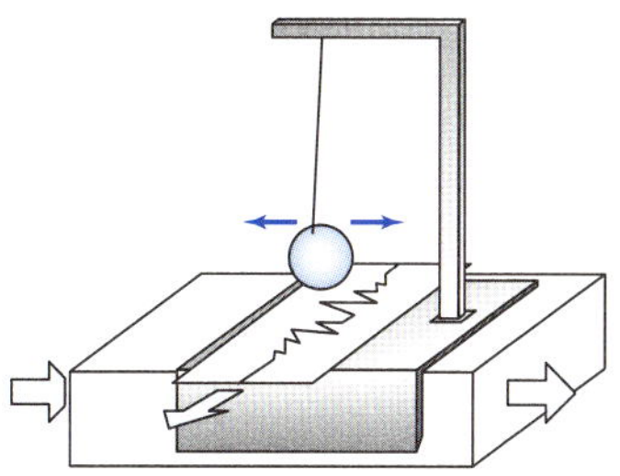

PS시를 이용하면
지진의 전원까지의 거리를
계산할 수 있다.

(2) 지진계(수직지진계, 수평지진계)

지진파의 세기와 도달 시간을 기록하는 장치로 지진계의 회전 드럼은 흔들리지만, 추는 흔들리지 않는 관성을 이용한다.

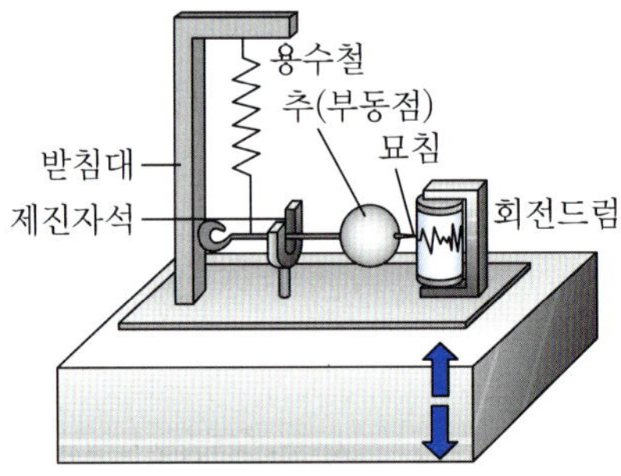

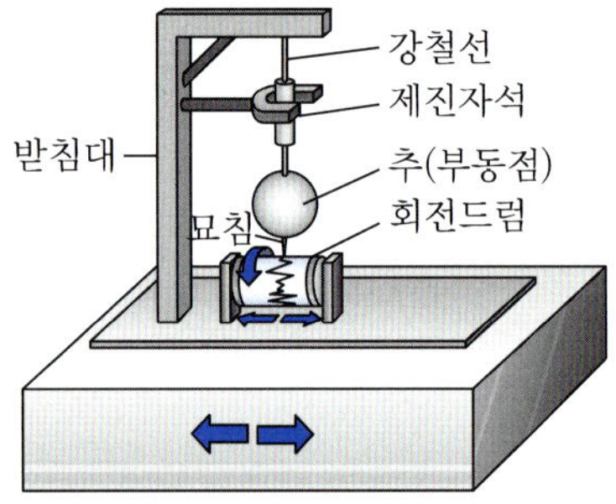

(3) 지진파의 연구

지진파는 매질의 구성물질과 상태에 따라 반사, 굴절하고 속도가 변하기도 한다. 특히 S파는 고체는 통과하지만 기체나 액체는 통과하지 못한다. 이러한 성질을 이용하여 지구 내부를 지각, 맨틀, 외핵, 내핵으로 구분한다.

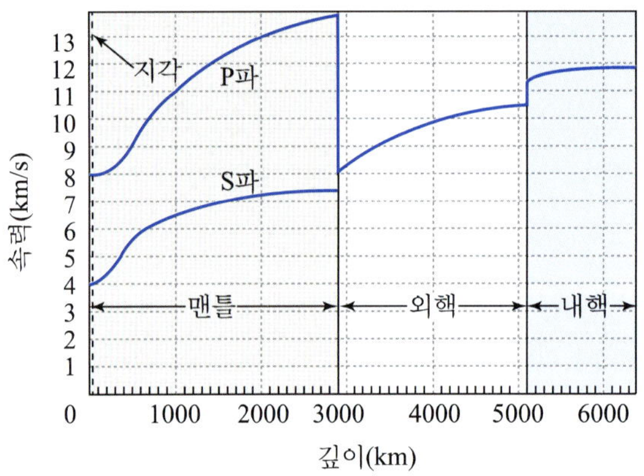

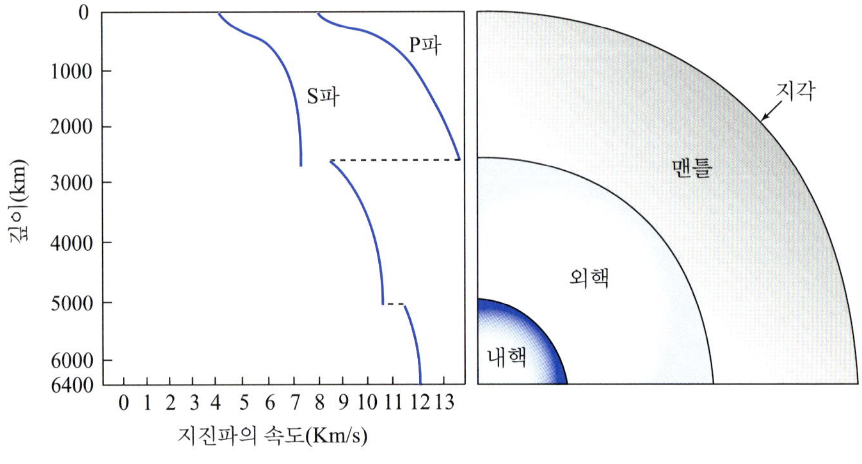

3) 지구의 내부 구조

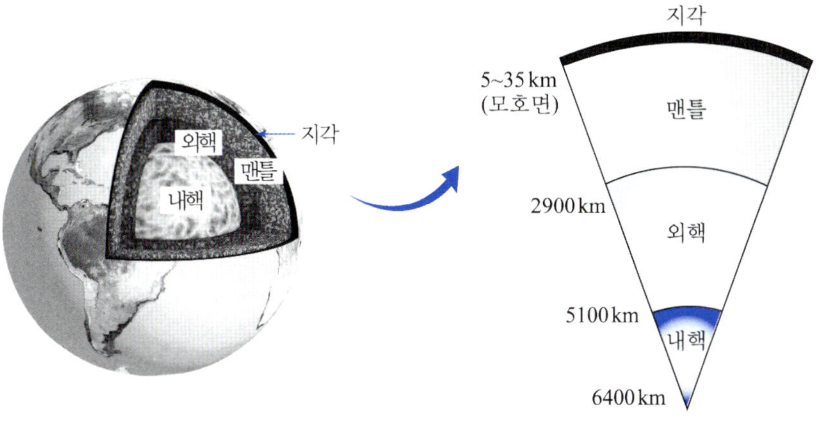

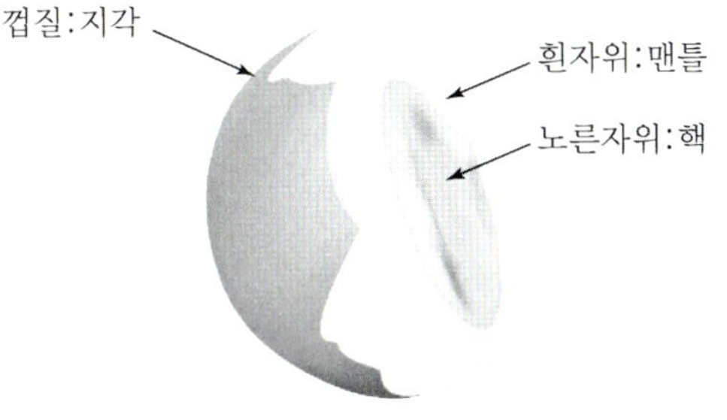

구분	상태	구성물질	깊이	특 징
지각	고체	대륙지각 : 화강암질 해양지각 : 현무암질 (지각을 하면 대화해현)	대륙지각 : 5 km 해양지각 : 35 km	• 지구 표면을 덮고 있는 부분 • 여러 개로 조각이 나 있는데, 이 조각을 판이라고 부른다. • 지각은 맨틀위에 떠 있는 것처럼 보임
맨틀	고체	감람암질	지하 2900 km까지	• 가장 큰 부피 차지(약 84%) • 유동성
외핵	액체	철과 니켈	지하 5100 km까지	• S파가 통과하지 못함(액체상태) • 녹은 금속이 펄펄 끓는 뜨거운 층
내핵	고체	철과 니켈 (10 ~ 17 g/cm^3)	지구중심까지	• P파의 속도가 갑자기 증가(고체상태로 추정) • 내핵은 외핵보다 뜨겁지만 큰 압력을 받고 있어 고체이다. • 온도가 4,500도 정도로 굉장히 뜨겁지만 바깥의 모든 층에서 누르는 압력 때문에 녹지 않는다.

(1) 에라토스테네스의 반지름 구하기

하짓날 정오 시에네에서는 그림자가 생기지 않는다는 얘기를 들은 에라토스테네스(그리스)는 자기는 알렉산드리아에서 막대 끝과 그림자 끝의 각을 재고 하인은 시에네와 알렉산드리아 사이의 거리를 낙타 발걸음으로 거리를 쟀다(약 900 km).

① 가정

- 지구는 완전한 구형
- 빛은 평행하다.

$7° : 900\text{ km} = 360° : 2\pi R$

$(R \approx 7367\text{ km})$

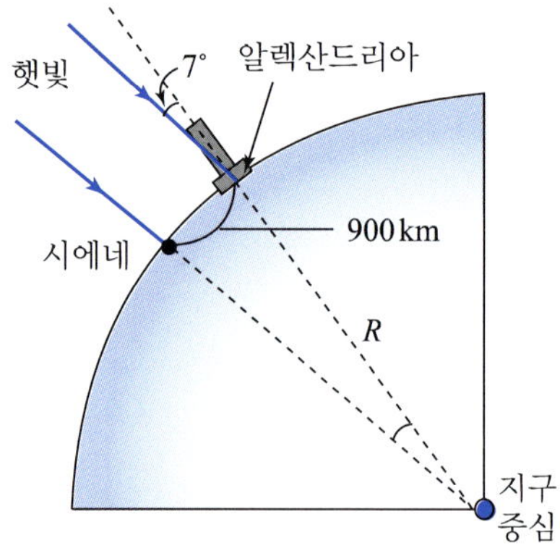

② 오차 원인

- 두 도시 사이의 거리 측정의 오차 (낙타 발걸음이라는 모호한 단위)
- 두 도시가 같은 경도에 있지 않다. (시에네에서 정오일 때 알렉산드리아는 이미 정오가 지났다)

4) 대기권(大氣圈, Atmosphere)

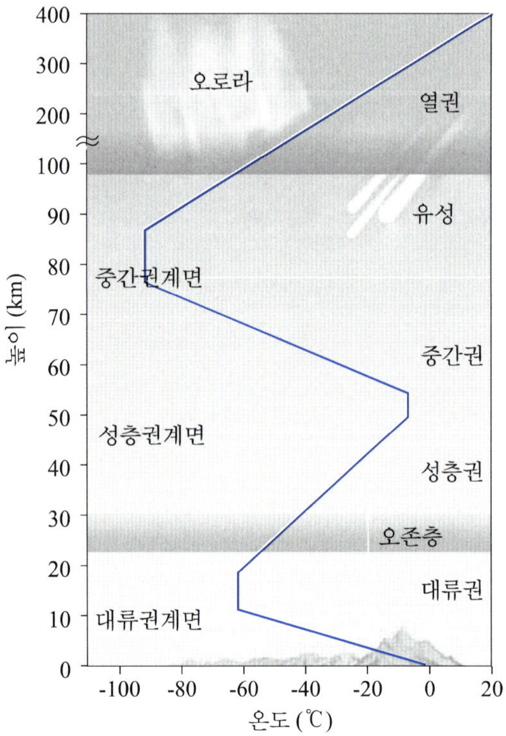

대기의 구성 성분	● 질소 78%, 산소 21%, 아르곤 0.93%, 이산화탄소 0.03%, 기타 0.04%
대기의 역할	● 산소 공급 : 생명체가 호흡하며 살아갈 수 있다. ● 자외선 차단 : 태양이나 외계에서 지구로 들어오는 해로운 빛을 차단 ● 지구 보호 : 우주로부터 날아오는 운석과의 충돌을 막아 준다. ● 지구 보온 : 지표가 내는 열의 일부를 흡수하여 품고 있어서 지구를 보온해 주며, 대류현상으로 열을 고르게 퍼뜨려서 지구 전체의 온도 차이를 줄인다.
대기 분포의 특징	● 지표면에서 높이 올라갈수록 대기는 희박해진다(중력의 작용). ● 지표 부근(대류권)에서는 높이 올라갈수록 기온이 낮아진다(지표의 열이 적게 도달하기 때문).
대기가 있는 경우 (지구)	● 하늘이 파랗게 보인다. ● 바람이 분다. ● 기상 현상이 나타난다. ● 풍화, 침식이 일어난다.
대기가 없는 경우 (달, 수성 등)	● 하늘이 검게 보인다. ● 표면에 운석 구동이가 많다(운석과의 충돌). ● 낮과 밤의 온도차가 크다(대기에 의한 보온 효과가 없기 때문).
지구의 층상 구조	● 대기권 : 지구를 둘러싸고 있는 대기의 층 ● 수권 : 지표의 대부분을 덮고 있는 바다와 강, 호수, 지하수 등 물로 이루어진 층 ● 암석권 : 지각을 구성하고 있는 단단한 암석의 층

지구를 둘러싸고 있는 공기를 대기라 하고, 공기의 층을 대기권이라 한다.

대기권의 높이는 약 1,000 km으로 높지만 전체 공기의 99%는 중력작용에 의해 지상 약 32 km 이내에 존재한다. 이것은 높이가 높아지면서 기온도 내려가는데 이는 지구에서 방출하는 열이 도달하지 못하기 때문이다.

대기의 조성뿐만 아니라 온도나 그 밖의 물리적인 성질이 높이에 따라 다르므로 몇 개의 층으로 나눌 수 있는데 기온의 분포에 따라 대류권, 성층권, 중간권, 열권으로 나눈다.

(1) 대기권

① 높이에 따른 기온변화를 기준으로 4개의 층으로 구분

② 고도가 높아질수록 공기가 점차 희박 → 약 1000 km까지 중력이 작용

③ 공기의 99%는 지상으로부터 대략 32 km 부근까지 분포

(2) 대기권 조사 방법

① 기상 레이더 : 태풍, 구름, 비 등의 기상 현상을 관측

② 기상 위성 : 인공위성을 이용하여 지구 전체에 걸쳐 넓은 범위의 대기 현상을 관측

③ 라디오존데(Radiosonde) : 기상 장비를 기구에 매달아 상공으로 띄워 올려 상층 대기를 관측

- 대기 상층의 기상(기압 · 온도 · 습도 등)을 관측하여 지상에 송신하는 측정장치로서 기구에 장치한 기압계, 온도계, 습도계 등으로 측정한 상층의 기상상태를 소형의 무선발신기를 통해 발신한다.

④ 백엽상(百葉箱, Shelter) : 지표면 부근의 기온과 습도 등을 관측

- 기상관측용 설비가 설치된 작은 집 모양의 백색 나무상자로서 최고온도계, 최저온도계, 자기온도계, 습도계가 설치되며, 잔디나 풀밭 위에 온도계 눈금이 1.5 m 높이에 오도록 세운다.

구분	높이	높이에 따른 기온 변화	대류운동	특 징
대류권	지표면~10 km 17 km(적도)	기온 ↓ (지구 복사에너지가 적어지므로)	○ 기상현상 (구름, 비)	• 전체공기의 70~80% 차지 • 100 m 올라감에 따라 약 6.5℃씩 하강(10 km 높이 : 약 −50℃)
성층권	10~50 km	기온 ↑ (오존층이 자외선 및 열을 흡수)	× 대류운동 없어 안전한 층	• 오존층 : 높이 25~30 km(유해한 자외선 흡수) • 비행기 항로(고도 약 10 km, 속도 약 900 km/hr)
중간권	50~80 km	기온 ↓ (약 80 km : −90℃)	○ 기상현상은 없음 (공기와 수증기가 너무 적다)	• 유성(별똥별) 관측
열권	80~1000 km	기온 ↑ (태양 복사에너지를 직접 흡수하므로)	× 공기가 매우 희박 (낮과 밤의 기온차 매우 큼)	• 오로라 관측 • 전리층(이온층) : 전파를 반사(통신가능)

4.2.2 지진

1) 지진의 원인

지구의 표면은 여러 개의 판으로 구성되어 있고, 판들이 움직이면 지구표면에 에너지가 쌓인다. 장기간에 걸쳐 쌓인 에너지는 지구표면에 스트레스를 주며, 스트레스가 표면의 암석이 견딜 수 있는 한계를 넘어서는 순간 지진이 발생한다.

(1) 여러 가지 단층(정단층, 역단층, 수평단층)

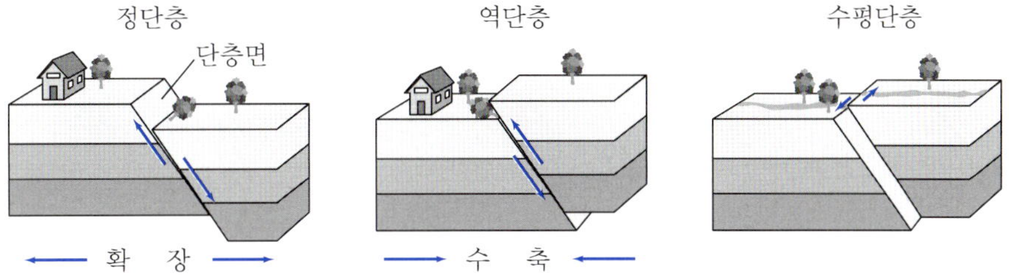

(2) 단층의 영향(미국 캘리포니아주의 한 농장)

(3) 판구조론

오늘날 지진의 원인을 가장 잘 설명하고 있는 일반적인 이론으로 독일의 지질학자인 베게너(1880~1930)가 1912년에 제시한 대륙이동에 따른 판 구조론이다.

지구표면인 지각은 약 2억 년 전에는 하나의 대륙(판게아, Pangaea)과 하나의 대양으로 구성(남미의 동부 해안선과 아프리카의 서부 해안선이 잘 들어맞는나)되어 있다.

약 1억5천만 년 전에는 하나의 대륙이 2개의 조각으로 갈라지게 된다. 그 후 2개의 조각은 1년에 수 mm에서 수 cm씩 움직이면서 여러 개의 조각으로 갈라지게 된다.

이렇게 갈라진 지각판들은 계속 움직이며 서로 끼어들고, 밀고, 젖히거나 하면서 결국 옴짝달싹 못하게 된다. 이 꼼짝 못한 지각에 에너지가 쌓이게 되고 장기간에 걸쳐 쌓여진 에너지가 암석이 견딜 수 있는 한계를 넘어서게 될 때 지진이 일어난다.

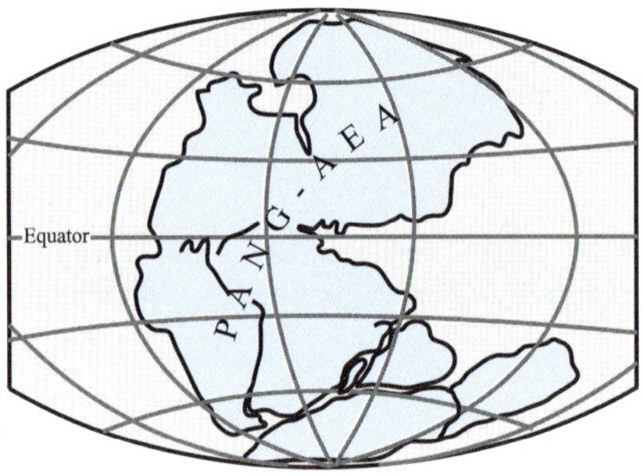

PERMIAN
225 million years ago

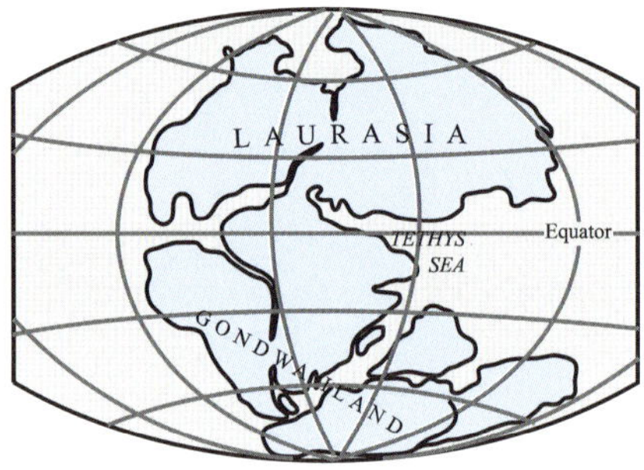

TRIASSIC
200 million years ago

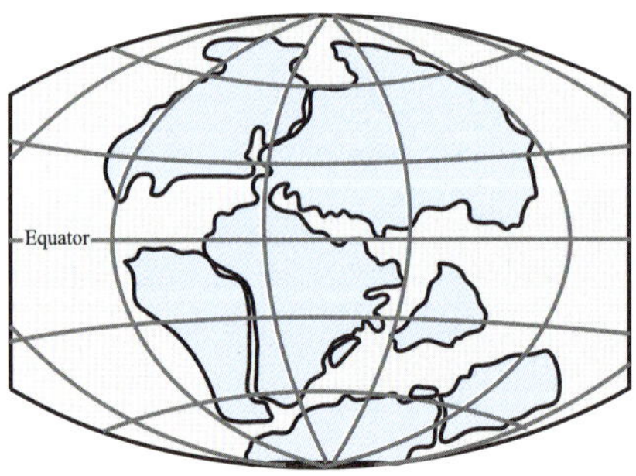

JURASSIC
135 million years ago

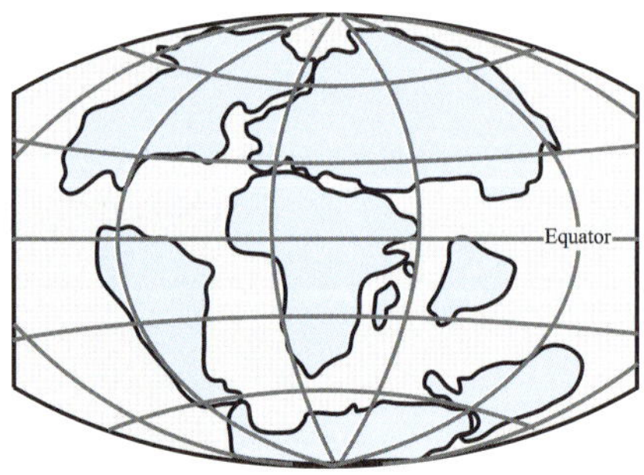

CRETACEOUS
65 million years ago

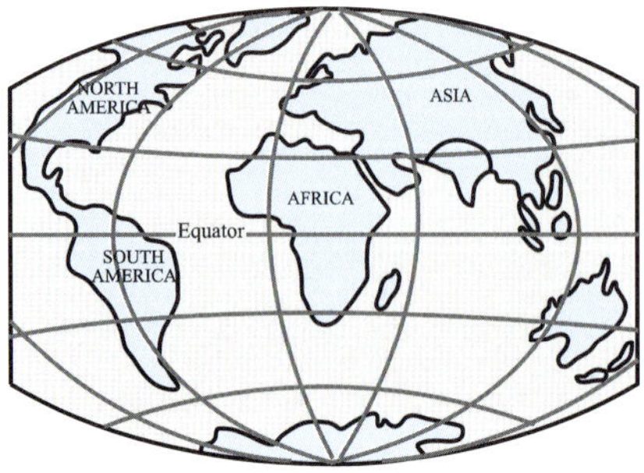

PRESENT DAY

2) 지진 다발지역

지진의 대부분은 판이 서로 부딪치는 판 경계부에서 발생한다. 일본이나 미국 서부의 캘리포니아에서 큰 지진이 많이 발생하는 것도 이런 판 경계부에 위치하고 있기 때문이다.

전 세계적으로 매일 수백여건의 지진이 발생하고 있는데 이들 대부분은 판이 서로 부딪치는 판 경계부에서 발생한다. 이런 경계부 중에서도 안데스산맥, 록키산맥 등으로 이루어진 환태평양 조산대와 알프스－히말라야 조산대 그리고 태평양 주변의 많은 해구에서 지진이 많이 발생한다.

이렇듯 판 경계부에서 발생하는 지진의 수가 전체지진의 85% 이상을 차지하고 있는데, 일본이나 미국 서부의 캘리포니아주에서 큰 지진이 많이 발생하는 이유도 지역적으로 이런 판 경계부에 위치하고 있기 때문이다.

그러나 지진이 반드시 판 경계부에서만 발생하는 것은 아니다. 판 내부에서도 밀거나 당기는 힘이 작용하고 있기 때문에 어떤 약한 암반대가 파괴되면서 지진을 일으키기도 한다. 이러한 지진을 내륙형 지진이라고 하며, 내륙형 지진의 특징은 방출되는 에너지량은 작으나 진원지가 인간이 살고 있는 지역에서 가깝고 지표에서 거리가 얕기 때문에 큰 흔들림을 가져와 큰 피해를 초래하기도 한다.

판구조론에 따르면 수십 km 혹은 그 이상의 두께를 가진 암석권은 유라시아판, 태평양판, 북미판 등 10여개의 판으로 나뉘어져 있다. 이들은 각각 서로 부딪치거나 밀고 때로는 서로 포개지면서 각각 매년 수 cm 정도의 속도로 점성이 있는 맨틀 위를 제각기 이동하고 있다.

일본의 지진은 대부분 태평양쪽에서 발생하고 있는데, 이것은 판경계지역으로 태평양판과 필리핀판이 유라시아판 밑으로 충돌・침강하고 있기 때문이다.

보충 판구조론과는 다르게 중국 당산지진(1976), 쓰찬성지진(2008) 우리나라 홍성지진(1978)은 판 경계부에서 멀리 떨어져 있음에도 큰 지진이 발생하였다. 이는 판 내부지역에서도 지진이 발생한다는 것인데, 판 경계부에서 생긴 응력이 판 내부에도 전달되어 오랜 기간 동안 쌓여 있다가 약한 지각 부분이 견디지 못하고 깨어지면서 에너지가 방출되기 때문에 발생하는 것으로, 자주 발생하지는 않지만 큰 지진이 발생할 가능성이 있다.

3) 지진의 빈도

전 세계적으로 실제 피해를 줄 수 있는 규모 5.0 이상의 지진은 매년 1,000회 발생하는데, 우리나라에서 사람이 느낄 수 있는 규모 3.0 이상의 지진은 매년 10회 정도, 피해를 줄 수 있는 규모 5.0 이상은 10년에 1회 정도 발생한다.

- 홍성지진 : 1978년, 규모 5.0
- 영월지진 : 1996년, 규모 4.5

세계적으로 1년간 발생하는 지진의 수는 약 1백만 번 정도로 추정하고 있다. 그러나 대부분의 지진은 너무 작고 또한 발생하는 장소가 깊은 바다이거나 땅속이기 때문에 관측이 되지 않는 경우가 많다.

세계 각국의 지진관측망에 기록되는 지진은 연간 12,000~14,000개 정도로 이는 하루에 약 35개 정도의 지진이 기록되는 셈이다. 지진학자들은 전 세계적으로 실제 피해를 줄 수 있는 리히터 규모 5.0 이상의 주요 지진은 매년 1,000회 정도로 발생하고 있다고 보고 있다.

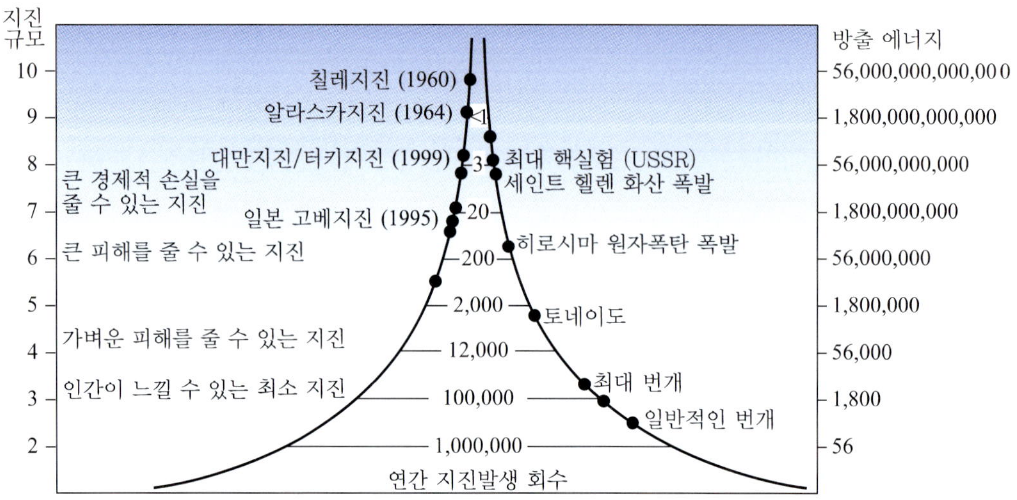

4) 지진의 위치 측정

서로 다른 세 지역에서 동일한 지진이 관측되고, 각 지점으로부터 진원까지의 거리를 알게 되면 진원의 위치를 알아낼 수 있다.

- 진원(Hypocenter) : 지진이 발생했을 때 지반의 파괴가 시작되는 곳으로 지진파가 발생한 지점
- 진앙(Epicenter) : 진원의 바로 위 지표면의 지점
- 천발지진 : 진원의 깊이가 1백 km 미만일 때의 지진
- 심발지진 : 진원의 깊이가 1백 km 이상일 때의 지진

심발지진의 경우에는 최고 7백 km 깊이에서 발생한 지진이 관측된 적도 있으나, 지진의 대부분은 천발지진이고 심발지진은 태평양 주변과 서인도 제도에서만 발생하는 것으로 알려져 있다.

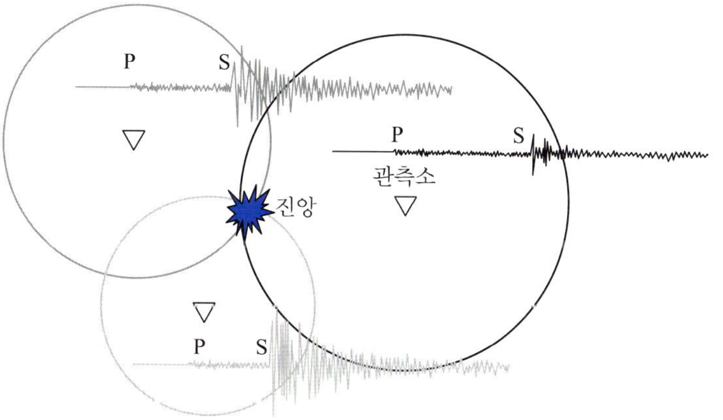

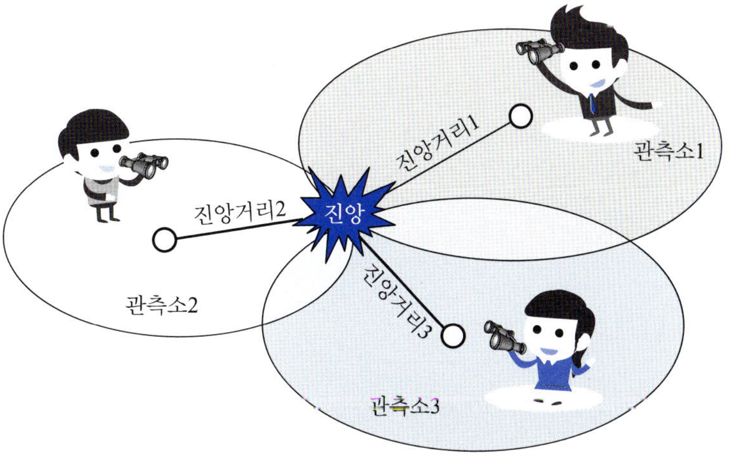

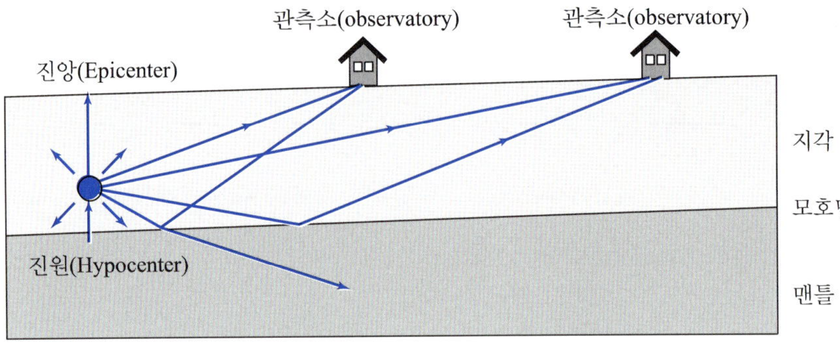

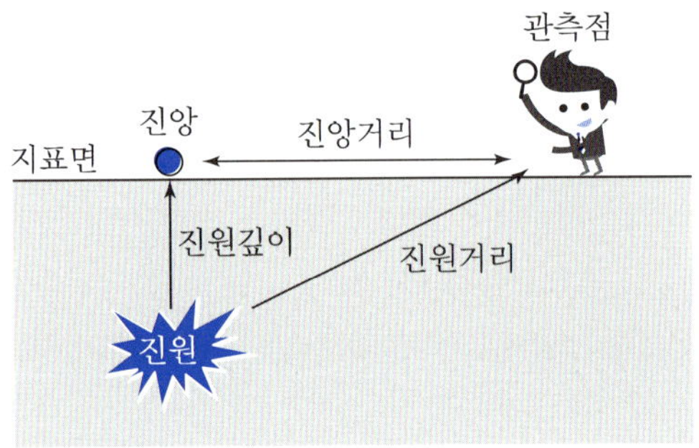

지진이 발생하고 지진파가 관측소의 지진계에 기록된 모습을 보면 항상 P파가 먼저 도달하고 뒤이어 S파가 도착하는데, 이때 걸린 시간을 'PS시'라고 한다. 관측지점으로부터 진원의 거리가 멀면 멀수록 PS시가 커지므로 PS시를 알면 진원까지의 거리를 알 수 있다.

만약 서로 다른 세 지역에서 동일한 지진이 관측되고 각 지점으로부터 진원까지의 거리를 알게 되면 진원의 위치를 알아낼 수 있다.

5) 지진의 강도

일반적으로 지진의 강도를 나타내는 척도에는 진도와 규모가 있다.

마치 100와트 전구를 밝히면 그 빛에너지는 100와트로 일정하지만 가까운 곳에서는 밝고, 먼 곳에서는 밝기가 약해지는 것과 같다. 이 때 와트는 규모에 해당하고 거리에 따른 밝기, 즉 럭스(Lux)는 진도에 해당하는 것이라고 이해하면 된다.

(1) 진도(Intensity)

진도란 지진의 상대적인 세기를 말하는 것으로 주변 상황의 피해 정도에 따라서 세기가 결정된다. 즉, 주변 여건에 따라서 같은 세기의 지진이 발생하여도 다르게 측정될 수 있다.

- 지진의 규모와 진앙거리, 진원 깊이에 따라 크게 좌우
- 진도 : 관측자의 위치에 따라 달라지는 상대적인 척도. 로마숫자의 정수로 표기(예 : JMA진도 VI)

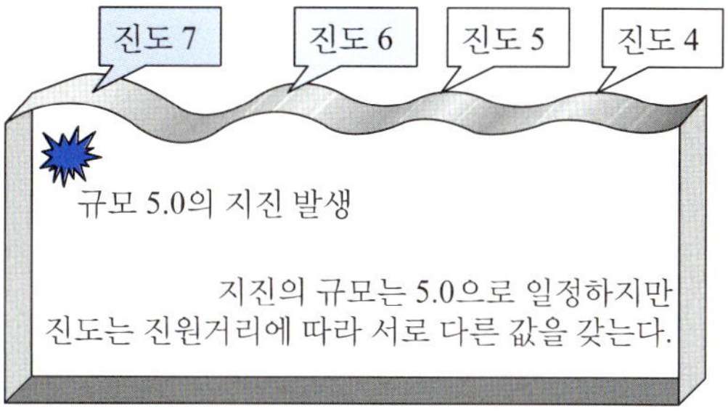

① 진도의 종류

㉠ 1880년대에 개발되어 수십 년간 사용된 로씨-포렐(Rossi-Forel, RF)진도. I~X 등급을 사용

㉡ RF 진도 이후 각 나라에서는 각국의 실정에 맞게 수정

- 미국에서는 12등급의 수정머켈리(Modified Mercalli, MM)진도
- 중동부 유럽에서는 MSK (Medvedev Spoonheuer-Karnik)진도
- 일본에서는 8등급의 기상청 JMA (Japan Meteorological Agency)진도를 사용

② 진도의 특징

㉠ 진도표시는 모두 로마숫자의 정수로 표기가 된다(예 : JMA진도 VI).

㉡ 진도는 보통 지신이 발생한 후에 지신을 경험한 사람들과의 인터뷰를 통해 정해진다

㉢ 미국의 경우 우편조사를 통하여 진도결정에 필요한 인터뷰가 시행되며 지진이 자주 발생하는 지역에서는 지진경험이 많은 시민들이 주축이 되어 감정이 개입되지 않고 객관적으로 진도를 결정할 수 있도록 훈련을 하고 있다.

㉣ 진도는 지진측정계기보다 사람이나 건물들이 더 넓게 분포하고 있으므로 특정지역의 땅의 진동분포를 더 합리적으로 표시한다고 할 수 있다.

㉤ 진도는 일반적으로 진앙에 가까울수록 커지며 때때로 진앙진도(Epicentral intensity)라는 용어가 지진의 크기를 대략적으로 설명할 때 쓰이기도 한다.

(2) 규모(Magnitude)

지진의 크기를 보다 정량적으로 평가하는 수단이 바로 규모이다. 규모는 절대적인 척도이므로 한계를 두지 않는다. 단, 지각 암석의 최대 탄성계수를 생각해 볼 때 규모 9.5 내외가 최대가 될 것으로 예상한다.

리히터 규모 1의 강도는 60 t의 폭약(TNT)의 힘에 해당된다. 리히터 규모 2는 리히터 규모 1의 약 31배의 강도를 갖게 되며 리히터 규모 1이 늘 때마다 31배의 강도씩 증가하게 된다. 우리가 일반적으로 느끼는 지진의 규모(M)는 4~5 정도이고, 가옥이 무너질 정도의 대지진이라면 규모(M)가 7~8 정도가 된다.

보충 규모

관측자와는 관계없는 절대적인 척도. 아라비아숫자로 표기. 리히터 규모

- 발생한 지진에너지의 크기를 나타내는 척도
- 지진계에 기록된 진폭을 진원의 깊이와 진앙까지의 거리 등을 고려하여 지수로 나타낸 것

① 지진의 실제 에너지를 나타내는 절대적인 값

㉠ 규모 1 증가에 에너지는 약 30배 증가

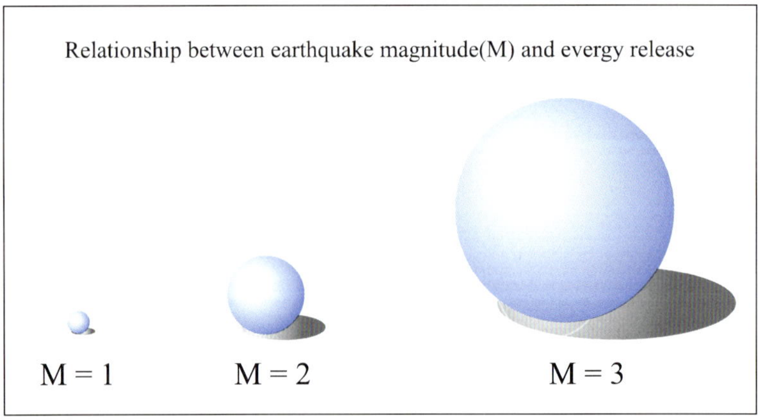

② 규모의 종류

㉠ 리히터 지역 규모(Richter Local Magnitude, ML)

㉡ 표면파 규모(Surface wave magnitude : Ms)

㉢ 실체파 규모(Body wave : Mb)

㉣ 모멘트 규모(Moment magnitude : Mw)

진도 1	극소수의 사람만 느낌
진도 2	건물 위층에 있는 소수의 사람만 느낌
진도 3	실내에서, 특히 건물 위층에 있는 사람이 뚜렷하게 느낌
진도 4	실내에서는 많은 사람이 느끼나 야외에서는 거의 느끼지 못함
진도 5	거의 모든 사람이 느끼고, 그릇과 창문이 깨지기도 함
진도 6	모든 사람이 느끼고, 무거운 기구가 움직임
진도 7	보통의 건축물에는 약간의 피해가 발생하고, 부실건축물은 상당한 피해
진도 8	일반 건축물에 상당한 피해가 발생하고, 기둥이나 벽이 무너짐
진도 9	건축물이 부분적으로 붕괴되고 지표면에 균열이 나타남
진도 10	대부분의 건축물이 기초와 함께 무너지며, 철로가 휘고 산사태 발생
진도 11	남아있는 건축물이 거의 없으며, 지표면에 광범위한 균열이 생김
진도 12	지표면에 파동이 보이고, 수평면이 뒤틀리며 물건이 하늘로 던져짐

일본		진도 (MM)	지반가속도 (g)	리히터 규모 (M)	비고
상태	명칭				
지진계에만 기록	0 (무감)	I		1	
서있는 사람이나 민감한 사람 느낌	I (미진)	II	– 0.0.0008 – 0.001 – 0.002	– 2	
창문, 전등이 흔들림	II (경진)	III IV	– 0.0025 – 0.005 – 0.008	– 3	
집이 흔들리고 그릇의 물이 쏟아짐	III (약진)	V	– 0.01 – 0.025 – 0.03	– 4	국내원전 지진경보 발생(0.01g) 리히터 규모 4.0 경주 지진(1997.6.26) 규모 4.3 영월 지진(1996.12.13) 규모 4.5
집이 몹시 흔들리고 그릇의 물이 쏟아짐	IV (중진)	VI	– 0.05 0.08	– 5	홍성 지진(1978.1.7) 규모 5.0 울진해상 지진(2004.5.29) 규모 5.2
벽에 금이 가고 비석이 쓰러짐	V (강진)	VII	– 0.10 – 0.14	– 6	국내원전 가동정지(0.1g) 리히터 규모 5.7
가옥 30% 정도 파손, 산사태 발생	VI (열진)	VIII IX	– 0.25 – 0.26	– 7	국내원전 내진설계치(0.2g) 리히터 규모 6.5
가옥 30% 이상 파손, 땅이 갈라짐 산사태 발생	VII (격진)	X XI XII	0.41 – 0.57 – 0.75	– 8 – 9	

4.2.3 내진설계

1) 방진설계(Earthquake Proof Design)

- 매우 큰 지진에 구조물이 전혀 피해를 입지 않도록 설계하는 것이다.
- 현실적으로 불가능하다.
- 경제적인 부담이 지나치게 크다.

2) 내진설계(Earthquake Resistant Design)

- 큰 지진에 대해서는 어느 정도의 피해를 감수한다.
- 큰 지진에 대해서는 경제적인 부담이 매우 크기 때문에 보다 더 경제성과 안전성을 동시에 고려한다.

3) 내진, 면진, 제진

- 내진(耐震) : 지진으로부터 구조물을 보호하는 가장 광의(廣意)의 개념이며 협의(狹意)의 개념으로는 구조물을 지진력에 대항할 만큼 튼튼하게 건설하는 것이다.
- 면진(免震) : 지진에 대항하지 않고 지진을 피하고자 하는 수동적인 개념, 하지만 상당히 경제적이며 내진 여유도를 가지는 개념이라고 할 수 있다.
- 제진(制震) : 효율적으로 지진에 대항하여 지진에 의한 피해를 극복하고자 하는 능동적인 개념이라 할 수 있다.

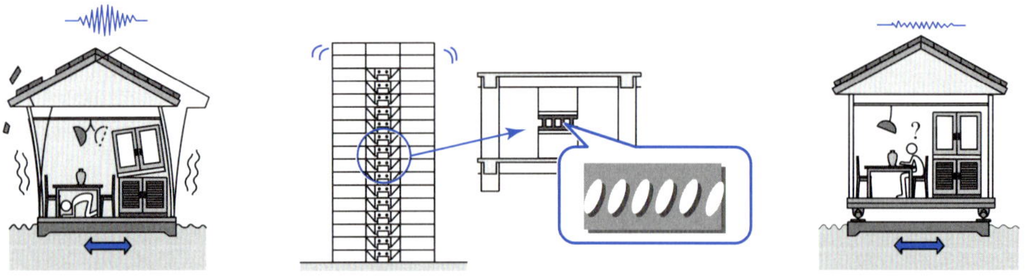

(a) 내진　　(b) 제진　　(c) 면진

4.3 비파괴 검사와 건설공학

4.3.1 비파괴 검사란?

소재나 제품의 원형과 상태 및 기능 등을 파괴하지 않거나 변화시키지 않고 소재의 상태 및 내부구조를 알아낼 수 있는 모든 검사를 말한다.

1) 비파괴 검사의 목적

(1) 신뢰성의 향상

제품 및 소재의 결함 유무 또는 결함 상태를 파악하여 제품 및 소재의 신뢰성을 높인다. 제조기술의 시험 결과를 분석하여 제조 조건의 수정, 보완을 통하여 제품의 질향상을 발전, 개량할 수 있다.

(2) 원가 절감

검사를 통하여 소재, 제품의 불량품을 조기에 발견하여 수정, 보완, 교체함으로써 원가를 절감할 수 있다.

(3) 제조기술의 개량

비파괴검사의 결과를 분석, 검토하여 제조조건을 수정, 보완함으로써 제조기술의 개량을 꾀할 수 있다.

2) 비파괴 검사의 기본원리

비파괴 검사는 소재나 재료의 물리적 성질, 즉 열, 방사선, 음파, 전기, 자기 에너지 등을 시험체에 적용하여 소재의 조직 이상이나 결함의 존재로 인해 적용된 에너지의 성질 및 특성 등이 변화하는 것을 적당한 변환자(Transducer)를 이용하여 변화량을 측정함으로서 조직의 이상 여부나 결함의 존재를 파악하는 방법이다.

3) 비파괴 검사의 종류 및 특징

(1) 육안검사(Visual Test)

- 검출대상 : 모든 대상물의 외관상 결함, 형상의 변화, 표면 거칠기, 표면광택 등을 식별하는데 사용
- 특징 : 육안에 의존하므로 검사의 신뢰성 확보가 어려우며 대상물의 외면이나 내시경 등을 이용한 파이프 등의 내면 검사가 가능

(2) 방사선투과 검사(Radiographic Test)

- 검출대상 : 용접품, 주조품 및 복합재 구조물의 내・외부 결함검출
- 특징 : 필름이나 디스켓을 이용한 반영구적인 기록이 가능하고 거의 모든 재료에 적용할 수 있으며 표면 및 내부의 결함 검출이 가능하나 방사선에 대한 안전관리 요구됨

(3) 초음파탐상 검사(Ultrasonic Test)

- 검출대상 : 용접품, 주조품, 압연품, 단조품, 복합재의 내부결함 검출이나 소재 및 도금의 두께 측정
- 특징 : 균열에 대한 감도가 좋으며 표면 및 내부결함 검출가능하며 높은 투과력이 있고 자동화가 가능

(4) 침투탐상 검사(Penetrant Test)

- 검출대상 : 용접품, 주조품, 단조품 및 기계가공품의 표면 결함 검출
- 특징 : 금속, 비금속 등 거의 모든 재료에 적용이 가능하며 제품의 크기나 형상에 거의 제한을 받지 않음. 제품에 코팅이나 페인트 등이 있는 경우나 표면이 거친 경우 그리고 세라믹과 같은 다공성의 제품에는 적용이 불가

(5) 누설 검사(Leakage Test)

- 검출대상 : 압력 또는 저장용기 및 유압계통의 파이프 등의 누설탐지
- 특징 : 대상물의 용량이 클 경우 미세한 누설량은 검출이 곤란하며 관통된 불연속만 탐지

(6) 음향방출 검사(Acoustic Emission Test)

- 검출대상 : 금속재료, 복합재료, 압력용기 등의 재료 내부의 동적거동 파악에 의한 건전성 평가, 회전체 이상 진단, 잔여수명평가 등 재료특성 평가
- 특징 : 미세균열의 성장 유무, 회전체 이상 진단 등의 모니터링화 가능

(7) 중성자투과 검사(Neutro Radiographic Test)

- 검출대상 : 원자로 연료재료의 사용 전·후의 검사, 우주 항공기부품 등의 품질검사, 두꺼운 금속재의 용기나 구조물 내부에 존재하는 경수소화합물의 검출, 높은 원자번호를 갖는 두꺼운 재료의 검사에 이용하며 또, 핵연료봉과 같이 높은 방사성 물질의 결함검사에 사용
- 특징 : 방사선투과 검사가 곤란한 검사 대상품에 용이(납과 같이 비중 높은 재료에 적용)

(8) 적외선 검사(Infrared Test)

- 검출대상 : 각종 재료표면 결함의 고감도 검출, 콘크리트 건물의 열화 진단, 강도 측정 등 복합재료의 내부결함 검출, 열탄성 효과에 의한 응력측정
- 특징 : 표면 상태에 따라 방사율의 편차가 크기 때문에 결함검출 시 편차가 생기지 않도록 배경잡음이나 전파경로에서 흡수 산란의 영향을 제거 필요

(9) 와류탐상 검사(Eddy Current Test)

- 검출대상 : 철강, 비철재료의 파이프, 와이어 등의 표면 또는 표면근처의 결함검출, 박막두께 측정, 전도도를 이용한 열처리 특성 및 재질 식별
- 특징 : 비접촉탐상, 고속탐상, 자동탐상 가능, 표면결함 검출능력 우수, 표피효과, 열교환기 튜브의 결함

(10) 자분탐상 검사(Magnetic Particle Test)

- 검출대상 : Fe, Co, Ni 등의 강자성체의 표면 및 표면직하의 결함 검출
- 특징 : 강자성체에만 적용하며 장치 및 방법이 단순하고 신속한 검사 및 검사비용이 저렴

4.3.2 열화상 카메라

열화상 카메라는 전자기파 스펙트럼 중에서 적외선 대역의 복사를 감지하여 기록하고 이것을 실제 눈으로 볼 수 있는 이미지로 만들어서 보여준다.

1) 적외선이란?

사람의 눈은 전자기파 스펙트럼 중에서 가시광선 영역을 볼 수 있도록 설계된 센서라 할 수 있다. 가시광선 이외의 파장대역인 적외선 등의 전자기파는 우리 눈으로 볼 수 없다.

적외선은 전자기파 스펙트럼에서 가시광선과 마이크로파 사이에 있는 광선이다. 온도가 있는 물체, 즉 열을 가진 물체는 그 열을 적외선으로 방출한다. 절대온도(섭씨 –273.15도 또는 0도 Kelvin) 이상의 온도를 가지는 모든 물체는 적외선 영역의 광선을 복사한다. 심지어 온도가 아주 낮은 물체, 예를 들어 얼음도 적외선을 복사한다.

우리는 언제 어디서나 적외선을 받고 있다. 햇볕이나 불이 따뜻하게 느껴지는 것도 모두 적외선 때문이다. 비록 우리 눈으로는 볼 수 없지만, 우리의 피부 신경은 적외선을 느낄 수 있는 것이다. 물체의 온도가 높을수록 더 많은 적외선이 방출된다.

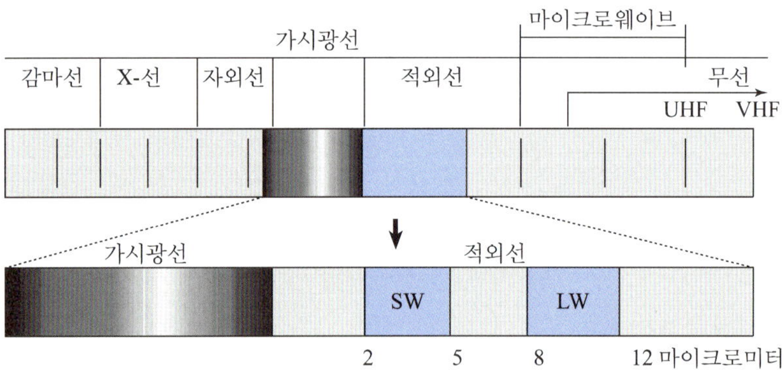

2) 열화상 카메라

물체에서 발출되는 적외선 에너지(A)는 광학장치(B)에 의하여 디텍터(C) 위에 그 초점이 모아진다. 디텍터에서 검출된 정보는 센서의 전자회로(D)로 보내져서 이미지로 처리된다. 전자장치는 디텍터에서 전달되는 데이터를 이미지(E)로 만들어서 뷰파인더나 표준 비디오 모니터 또는 LCD 화면으로 볼 수 있게 한다.

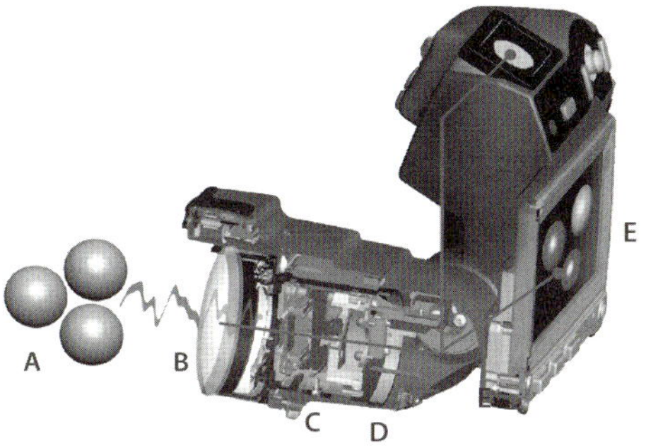

3) 열화상 카메라 적용 분야

(1) 산업 R & D

수많은 신제품이 열화상 카메라 덕분에 개발 출시되고 있다. 제품 개발부서에서는 열화상 카메라를 사용하여 제품의 방열성능 및 각종 열적 특성을 측정하고 시험한다.

(2) 인쇄회로 기판

인쇄회로 기판을 설계할 때에는 회로의 성능과 비용에 영향을 주지 않고 열을 발산시킬 수 있도록 하여야 한다. 열 문제를 정확하게 파악하는 것은 매우 어렵다. 그러나 이제 적외선 서모그래피 기술의 발달에 의하여 설계 개발하려는 장치의 열 패턴을 쉽게 눈으로 보고 계량화 할 수 있게 되었다.

(3) 열화상 현미경 검사

현미경과 열화상 카메라를 결합하면 미세한 범위와 물체의 열화상을 얻을 수 있으며, 최소 3미크론 크기의 물체 온도를 정확하게 측정할 수 있다. 예를 들어, 전자제품 제조업체에서는 열화상 현미경을 사용하여 전자회로의 각종 부품과 반도체의 열적 성능을 비접촉 방식으로 측정하고 있다.

(4) 의료용 서모그래피

의료 분야에서도 열화상 기술은 정확하고 계량화가 가능하며, 비접촉 방식의 진단 데이터를 제공하고 있다. 고성능의 열화상 카메라로 표면의 온도를 측정하고 가시화할 수 있다. 주요 적용 예로는 혈관 진단, 종양 조직 확인, 근육의 변형 진단, 그리고 출혈 위치 진단 등이 있다.

(5) 추적

열화상 카메라 시스템은 어두운 장소나 역광이 심한 열악한 환경에서 가시성을 확보하여 비디오 추적 시스템의 단점을 보완해준다. 추적 시스템은 이 기능을 사용하여 대상 물체를 시야에서 놓치지 않고 계속 추적할 수 있으며 물체의 방위각, 사정거리, 고도 등을 지속적으로 측정할 수 있다.

(6) 레이저 표적장치

레이저 표적기는 특정한 장소나 목표물에 레이저 빔을 발사하여 정밀 유도 무기가 목표를 정확하게 타격할 수 있도록 해준다. 열화상 카메라는 육안으로는 관찰할 수 없는 이 유도 빔을 감지할 수 있으므로 표적장치의 연구 개발과 표적 조준의 정확성을 검증하는데 사용된다.

(7) 적외선 비파괴검사

적외선 비파괴검사는 대상 물체를 여자(Excitation)시켜서 그 표면에 나타나는 온도 차이를 검출하여 물체 내부에 있는 결함을 검사할 수 있는 기술이다. 적외선 비파괴검사는 복합재료 내부의 공극, 층박리, 수분 등을 검사할 수 있다. 또한 태양전지 내부의 분류(Shunt)나 전하 밀도 등을 검사하는데도 사용된다.

4.4 컴퓨터 및 정보시스템

최근 IT분야 발달의 영향으로 컴퓨터라는 용어를 모르는 사람은 없다. 이제는 더 이상 누구에게도 컴퓨터의 필요성과 활용에 관한 이유를 역설할 필요가 없다. 그러나 한편 컴퓨터의 활용도에 관한 면에서는 컴퓨터의 기능과 역할에 턱없이 못 미치고 있다. 그 이유는 무엇일까? 컴퓨터는 스스로 존재하는 물체가 아니고, 누군가가 필요에 의해서 만들어진 것이다. 그렇다면 이러한 장치를 만드는 데는 일정한 법칙과 원리가 있고 그 필요성이 분명히 있다. 이와 같이 컴퓨터는 인간의 필요를 충족시키는 수단(도구)이다. 따라서 이러한 도구는 첫째, 제작의 원리를 이해하고, 둘째, 필요의 용도가 분명해야 되며, 마지막으로 이러한 용도에 충분히 활용이 되어야 한다.

본 절에서는 건설과 관련된 컴퓨터의 원리와 용도 그리고 활용에 관해서 논할 것이다.

4.4.1 Computer and Calculator

(1) Calculator

초기에는 저장능력보다는 단순한 연산능력을 갖는 연산기로서의 의미를 가졌으나 현재로서는 거의 컴퓨터 이상의 기능을 갖고 있는 계산기가 많다.

(2) Computer

보통 입력과 출력이 가능하고 연산 및 저장 능력을 갖고 있는 장치를 의미한다. 그 용량과 기능에 따라 구분해 보면 다음과 같다.

4.4.2 컴퓨터의 분류

여러 측면에서 분류가 가능하나 용량 및 성능에 의한 분류를 하면 다음과 같은 3개의 분류로 나눈다.

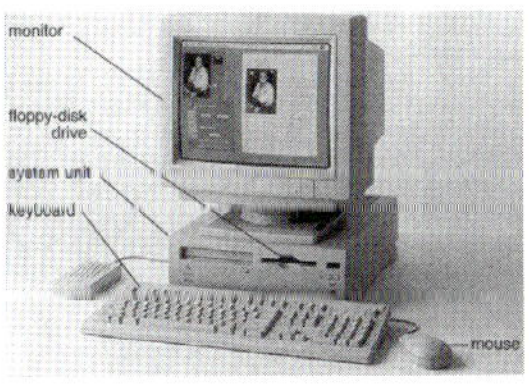

그림 4.4.1 소형컴퓨터

그림 4.4.2 중대형컴퓨터

그림 4.4.3 초대형컴퓨터

(1) 소형 컴퓨터(Microcomputer)

보통 데스크톱 PC가 여기에 속하나 최근 Server 기능이 있는 강력한 컴퓨터가 많다.

(2) 중형 컴퓨터(Minicomputer)

일반적으로 소수의 인력이 업무를 공유할 수 있는 정도의 Workstation으로 일반 중소형 기업에서 많이 사용한다.

(3) 중대형 컴퓨터(Mainframe computer)

대형용량의 저장능력과 연산능력을 갖는 컴퓨터로 정부기관 및 대형업체에서 사용한다.

(4) 초대형 컴퓨터(Mainframe computer)

HP e3000 server, IBM RS/6000 SP 등이 대표적인 초대형 컴퓨터이다. 다음 표 4.4.1에서 보여준 바와 같이 보통 데스크톱 PC의 15,000배 이상의 성능을 갖는다.

표 4.4.1 슈퍼컴퓨터와 일반 컴퓨터의 비교

구분	IBM supercomputer(RS/600 SP)	average desktop PC
Processors	5,856	One
Performance	3.88 TF peak(PC의 15,000배)	about 350 MHz
Storage	75 TB	5 GB
Memory	2.6 TB of RAM(PC의 80,000)	64 MB of RAM

4.4.3 정보시스템의 구성

정보시스템이라는 용어가 생소하겠지만 실제 계산기와는 다른 의미의 컴퓨터를 생각해 보면 실질적으로 컴퓨터의 기능과 목적은 정보시스템(Information system)으로서의 역할이다. 그러므로 컴퓨터는 정보시스템의 일부로서 다음 그림 4.4.4와 같이 분류를 하여 각각의 기능을 살펴보자.

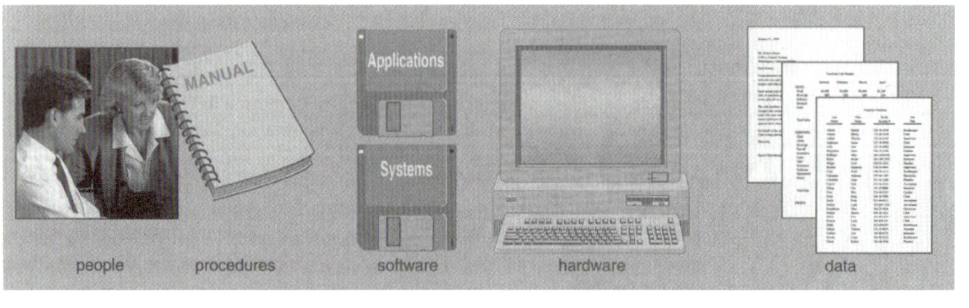

그림 4.4.4 정보시스템의 구성 개념도

(1) 사람 : 사용자

- 절차(Procedures) : Hardware나 Software의 사용 가이드라인
  예) 삼성컴퓨터 Manual, 한글 매뉴얼
- Software : 일반 소프트웨어 Power Point, Excel 등
  System software(OS) Windows, Unix 등
- Hardware : Keyboard, Harddisk 등
- Data : Raw and Unprocessed facts

4.4.4 컴퓨터 하드웨어의 구성

- 입력(Input)
- System unit (CPU, Memory)
- Output device
- Communication device (Modem 등)로 구성되어 있다.

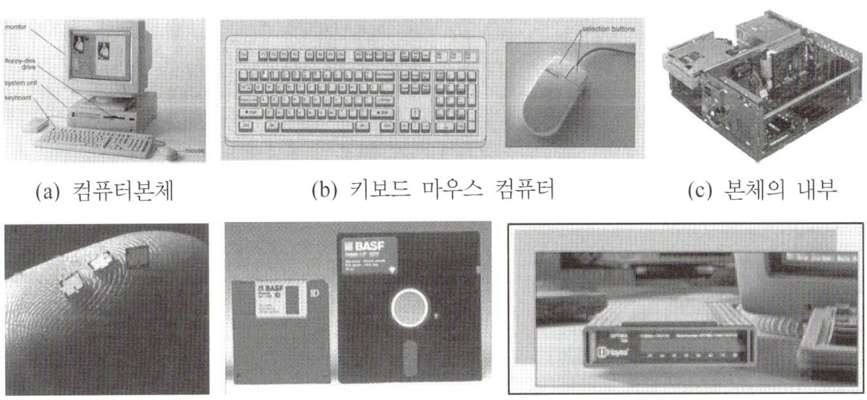

(a) 컴퓨터본체 (b) 키보드 마우스 컴퓨터 (c) 본체의 내부

(d) 마이크로프로세서 (e) floppy 디스크 (f) 모뎀

그림 4.4.5 컴퓨터의 하드웨어

4.4.5 처리장치(Processing unit)

컴퓨터는 일반적으로 CPU와 Memory에서 Binary system을 통한 그림 4.4.6과 같이 작업처리과정이 이루어진다.

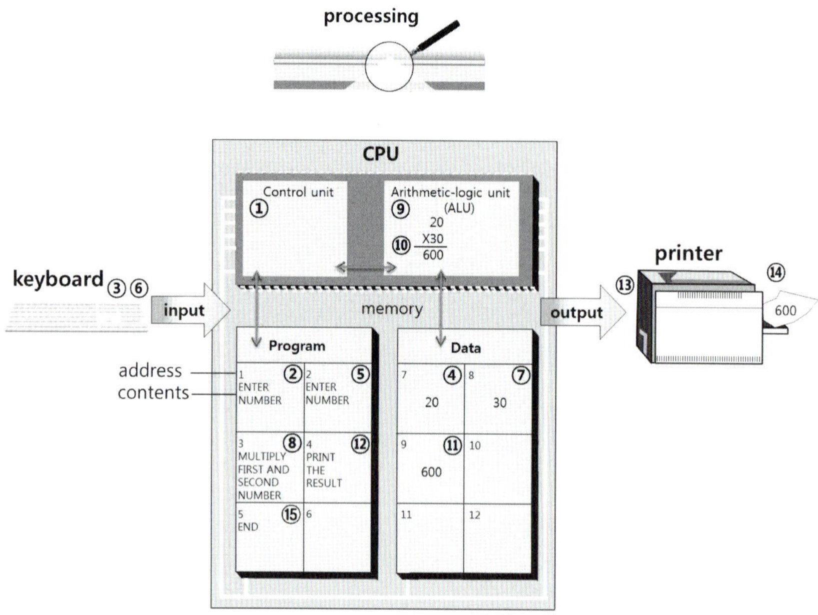

그림 4.4.6 CPU와 Memory의 작동원리

(1) CPU

CPU는 Control unit과 Arithmetic-logic unit으로 구성되어 있다.

(2) Memory

기억장치는 연산과 컴퓨터의 작동에 필요한 임시 데이터나 프로그램 지침 또는 기타 필요한 정보를 저장한다. 따라서 Memory를 임시기억장소라 한다.

(3) Binary system

모든 데이터나 컴퓨터의 자동지침은 모두 2진연산신호에 의해서 작동된다. 대표적인 Binary coding schemes은 ASCII와 EBCDIC이다.

(4) Bits

Binary system 에서 0혹은 1을 bit라 한다.

(5) Byte

예를 들어, 문자나 숫자 또는 특수문자를 표현하기 위해서 8개의 bit의 그룹으로 표현될 때, 이를 Byte라 한다. 그림 4.4.7은 WIN이라는 글자(Character)를 on/off, 0/1로 표현하는 Binary code(ASCII)를 나타내며, 그림 4.4.8 데이터를 표현하기 위한 ASCII와 EBDIC binary coding schemes를 나타낸다.

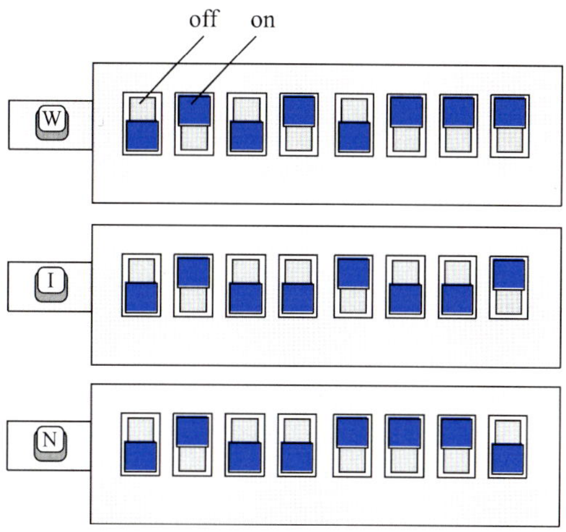

그림 4.4.7 WIN _ binary code(ASCII)

Binary Codes

Character	ASCII	EBCDIC
A	0100 0001	1100 0001
B	0100 0010	1100 0010
C	0100 0011	1100 0011
D	0100 0100	1100 0100
E	0100 0101	1100 0101
F	0100 0110	1100 0110
G	0100 0111	1100 0111
H	0100 1000	1100 1000
I	0100 1001	1100 1001
J	0100 1010	1101 0001
K	0100 1011	1101 0010
L	0100 1100	1101 0011
M	0100 1101	1101 0100
N	0100 1110	1101 0101
O	0100 1111	1101 0110
P	0101 0000	1101 0111
Q	0101 0001	1101 1000
R	0101 0010	1101 1001
S	0101 0011	1110 0010
T	0101 0100	1110 0011
U	0101 0101	1110 0100
V	0101 0110	1110 0101
W	0101 0111	1110 0110
X	0101 1000	1110 0111
Y	0101 1001	1110 1000
Z	0101 1010	1110 1001
0	0011 0000	1111 0000
1	0011 0001	1111 0001
2	0011 0010	1111 0010
3	0011 0011	1111 0011
4	0011 0100	1111 0100
5	0011 0101	1111 0101
6	0011 0110	1111 0110
7	0011 0111	1111 0111
8	0011 1000	1111 1000
9	0011 1001	1111 1001

그림 4.4.8 ASCII와 EBDIC binary codding Schemes

4.4.6 컴퓨터 시스템 구성(Computer system unit)

(1) System board

Motherboard라고도 하며 다른 여러 가지의 컴퓨터 구성요소를 지지하고 있다.

(2) Microprocessor chips

한 개의 실리콘(Silicon)칩으로 되어 있는 CPU는 대부분이 Intel and Motorola 에서 생산된다.

(3) Memory chips

RAM과 ROM (Read-only memory)이 있으며, 프로그램과 작동지침을 저장한다.

(4) System clock

컴퓨터의 작동속도를 조절한다.

(5) 확장 slot과 보드(Boards)

컴퓨터의 성능을 확장하기 위한 Slots과 보드(Boards)

(6) Bus line

다양한 내부 시스템 요소들을 연결하는 것

(7) Ports

시스템 밖의 장치들을 연결하기 위한 것

(8) 보조기억장치

영구적인 데이터를 저장하는 장치로 Floppy disk, Hard disk, Tape driver, CD-ROM, Optical disk 등 수많은 종류의 저장장치가 있다.

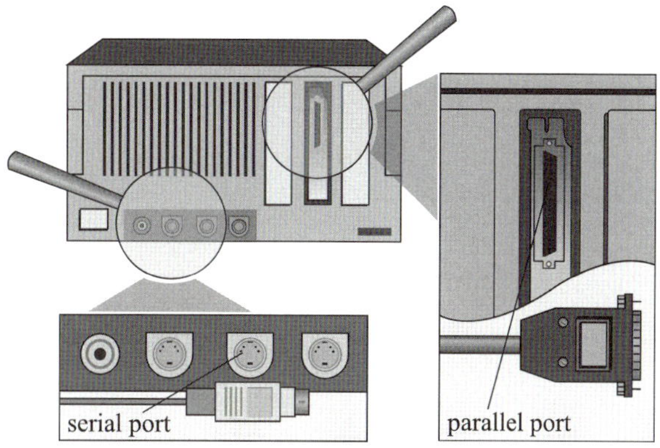

그림 4.4.9 컴퓨터 뒷부분에 있는 포트(Ports)

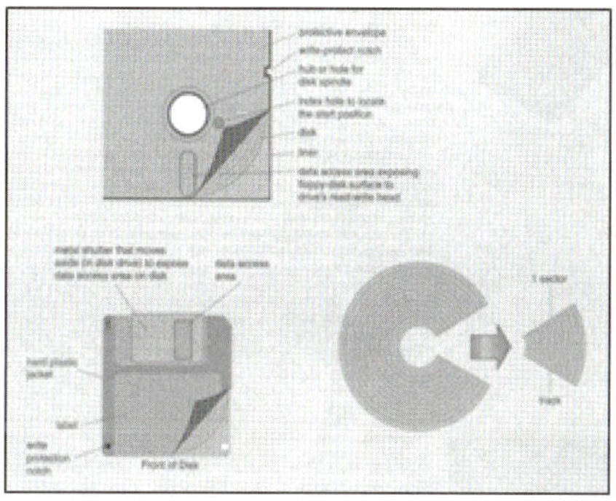

그림 4.4.10 플로피 디스크의 각 부분

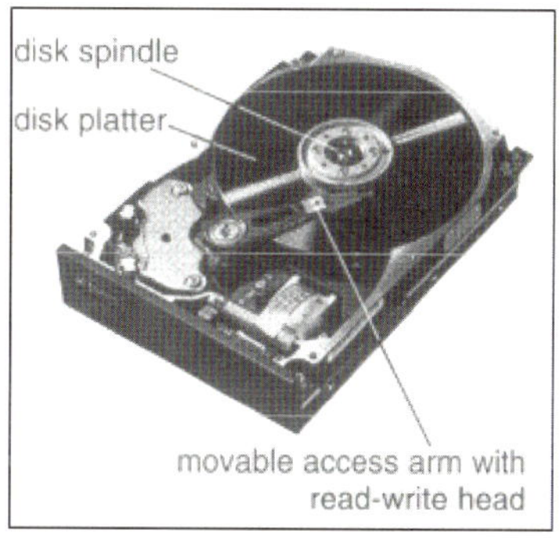

그림 4.4.11 하드 디스크 드라이브의 내부

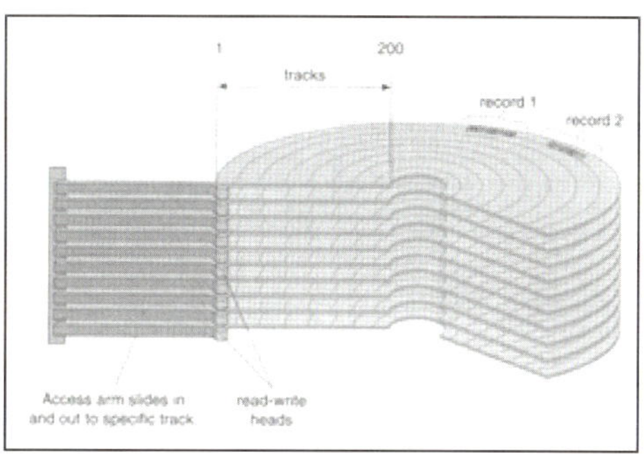

그림 4.4.12 하드 디스크의 작동 방법

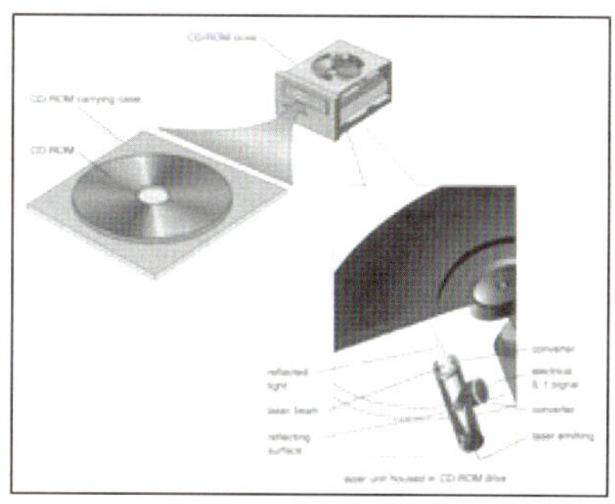

그림 4.4.13 CD-ROM의 읽기

4.4.7 커뮤니케이션과 네트워크 [Communication and connectivity (Network)]

이미 잘 알려진 바와 같이 Internet은 전 세계를 연결하는 정보통신수단이다. 이러한 수단은 전자메일, 공공토론, 파일공유, 다른 컴퓨터 시스템에서의 프로그램 실행 등 수많은 정보공유활동을 가능하게 한다. 그림 4.4.14는 전 세계의 인터넷의 연결을 보여준다.

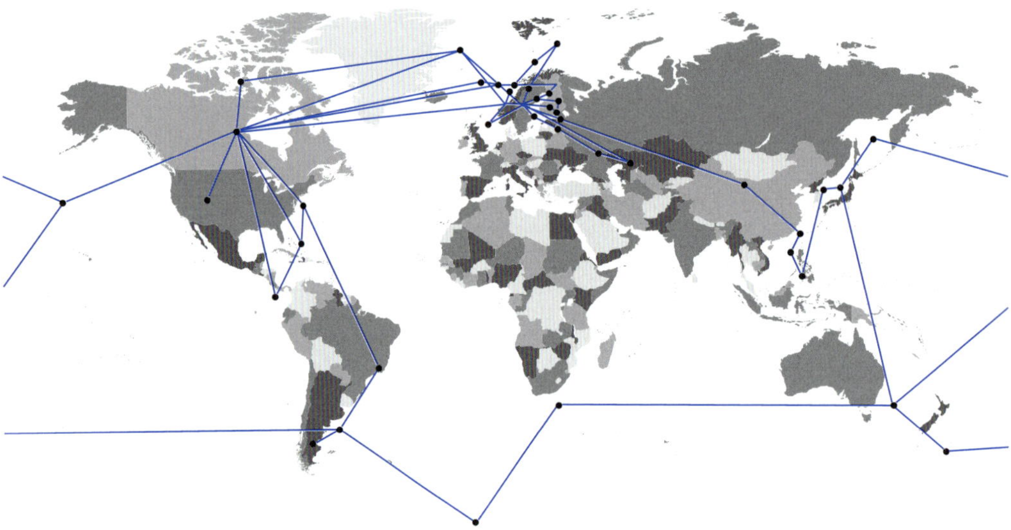

그림 4.4.14 전 세계의 인터넷 연결

(1) 통신채널

전화선, 동축케이블, Fiber-optic 케이블, Microwave, Satellites 등이 이용된다.

(2) Bandwidth

Bandwidth는 채널에 Bits-per-second로 전송되는 전송능력을 나타낸다.

(3) 데이터 전송

그림 4.4.15는 케이블 크기와 용량을 비교한 것으로 Twisted pair, Coaxial cable, 그리고 Fiber-optic cable을 이용한 데이터 전송과 그림 4.4.16에서 데이터 전송 유선모뎀의 개념을 설명하고 있다.

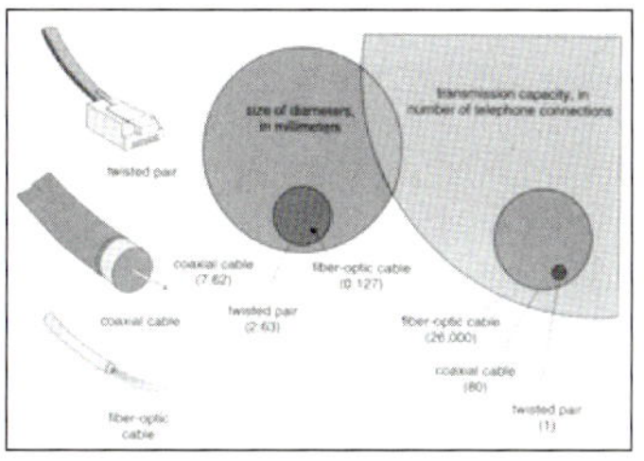

그림 4.4.15 케이블 크기와 용량의 비교

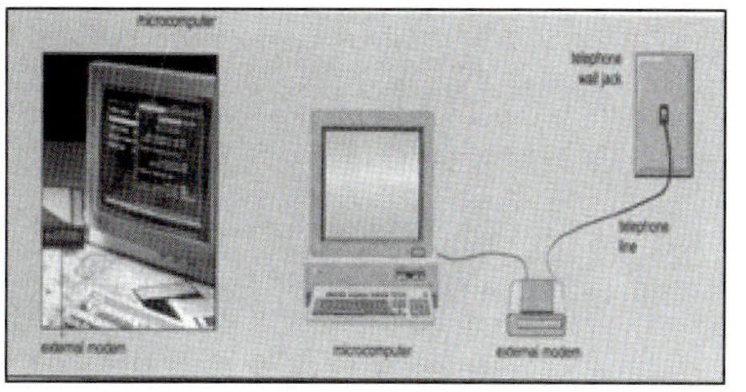

그림 4.4.16 데이터 전송 유선모뎀

(4) Serial 전송

Serial 전송에는 그림 4.4.17에서 보여준 바와 같이 일렬전송방식으로 대표적으로 RS232 연결카드가 이 방식이다.

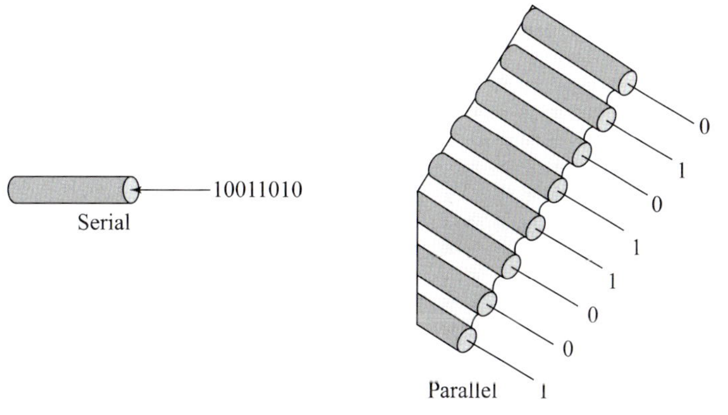

그림 4.4.17 직렬전송과 병렬전송

(5) Parallel 전송

Parallel의 전송은 그림 4.4.17에서 보여준 바와 같이 동시전송방식으로 근거리에 유용하고 전화선을 사용하지 않는다.

(6) LAN (Local area network)

LAN방식의 통신은 근거리 통신망은 같은 구역 내에서 유용하게 사용된다.

(7) MAN (Metropolitan area network)

MAN방식의 통신은 시내에서 건물에서 건물간의 통신망을 연결하기에 적합한 방식이다.

(8) WAN (Wide area network)

WAN은 국가 대 국가 간의 통신망을 말하며 그림 4.4.18에서 광역네트워크를 설명하기 위해 각각의 전송방식과 네트워크의 구성을 보여준다.

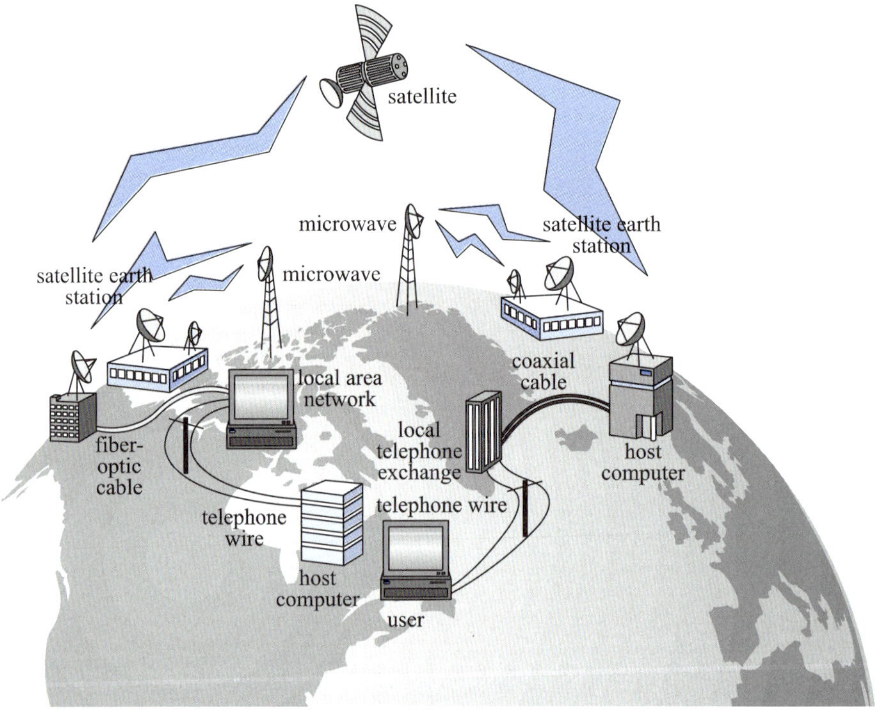

그림 4.4.18 광역 네트워크의 예

연습문제

1. 컴퓨터 CPU의 구성과 기능을 설명하시오.

2. 다음 용어를 설명하시오.
   ① LAN
   ② RAM
   ③ Ports
   ④ System board
   ⑤ Byte
   ⑥ Bus line

Chapter

05

공학에서의 의사표현

요섬

기술자(Technician)와 지적전문가 혹은 공학자(Professional engineer)집단을 구분하는 중요한 척도 중의 하나는 의사표현의 능력여부를 들 수 있다. 즉, 기술자는 단순히 하나의 일을 할 수 있는 능력이 있느냐 하는 것만이 주관심사이지만 지적전문가는 이것 외에도 스스로가 하는 일을 설명할 수 있는 능력도 있어야 한다. 즉, 일을 하는 능력만이 아니고 아이디어의 표현, 제시, 과업의 진행방향, 방법비교, 결과예측 그리고 결과의 분석과 실패에 대한 문제점 분석 및 새로운 방안의 제시에 이르기까지 팀작업의 중심점으로 활동하여야 하기 때문이다. 이에 따라 본 절에서는 지적전문가들이 갖추어야 할 의사표현기법과 이의 개발을 중심으로 설명하고자 한다.

5.1 의사표현의 목적

공학자들이 무엇인가를 설계하고자 할 때, 가장 먼저 결정하여야 할 사항은 어떠한 내용을 기대하고 설계하려 하는 가를 선정하여야 한다는 것이다. 자신이 발표하고자 하는 내용이 무엇인지를 결정하지 않은 채 다만 시작하고 보는 경우, 그만큼 실패할 확률이 높아질 것이며, 작품이 만들어졌다 하더라도 정확한 의사전달을 기대하기는 더더욱 어려울 것이다.

일반적으로 의사전달이란 다음의 세 가지 목표를 가지고 있다. 즉,

- 정보(Information)의 전달
- 관점(Point)의 제시
- 어느 일을 행하도록 상대를 설득하려는 것으로 때로는 이들이 복합적으로 포함되기도 한다.

의사표현이 목적에 따라 그 특성을 분류해 보면, 다음의 세 가지로 구분할 수 있다.

(1) 정보의 전달

효과적인 정보의 전달을 위해서는 읽는 사람이 어떤 결정을 하기 위하여 필요한 모든 가능한 자료들을 최대한으로 제공하여야 한다. 이에 따라 정보전달목적의 의사표현에서는 그 구성형태를 읽는 이가 정보에 최대한 접촉할 수 있고, 이를 최대한 흡수, 이해할 수 있도록 구성하여야 하는데, 이러한 예로서는 조사보고서, 시찰보고서, 실험보고서 등을 들 수 있다.

(2) 주장의 전달

효율적인 주장의 전달을 위하여 공학자들은 광범위한 연구와 평가, 그리고 그들의 결론을 논리적으로 실증해낼 수 있는 작업으로부터 자료를 선정하여 제시하여 왔다. 정보의 전달과는 구조적으로 다르게 주장의 전달에서는 각 절 및 각 단락을 통하여 주장하는 바를 입증할 수 있는 관련자료들을 제시할 수 있어야 한다는 것이며, 이러한 주장의 전달형태로서는 타당한 연구, 학회지 기사 등을 들 수 있다.

(3) 설득을 위한 의사전달

설득을 위한 의사전달은 일상적인 공학적 정보에 비하여 많은 성과를 거둘 수 있다. 공학적인 정보들이 대부분 기술의 제시를 중심으로 이루어지고 있는데 반하여, 정보의 형태적 가치나 공학자의 특별한 관심 등은 공학자의 결정이나 동시, 비용의식 등에 대하여 회의적인 독자들에게 필요하다. 즉, 설득을 위한 의사전달을 통하여 공학자들은 독자들의 신뢰도를 현재보다 확실하게 할 수 있으며, 이러한 설득을 위한 의사전달의 형태로는 기술제안서 및 개인평가서 등을 들 수 있다.

5.2 의사표현의 형식

공학적 의사표현에 대한 세 가지 형태의 이러한 구분(정보의 전달, 주장의 전달, 설득의 전달) 등은 의사전달과정 중에 포함되는 내용의 형식에 따라 구분된 것이다. 공학자들과 관련한 일반적인 의사표현형식의 구분으로는 실험실 및 현장보고서(Lab and Field notebooks), 비망록(메모, Memos), 개요(Executives summary), 주기적 보고서(Periodic reports), 기술보고서(Technical reports), 기술논문(Technical papers), 계획서(Proposals) 등을 들 수 있다.

(1) 실험실 및 현장보고서

본질적으로 공학적 조사과정에서 얻어지는 자료들이나 결과에 관한 비형식적 기록들이다.

(2) 비망록(메모)

개인 혹은 하나의 기구 내에 속해 있는 사람들 집단의 직접적이고 주요한 비공식적 서면대화이다. 메모는 수신자, 발신자 및 주제와 일자 등을 명시하여야 하고, 그 형식의 예는 그림 5.2.1과 같다.

팀 내 공고

공고일시 : 2002년 8월 19일
대　　상 : 공학설계그룹 팀원들
공 고 인 : 홍길동(수석기술자)
주　　제 : 설계그룹 정기모임

오는 2002년 9월 18일(수요일) 오후 3시에 본 건물 326호 회의실에서 설계그룹 정기모임을 갖고자 합니다. 신공항 구조물과 접근도로의 설계에 관한 대안에 대하여 검토하고자 하오니, 의견들을 제시하여 주시기 바랍니다.

그림 5.2.1 메모의 형식 예

(3) 개요

완전한 보고서에 대한 짧은 개관(일반적으로 두 페이지 이내)을 의미하며, 이 글의 목적은 보고서의 주된 결과에 대한 독자의 이해를 돕기 위하여 충분한 정보를 제시하려는데 있다. 일반적으로 독자(기술적이든 비기술적이든 간에)는 기구 내에서 충분히 높은 위치에 있어 보고서의 핵심을 반드시 알아야 하나 모든 부분을 읽을 만한 시간이 없는 경향이 있는 사람이 대상으로 개요의 주된 초점으로는 목적, 전망, 방법 및 결과 등을 포함한 한두 줄의 보고서 조언이다.

(4) 주기적 보고서

아직 완성되지 않은 사업의 상태에 대해 토론하기 위하여 주기적으로 보고되는(한 달, 분기 혹은 연마다) 문서를 말하며, 독자들에게 완성된 부분, 완성되지 못한 부분, 기타 관심을 가질 만한 부분(기대하지 못한 어려움, 절차의 변화, 예산의 어려움 등)에 대하여 정확하게 전달하기 위하여 사용한다.

(5) 기술보고서

공학적 의사전달의 중추적 형태이며, 모든 공학적 사업의 말기에는 최종보고서를 작성하여야 한다. 기술보고서는 사업의 내부적인 모든 정보에 대해서도 믿을 만한 제시가 있어야 한다. 기술보고서의 형식에 대해서는 다음 절에서 논의하도록 한다.

(6) 기술논문

연구결과 및 설계현황에 대해 기술하는 가장 기본적인 도구이다. 기술논문은 기술 보고서를 핵심적으로 축약한 형태이며, 전문학술지나 기술발표회 등을 통하여 빈번하게 제시된다.

(7) 계획서

관심 있는 고객에게 특정한 사업의 착수를 설득하려는 목적으로 사용되며, 공학자는 때때로 연구 및 개발사업의 착수를 위한 재정지원을 얻기 위하여 정부기관들(지역, 주 및 중앙)에 제출하기도 한다.

5.3 기술보고서의 형식

공학자 및 기술자가 친숙하게 사용하고 있는 보고서의 형식, 도구 및 기법에서 중요한 두 가지의 요소로는 보고서의 능률성과 효율성을 들 수 있다. 전통적인 형태들은 공학자가 보고서와 관련하여 기술하는 모든 주제들이 명확할 수 있도록 하는 것이며, 전통적인 도구들은 표준적인 명명법, 기호, 표, 인용들과 같이 독자들이 필요로 하는 정보들을 쉽게 구별하고, 이해할 수 있도록 돕는 역할을 한다. 더욱 중요한 요소로는 기술적 정보에 대한 보고서의 서술기법으로 보고서 작성을 더욱 빠르고, 효율적으로 만들 수 있게 한다.

- 앞부분(선행적으로 인용되는 부분)은 머리말, 제출문, 표지, 목차, 표 및 그림의 목차, 요지 등을 포함한다.
- 보고서의 본문으로는 서론, 보고서 본문, 결론, 색인과 조언 등을 포함한다.
- 후반부분은 그래프, 부록, 부속정보, 각주 및 서지목록 등 추가적으로 제공되는 정보들을 의미한다.

5.3.1 앞부분

머리말과 제출문은 같은 기능을 하는 것이므로 두 가지를 모두 사용할 필요는 없다. 제출문은 보고서의 앞면이나 표지에서 제시되는 것으로 개인이나 집단을 대상으로 하나, 머리말은 보다 일반적인 대중들을 대상으로 한다. 제출문이나 머리말은 독자들에게 대하여 주제, 목적, 동행보고서와 같은 전후관계 등에 대하여 일괄적인 내용을 간단히 정리한 것으로 그림 5.3.1은 제출문의 예이다.

제출문

한국엔지니어링 주식회사
주식회사 명문건설 귀하

본 보고서를 "지리정보체계 및 전문가 시스템을 이용한 신도시 수자원 계획기법제시"의 최종보고서로 제출합니다.

본 연구는 "신도시 건설과 수자원 확보사업"에 관한 1차 사업의 일환으로 2000년 4월 1일부터 2002년 7월 30일까지 수행되었으며, 과업수행에 재정적 지원을 주신 한국엔지니어링 주식회사 및 주식회사 명문건설과 자료제공에 도움을 주신 대전광역시 상수도본부에 감사드립니다.

2002. 8. 30.

대한토목연구단 수자원연구소
소장 : 변 학 도
책임연구원 : 이몽룡(공학박사)

그림 5.3.1 제출문의 예

이와 같은 경우로 표지의 구성을 들 수 있다. 이를 통하여 특별한 정보를 추가적으로 제공할 수 있는데, 독자가 보고서를 확인하거나 다른 보고서와 구별하기 위한 최소한도의 주요 정보로서 보고서의 제목(부제목까지를 포함할 필요는 없음), 날짜, 개인 혹은 기관의 이름을 통하여 보고서를 일반적으로 구분한다.

목차도 유용하게 사용할 수 있으나 때로는 이로 인하여 혼란스러울 수도 있다. 이를 통하여, 독자는 정보를 빠르게 찾아볼 수도 있고, 보고서가 다루고 있는 주제들, 이론의 구성과 각 주제별 중요도를 제공할 수 있기 때문이다. 만일 목차가 이러한 기능을 할 수 없다면 이는 독자를 혼란하게 만들 뿐이며, 따라서 이러한 경우에는 생략하는 것이 좋다. 그림 5.3.2는 목차의 예이다.

목차

그림 5.3.2 목차의 예

표와 그림의 목차도 목차와 별도로 보고서의 선행부분으로 사용되며, 이들은 일반적으로 구분하여 소개되는데, 이는 정보를 나타내는 서로 다른 비문자적 도구들이기 때문이다.

이와 같이 분리된 형태는 독자들에게 그림으로 제시된 정보가 어떤 것들이며, 보다 정확한 표로 제시된 정보들로는 어떤 것들이 있는지를 알 수 있게 한다. 만일 표나 그림으로 제시된 정보의 수가 매우 적을 경우에는 표나 그림의 목차를 생략할 수도 있으나, 반대로 표나 그림의 수가 매우 많거나 아주 전문적인 정보들을 제시하고 있을 경우에는 표나 그림목차에 대한 적절한 구성이 필요하다. 표나 그림의 목차에 대한 예는 그림 5.3.3에 제시하고 있다.

선행부분의 마지막 요소로는 요지를 들 수 있으며, 이는 서술적이며 정보의 전달을 위주로 한다. 이는 독자에게 보고서 전반에 대한 정보를 추가적으로 전달할 수 있는데 보고서에서 서술하는 주요 주제 혹은 서술하고자 하는 중심점들을 일러주기 위해 사용하며, 보고서의 길이에 관계없이 요지의 길이는 10줄 이하를 사용한다. 이는 발표하고자 하는 주제, 사용한 방법들, 그리고 주된 결과들을 필수적으로 포함하여야 한다. 경우에 따라서는 주된 권고 등을 포함할 수도 있다.

때로는 학회지나 기관보고서에 따라 요지를 수백 자 이내로 제한하기도 하나, 공학 보고서의 경우 보고서 전체 길이의 5~10퍼센트를 넘어서는 안 되며, 요지를 쓰는 경우 기억해야 할 점은 보고서의 내용에 대하여 요지를 쓰는 것이지 보고서에서 다루는 공학문제나 해법에 대한 것이 아니라는 점을 들 수 있다. 요지의 예로는 그림 5.3.4를 들 수 있다.

표의 목차

그림 5.3.3 표의 목차에 대한 예

요지

도시유역의 수자원 개발 및 재해예방을 위해서는 정확한 정보의 수집 및 예측, 해석방법의 선정이 매우 중요하다. 따라서 본 연구에서는 지리정보체계 및 인공위성 관측 정보의 적용을 통하여 정확한 입력정보의 생성방안을 개발하였고, 급속한 도시화의 영향에 다른 수자원 및 환경문제를 보다 효율적으로 해결하기 위하여 전문가 시스템의 개발 및 적용방안을 제안하였다. ARC/INFO를 사용한 지리정보체계의 적용과 인공위성 관측정보를 사용함으로써 넓은 공간에서 시간적 변화가 큰 안양천 유역의 자료들을 합리적으로 획득하였으며, CLIPS 6.0을 적용하여 전문가 시스템 ESPE를 개발하였다. 재현결과가 측정자료들과 전반적으로 일치하였고, 이러한 방법들은 급속히 변화하는 도시유역의 유출 및 수질 모의에 효율적으로 활용될 수 있을 것으로 기대된다.

핵심용어 : 도시유출, 수질모형, 지리정보체계, 전문가 시스템

그림 5.3.4 요지의 예

5.3.2 보고서의 본문

기술보고서에 대한 본문은 다음과 같이 구성할 수 있다.

- 독자에게 보고서의 주제, 목적, 전체적 내용과 보고서의 일반적 구조형성을 정의해 주기 위한 서론 부분
- 일반적인 정보, 논증, 보고서의 주제와 관련된 공학적 자료를 포함하는 설득력 있는 구조로 이루어져 있는 보고서의 중심부분
- 보고서의 중심결과나 그 결과를 바탕으로 한 제언 등을 포함하는 보고서의 결론부분

서론부분에서는 독자들에게 보고서의 주제, 목적, 범위와 연구계획에 대하여 서술한다. 주제는 가능한 한 첫 번째 문장에서 기술하고, 다음과 같이 간단히 서술한다.

"다음의 보고서에서는 1985년 6월 13일 암석연구회에서 개발한 적정한 설계 방법의 변화에 대하여 평가하였다."

이러한 서술이 흥미로운 내용은 아니지만 독자에게 보고서에서 기술하고자 하는 내용을 직접적으로 알릴 수 있는 명확한 내용이라고 볼 수 있다. 물론, 보고서의 저자는 서론부에서 보고서가 다루는 것보다 정확한 내용들을 서술할 수도 있다.

"이 보고서는 암석연구회에서 제안한 해안범프시설, 터미널의 이진점, 펌프장, 다양한 터미널, 내부터미널간의 흐름, 이동펌프 시스템에서의 변화를 기술한다."

비록 위와 같은 노력이 모두 필요하지는 않더라도 암석연구회에서 6개월 전에 제안했던 내용을 정확하게 기억하지 못하는 독자들에게 올바르게 인식할 수 있도록 할 수는 있다.

각각의 보고서는 서론부에서 우선 말하고자 하는 특별한 목적을 가지고 있다. 그러한 표현은 간단한 인용을 통하여 보고서에 서술할 수 있다. 예를 들면,

"이 보고서는 6월17일 암석연구회의 요구에 의하여 작성되었습니다."

이러한 목적에 대한 기술은 독자들에 대한 근본적인 책임 소재를 밝히기 위하여 사용되기도 한다.

"이 보고서는 암석연구회의 요청에 의하여 설계대안들에 대한 기계의 소음과 3년간의 운영기간을 통하여 시스템의 평균유량에 영향을 미치며 초기 설계

에 대하여 상대적으로 관리가 요구되는 사항들을 평가하기 위하여 작성되었습니다. ”

이러한 목적에 대한 기술은 독자들에게 왜 이러한 보고서가 씌어졌고, 서술하고자 하는 주제를 명확히 하며, 다루고자하는 순서를 알 수 있게 한다.

공학보고서의 목적보다는 범위에 대한 규정이 다루고자 하는 혹은 제외하고자 하는 부분에 대한 사항을 더욱 명확히 할 수 있다. 범위에 대한 기술은 청중에게 보고서가 의도하는 바와 작업의 형태에 대하여 서술하고 때로는 작업의 범위를 넘어서는 과제의 진행방향을 서술하기도 한다. 예를 들면,

“ 이 보고서는 계약부서의 행동요령과 운영평가부서의 검토를 포함하고 있다. 대안 설계에 의한 기계소음을 API 절차에 의하여 평가하였으며, 현장실험은 독자적인 설계로 인하여 필요하지 않다. 평균유출률은 현재 회사에 적용가능하고, 기존시스템의 관리로부터 개발된 컴퓨터 시뮬레이션 도구에 의하여 계산하였다. 상대적으로 유지에 필요한 요소들은 비슷한 형태의 설계 및 관리 매개변수들로부터 나타나는 역사적인 자료들을 사용하여 수립할 수 있다. ”

마지막으로 보고서의 중심부에 이르기 전에 보고자는 독자에게 보고서의 구조에 대한 시연을 통하여 무엇이 준비되어 있는지를 알릴 수 있다. 이에 따라 시간의 압력을 받는 숙련된 독자들의 경우, 많은 양 혹은 길이로 채워진 보고서의 내용들 중 직접 원하는 부분, 혹은 핵심으로 접근할 수 있도록 한다. 예를 들면,

“ 이 보고서는 원시스템의 설계에 대한 암석연구회의 비평을 참고하고, 적절하게 검토하려는 것이며, 암석연구회에서 제안한 각각의 개선안들을 기술하고 근해 펌프시설의 도입, 단말기간의 변환점, 펌프장, 다양한 단말기 등 작업과정에 대하여 제시하며, 최종적으로 내부단말기간의 흐름과 펌프장과의 변환 등에 대하여 제시하도록 한다. 각각의 개선안들에 대한 평가는 평가한계 및 과정들로 기술되었고, 각각의 사례에 대한 발견을 포함하였다. 이에 따른 자세한 실험자료들은 부록 A로부터 F까지 첨부하였다. 최종적으로 주요 문제들에 대한 전문가들의 제언을 제시하고, 본 연구에서 가능할 것으로 판단되는 시스템 개선안들의 실행계획을 제시하는 것으로 본 보고서를 결론지었다. ”

하나의 보고서는 최종본에서 주제, 목적, 범위와 본문을 제시한 이후에 개발계획을 제시하는 것으로 구성된다. 여기에서 보고서의 중심부분은 “공학자가 하려는 것이 무엇”이며, “왜 하려고 하는가”이다.

일반적으로 공학자들이 분석을 실시할 때, 다음과 같은 다섯 단계의 질문들을 예상할 수 있다.

- 주제를 설명하기 위하여 어떤(What) 단계들을 행하여야 하는가?
- 각 단계들은 언제(When), 어떤 순서로 행해져야 하는가?
- 각 단계들은 왜(Why) 행하여야 하는가?
- 각 단계들을 어떻게(How) 행하여야 하는가?
- 각 단계에서 어떠한(What) 결과를 얻을 수 있는가?

이러한 질문들에 대한 대답들은 보고서 내에 내재적으로 포함될 수도 있으나, 훌륭한 저자라면 이러한 질문에 대한 확신을 가질 수 있도록 문자적으로 제시할 수 있어야 한다.

효과적인 보고서에서는 발견 사항과 제언, 요약들을 분리하여 제시하도록 한다. 보고서의 발견사항들은 보고서에서 실시한 공학자의 분석에 의하여 확립된 사항들로 이러한 결론들은 보고서의 최종부에 위치하도록 하고, 각 결론들과의 관계를 명확히 하여야 하며, 이들을 바탕으로 의사 결정에 초점을 둘 수 있도록 한다.

발견 사항들과 제언들은 구분하여야 한다. 제언들은 발견 사항들로부터 파생된 결론으로 토론의 여지가 있으나, 공학적 발견 사항들은 토론의 대상이 아니며, 제언들은 독자가 조심스럽게 숙고할 수 있으나 이를 받아들이지 않아도 좋다. 그림 5.3.5는 기술보고서에서 작성할 수 있는 제언의 예이다.

제언

다음의 제언은 본 보고서 3.2절에서 논의된 바 있는 시간 및 예산상의 제약조건의 관점에서 작성하였다.

1. 각 펌프에 대한 유량계의 정밀도는 가능한 한 빠른 시일 내에 검사하도록 한다.
2. 각 펌프에 대한 자동제어기를 설치하기 이전에 일일 작동시간에 대한 결정이 선행되어야 한다.
3. 교체의 경우를 고려하여 결정할 수 있도록 다양한 크기의 용기들을 조합하여 입찰할 것을 권유한다,
4. 컴퓨터를 사용한 제어체계가 충분히 그 기능을 발휘할 수 있기 이전까지는 본 보고서 6.4절에서 제시하고 있는 표들을 참고하여 펌프들을 결정하도록 한다.

그림 5.3.5 기술보고서에서 작성할 수 있는 제인의 예

요약은 주어진 문제들, 작업의 수행, 발견 사항들에 대한 간단한 재론이며, 독자들의 관심을 주된 핵심으로 돌릴 수 있는 마지막 기회이다. 이는 새로운 정보를 소개하기 위한 것이 아니며, 요지나 개요와는 다르게 부가적인 것이므로 삭제할 수 있다. 그림 5.3.6은 간단한 요약의 예이다.

요약

위에서 토의한 바 있는 다섯 가지의 폐기물 처리방법들 중 어느 것이라도 2차 처리 공정을 통하여 유출되는 처리물에 적용할 수 있다. 그러나 각각의 방법들은 적절하게 평가되어야 하고, 적절하게 건설되어진 시스템을 통하여 다른 자연적 오염원들을 차단할 수 있도록 운영되어야 한다는 것이다. 본 연구에서는 지표하 주입 및 증발조에 의한 처리비용의 추징과정을 개발하였으며, 제안된 방법들을 통한 과정 및 비용의 계산 방법은 3절에서 토의되었다.

그림 5.3.6 요약의 예

5.3.3 후반부분

모든 공학보고서의 후반부분은 스스로의 장점에 대한 입장을 나타내는 것으로서, 이러한 명확성, 완전성 및 유용성을 제시하기 위하여 사용할 수 있는 도구들은 매우 다양하다. 즉, 다양한 서술방법, 표와 그림 및 이외의 도구들을 사용할 수 있다. 이들을 효과적으로 사용함으로써 독자들이 정보를 파악하거나 서술내용을 훼손하지 않는 추가적 정보의 제공과 함께 보고서의 신뢰성을 향상시킬 수 있을 것이다. 보다 형식적인 서술의 방법으로는 각주 및 책과 관련한 참고문헌의 소개(Bibliograph)를 들 수 있다. 이를 통해서는 독자들에게 서술의 정확성 및 근거를 제시할 수 있는 것으로 적적한 형식을 사용하는 것이 좋은데, 이의 예는 그림 5.3.7과 같이 나타낼 수 있다.

표는 비그림도구를 의미하며, 그림은 표와 다르다. 표는 독자들에게 특정한 내용을 설명할 수 있는 정확한 자료를 제시하는데 사용할 수 있으며, 그림은 표만큼 정밀하게 설명하기는 어렵지만 직접적이며 즉시 기억할 수 있는 시각적 표현이 가능하다는 장점을 가지고 있다. 결국 정밀한 자료의 제시는 표를, 자료의 패턴을 나타내는 데에는 그림을사용하는 것이 좋다고 보인다.

참고문헌

1. 건설부(1988). 수자원 관리기법 기술개발 연구조사 제2권, 한국확률강우량도.
2. 대전광역시(1992). 대전광역시 하수도정비 기본계획.
3. 대한주택공사(1993). 대전 관저지구 택지개발 상세설계.
4. 이범희(1998). 지리정보체계 및 전문가시스템을 이용한 도시유출 및 수질모형의 개발. 서울대학교 대학원 박사학위논문.
5. 한국수문학회(1993). "2. ILLUDAS 모형", 제1회 수공학 워크숍. pp. 1~41
6. 한국토지공사(1997). 대전 노은지구 택지개발사업 기본계획 및 기본설계.
7. Chow, V.T.,Maidment, D.R., and Mays. L.W.(1988). Applied hydrology, McGraw-Hill.
8. Huber, W.C. and Dickinson, R.E.(1988). Strom water management models; version 4, part A; User's manual, EPA/600/3-88/QO1a Environmental Protection Agency.
9. Soil Conservation Service(SCS)(1972). National engineering handbook, section 4, U.S. Department of Agriculture, Washington, D.C
10. Terstriep, M.L. and Stall, J.B.(1974). The Illinois Urban Drainage Area Simulator; ILLUDAS, Bulletin

그림 5.3.7 참고문헌의 예

마지막으로 본문에는 삽입할 수 없으나 꼭 전달하고 싶은 정보가 있다면 보고서의 본문과 분리된 형태로 부록을 사용할 수 있다. 부록은 일반적으로 적은 분량의 정보를 제공하며, 부록의 내용은 특히 관심을 갖고 있는 사람이 아니고서는 모두 읽기를 기대하기 어려운 정도의 내용일 경우 사용한다

5.4 구두발표양식

의사의 전달은 한 사람의 생각을 다른 사람에게 전달하여 이해할 수 있도록 만드는 하나의 예술이다. 일반적으로 발표자가 그의 머릿속에 있는 생각을 청취자에게 간단히 전달하기가 어려우므로 다음과 같은 방법들을 사용하여 전달하는 것이 최선일 것이다.

① 발표하고자 하는 주된 정도, 주장의 목표를 파악하고 이를 도울 수 있는 적절한 도구를 선정하여야 한다.

② 청중의 수준과 자신의 의견구조를 파악하고, 청중의 이해를 높일 수 있는 도구를 선정한다. 만일 방사성 오염물의 폐기에 관하여 라이온스 클럽에서 강연을 한다면 기계공학회에서 발표하는 것보다 기술적으로 명확히 전달하기는 어려울 것이다.

③ 적절한 발표시간을 유지하여야 한다. 보통 한 주제에 대하여 집중할 수 있는 시간이 20~40분 정도이나, 일반적으로 20분 정도의 발표가 30분 발표보다 효과적인 것으로 알려져 있으며, 청중들이 끝내기를 바라는 시간까지 발표하기보다는 조금 더 들었으면 하는 정도에서 발표를 마치는 것을 권고한다. 이에 따라 30분 정도를 발표하는 경우의 시간분배 예는 그림 5.4.1과 같다.

④ 간단, 명료, 정확하고 적절한 술어를 사용한다. 진부한 표현은 발표자의 주장을 지루하게 만들 수 있으며, 과도한 전문용어의 사용은 주장을 불확실하게 만들 수 있다.

⑤ 시각적 도구를 사용한다. 어떠한 발표기법도 자료화면이나 모형 등 시각적 도구를 사용한 발표보다 효과적이지 못하다. 명확한 실험장치의 구성, 대상, 사용한 도구, 그래프, 목적 및 과정, 결과에 대한 중심어휘의 선정 등은 청중의 주의를 발표자에게로 끌고 오는 효과가 있다. 그림 5.4.2는 자료화면에서 제공할 수 있는 중심어의 예이다.

분	주제분할
2	1. 문제에 대한설명(서론)
	a.
	b.
15	2. 주제의 도입, 발전(주요 논점)
	a.
	b.
	c.
3	3. 정리 및 결론(해석)
	a.
	b.
	c.
10	4. 토론(3~4개의 준비된 질문으로 토론을 유도)
…	
30	

그림 5.4.1 간단한 발표시간분배 예

목표
– 양수함수 – 효용성함수 – 효율적 양수 펌프조합

그림 5.4.2 자료화면에서 제공할 수 있는 중심어의 예

⑥ 즉흥적으로 발표하라. 발표문을 암기하거나 읽는 식의 발표보다는 시각적 자료에 적절한 표현을 즉흥적으로 발표하는 것이 효과적이다.

⑦ 활기 있게 발표하라. 입을 작게 벌리고 발표함으로 인하여 웅얼거리거나 불확실한 동의어의 사용으로 인한 결론의 오해를 최대한으로 막아야 하며, 비록 같은 결론에 도달할 수 있을지라도 비효율적인 발표가 될 수도 있다.

⑧ 재미있어 보이도록 하라. 본인이 흥미가 없거나 흥미 없어 보인다면, 청중들도 흥미가 없어질 것은 자명하다. 거울 앞에서 연습을 해보고, 청중을 자극할 수 있는 방법을 발견하도록 하자.

⑨ 표시된 페이지를 읽지 않도록 한다. 만일 특정자료를 읽어야만 하는 경우가 있다면 페이지를 읽는 동안 머리를 너무 숙이지 않도록 하여 이마부분이 청중에게 보이도록 하고, 페이지를 넘겨야 하는 경우에는 위로 넘기도록 한다.

⑩ 청중들을 바라보며 발표하도록 한다. 만일 방안의 청중들을 모두 바라볼 수 있도록 하고, 한 사람이나 일부의 관중, 방의 구석, 한 집단만을 응시하지 않도록 하여 관중의 반응을 살피도록 한다.

⑪ 자발적이거나 자연스럽지 않은 몸짓은 필요하지 않다. 몸짓은 의미의 강조나 구두발표의 역동성이 필요한 경우, 청중이 발표경향을 따라오지 못하는 경우에 한하여 사용하고, 첫줄에 앉은 관중들과 눈을 맞출 수 있는 거리까지 접근하도록 한다. 과도한 몸짓은 분위기를 산란하게 하고, 불쾌하게 할 수도 있다.

⑫ 정해진 시간 내에 발표할 수 있도록 한다. 시간한계 내에서 발표할 수 있도록 준비하고, 평균발표속도는 1분당 100～150글자로 하되, 필요한 경우 속도를 높일 수 있으며, 시간한계에 도달하여 발표를 끊어야 하는 경우, 사소한 내용을 생략하고 중요한 내용만으로 정리하는 것이 좋다.

⑬ 만일 발표 후, 토론을 이끌어야 하는 경우 발표내용에 적합한 3～4개의 질문들을 준비해 두는 것이 좋으며, 청중에게 다양한 도움을 주어 발표자가 의도하는 방향으로 결론을 이끌 수 있도록 하되, 서먹해지는 경우 다른 질문으로 유도하도록 한다.

⑭ 발표 중에 자료들을 정리하지 않도록 한다. 청중들이 계속 발표를 들을 수

있도록 한다.

⑮ 정지와 발표속도의 변화, 강조나 새로운 주제의 소개, 음성의 굴절을 조절하기 위해서 때때로 발표를 멈추거나 발표 속도를 변화시켜 보도록 한다.

⑯ 발표시 마이크를 사용하게 되는 경우, 발표자의 입이 마이크와 6~12인치 이내로 접근하게 되면 목소리가 변성되는 경우가 발생할 수 있으니 주의하도록 한다.

⑰ 균형 잡힌 편안한 자세로 발표하는 것이 바람직하다. 그러나 소심한 상태 혹은 어슬렁거리는 듯한 자세보다는 똑바로 서서 발표하여야 하며, 자신의 자세에 대한 점검이 필요하다.

⑱ 마지막으로 가장 중요한 것은 연습, 연습, 또 연습이 중요하다.

5.5 시각적 표현

시각적 자료의 제작과 발표는 앞에서 설명한 바와 같이 발표의 수준이나 효율을 높여주는 매우 훌륭한 도구이므로, 이윤성(서울대학교 의과대학 법의학교실) 교수가 1995년 제2회 대한소화기학회 단기과정에서 제시한 「자료화면 제작과 발표」라는 글을 참고하도록 한다.

5.5.1 시각자료

1) 시각자료가 필요한가?

의료계에서는 학생교육이나 학회와 같은 연구모임에서 흔히 시청각매체를 사용한다. 이는 교육과 정보전달의효과와 효율을 높이기 위한 수단이다. 특히 학습과정에서 시청각자료는 ① 학습동기를 유발하고, ② 주의를 집중하는 효과가 있으며, ③ 토론을 유도할 수 있고, ④ 학습경험의 폭을 넓힐 수 있다. 일반적으로 말로 된 표현에서 벗어나 어떤 형태로든 변화를 주면 학습의 동기를 자극할 수 있고, 학습자들에게 시각자극과 어우러진 청각자극, 심지어 시각자극만으로도 단순히 청각을 통한 자극보다 더 오래 깊은 인상을 간직한다. 더욱이 말만으로는 설명할 수 없는 정보를 전하는 데에 시각매체는 매우 중요하다.

그러나 잊지 않아야 할 사항은 시청각매체가 보조자료라는 점이다. 시청각매체를 선택하고 사용함으로써 더 효과적이고 효율 높게 정보를 전달한다는 기본요건은 충족하되 이들을 사용함으로써 생기는 폐단은 최소로 줄여야 한다. 왜냐하면 시청각자료를 쓰게 되면 전달자와 수요자가 덜 친밀해지고, 그 사이에 기계라는 개체가 끼어들어 오히려 나쁜 효과가 있을 수 있다는 지적도 있기 때문이다.

2) 어떤 시각자료가 있는가?

쓸 수 있는 시청각매체는 여러 가지가 있다. 그림책(이른바 Atlas)이나 Hand-out, Brochure, Pamphlet도 훌륭한 자료이다. 이들은 정보수요자가 편리한 시기에 접근할 수 있는 장점이 있지만, 만드는데 노력과 시간과 비용이 많이 들고, 다시 고치기가 쉽지 않으며, 발표자와 정보수요자가 같은 시간과 공간에서 토론할 수 없다. 또 비디오 필름은 설명을 곁들여 제작할 수는 있지만, 만드는 데에 드는 노력과 시간 그리고 비용이 무척 크고, 다시 고치기도 쉽지 않으며, 비싼 비디오 플레이어와 모니터가 필요하여 쉽게 쓸 수 없다. 최근에는 컴퓨터를 이용한 자료를 개발하고 있으며, 다양한 소프트웨어(Power point, 한글 Slide show 등)의 개발로 인하여 더욱 간편하면서도 효과적인 자료화면의 구성이 가능해지게 되었다.

5.5.2 자료화면

1) 환등용 자료화면의 장점

(1) 기계적인 면

- 널리 쓰고 있어 어디에서든 쉽게 구할 수 있고, 운반하기도 쉬우며, 조작이 매우 쉽다.
- 영상이 선명하다.
- 청중의 수나 스크린에 맞게 축소와 확대가 간단하다.
- 녹음장치와 같이 사용할 수 있다.

(2) 교육적인 면

- 영상이 정지된 상태에서 선명하게 확대되므로 정확하게 관찰할 수 있다.
- 필요에 따라 비추는 시간을 조절할 수 있다.
- 이용하기에 따라서는 소집단부터 대단위 청중에게 동일한 내용을 경험하게

한다.

- 내용에 따라서는 청중의 적극적인 참여를 촉구할 수 있다.
- 비록 한 장씩 보이지만, 연속적인 투영으로 줄거리를 가진 시각적 서술이 가능하다.

(3) 경제적인 면

- 자료화면의 제작에 비용이 비교적 적게 든다.
- 제작에 시간이 적게 든다.
- 보관이 간편하다.
- 순서를 바꾸기 쉽다.
- 고칠 필요가 있으면, 한두 장만을 선택하여 고칠 수 있다.

(4) 투명필름에 대한 장단점 비교

위의 장점은 투명필름(Transparency film, OHP film)에도 거의 다 적용되는 장점이다. 투명필름은 자료화면 필름에 비하여 ① 만드는데 시간이나 비용, 노력이 덜 들고, ② 규격에 제한이 적고, 무엇보다도 ③ 작동할 때에 어둡게 하지 않아도 쓸 수 있으므로 청중의 반응을 쉽게 알 수 있는 등 청중과 친밀함을 유지할 수 있는 장점이 있다. 그러나 단점으로 매우 중요한 것은 ① 사진을 쓸 수 없고, ② 다양한 표현이 불가능하며, ③ 청중의 수가 많아 크게 확대하려면 영상이 비뚤어지고, ④ 진행이 매끄럽지 못한 단점이 있다. 따라서 투명필름은 글 자료화면(Word slide)이나 간단한 표와 그래프 이외에는 쓸 수 없다는 단점이 있다.

2) 자료화면의 제작계획

효과적인 자료화면을 만들기 위해서는 우선 바른 계획을 세워야 한다. 이는 나중에 자료화면을 사용할 때에 효과를 좌우하는 첫 걸음이므로 철저하게 계획을 세우는 것이 바람직하다. 계획단계에서는 다음과 같은 차례를 고려하는 것이 좋다.

- 과연 필요한 자료화면인가?
- 자료화면을 만드는 목적은 무엇인가?
- 어떤 형태로 만들 것인가?
- 자료화면에 담을 내용은 무엇으로 할 것인가?
- 자료화면의 평가는 어떻게 할 것인가?

이러한 절차는 자료화면의 제작뿐 아니라 일반적인 교육계획에도 밟아야 할 순서이기도 하다. 처음 해야 할 일은 자료화면의 제작이 과연 필요한지를 결정하는 일이다. 그 다음에 이 자료로 청중이 무엇을 알게 되기를 기대하는지를 생각해야 한다. 목표하는 바를 정하였으면 그 목표에 도달하기 위하여 어떤 형태로 자료화면을 만들지를 선택하며, 그 형태에 따라 바야흐로 자료화면의 내용을 개발하여야 한다. 이런 순서를 생략하면 흔히 자료화면 자체는 훌륭할지라도 정보를 전달한다는 목적은 이루지 못하는 수가 있다.

3) 자료화면 제작기술

자료화면은 말로 표현하기 어려운 정보를 전달하거나 정보를 쉽게 이해하도록 해야 하며, 단순히 글자를 투사하여 청중이 읽게 하는, 즉 '보이는 말'이어서는 안 된다. 또 자료화면은 주제를 발표하고 정보를 전달하기 위한 지원보조자료이지 결코 그 본질(Substance)이 아님을 유념해야 한다.

특히 제한된 시간 안에 강의를 하거나 연구결과를 발표하기 위해서는 자신의 생각과 중요한 요점만을 체계적으로 계획하고 적절한 시각자료를 선택하여야 한다. 실제로 발표시간이 지나서 발표한 내용은 청중에게 충분하게 전달되지 않는다. 서둘러서 만든 자료화면은 거의 틀림없이 청중의 혼선을 초래한다.

(1) 자료화면 발표의 구성

① 서론부

제목 자료화면과 관련자료, 발표하는 내용의 필요성이나 목적 그리고 가설들로 구성한다. 제목 자료화면에는 발표할 내용의 제목과 발표자의 소속 또는 이름을 넣는다. 이 자료화면은 자기소개에 해당하는 것이며, 때로 화면에서 초점을 조정하는 데에도 쓰인다. 그러나 학회에서 발표하는 연속적인 연제여서 「초록집」에 이미 소개된 것이거나 좌장이 발표할 제목과 연사를 소개하는 경우라면 필요 없다.

② 본론부

연구전략이나 자료수집방법, 그리고 연구방법, 대상, 장소, 시기 따위를 설명하는 부분과 연구결과를 제시한다. 잘 알려진 연구재료와 방법을 부연할 필요는 없다. 특별한 방법이거나 새로운 기법을 사용하였다면 조금 자세히 설명한다. 연구결과는 중요한 자료를 효과적으로 표현한다. 예컨대, 결과에 따라서는 표(Table)나 그림(Figure) 또는 그래프(Graph) 가운데 어느 방법이 적절할지를 결정하여 제시한다.

③ 결론부

앞으로 수행할 연구에 대한 방향이나 관심을 제시하며, 연구결과를 논리적으로 해석하여 연구목적이나 가설에 합당한 결론을 제시한다. 그리고 결론에 따른 제언과 해결되지 않았으므로 앞으로 해결해야 할 과제를 설명한다.

(2) 자료화면의 종류와 제작

자료화면의 한 칸(Frame)은 가로와 세로비가 2 : 3이다. 따라서 모든 내용은 2 : 3을 유지하는 것이 바람직하다.

자료화면에서 내용이 차지하는 비율은 전체의 70～80%가 적당하다. 내용이 전체의 90%를 넘으면 답답한 자료화면이 되고, 50%보다 적으면 텅 빈 느낌을 준다.

① 글 자료화면(Word slide)

글 자료화면은 글만 들어 있는 자료화면이다. 한 자료화면에는 한 가지 내용만을 담고(Similarity), 표현하고자 하는 내용을 적절한 용어로(Appropriate) 간단하게(Simple) 작성한다. 글 자료화면에서 하고자 하는 말을 그대로 적으면 한정된 공간 안에 많은 글이 들어가야 하고 따라서 글자가 작아져서 청중이 읽기 어려워진다. 그러므로 완전한 문장을 피하고 단어와 부호로 처리한다(Incomplete sentence).

전체 규격은 2 : 3의 비율을 유지한다. 최근 흔히 사용하는 Power point에서는 자료화면설정(Slide setup)에서 36 mm 자료화면으로 지정하면 화면에서 2 : 3의 비율을 미리 정하므로 그 안에서 작성하면 된다. 만약 한글과 같은 글틀 프로그램으로 내용을 작성하여 프린터로 출력한 원고를 자료화면으로 만들려면, 2 : 3의 비율에 신경을 써야 한다. 한글에서는 가로눈금과 세로눈금을 화면에 떠올려 원고를 만들면 조금 편하다.

자료화면의 표제어(Heading)는 그 자료화면의 내용이나 성격을 분명하게 알릴 수 있고, 짧고 간결하게 하며 때로는 의문형을 쓸 수도 있다. 그리고 내용보다는 큰 글자를 쓴다.

내용에 쓰는 글자의 크기나 모양(Font)을 너무 자주 바꾸면 혼란이 생기고 강조하기가 힘들어지므로 될 수 있는 대로 같은 내용은 같은 글자로 원고를 만든다. 큰 글자는 제목, 강조부위, 고유명사에만 사용하는 것이 좋다.

각 줄마다 간격은 일정하게 유지한다. 그리고 밑줄은 꼭 필요한 경우에만 사용한다. 일반적으로 자료화면 한 장에 적절한 글줄수는 5~6줄이고, 10줄을 넘으면 안 된다. 만약 같은 내용인데 10줄이 넘으면 자료화면을 한 장 더 만든다. 글줄 하나에 들어갈 수 있는 문자는 한글로 15자, 영어는 20자이며, 단어로는 6단어이다. 이보다 문자를 더 많이 넣으려면 문자가 작아지고, 작은 문자는 청중들이 읽어내기 어려워진다.

② 정보 자료화면(Data slide)

연구결과나 방법 따위를 제시할 때에는 자세한 내용보다는 주제설명에 필요하고 적절한 자료만을 제시하는 것이 좋다. 청중의 관심을 모으도록 또 쉽게 이해할 수 있게 제작하는 것이 바람직하다.

먼저 자료를 표로 할 것인지 아니면 그래프로 할 것인지를 미리 결정한다. 원칙적으로 표보다는 그래프가 이해하기 쉽다. 굳이 표를 만들어야 한다면 강조할 부분을 다른 색으로 표현할 수 있다. 일반적으로 표에서는 자료의 정확한 수치 따위를 한눈에 알기는 어렵다. 물론 그래프에서는 정확한 수치를 알기 어렵다.

표를 만들 때에도 너무 많은 자료를 담으면 글자가 작아지고 청중은 읽을 수 없다. 따라서 중요한 자료만을 담도록 하여 내용을 줄이고, 표에서 소수점 이하나 분수는 될 수 있는 대로 없애며, 평균 뒤에 붙는 표준편차 같은 것도 생략한다.

그래프에서 흔히 사용하는 것으로는 꺾은선 그래프(Line graph), 막대그래프(Bar graph), 원형그래프(Pie graph), 점그래프(Scatter graph) 등이 있다. 꺾은선 그래프는 특정한 도수가 변하는 추이를 보기가 쉽다. 막대그래프는 변수에 따른 관찰결과를 비교하기에 적절하고, 원형그래프는 전체에서 각 변수가 차지하는 비율을 이해하기에 편하다. 또 점그래프는 두 변수 사이의 상관관계를 살피기에 적절하다.

책에 있는 대상(표나 그래프 또는 그림)을 그대로 복사하는 경우가 있다. 일반적으로 책에 실린 대상은 자료화면에 그대로 쓰이기에 너무 자세하고 정밀하다. 이런 대상을 그대로 자료화면에 만들면 책처럼 여유 있게 볼 수 있는 시간이 없고, 중요한 것을 쉽게 파악할 수 없다. 또 대상의 가로-세로비율이 자료화면의 2 : 3 비율과 맞지 않아 글자가 작아지기 십상이다. 복잡한 그림을 비추면서 원하는 것만 가리키기보다는 단순한 대상을 고르든지 아니면 필요 없는 부분을 빼고 단순하게 다시 만드는 것이 바람직하다. 굳이 책에 있는 대상을 복사한다면 자료화면 규격 때문에 쓸데없는 내용이

들어가지 않도록 필요 없는 부분을 가려야 하고, 뒷면의 활자가 검게 내비치지 않도록 검은 종이를 대고 높은 대비(Contrast)로 촬영해야 한다.

③ 실물 자료화면(Picture slide)

대상을 직접 촬영한 자료화면이다. 예컨대 환자의 피부에 있는 병변이나 수술장면, 또는 절제한 장기를 촬영할 때에는 표적을 가운데에 두고 바로 위에서 수직으로 주변과의 관련성을 이해할 수 있도록 촬영한다. 특히 해부학적 위치를 고려하여야 한다. 만약 주변을 고려하자니 대상이 너무 작게 찍힐 것 같고, 대상을 중심으로 하다 보니 주변을 알 수 없다면 두 장을 찍으면 된다.

자료화면에서 크기를 가늠할 수 없을 때에는 자(Ruler)를 넣고, 다른 대상과 구별할 필요가 있을 때에는 고유번호를 같이 촬영한다. 번호와 자는 자료화면의 아래쪽 가장자리에 두는 것이 좋다. 절제한 장기는 대개 붉은색이나 갈색 또는 검정이므로 될 수 있는 대로 대상과 확실히 구별되는 단색배경으로 흰색, 엷은 파랑, 녹색배경이 바람직하다. 또 물기가 있거나 점액이 있으면 빛이 반사하여 반짝이므로 표면을 잘 닦아 말리거나, 편광필터(Polarizing filter)를 써서 반짝임을 줄인다. 조명은 여러 방향에서 쪼이도록 하는 것이 이상적이지만, 때에 따라 발광원(Light source)이 넓은 Ring flash를 사용하는 것도 좋다. 특히 Ring flash는 입 속처럼 조명이 어려운 대상을 비추기에 좋다. 일반적인 Flash는 발광원이 작아 대상의 깊이를 가늠하기 어렵거나 짙은 그림자를 남기는 단점이 있다.

④ 자료화면의 색

자료화면을 비추었을 때에 산뜻하게 잘 보이도록 하려면 배경과 내용의 대조(Contrast)에 유의하여야 한다. 일반적으로 흑백보다는 색깔이 있는 것이 돋보이고 눈을 덜 피로하게 한다. 그러나 흐린 색깔은 강한 광선에 바랠 수 있으므로 색깔은 인상적이고 산뜻한 것이 좋다. 반대로 투박한 짙은 색은 배경으로 좋지 않다. 결국 밝은 배경에는 어두운 색을 쓰고, 어두운 배경에는 밝은색을 사용하는 것이 무난하다. 또 배경이 너무 현란하고 복잡하면 내용보다 배경에 시선을 빼앗기므로 주의한다. 소속기관이나 개인고유의 색깔과 배경을 개발하는 것도 좋은 방법이다. 배경과 글씨는 서로 대조가 뚜렷한 색깔로 고른다. 그리고 강조할 부분에는 두드러지게 다른 색깔로 표현할 수 있다. 다만 너무 많은 색을 쓰면 혼란스럽고, 내용에서 대조가 너무 뚜렷하면 천하게 보인다. 색깔의 조화는 개인의 “예술적 경향”에 따르는 수밖에 없다. 만약 자신이 없다면 다른 사람이 만든 자료화면을 유심히 관찰하였다가 응용하든지, 영화의 자막이나 TV에서 사용하는 형태를 참고할 수도 있다.

추천할 만한 색깔	좋지 않은 대비
① 흰색이나 노랑배경에 검정글씨 ② 흰색배경에 파랑・초록・빨강글씨 ③ 파랑배경에 흰색이나 주황색 글씨	① 파랑이나 갈색배경에 검정글씨 ② 노랑배경에 흰글씨 ③ 흰배경에 노랑글씨 ④ 회색이나 파랑배경에 초록글씨 ⑤ 초록이나 회색배경에 파랑글씨

그림 5.5.1 자료화면에서 사용할 수 있는 색깔의 예

⑤ 일반적인 문제점

- 너무 많은 정보를 한 장에 담는다 : 여러 장으로 나누도록
- 글 중심으로 자료화면을 만든다 : 도표, 그림, 사진을 사용
- 불필요한 정보를 실었다 : 내용을 정리하여 필요한 것만
- 배경이 산만하다 : 특별하게 보이기보다는 좋은 내용을
- 공간이용이 적절하지 않다 : 전체에 대한 비율이나 2 : 3 비율
- 내용이 잘 보이지 않는다 : 많은 내용보다는 중요한 내용을 담도록
- 맞춤법이 틀렸다 : 여유 있게 미리 만들도록
- 색깔선택이나 대조가 부자연스럽다 : 다른 사람의 것을 참고
- 제목과 내용이 분명하지 않다 : 크기, 폰트, 색깔, 밑줄 사용
- 통일성이 없다.

4) 자료화면 발표

자료화면으로 발표하는 것에도 약간의 기술이 필요하다. 같은 물건이라도 포장에 따라 값이 달라지듯 같은 내용이라도 좋은 자료화면으로 적절하게 발표하면 그 효과는 훨씬 커진다. 물론 내용보다 발표에 더 신경을 쓰다가는 과대포장이 되므로 좋은 내용이 좋은 발표보다 우선함은 말할 것도 없다.

(1) 발표하기 전에

자료화면 발표를 제대로 하자면 다음과 같은 사항을 고려한다.

① 우선발표순서와 내용, 그리고 시간을 계획하라.

이는 무엇보다 중요하다. 정해진 시간 안에 청중에게 정보를 제대로 전달하

려면 어떤 순서로 발표하는 것이 주의를 끌 수 있으며, 각 내용에 시간을 얼마나 배정할 것인지를 기획하여야 한다.

② 연습하라.

연습은 충분히 해야 한다. 자료화면을 보지 않고서도 자료화면에 어떤 내용이 있는지, 다음 자료화면에서는 무슨 설명을 할지 따위를 파악할 수 있을 정도로 연습해야 한다.

③ Feedback을 받아라.

연습할 때에 미리 내용이 분명한지, 정확하게 발표하는지, 열의와 성의가 보이는지, 용어를 제대로 골라 사용하는지, 자신감이 있는지 따위를 동료나 선배에게 들어 고칠 수 있으면 미리 고쳐둔다.

④ 환등기의 성능과 발표장소, 연단 따위를 확인하라.

일반적으로 화면크기에 따라 제대로 볼 수 있는 거리가 정해지는데 짧은 변의 8배 거리가 한계이다. 즉, 비춘 화면의 세로가 1 m라면 화면에서 8 m 떨어진 청중까지만 제대로 읽을 수 있다. 미리 발표할 장소에 대하여 알고 있으면 두려움도 적어지고, 환경을 미리 알아두면 원고를 보고 읽을 수 있는지, 지시봉이나 Pointer를 찾느라고 허둥대지 않아도 된다.

(2) 발표하면서

① 발표장소에 도착

자신이 연구한 결과 또는 정보를 청중에게 전달하는 일에는 당연히 예의가 따른다. 자신이 발표할 장소에 일찍 도착하여야 한다. 진행하는 사람들이 발표자를 찾게 해서는 안 되고, 자신이 발표할 자료화면은 환등기를 맡은 진행자에게 미리 전해둔다. 자신의 순서가 가까워지면 연단에서 가까운 곳으로 가서 앉아 기다리다가, 좌장이 소개를 시작하거나 아니면 바로 전에 일어서서 소개가 끝나면 곧 연단으로 조용히 올라간다. 한 번 숨을 쉬는 정도로 간격을 두고 인사를 하고, 청중을 한번 둘러본다.

② 발표자의 위치

발표자는 발표대가 있으면 그 뒤에 선다. 마이크로폰이 고정되어 있으면 그대로 두고 위치와 거리만 조정한다. 움직이면서 발표해야 한다면 마이크로폰을 들고 할 수도 있다. 다만 끝나고 나면 반드시 원래 위치로 돌려둔다. 비록 어두워지더라도 발표자는 반드시 청중을 향하여 선다. 그에 따라 마이크로폰과 지시봉이나 Pointer를 적절하게 잡는다. 예컨대 청중에서 보아 발표자가 화면 왼쪽에 서게 된다면 마이크로폰은 오른손에 잡고 지시봉이나 Pointer를 왼손에 잡는다.

③ 목소리 크기

청중의 수나 발표장소의 크기에 따라 목소리 크기를 조절한다. 마이크로폰을 쓰는 경우에도 평소 목소리보다 조금 큰 소리로 말한다. 그리고 마이크로폰을 입에 너무 가까이 대서 '웅웅' 하는 소리가 들리게 하거나 너무 멀리 두어 소리가 들리지 않는 일이 없도록 한다. 일반적으로 자신의 목소리를 스피커를 통해서 들을 수 있는데, 그 소리가 귀에 들릴 듯 말 듯 하는 정도로 입과 마이크로폰 거리를 두면 적당하다.

④ 말의 속도

말의 속도는 평소속도보다 조금 느리게 한다. 될 수 있는 대로 짧은 문장으로 말하고 문장이 끝날 때는 물론 문장 중간에도 쉬는 부분을 둔다. 발음은 정확하게 하도록 한다. 그러나 너무 정확한 발음에 신경을 쓰거나 사투리를 안 쓰려고 애쓰다 보면 말이 매끄럽지 못하여 오히려 나쁜 효과를 낳는다.

⑤ 가리키기

지시봉(Indicator)이나 Pointer는 될 수 있는 대로 사용하지 않는다. 왜냐하면 자료화면을 만들 때에 이미 청중이 보아 쉽게 알 수 있도록, 또 중요한 것이 무엇인지를 이해할 수 있도록 제작하였으므로 특별히 지시봉으로 화면을 긁으면 듣기 싫은 소리가 나거나 화면을 망가뜨릴 수 있고, Pointer를 켠 채 계속 움직이면 청중의 시신을 흩드리고 집중을 막는다. 필요 없이 Laser pointer로 화면을 가리킨 채 빙빙 돌리다 보면 엉뚱한 곳을 가리키기도 하고 심지어 화면 밖을 가리키기도 한다. 그리고 발표 도중에도 청중의 반응을 살핀다.

(3) 일반적인 문제점

- 너무 많은 자료화면 : 계획을 잘못하여 수를 챙기지 않아, 결국 정한 시간을 넘긴다.
- 불필요한 자료화면 : 제목이나 중복되는 자료화면을 준비하였다가 설명 없이 넘긴다.
- 읽거나 쓸 시간을 주지 않는다 : 시간이 부족하다고 느껴 너무 빨리 진행한다.
- 레이저포인터를 마구 돌려 청중을 어지럽게 한다.
- 청중을 의식하지 않는다 : 목소리 크기나 속도를 고려하지 않고 마음대로 진

행한다.

- 대상자의 수준을 의식하지 않는다 : 용어나 설명수준을 고려하지 않는다.
- 설명이 불충분하다 : 비춘 자료화면을 이해하도록 설명하지 않는다.

5.5.3 맺음말

자료화면을 만들어서 발표하는 일은 자신의 연구결과나 정보 또는 교육내용을 청중에게 전달하는 일에 쓰이는 시각매체이다. 무엇보다도 중요한 것은 발표하는 내용이겠으나 같은 내용이라면 어떻게 발표하는지에 따라 청중이 내용을 이해하고 받아들이는 정도는 달라진다.

만들기 전에 계획하고, 충분한 시간과 노력을 들여 성의껏 만든 자료화면, 특히 청중의 입장에서 만든 자료화면은 좋은 결과를 낳고 청중에게 깊은 인상을 심는다. 한편 자료화면으로 발표하면서 예의에 맞게, 청중을 생각하여, 청중의 반응을 고려한다면 발표 역시 훌륭하리라 믿는다.

5.6 국내 논문작성양식

국내 공학논문의 발표양식으로는 토목학회, 수자원학회 등 관련모임에 따라 특별하게 정의하여 사용할 수 있으며, 그 중의 한 예로서 수자원학회의 논문작성요령(1997년 7월 18일 논문집 편집위원회 의결, 1997년 9월 1일 시행)을 정리하면 다음과 같다.

5.6.1 머리말

1997년부터 한국수자원학회지와 한국수자원학회 논문집(이하 논문집)이 분리·발간됨에 따라 논문집 편집위원회에서는 기존의 '한국수자원학회지 투고지침 및 논문작성방법'을 일부 수정하여 '한국수자원학회 논문집 투고지침 및 논문작성방법'을 제정하니 투고자는 이들 사항을 엄수하기 바란다.

5.6.2 투고지침

1) 투고원고의 구분

논문집에 투고할 원고는 논문, 토의 및 토의회답으로 구분한다. 논문, 토의 및 토의회답은 다음의 사항을 만족하여야 한다.

(1) 논문

물과 관련된 학술적 연구성과로서 그 내용에 독창성이 있고 논문으로서의 체계를 충분히 갖추어야 한다.

(2) 토의 및 토의회답

논문집에 기발표 된 논문에 대하여 원저자의 연구방법 및 연구결과에 대하여 보충적이거나 상이한 자료 또는 의견을 제시하고자 할 경우 이를 토의로서 투고할 수 있으며, 원저자는 이에 회답함을 원칙으로 한다.

2) 투고자

논문집에 투고하는 논문의 저자는 본학회 정회원임을 원칙으로 한다. 또한 공동으로 투고할 경우의 저자수는 최대 4인을 원칙으로 한다.

3) 원고의 분량

인쇄된 지면으로서 그림, 표 및 사진을 포함하여 논문은 8쪽 이내, 토의 및 토의회답은 각 2쪽 이내를 원칙으로 한다. 논문의 경우 그 이상의 분량에 대해서는 소정의 비용을 지불해야 한다. 초과 게재료는 논문집 표지의 이면에 수록한 '한국수자원학회 논문집 투고안내'의 규정을 따른다.

4) 원고작성

(1) 사용언어

원고작성은 국문 또는 영문으로 한다. 국문으로 작성시 명확한 뜻의 전달이 필요한 경우에 한하여 괄호 안에 한자 또는 영자를 사용할 수 있다.

(2) 작성용지 및 글자체

원고는 워드프로세서를 사용하여 A4 용지에 10포인트 신명조체로 작성함을 원칙으로 한다.

(3) 단위

단위는 SI단위계를 따름을 원칙으로 한다. 영문으로 표기되는 단위에 대해서 대문자가 관행적인 것 외에는 소문자 표기를 원칙으로 한다.

(4) 용어 및 기호

용어 및 기호는 본 학회에서 제정된 것이 있을 경우에는 그 중 최근의 것을 따름을 원칙으로 한다. 그렇지 않을 경우에는 가능한 한 전문분야에서 널리 통용되는 용어 및 기호를 사용하도록 한다. 기호는 그 기호가 처음 사용되는 곳에서 문장으로 정의를 내리도록 한다. 수학기호나 함수를 제외한 기호는 이탤릭체로 표기함을 원칙으로 한다. 이때 본문, 수식, 그림, 표 및 사진에 표기된 기호는 반드시 동일한 글자체를 유지해야 한다.

5) 원고제출

(1) 제출기한

논문은 수시로 투고할 수 있다. 토의는 토의대상논문이 게재된 지 6개월 이내에, 토의회답은 편집위원장으로부터 회답요청을 받은 지 3개월 이내에 원고를 제출하는 것을 원칙으로 한다. 단, 제한된 기간 내에 연장을 요청할 경우에는 편집위원장의 동의를 얻어 원고제출기한을 연장할 수 있다. 토의 및 토의회답은 함께 게재함을 원칙으로 하나 원저자가 토의에 회답하지 않을 경우에는 토의만을 게재할 수 있다.

(2) 제출부수

제출원고는 그림, 표 및 사진을 포함하여 4부를 제출한다. 논문의 그림 및 사진원도는 게재 확정된 최종원고와 함께 제출한다. 특히 그림 및 사진원도는 상태가 양호해야 한다.

5.6.3 논문작성방법

1) 논문의 구성

논문은 다음과 같은 순서로 구성함을 원칙으로 한다.

- 제목(국문과 영문)
- 저자명(국문과 영문)
- 요지(국문과 영문, 그리고 핵심용어)
- 본문
- 감사의 글(필요한 경우)
- 참고문헌
- 기호(필요한 경우)
- 부록(필요한 경우)

2) 제목

논문제목은 보기1과 같이 논문의 내용을 정확하고 간결하게 표현할 수 있도록 국문으로 작성하고, 영문제목을 하기한다. 영문 제목의 첫 글자 및 전치사와 접속사를 제외한 각 단어의 첫 글자는 대문자로 한다.

보기1. 제목의 예
얕은 감세시 내의 극한 세굴 잠재능 예측 Prediction of Ultimate Scour Potentials in a Shallow Plunge Pool

3) 저자명

저자명은 보기2와 같이 국문을 상기하고 영문명을 하기한다. 영문명은 성, 이름순으로 표기하며 성 뒤에는 ‘,’를 붙인다. 저자의 근무처 및 직위를 첫 쪽 하단에 각주로 표기한다. 영문전용으로 작성하는 경우도 이와 동일하다.

4) 요지 및 핵심용어

논문내용에 대한 간략한 요약과 주요 결론을 포함하여 200단어 이내의 분량이 되도록 영문 및 국문으로 각각 작성한다. 순서는 보기3과 같이 영문요지, 국문요지의 순서로 한다. 국문요지와 영문요지는 그 내용상 서로 일치하여야 하며, 각각 한 문단으로 작성한다. 요지는 도표나 수식을 포함하지 않도록 하며, 그 자체로서

보기2. 저자명의 예

허준* / 홍길동** / Thomas, A.B.***
Heo, Jun / Hong, Gil Dong / Thomas, A.B.

Abstract

Keywords

요지

핵심용어 :

* ○○대학교 공과대학 건설공학과 교수
** ○○대학교 대학원 건설공학과 박사과정
*** ○○대학교 공과대학 건설공학과 객원교수

완성된 문단이 되어야 한다. 따라서 본문의 도표, 수식 및 참고문헌 등에 대한 인용을 포함하지 않도록 한다. 국문요지는 '요지'로, 영문요지는 'Abstract'로 표제를 통일한다. 핵심용어는 국문 및 영문으로 각각 작성하며 작성한 국문 및 영문 핵심용어는 용어의 뜻과 나열순서가 서로 일치하여야 한다. 국문핵심용어는 '핵심용어', 영문핵심용어는 'Keywords'로 표제를 통일한다. 국문핵심용어는 국문요지 하단에, 영문핵심용어는 영문요지 하단에 표기한다. 핵심용어는 요지에 포함된 용어를 사용하되 '수공학핵심용어집'이 발간될 때까지는 수공학 용어집을 참고한다.

보기3. 요지 및 핵심용어의 예

Abstract

The features of this paper are …
Keywords : vorticity, stream function, eddy viscosity, Reynolds number, Numerical diffusuin

요지

이 논문의 주요 특징은 …
⋮

핵심용어 : 와도, 유함수, 와점성, 레이놀즈수, 수치확산

5) 본문

(1) 본문의 구성

본문은 서론, 본론 및 결론의 3개의 부분으로 구성함을 원칙으로 한다. 본문은 서론을 제1장, 결론을 마지막 장으로 하여 보기4와 같이 장, 절 및 소절의 제목을 붙여서 나눈다. 장, 절 및 소절의 제목이 영문일 경우의 표기방법은 논문제목의 영문표기방법과 같다.

보기4. 본문의 예

국문논문	영문논문
1. 서론	1. Introduction
2. 수학적 정식화	2. Mathematical Formulation
2.1 지배방정식과 경계조건	2.1 Governing Equation and Boundary Condition
2.21 지배방정식	2.21 Governing Equation
(1) …	(1) …
3. 모의계산 및 민감도 분석	3.
4. 결론	4. Simulation Results and Sensitivity Analysis
	5. Conculation

(2) 서론

서론에서는 연구의 배경 및 목적, 논제와 관련된 연구연혁 및 동향, 연구범위 및 가정조건, 연구방법의 개요 등을 기술한다.

(3) 본론

본론에서는 기본이론, 가정, 방법론 등을 상술하고 이론적 해석, 실험 또는 계산결과와 그에 대한 분석 및 유관한 기존의 연구결과와의 비교고찰 등에 관하여 기술한다.

(4) 결론

결론에서는 가장 주목할 만한 연구결과를 정리하고, 해당 연구분야 및 유사한 분야에 대한 기여도를 제시한다.

(5) 그림, 사진, 표의 제목 및 번호 매김

그림, 사진, 표제목의 국문 및 영문표기방법은 보기5를 따른다. 그림과 사진의 제목은 그림과 사진의 하단중앙에, 표제목은 표의 상단 왼쪽에 정렬한다. 캡션 기능이 제공되는 워드프로세서를 이용하는 경우에는 캡션을 이용하는 것을 추천한다.

보기5. 그림번호, 표번호 및 제목의 예

국문논문	영문논문
그림 1. 홍수터 하폭에 따른 유사시간 특성	Fig. 2. Definition Sketch
사진 3. 자연형 하천공법 적용구간의 전경	Photo. 4. Scenery of Pilot Site
표 5. 사행도에 따른 질량보존오차	Tab. 6. Diameter and Cost Data for Haenam Irrigation Network

그림, 사진 및 표의 번호매김은 삽입되는 본문의 장 또는 절의 번호에 관계없이 본문에서 언급되는 순서에 따라 각각의 일련번호를 매긴다. 즉, '그림 2.1' 등의 표기는 사용하지 않는다. 논문을 영문으로 작성할 경우에는 그림 및 표의 제목을 반드시 영문으로 하며, 그 표기방법은 논문제목의 영문표기방법과 같다. 논문을 국문으로 작성할 경우에도 그림 및 표의 제목을 영문으로 작성할 수 있으나 논문 전체적으로 일관성을 유지해야 한다. 동일한 번호 및 제목 하에 두 개 이상의 그림, 사진 및 표를 두고자 할 경우에는 보기6과 같이 각 그림(또는 사진) 및 표를 (a), (b), … 로 구분하여 소제목을 부여한다. 단, (a), (b), … 등은 소문자를 원칙으로 한다.

보기6. 동일한 번호 및 제목에 2개 이상의 그림, 사진 및 표를 두고자 할 경우의 예

그림(또는 사진)	표
(　　　)　　　(　　　) (a) t = 0 sec일 때 (b) t = 10 sec일 때 그림 1. 유선분포	표 2. 모형의 보정에 사용된 실측자료 (a) 유량자료　　(b) 수질관측질 (　　　)　　　(　　　)

(6) 수식 및 번호매김

수식은 문장이 쓰인 행에 포함시키지 않고 보기7과 같이 별개의 행에 작성한다.

보기7. 수식작성의 예

2차원 천수방정식의 연속방정식은 다음과 같다.

$$\frac{\partial H}{\partial t}+\frac{\partial (HU)}{\partial x}+\frac{\partial (HV)}{\partial y}=0 \tag{1}$$

여기서 t는 시간, x와 y는 직각좌표계의 수평면 좌표, H는 수심, U와 V는 x와 y방향의 수심평균유속이다.
무차원 3각형 우량주상도의 기하학적 특성변수는 식 (2a)~(2c)에 보인 바와 같다.

$$a_0 = a/t_a \tag{2a}$$

$$b_0 = b/t_a \tag{2b}$$

$$h_0 = h/(D/t_a) \tag{2c}$$

고립파의 최대 처오름 공식은 식 (3)과 같이 나타낼 수 있다.

$$R = 2.831(\cot\theta)^{0.5} H^{1.25} \tag{3}$$

수식은 가운데 정렬이 되도록 한다. 수식에 사용되는 기호(변수명)는 가급적 간략한 것을 사용한다. 기호는 그 기호가 처음 사용된 곳에서 문장으로 정의를 내리도록 한다. 논문에 쓰인 모든 수식에 대하여 수식이 쓰인 행의 오른쪽 끝에 괄호로 감싼 일련번호를 붙인다. 수식의 끝과 식번호 사이는 빈 칸을 유지시킨다. 앞의 용어 및 기호에서 언급된 바와 같이 수식에 사용되는 기호는 이탤릭체 표기를 원칙으로 하며, 반드시 본문, 수식, 그림, 표 및 사진에 표기된 기호는 동일한 글자체를 유지해야 한다.

동일한 식번호에 두 개 이상의 식을 두고자 할 경우에는 보기7에 보인 바와 같이 식 번호를 (2a), (2b), ⋯ 로 부여한다. 단 (2a), (2b), ⋯ 등은 소문자를 원칙으로 한다.

(7) 그림, 사진, 표 및 수식의 언급방법

그림, 사진, 표 및 수식을 본문에서 언급할 때에는 보기8과 같은 표기방법을 따른다.

보기8. 그림, 사진, 표 및 수식의 언급방법 예

국문논문에서 국문제목	국문논문에서 영문제목	영문논문
그림 1, 그림 1과 2	Fig. 1에, Fig. 1과 2에	Fig. 1, Fig. 1and 2
그림 1(a)과 그림 1(b)	Fig. 1(a)과 Fig. 1(b)	Fig. 1(a)and Fig. 1(b)
그림 1～5	Fig. 1～5	Fig. 1～5
사진 1, 사진 1과 2	Photo. 1에, Photo. 1과 2에	Photo. 1, Photo. 1and 2
사진 1(a)과 사진 1(b)	Photo. 1(a)과 Photo. 1(b)	Photo. 1(a)and Photo. 1(b)
사진 1～5	Photo. 1～5	Photo. 1～5
표 1, 표 1과 2	Table 1에, Table 1과 2에	Table 1, Table 1and 2
표 1(a)과 표 1(b)	Table 1(a)과 Table 1(b)	Table 1(a)and Table 1(b)
표 1～5	Table 1～5	Table 1～5
식 1, 식 1과 2	Eqn. 1에, Eqn. 1과 2에	Eqn. 1, Eqn. 1and 2
식 1(a)과 식 1(b)	Eqn. 1(a)과 Eqn. 1(b)	Eqn. 1(a)and Eqn. 1(b)
식 1～5	Eqn. 1～5	Eqn. 1～5

(8) 참고문헌의 인용방법

본문에서 참고문헌을 인용할 때에는 보기9와 같이 문헌의 저자명과 발행연도를 사용하여 인용한다. 저자명은 국문문헌의 경우에는 성과 이름을, 외국문헌의 경우에는 성(Last name)만을 기재한다. 인용문헌의 저자가 1인이면 '조성우', 'Holly'와 같이, 저자가 2인이면 '조성우와 황의준', 'Holly and Preissmann'과 같이, 3인 이상이면 제1의 저자명만을 사용하여 '조성우 등', 'Wood 등'과 같이 표기한다. 단, 영문논문을 작성하는 경우에는 저자가 2인이면 'Holly and Preissmann'과 같이, 3인 이상이면 제1의 저자명만을 사용하여 'Wood et al.'과 같이 표기한다. 논문을 영문으로 작성할 경우에는 앞의 단어와 한 칸 띄어 괄호를 삽입한다. 이 밖에 띄어쓰기, 문장부호 등의 사용은 다음 보기를 따른다.

보기9. 참고문헌 인용 예

국문 논문	황의준(1994)에 의하면 … , 木村(1961)에 의하면 Zoch(1934, 1935b)의 결과는 이후 개발된 여러 수문모형(McCarthy, 1938 ; Clark, 19345 ; Nash (1959a)에서 이용되었다. 많은 실험이 진행되고 있으나(Crawford와 Linsley, 1996 ; Wood 등, 1990 ; 황의준 등, 1995b), …
영문 논문	Hwang(1994) suggested … , Kimura(1961) carried out The results of Zoch(1934, 1935b) were used in various hydrological models (McCarthy, 1938 ; Clark, 19345 ; Nash (1959a). Although numerous laboratory experiments were carried out(Crawford와Linsley, 1996 ; Wood et al., 1990 ; Hwang et al., 1995b), …

미발간물, 강연내용 및 사진 등을 인용하는 경우에는 저자의 허락을 얻은 후 그 내용을 “ ”안에 기술한다. 이 경우에는 참고문헌 목록에 삽입하지 않고 발간물, 강연 및 사진교류 등에 관한 정보를 본문에 서술적으로 기술한다.

6) 감사의 글

연구수행을 위하여 받은 재정적 지원 또는 학술적 조언 등에 대하여 해당기관 또는 인명 등을 적어 감사의 뜻을 표할 수 있다.

7) 참고문헌

본문에서 언급된 모든 참고문헌을 정리한다. 참고문헌에 포함된 모든 문헌은 본문에서 한 번 이상 언급하여야 하며, 독자가 그 내용을 찾을 수 있도록 참고한 부분을 쪽이나 그림, 사진 또는 표로서 자세하게 명시하여야 한다. 국문의 경우에는 ‘참고문헌’으로, 영문의 경우에는 ‘Reference’로 표제를 통일한다.

(1) 참고문헌의 정리순서

논문을 국문으로 작성할 경우에는 참고문헌을 원어로 표기한다. 이때 문헌의 정리순서는 국문, 중문, 일문, 영문, 독문, 불문, 기타의 순으로 한다. 논문을 영문으로 작성할 경우에는 로마문자에서 파생되지 않은 문자, 즉 국문, 중문, 일문 등으로 문헌을 표기하지 않고 영문으로 번역하여 표기한다. 이때에는 반드시 문헌이 쓰인 언어를 괄호를 이용하여 ‘(Written in korean)’과 같이 표기해야 한다. 국문문헌은 제1저자 성명의 가나다순으로, 영문문헌은 알파벳순으로 정리한다. 제1저자의 성명이 같은 것들은 제2저자의 성명순으로 정리한다(이 중 제2저자가 없는 것이 가장 우선함). 저자가 3인 이상인 경우에도 유사한 방법으로 정리한다. 저자명이 일치하는 문헌들에 대하여는 출판 연월이 빠른 것 순서로 정리한다. 출판 연월도 같은 경우에는 문헌제목의 가나다(알파벳)순으로 정리한다. 저자(들)의 성명 및 출판 연도가 동일한 문헌들에 대해서는 ‘김남일(1993a)’ 및 ‘Crawford와 Linsley(1994b)’와 같이 연도 뒤에 알파벳 소문자를 덧붙여 구분한다.

(2) 참고문헌의 표기방법

참고문헌의 종류에 따른 표기방법은 다음과 같다.

- 저널 게재논문 : 보기10과 같이 저자, 출판 연도, 논문제목, 게재된 학술지명, 발행기관, 권, 호, 게재된 쪽을 표기한다.

보기10. 저널 게재논문인 경우

이정규, 이창해 (1993). “수문곡선 계산법의 적용에 관한 연구: HEC-2모형 이용을 중심으로” 한국수문학회지, 한국수문학회, 제26권, 제3호, pp.103~111.

Rahuel, J.L., Holly, F.F., Chollet, J.P., Belleudy. P.J., and Yangg, G. (1989).
"Modelling of reiver bed evolution for bedload sediment mixtures." Journal of Hydraulic Enginnering, ASCE, Vol. 115, No. 11, pp. 1521~1542.

- 컨퍼런스 게재논문 : 보기11과 같이 저자, 출판 연도, 논문제목, 학술회의지명, 발행기관, 회의개최지(국외인 경우), 권(있는 경우), 게재된 쪽을 표기한다.

보기11. 컨퍼런스 게재논문인 경우

오경두, 전병호 (1994). “미계측 중소유역 유출 시뮬레이션을 위한 신경회로망 모형의 적용” 제36회 수공학 연구발표회 논문집, 한국수문학회, pp.317~323.

Graves, A.L., and Gooch, R.S.(1986). “Central Arizona Project start up.”
proceedings Water Forum ’86: World Water Issues in Evolution, ASCE, Newyork, N.Y., Vol. 1, pp. 546~551

Nezu, I., and Rodi, W.(1985a). “Experimental study on secondary currents in open channel flow.” Proceedings 21st Congress of IAHR, Melbourne, Australia, Vol. 2, pp. 19~23.

- 단행본 게재논문 또는 부분저술 : 보기12와 같이 저자, 출판 연도, 논문제목, 게재된 단행본명 또는 저술명, 편집자(있는 경우), 권(있는 경우), 발행기관(또는 출판사), 출판지(국외인 경우), 게재된 쪽을 표기한다.

보기12. 단행본 게재논문 또는 부분저술인 경우

Lewellen, W.S. (1977). “Use of invariant modeling.” Handbook of turbulence, Edited by Frost, W., Vol. 1, Plenum Press, Nweyork, N.Y., pp. 237~280.

Blong, R.J.)1985). “Gully sidewall development in New South Wales, Australia.”
Soil erosion and conservation, Edited by El-Swanify, S.A., Moldenhauer, W.C., and Lo, A., Soil Conservation Society of America. ,Ankeny, Lowa, pp. 574~584

- 학위논문 : 보기13과 같이 저자, 출판 연도, 논문제목, 학위종류, 학위수여기관, 소재지(국외인 경우), 참고한 쪽을 표기한다.

보기13. 학위논문인 경우

이상호(1993). 한강수계 저수지군의 홍수시 예측 및 제어, 박사학위논문, 서울 대학교, pp. 15~20

Beltaos, S. (1974). Turbulent impinging jets. Ph. D. dissertation, University of Alberta, Edmonton, Alberta, Canadan pp. 15~20

- 저서, 단행본 : 보기14와 같이 저자, 출판 연도, 저서명, 출판사, 출판지(국외인 경우)를 표기한다. 번역서인 경우에는 보기13에 보인 바와 같이 저자가 역자임을 밝히고, 저서명 뒤에 괄호를 붙여 원저자명을 표기해야 한다.

보기14. 저서 또는 단행본인 경우

윤용남(1985). 공업수문학, 청문각, pp. 61～63

Chaudhry, M.H. (1993). Open-channel flow, Prentice Hall, Englewood Cliffs, N.J., pp. 163～166.

이제헌(역자) (1988). 열전달 및 유체유동 수치해석(원저자 : Patankar, S.V., 1980), 대한교과서주식회사, pp. 104～105.

- 보고서 : 보기15와 같이 저자, 출판 연도, 보고서 제목, 보고서 종류(있는 경우), 보고서 번호(있는 경우), 발간기관(기관이 저자가 아닌 경우), 소재지(국외인 경우), 참고한 쪽을 표기한다.

보기15. 보고서인 경우

한국건설기술연구원(1987). PC용 하천수질관리 모델의 개발(I): 반응계수에 대한 연구를 중심으로 연구보고서, 건기연 87-EE-113, pp3 13～14.

홍일표(1996). 시험유역의 운영 및 수문특성 조사연구 – 1996년 설마천 시험유역. 2차년도 연구보고서, 건기연 96-099, 한국건설기술연구원, pp. 15～26.

건설교통부(1993). 탐진강 하상변동 조사보고서, pp. 25～26.

한국건설기술연구원(1997). 중소하천 홍수예경보 시스템 기본계획조사, 건설교통부, pp. 223～225.

國際協力事業團(1977). 漢江洪水豫警報 調査報告書 (第5次). P. 24

Ediger, J.E., Brady, D.K., and Geyer, J.C. (1974). Heat exchange and transport in the environment. Report 14, EPRI Publication No. 74-049-00-3, Electric Power Research Institute, Palo Alto, California, pp. 31～35.

- 연보 및 연감 : 보기16과 같이 저자(발행기관), 출판 연도, 연보 및 연감제목, 소재지(국외인 경우), 참고한 쪽을 표기한다.

보기16. 연보 또는 연감인 경우

건설부(1966～1990). 재해연보.

내무부 중앙재해대책본부(1991～1995). 재해연보.

한국도시행정연구소(1996). 지방행정구역연감. P. 45.

- 신문기사 : 보기17과 같이 신문사, 발간도시(국외신문 또는 영자신문인 경우), 발행연도, 기사제목, 발행월일, 판, 참고한 쪽을 표기한다.

보기17. 신문기사인 경우의 예

조선일보(1997) "바다영토싸움 시작됐다. <상>" 7월 10일, 제40판, p. 3
The Korea Herald [Seoul](1997). "Korean workers to leave for N. Korean nuclear site." July 19, No. 13, p. 1.

이와 같이 문헌을 표기하는 데 있어서 특히 다음의 사항에 유의한다.

- 문장부호, 띄어쓰기, 들여쓰기, 글자체(고딕 및 이탤릭체), 영문성명의 표기 등은 보기10~16에 예시한 표기방법을 따른다. 편집자와 번역자의 표기도 저자에 준한다. 국문, 중문, 일문으로 표현되는 성명과 기관명은 빈칸 없이 붙여 표기함에 주의한다. 단 '건설교통부 한강홍수통제소'와 같이 상위기관을 함께 표시할 때는 빈 칸을 삽입한다. 영문성명의 표기시 이름의 'Initial'은 마침표를 포함해서 모두 붙여 표기함에 주의한다.
- 저자가 복수일 경우에는 저자명을 모두 표기한다. '홍일표 등(1996)'과 같이 표기하지 않음에 유의한다. 보고서의 표지에 저자가 명시되지 않은 경우에는 발간기관명을 저자로 간주한다. 이때 기관명에는 약어를 사용하지 않음을 원칙으로 한다. 신문기사인 경우 신문사명을 저자로 간주한다.
- 영문문헌의 제목은 첫 자만 대문자로 하고, 그 밖의 단어에 대해서는 고유명사, 약자, 약어 등 특별한 경우가 아닌 한 소문자로 표기한다. 학술지명, 학술회의지명, 기관명, 출판사명 등은 관사, 전치사, 접속사 외의 모든 단어의 첫 자를 대문자로 하며, 약어를 사용하지 않음을 원칙으로 한다. 학술지, 학술회의지, 단행본 및 저술에 게재된 논문인 경우에는 논문제목을 겹따옴표 안에(" ") 표기하며, 논문이 게재된 학술지, 학술회의지, 단행본 및 저술명은 국문, 중문, 영문인 경우에는 고딕체로, 영문 등인 경우에는 이탤릭체로 표기한다.

8) 기호

본문 중에 사용된 기호들의 정의를 나열하며, 사용된 단위는 괄호 안에 표기한다. 정리순서는 보기18과 같이 영문자, 그리스 문자의 순으로(알파벳순으로, 대문자를 먼저) 한다. 국문의 경우에는 '기호'로 영문의 경우에는 'Notation'으로 표제를 통일한다.

보기18. 기호의 예

국문논문	영문논문
A : 관의 단면적(m^2)	A : cross-sectional area of pipe(m^2)
A_b : 기포의 표면적(m^2)	A_b : surface area of bubble(m^2)
a : 관의 반경(m)	a : radius of pipe(m)
R_e : Reynolds수	R_e : Reynolds number
α : 에너지 보정계수	α : energy coefficient
ν : 동점성 계수(m^2/s)	ν : kinematic viscosity(m^2/s)

9) 부록

본문의 내용을 보충하는 자료, 수식의 상세한 유도과정 등은 필요에 따라 부록에 수록할 수 있다. 부록을 사용할 경우에는 본문에 이에 대한 언급이 있어야 한다. 부록제목의 표기는 다음의 보기19와 같은 표기방법을 따른다. 부록제목의 영문표기방법은 논문제목의 표기방법과 같다. 국문의 경우에는 '부록'으로, 영문의 경우에는 'Appendix'로 표제를 통일한다. 두 개 이상의 부록을 사용할 경우에는 '부록1. 강우자료', '부록2. 유량자료'와 같이(영문의 경우도 마찬가지) 제목에 번호를 붙여 구분한다. 부록 내에서는 장, 절의 구분을 하지 않는다. 부록에서 사용되는 그림, 표 및 수식의 번호는 본문의 것들을 연이어 사용한다.

보기19. 부록의 예

국문논문	영문논문
부록. 수식의 유도과정	Appendix. Detailed Flow Data
부록1. 강우자료	Appendix. 1. Rainfall Data
부록2. 유량자료	Appendix. 2. Discharge Data

5.6.4 토의 및 토의회답 작성방법

1) 토의원고의 작성

토의원고의 작성은 다음 사항을 제외하고는 논문작성방법을 따른다. 토의원고는 국문 및 영문요지를 구성에서 제외한다. 또한 본문의 구성에 있어서 서론, 본론, 결론 등의 장, 절 구분을 하지 않는다. 수식 및 도표의 번호는 원논문의 것을 이어서 사용한다(토의원고가 여럿일 경우에는 편집위원장이 조정한다.). 논문제목은 원저자의 것을 그대로 사용하고 괄호 안에 '(토의)'라고 표기하며, 원논문의 저자, 발행연도, 권, 호를 첫 쪽 하단에 주기한다. 토의자의 성명을 기입하고 근무처 및 직위를 주기한다. 원고내용 중에 '저자(들) 또는 Author(S)'는 원논문저자를, '필자(들) 또는 Writer(S)'는 토의자를 지칭하게끔 집필한다. 토의에 필요한 참고문헌은 부록으로 처리한다.

2) 토의회답의 작성

토의회답의 작성은 토의원고의 작성방법에 준한다. 수식 및 도표의 번호는 토의원고의 것을 이어서 사용한다. 논문제목은 원저자의 것을 그대로 사용하고 괄호 안에 (토의회답)이라고 표기하며, 원논문의 저자, 발행연도, 권, 호를 첫 쪽 하단에 주기한다. 토의회답자의 성명을 기입하고 근무처 및 직위를 주기한다. 원고내용 중에 '토의자(들) 또는 Discusser(S)'는 토의자를, '필자(들) 또는 Writer(S)'는 토의회답자를 지칭하게끔 집필한다.

연습문제

1. 다음과 같은 의사표현방법들을 주된 목적으로 구분하시오.
   ① 메모
   ② 기술논문
   ③ 제안서
   ④ 보고서
   ⑤ 요지

2. 공학보고서의 주요 세 부분을 구분하고, 각각의 특성을 정리하시오.

3. 발견사항들과 제언의 차이점을 설명하시오.

4. 부록이란 무엇이며, 이의 목적은 무엇인가?

5. 신문기사들 중 적절한 예를 두 가지 들고, 정보의 구분을 위한 기법으로 사용하는 여섯 가지의 질문(누가, 언제, 어디서, 무엇을, 어떻게, 왜)을 사용하여 구분해 보시오.

6. 자료화면 한 장당 포함할 수 있는 최대한의 줄수는 몇 줄인가?

7. 우리나라 논문작성요령에 따라, "우리나라 건설공학교육의 문제점과 개선방향"에 관련된 논문을 5~10페이지 분량으로 제시하시오.

8. "건설공학분야의 소개"라는 제목으로 5분 정도 발표분량의 시각자료를 작성하고 발표해보시오.

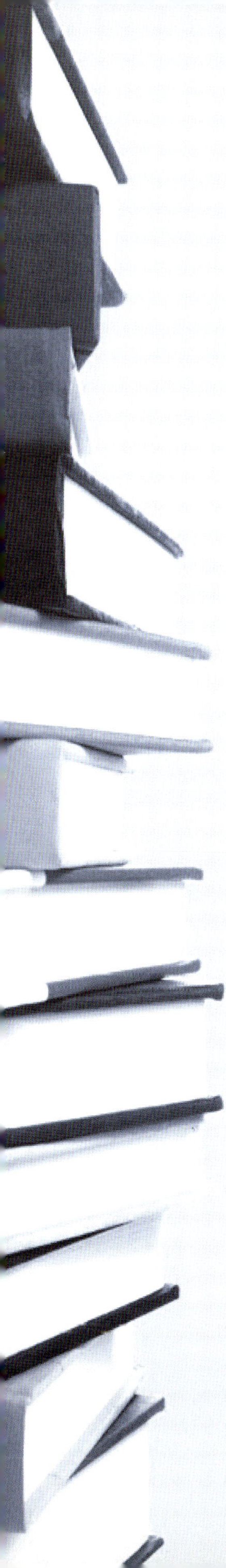

Chapter 06

부록

부록 1 벡터와 스칼라(Vector & Scalar)

본 장에서는 물리적인 양(질량, 힘, 시간, 거리 등)들을 이해하기 위한 방안으로 벡터와 스칼라에 관한 개념을 설명한다. 벡터와 스칼라는 질량, 힘, 시간, 거리와 같은 물리적 양들을 표시할 수 있다. 이들의 수학적인 연산은 물리적인 양들을 이해하는데 그대로 적용된다.

1.1.1 정의

1) 스칼라량

스칼라량은 전적으로 크기(등급, 정도)로만 표시할 수 있는 양(Quantities)으로써 물체의 질량, 밀도, 길이, 면적, 부피, 속력, 에너지, 시간, 온도 등이 스칼라량이다. 스칼라량을 표시하는 방법은 여러 가지가 있으나, 여기에서는(또는 일반적으로) **진하지 않은 기울임체**로 스칼라를 표시하거나 또는 소문자로 표시한다. 스칼라의 수학적 연산은 기초 대수학의 법칙을 따른다.

2) 벡터량

벡터는 크기(등급, 정도)와 방향을 갖고 있는 물리적인 성분을 표시한다. 따라서 힘, 모멘트, 변위, 속도, 가속도, 역적, 운동량 등이 벡터량이다. 벡터의 크기는 화살표의 길이로 나타내고, 방향은 화살표선분의 끝단에 화살표로 표시되며, 방향각은 알고 있는 기준방향과 화살표선분의 사이각 θ로 표시된다(그림 1 참조). 연산법칙은 평행사변형의 덧셈법칙을 따른다(그림 2 참조). 벡터량은 **진한 글자**로 표기하여 스칼라량과 구별한다. A 벡터의 크기(|A|)는 **진하지 않은 기울임체**, A(즉, 스칼라량)로 표시한다. 벡터량의 수학적 연산은 기초 대수학의 법칙을 따르지 않기 때문에 벡터량과 스칼라량을 구별하는 것은 중요하다. 인쇄표기를 할 때는 진하게 표기하여 벡터를 표기하는 것이 용이하나 손으로 표기할 때에는 벡터량의 표시 위에 작은 화살표(예 : $\vec{A}$)를 사용하여 벡터임을 나타내기도 한다.

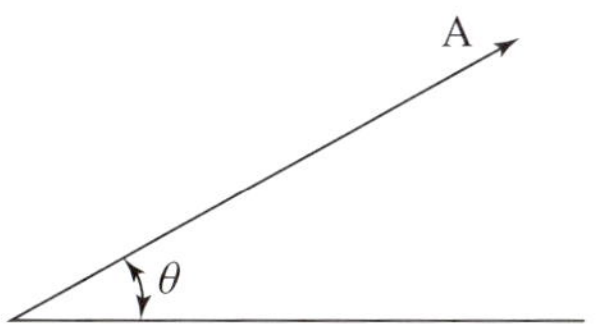

그림 1 화살표를 이용한 벡터량 표시

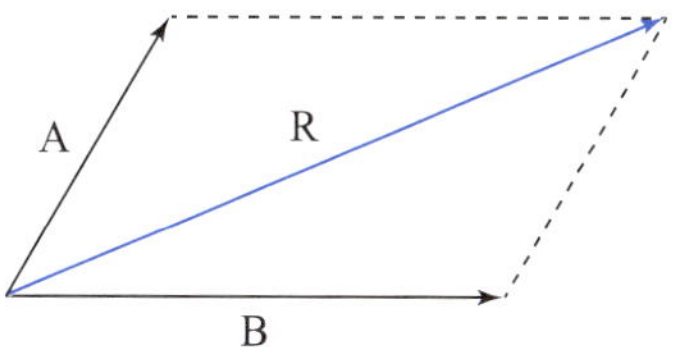

그림 2 벡터 덧셈을 위한 평행사변형 법칙

3) 벡터 구분

(1) 자유벡터(Free vector)

특정한 크기와 방향(Orientation and Sense)을 가지나 그 작용선은 공간내의 특정한 점을 지나지 않는다. 예를 들어 속도, 가속도, 변위, 등등이 자유벡터이다.

(2) 슬라이딩 벡터(Sliding vector)

특정한 크기와 방향을 가지면서, 그 작용선은 공간 내의 특정한 점을 지난다. 슬라이딩 벡터의 작용점은 작용선 상의 어디든지 위치 수 있다. 예를 들어, 고체 위에 작용하는 힘의 영향이 이에 속한다.

(3) 고정 벡터(Bound vector or Fixed vector)

특정한 크기와 방향을 갖고 있으며, 그 작용선은 공간상의 특정한 점을 지난다. 고정 벡터의 작용점은 작용선 상에서 하나의 고정된 점에 작용하도록 되어있다. 예를 들면, 변형체 위에 작용하는 힘의 영향을 들 수 있다.

1.1.2 벡터의 기본 연산

1) 벡터의 합

2개의 자유벡터 A, B가 있을 때, 두 벡터의 합을 구하기 위하여 2개의 자유벡터 A, B의 끝단에서 서로 평행하도록 연장선을 그어 한 점에서 일치하도록 한다. 이 때, 그림 2처럼 A와 B벡터의 교차점과 평행연장선의 교점을 연결하면 합 벡터 R을 구하게 된다. 이와 같이 벡터의 평행사변형의 덧셈 법칙은 두 벡터 A와 B의 인접변들에 의해서 만들어지는 벡터 R과 같다. 즉, 평행사변형의 대각선인 벡터 R은 벡터 A와 B의 교차점을 통과하는 대각선이다. 따라서 벡터 R

은 두 벡터 A와 B의 합 벡터이다. 이처럼 벡터량은 평행사변형의 덧셈 법칙을 따라야만 한다. 수학적으로 합 벡터 R은 다음과 같은 벡터 식으로 표현된다.

$$R = A + B \tag{1}$$

식 (1)에서 사용한 벡터, A와 B의 덧셈표기는 대수적 스칼라의 합이 아니라 벡터의 덧셈을 의미한다. 이제 벡터의 일반적인 대수법칙을 알아보자.

(1) 교환 법칙

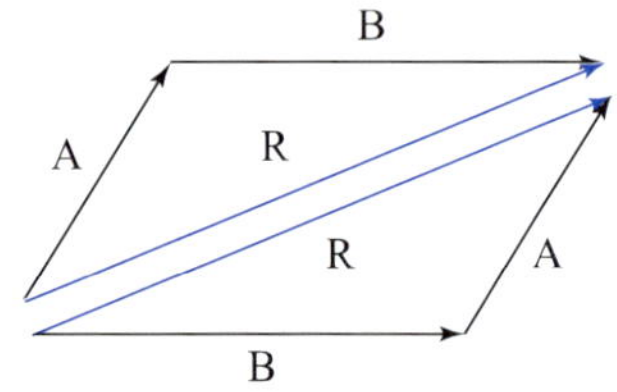

그림 3 벡터덧셈을 위한 삼각형 법칙

식 (1)에서와 같이 벡터의 합은 그림3에서 보인 바와 같이 벡터 A의 시점에서 벡터 B의 종점을 잇는 형태로 두 벡터 A와 B를 더하여 합 벡터 R을 구할 수 있다. 이와 같은 방법으로 그림 3의 아래쪽 그림에서 보여주는 것과 같이 두 벡터 A와 B를 합하여 합 벡터 R을 구할 수도 있다. 그렇게 할 수 있는 이유는, 그림 3의 아래쪽 그림은 그림 2에 나타낸 평행사변형으로써 다른 쪽의 변의 길이를 나타내기 때문이다. 따라서 벡터의 시점을 다른 벡터의 종점에 잇는 방법으로 벡터의 합을 구하는 법을 삼각형법칙이라고 한다. 따라서 벡터의 더하는 순서는 그들의 합에 영향을 주지 못한다. 그러므로 벡터의 합에서 교환 법칙이 성립함이 증명된다.

$$A + B = B + A \tag{2}$$

(2) 결합 법칙(3개 이상의 벡터의 합)

이제 3개 이상의 벡터의 합은, 예를 들어 $A + B + C + \cdots$ 은 우선 벡터 A와 B를 더하고 다음에 (A+B)의 합 벡터에 벡터 C를 더해가는 방법으로 식 (3)과 같이 구해진다. 이 과정을 도해적으로 표현하면 그림 4와 같다.

$$A + B + C = (A + B) + C \tag{3}$$

그러므로 여러 개의 벡터의 합은 식 (3)에 의해 수학적으로 표현된 것과 같이 연속된 한 쌍의 벡터에 대하여 모든 주어진 벡터들이 하나의 합 벡터 R로 대치될 때까지 평행사변형 법칙을 적용하여 구할 수 있다.

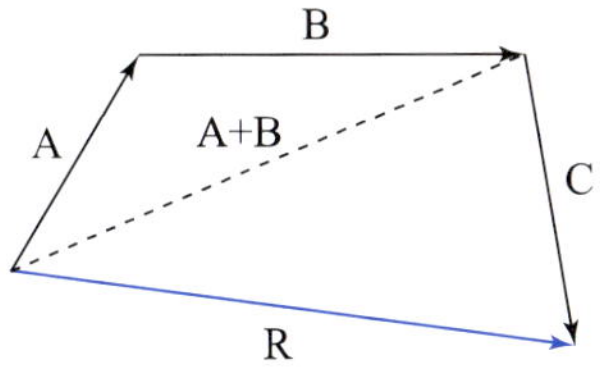

그림 4 벡터덧셈을 위한 삼각형 법칙

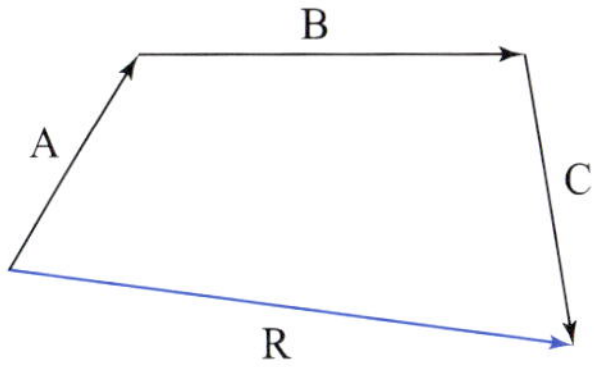

그림 5 벡터덧셈의 다각형 규칙

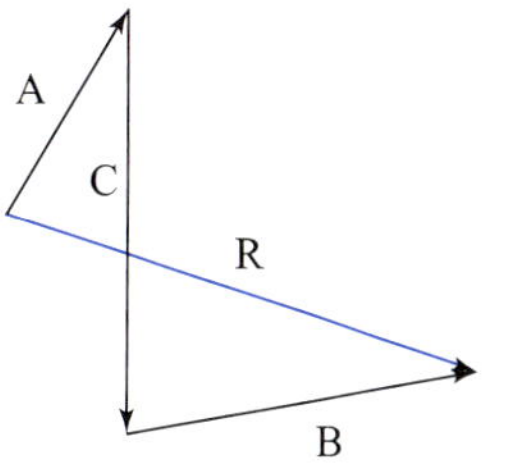

그림 6 벡터의 교환법칙의 예

그림 4에서 보인 3개 이상의 벡터의 합 벡터를 삼각형 법칙을 반복하여 적용함으로써 그림 5에서와 같이 세 벡터의 합을 세 벡터의 시점에서 종점으로 잇는 형태로 직접 연결하여 합 벡터 **R**을 구한다. 이 방법은 어떠한 수의 벡터에 대해서도 적용할 수 있으며, 이 방법을 벡터 덧셈의 다각형 규칙이라 한다. 시점에서 종점으로 잇는 형태로 연결된 벡터들의 스케치를 벡터 다각형이라 한다. 이제 그림 6에서 보인 바와 같이 합 벡터 **R**을 구하는데 있어서 벡터 **A**, **B**, **C**가 벡터 다각형에 적용하는 순서와는 무관하다. 이 사실을 수학적으로 표현하면 다음의 식 (4)와 같다. 즉, 이것은 벡터의 덧셈에 대하여 결합 법칙이 성립함을 보여준다.

$$\mathrm{A}+\mathrm{B}+\mathrm{C}=(\mathrm{A}+\mathrm{B})+\mathrm{C}=\mathrm{A}+(\mathrm{B}+\mathrm{C}) \tag{4}$$

(3) 벡터의 코사인 법칙

실제 벡터의 합 **R**의 크기를 구하기 위해서는 축척 또는 배척을 이용하여 평행사변형 또는 벡디 디각형법으로 구할 수 있으나, 실제, 합 벡터 크기 R은 그림 7에서와 같이 일반 삼각형의 코사인 법칙을 이용하여 식 (5)와 같이 된다.

$$R=\sqrt{A^2+B^2-2AB\cos\theta} \tag{5}$$

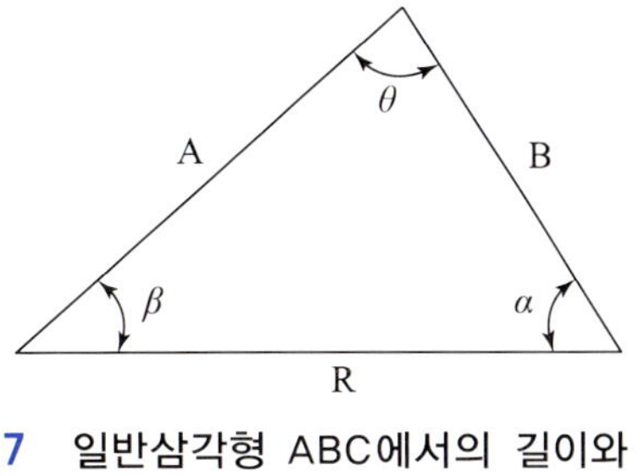

그림 7 일반삼각형 ABC에서의 길이와 각도

합벡터 R과 벡터 A와 B의 사이각은 식 (6)과 같이 일반 삼각형에 대한 사인 법칙으로부터 구할 수 있다.

$$\frac{\sin\alpha}{A} = \frac{\sin\beta}{B} = \frac{\sin\theta}{AR} \tag{6}$$

2) 벡터의 뺄셈

벡터 A와 벡터 B의 차는 다음 식 (7)과 같이 두 벡터의 합과 같은 방법으로 연산이 수행된다. 따라서 벡터 −B는 벡터 B와 크기는 같으나 방향은 반대인 벡터이다. 벡터 A와 벡터 B에 관련하여 사용된 (−), 부호는 스칼라 뺄셈이 아닌 벡터 뺄셈(평행사변형 법칙)이다.

$$\mathrm{A} - \mathrm{B} = \mathrm{A} + (-\mathrm{B}) \tag{7}$$

이 때, 임의의 벡터에서 그 자체의 벡터를 빼면 0 또는 널(Null) 벡터를 얻게 된다. 즉, 식 (8)의 오른쪽에 있는 0은 벡터이어야 한다는 것을 명심해야 한다.

$$\mathrm{A} - \mathrm{A} = 0 \tag{8}$$

따라서, 두 벡터 A와 B를 그림 8(a)처럼 정의하면, 두 벡터의 합은 정의에 의하여 그림 8(b)와 같이 계산된다. 그러므로 두 벡터의 차(뺄셈)는 그림 8(c)와 같이 연산이 수행된다. 벡터의 뺄셈은 벡터의 덧셈 중 특별한 경우이기 때문에, 앞 절에서 소개된 벡터의 덧셈에 대한 모든 규칙이 벡터의 뺄셈에도 적용된다.

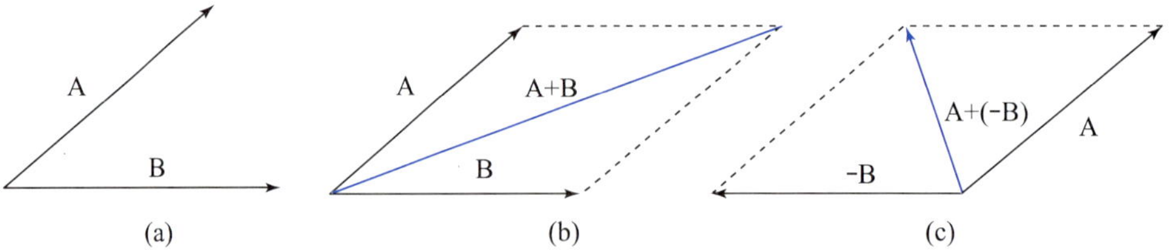

그림 8 벡터 A와 B의 합과 차

3) 스칼라에 의한 벡터의 곱

벡터 A와 스칼라 m의 곱은 벡터 mA이다. 벡터 mA의 크기는 mA (양수)이고, 방향은 m이 양수이면 벡터 A와 같은 방향이고 m이 음수이면 벡터 A와 반대 방향이다. 스칼라량, m과 n이 벡터 A와 A에 관한 연산은 다음 식 (9)와 같은 법칙을 따른다.

$$(m+n)\mathbf{A} = m\mathbf{A} + n\mathbf{A}$$
$$m(\mathbf{A}+\mathbf{B}) = m\mathbf{A} + m\mathbf{B} \tag{9}$$
$$m(n\mathbf{A}) = (mn)\mathbf{A} = n(m\mathbf{A})$$

1.1.3 직각(Cartesian) 좌표계에서의 벡터표현

1) 단위 벡터

단위 크기를 갖고 있는 벡터를 단위벡터라고 한다. 이때, 직각(카테시안)좌표계의 x, y, z축을 향한 단위 벡터를 각각 **i**, **j**, **k**로 표기한다. 단위벡터가 양의 x, y, z방향을 가리키면 (+)부호로, 음의 x, y, z방향을 가리키면 (−)부호로 나타낸다. 그림 9에 나타낸 단위벡터는 양의 단위벡터이다.

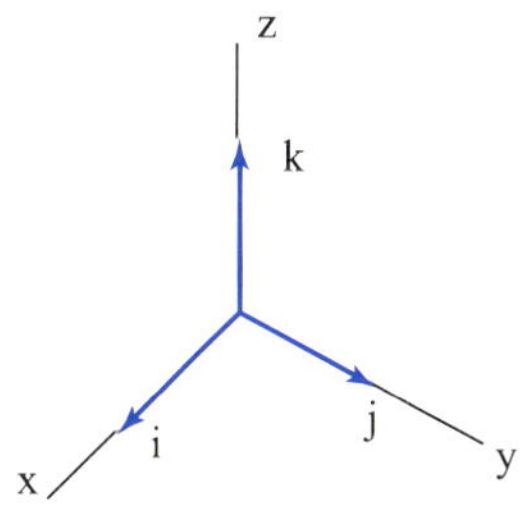

그림 9 직교좌표계에서의 단위벡터

임의의 한 방향에서의 단위벡터를 표기하기위해서 기호 **e**를 사용한다. 이 단위벡터, **e**의 방향은 좌표축이 아닌 어떤 임의의 한 방향을 나타낸다. 따라서 어떤 벡터량이든 그 벡터는 그 벡터의 크기(양수)와 수어진 벡터의 방향과 같은 방향의 단위벡터(**e**)의 곱의 형태로 표기를 할 수 있다. 즉, 양의 n방향으로 존재하는 벡터 **A**는 다음 식 (10)과 같이 정의된다.

$$\mathbf{A} = |\mathbf{A}|\mathbf{e}_n = A\mathbf{e}_n \tag{10}$$

만약 음의 n방향 벡터 **B**는

$$\mathbf{B} = |\mathbf{B}|(-\mathbf{e}_n) = -B\mathbf{e}_n \tag{11}$$

따라서 단위벡터 $\mathbf{e}_n$은 다음 식 (12)와 같이 표현할 수 있다.

$$\mathbf{e}_n = \frac{\mathbf{A}}{|\mathbf{A}|} = \frac{\mathbf{A}}{A} \tag{12}$$

2) 벡터의 직각좌표(Cartesian) 성분

2개 또는 그 이상의 벡터를 합하여 합벡터 **R**을 구하는 과정을 설명하였다. 이제 반대의 개념으로 주어진 벡터 **A**를 둘 또는 그 이상의 성분으로 나누는 과정에 대해서 생각해 보자. 이때, 주어진 임의의 벡터를 각각의 요소들이 서로 직각을 이루는 직각좌표계(x, y, z축) 상으로 분해하면 벡터의 연산에 용이하게 이용될 수 있다. 주어진 벡터 **A**가 각각의 성분 벡터들의 합벡터라면 역으로 주어진 **A** 벡터는 각각의 성분벡터의 수만큼으로 분해될 수 있다. 따라서 임의의 한 벡터 **A**를 그림 10과 같이 직각좌표요소로 나누면 직사각형 평형6면체를 이루는 $\mathbf{A}_x$, $\mathbf{A}_y$, $\mathbf{A}_z$를 x, y, z축 상의 변으로 하는 직각좌표요소로 공간상의 벡터를 구성한다. 이 때, 벡터 **A**는 이 6면체의 대각선이 된다.

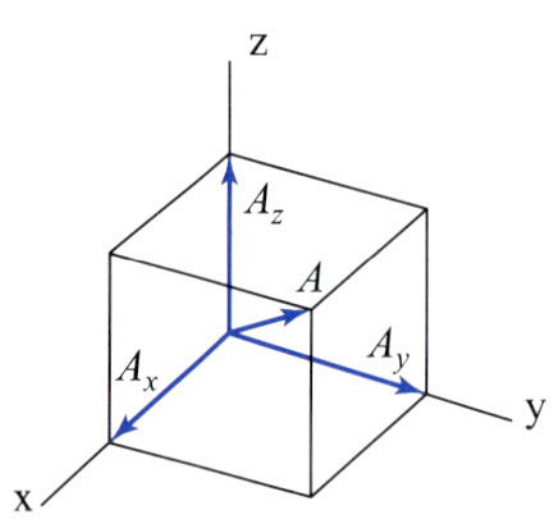

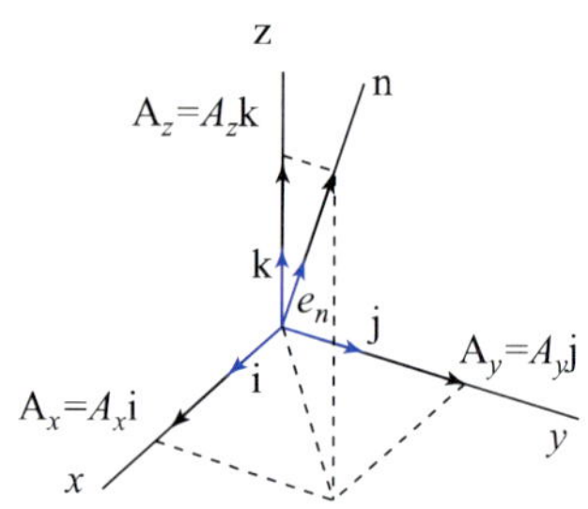

그림 10 (좌) 벡터 A의 직각좌표성분 A_x, A_y, A_z

그림 11 (우) 단위벡터 i, j, k로 나타낸 벡터 A의 직각성분좌표

그림 11에서 보여주는 바와 같이 직각좌표계의 세 성분 $\mathbf{A}_x$, $\mathbf{A}_y$, $\mathbf{A}_z$는 단위벡터 식 (10)을 이용하여 직각(카테시안)벡터의 형태로 나타낼 수 있다.

$$\mathbf{A}_x = A_x\mathbf{i},\ \mathbf{A}_y = A_y\mathbf{j},\ \mathbf{A}_z = A_z\mathbf{k} \tag{13}$$

한편 식 (1)과 식 (10)으로부터 식 (13)은 다음과 같이 재표현될 수 있다.

$$\mathbf{A} = \mathbf{A}_x + \mathbf{A}_y + \mathbf{A}_z = A_x\mathbf{i} + A_y\mathbf{j} + A_z\mathbf{k} = A\mathbf{e}_n \tag{14}$$

따라서 벡터 **A**의 크기를 결정하는 직각성분의 요소들은 다음 식 (15)와 같은 관계를 갖고 있다.

$$A_x = A\cos\theta_x,\ A_y = A\cos\theta_y,\ A_z = A\cos\theta_z \tag{15}$$

여기서 $\cos\theta_x$, $\cos\theta_y$, $\cos\theta_z$를 벡터 **A**의 방향 코사인이라고 한다. 이들은 단

위벡터 $\mathbf{e}_n$의 방향 코사인이기도 하다. 왜냐하면 그림 12에서처럼 벡터 $\mathbf{A}$의 방향과 단위 벡터 $\mathbf{e}_n$의 방향이 같기 때문이다. 벡터 $\mathbf{A}$의 크기는 피타고라스의 정리에 의해 직각 성분의 크기의 항으로 다음과 같이 표현된다.

$$A = \sqrt{A_x{}^2 + A_y{}^2 + A_z^2} \tag{16}$$

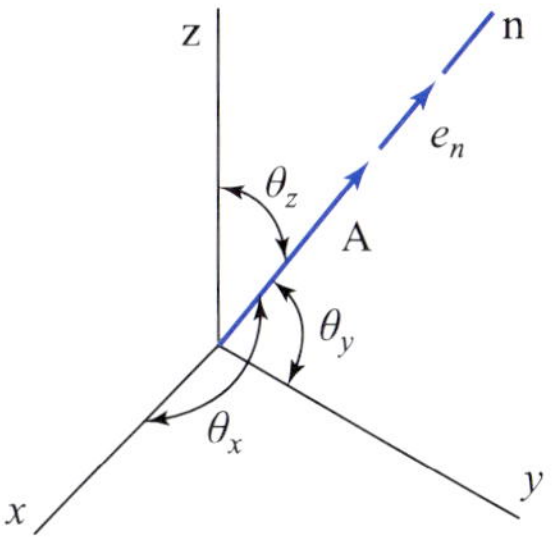

그림 12 방향각으로 나타낸 공간상의 벡터방향

또한 벡터 $\mathbf{A}$의 방향코사인은 식 (15)로부터 직각성분의 크기를 사용하여 다음과 같이 구할 수 있다.

$$\cos\theta_x = \frac{A_x}{A},\quad \cos\theta_y = \frac{A_y}{A},\quad \cos\theta_z = \frac{A_z}{A} \tag{17}$$

이제 단위 벡터 $\mathbf{e}_n$은 식 (14)와 식 (15)를 이용하여 다시 벡터 $\mathbf{A}$와 그 직각성분의 항으로 다음과 같이 재표현될 수 있다.

$$\mathbf{e}_n = \frac{\mathbf{A}}{A} = \frac{A_x}{A}\mathbf{i} + \frac{A_y}{A}\mathbf{j} + \frac{A_z}{A}\mathbf{k} = \cos\theta_x\mathbf{i} + \cos\theta_y\mathbf{j} + \cos\theta_z\mathbf{k} \tag{18}$$

여기서 단위 벡터 $\mathbf{e}_n$의 크기는 1이므로 다음과 같은 식 (19)가 성립된다.

$$\cos^2\theta_x + \cos^2\theta_y + \cos^2\theta_z = 1 \tag{19}$$

3) 위치 벡터(상대위치벡터)

방향을 나타내는 선분 $\mathbf{r}$은 위치벡터로써 원점에서 공간상의 한 위치를 표시하기 위해서 사용되거나 또는 공간상의 또 다른 한 점과의 상대적인 위치를 나타내는데 사용된다. 예를 들어, A점의 위치를 위치벡터 $\mathbf{r}_A$를 사용하여 그림 13과 좌표계의 원점으로부터 A점까지의 위치를 나타낼 수 있다. 이때, 위치벡터 $\mathbf{r}_A$은 Cartesian벡터형태를 이용하여 표현하고, 같은 방법으로 좌표계의 원점으로부터 B점의 위치도 위치벡터 $\mathbf{r}_B$를 Cartesian벡터형태를 이용하여 표현하면 각각 다음과 같다.

$$\mathbf{r}_A = x_A\mathbf{i} + y_A\mathbf{j} + z_A\mathbf{k}, \quad \mathbf{r}_B = x_B\mathbf{i} + y_B\mathbf{j} + z_B\mathbf{k}$$

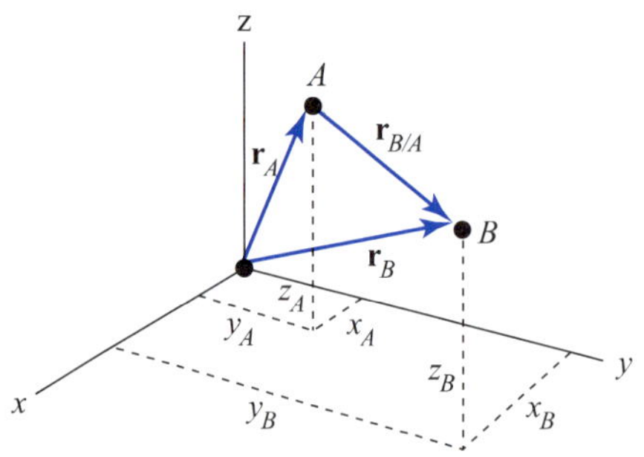

그림 13 직각좌표(Cartesian) 성분으로 나타낸 공간상의 위치벡터

이제 공간상의 점 A에 대한 점 B의 위치는 위와 같은 개념을 도입하면, 위치벡터 $\mathbf{r}_{B/A}$로 나타낼 수 있다. 여기서 아래첨자, B/A는 "A에 대한 B"를 의미한다. 그림 13에 설명된 바와 같이 $\mathbf{r}_B$는 다음과 같이 정의된다.

$$\mathbf{r}_B = \mathbf{r}_A + \mathbf{r}_{B/A}$$

따라서 $\mathbf{r}_{B/A}$는 다음과 같이 쓸 수 있다.

$$\begin{aligned}\mathbf{r}_{B/A} = \mathbf{r}_B - \mathbf{r}_A &= (x_B\mathbf{i} + y_B\mathbf{j} + z_B\mathbf{k}) - (x_A\mathbf{i} + y_A\mathbf{j} + z_A\mathbf{k}) \\ &= (x_B - x_A)\mathbf{i} + (y_B - y_A)\mathbf{j} + (z_B - z_A)\mathbf{k} \end{aligned} \quad (20)$$

예제 1 : 위치벡터

공간상의 두 점 A와 B가 다음과 같이 주어졌을 때, A점으로부터 B점의 위치벡터의 크기와 방향을 구하여라. A(3,4,5)와 B(6, − 3, − 2).

풀이 식 (20)을 이용하여 위치 벡터 $\mathbf{r}_{B/A}$를 구하면 다음과 같다.

$$\begin{aligned}\mathbf{r}_{B/A} &= (x_B - x_A)\mathbf{i} + (\mathbf{y}_B - y_A)\mathbf{j} + (\mathbf{z}_B - z_A)\mathbf{k} \\ &= (6-3)\mathbf{i} + (-3-4)\mathbf{j} + (-2-5)\mathbf{k} \\ &= 3\mathbf{i} - 7\mathbf{j} - 7\mathbf{k}\end{aligned}$$

위치 벡터 $\mathbf{r}_{B/A}$의 크기는 다음과 같다.

$$r_{B/A} = \sqrt{(x_B - x_A)^2 + (y_B - y_A)^2 + (z_B - z_A)^2} = \sqrt{(3)^2 + (-7)^2 + (-7)^2} = 10.344$$

위치 벡터 $\mathbf{r}_{B/A}$의 방향은 다음과 같다.

$$\theta_x = \cos^{-1}\frac{x_B - x_A}{r_{B/A}} = \cos^{-1}\frac{3}{10.344} = 73.1°$$

$$\theta_y = \cos^{-1}\frac{y_B - y_A}{r_{B/A}} = \cos^{-1}\frac{-7}{10.344} = 132.6°$$

$$\theta_z = \cos^{-1}\frac{z_B - z_A}{r_{B/A}} = \cos^{-1}\frac{-7}{10.344} = 132.6°$$

4) 직각 벡터의 덧셈

만일 벡터가 Cartesian 벡터 형태로 표현되어 있다면, 벡터의 덧셈과 뺄셈의 연산은 아주 간단히 수행할 수 있다. 예를 들어, 다음과 같은 두 벡터 $\mathbf{A}$, $\mathbf{B}$를 생각해보자.

$$\mathbf{A} = A_x\mathbf{i} + A_y\mathbf{j} + A_z\mathbf{k}\ ,\quad \mathbf{B} = B_x\mathbf{i} + B_y\mathbf{j} + B_z\mathbf{k}$$

벡터의 연산 정의에 의하여 두 벡터의 합은 다음과 같다.

$$\begin{aligned}\mathbf{R} = \mathbf{A} + \mathbf{B} &= (A_x\mathbf{i} + A_y\mathbf{j} + A_z\mathbf{k}) + (B_x\mathbf{i} + B_y\mathbf{j} + B_z\mathbf{k}) \\ &= (A_x + B_x)\mathbf{i} + (A_y + B_y)\mathbf{j} + (A_z + B_z)\mathbf{k}\end{aligned} \tag{21}$$

그러므로 합벡터 $\mathbf{R}$은 두 벡디 $\mathbf{A}$와 $\mathbf{B}$에 대한 직각성분의 스칼라량들의 합을 구함으로써 계산된다. 식 (21)을 여러 개의 벡터연산에 확장하여 적용하면 다음과 같다.

$$\mathbf{R}_x = (A_x + B_x + C_x + \cdots)\mathbf{i} = R_x\mathbf{i}$$

$$\mathbf{R}_y = (A_y + B_y + C_y + \cdots)\mathbf{i} = R_y\mathbf{j}$$

$$\mathbf{R}_z = (A_z + B_z + C_z + \cdots)\mathbf{k} = R_z\mathbf{k}$$

$$\mathbf{R} = \mathbf{R}_x + \mathbf{R}_y + \mathbf{R}_z = R_x\mathbf{i} + R_y\mathbf{j} + R_z\mathbf{k}$$

여기서 합벡터 $\mathbf{R}$의 크기와 방향은 식 (16)과 식 (17)을 이용하여 다음과 같이 구할 수 있다.

$$R = \sqrt{R_x^2 + R_y^2 + R_z^2} \tag{22}$$

$$\theta_x = \cos^{-1}\frac{R_x}{R},\ \theta_y = \cos^{-1}\frac{R_y}{R},\ \theta_z = \cos^{-1}\frac{R_z}{R} \tag{23}$$

예제 2

세 벡터가 $\mathbf{A} = 3\mathbf{i} + 7\mathbf{j} + 8\mathbf{k}$, $\mathbf{B} = 4\mathbf{i} - 5\mathbf{j} + 3\mathbf{k}$, $\mathbf{C} = 2\mathbf{i} + 3\mathbf{j} - 4\mathbf{k}$로 주어질 때, 합벡터 **R**의 크기와 방향을 구하여라. 또 합벡터 **R**과 단위 벡터 $\mathbf{e}_R$을 직각 벡터 형태로 표기하여라.

풀이 합벡터 **R**의 x, y, z성분은

$$R_x = A_x + B_x + C_x = 3 + 4 + 2 = 9$$
$$R_y = A_y + B_y + C_y = 7 - 5 + 3 = 5$$
$$R_z = A_z + B_z + C_z = 8 + 3 - 4 = 7$$

식 (22)로부터 합벡터의 크기를 계산하면

$$R = \sqrt{R_x^2 + R_y^2 + R_z^2} = \sqrt{9^2 + 5^2 + 7^2} = 12.450$$

식 (23)으로부터 합 벡터 **R**의 방향을 구할 수 있다.

$$\theta_x = \cos^{-1}\frac{R_x}{R} = \cos^{-1}\frac{9}{12.450} = 43.7°$$
$$\theta_y = \cos^{-1}\frac{R_y}{R} = \cos^{-1}\frac{5}{12.450} = 66.3°$$
$$\theta_z = \cos^{-1}\frac{R_z}{R} = \cos^{-1}\frac{7}{12.450} = 55.8°$$

합벡터를 직각 벡터의 형태로 나타내면

$$\mathbf{R} = R_x\mathbf{i} + R_y\mathbf{j} + R_z\mathbf{k} = 9\mathbf{i} + 5\mathbf{j} + 7\mathbf{k}$$

합벡터 **R**과 관련된 단위 벡터 e**R**은 식 (18)로부터 다음과 같이 주어진다.

$$\mathbf{e}_R = \frac{\mathbf{R}}{R} = \frac{9\mathbf{i} + 5\mathbf{j} + 7\mathbf{k}}{12.450} = 0.723\mathbf{i} + 0.402\mathbf{j} + 0.562\mathbf{k}$$

5) 직각 벡터의 곱셈

벡터량에 관한 곱셈은 보통 **내적**(Dot product 또는 Scalar product라고 함 : 표기는 A · B)과 **외적**(Cross product : 표기는 A × B)의 두 가지 형태가 사용되고

있다. 이들 두 가지 형태의 곱셈은 특성이 전혀 다르고 사용목적도 전혀 다르게 사용된다. 먼저 내적을 설명하고 다음으로 외적에 대해서 설명한다.

(1) 내적(Dot product 또는 Scalar product)

① 내적의 정의

그림 14와 같이 서로 교차하는 두 벡터의 내적의 정의는 "두 벡터의 크기의 곱에 다시 두 벡터 사이각에 대한 코사인값을 곱한다." 이와 같은 정의에 벡터 A와 B에 대한 내적은 다음과 같이 쓸 수 있다.

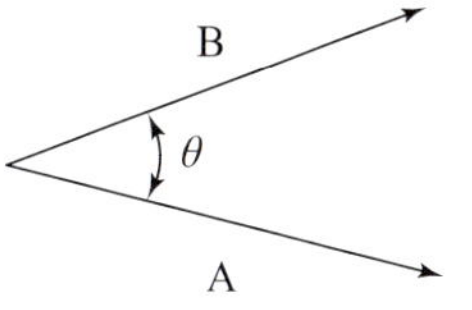

그림 14 교차하는 두 벡터

$$\mathbf{A}\cdot\mathbf{B} = \mathbf{B}\cdot\mathbf{A} = AB\cos\theta \tag{24}$$

여기서, 사이각은 $0° \le \theta \le 80°$ 사이이다. 이와 같은 형태의 벡터곱셈은 벡터가 아닌 스칼라를 만든다. 이때, 방향각이 $0° \le \theta < 90°$이면 스칼라량은 양의 값을 갖고, $90° \le \theta < 180°$이면 음의 스칼라 값을 가지며, 그리고 $\theta = 90°$이면 두 벡터는 수직관계에 있으므로 스칼라 값은 0이 된다.

㉠ 한 벡터의 직각성분 벡터($\mathbf{A}_n$와 $\mathbf{A}_t$)

그러므로 벡터의 내적은 직각좌표계에서 특정 방향의 한 벡터의 직각성분의 스칼라량을 구하는데 이용될 수 있다. 예를 들어, 직각 좌표계에서 x축 상의 벡터 A의 스칼라 성분은 내적의 정의에 따라서 다음과 구할 수 있다.

$$A_x = \mathbf{A}\cdot\mathbf{i} = A(1)\cos\theta_x = A\cos\theta_x$$

따라서 이러한 개념을 도입하면 그림 15(a)에서 보여주는 벡터 A의 n 방향에서의 직각 좌표의 스칼라성분은 다음과 같다.

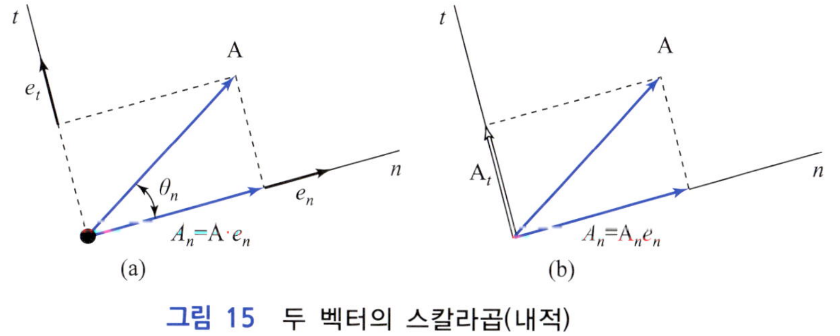

그림 15 두 벡터의 스칼라곱(내적)

$$A_n = \mathrm{A} \cdot \mathrm{e}_n = A(1)\cos\theta_n \tag{25}$$

여기서 $\mathbf{e}_n$은 n방향에 존재하는 단위 벡터이다. 이제 식 (10)을 이용하여 벡터 **A**의 n방향의 성분, $\mathbf{A}_n$을 구하면 다음과 같다.

$$\boldsymbol{A}_n = \boldsymbol{A}e = (A \cdot \boldsymbol{e}_n)\boldsymbol{e}_n \tag{26}$$

다시 벡터 **A**와 n을 포함하는 평면 내에 존재하는 요소로써 n방향에 수직성분으로 벡터 **A**의 직각성분요소는 다음과 같이 벡터의 연산법칙에 의해서 구할 수 있다.

$$\mathbf{A}_t = \mathbf{A} - \mathbf{A}_n$$

이때 벡터 $\mathbf{A}_t$를 구하면 벡터 $\mathbf{A}_t$의 크기와 방향은 식 (18)과 식 (22)를 이용하여 구할 수 있다.

② 두 벡터의 내적(Cartesian 좌표계 상에서)

Cartesian 좌표계 상에서 두 벡터 **A**와 **B**가 주어졌을 때, 내적은 다음과 같다.

$$\begin{aligned}\mathbf{A} \cdot \mathbf{B} &= (A_x\mathbf{i} + A_y\mathbf{j} + A_z\mathbf{k}) \cdot (B_x\mathbf{i} + B_y\mathbf{j} + B_z\mathbf{k}) \\ &= A_xB_x(\mathbf{i} \cdot \mathbf{i}) + A_xB_y(\mathbf{i} \cdot \mathbf{j}) + A_xB_z(\mathbf{i} \cdot \mathbf{k}) \\ &\qquad + A_yB_x(\mathbf{j} \cdot \mathbf{i}) + A_yB_y(\mathbf{j} \cdot \mathbf{j}) + A_yB_z(\mathbf{j} \cdot \mathbf{k}) \\ &\qquad + A_zB_x(\mathbf{k} \cdot \mathbf{i}) + A_zB_y(\mathbf{k} \cdot \mathbf{j}) + A_zB_z(\mathbf{k} \cdot \mathbf{k})\end{aligned}$$

여기서 **i**, **j**, **k**는 서로 서로 직각이므로 다음과 같은 연산 값을 갖는다.

$$\mathbf{i} \cdot \mathbf{j} = \mathbf{j} \cdot \mathbf{k} = \mathbf{k} \cdot \mathbf{i} = (1)(1)\cos 90° = 0$$
$$\mathbf{i} \cdot \mathbf{i} = \mathbf{j} \cdot \mathbf{j} = \mathbf{k} \cdot \mathbf{k} = (1)(1)\cos 0° = 1$$

따라서, 위 식을 정리하면 다음 식 (27)과 같이 된다.

$$\mathrm{A} \cdot \mathrm{B} = A_xB_x + A_yB_y + A_zB_z \tag{27}$$

그리고 다음과 같이 벡터 **A**와 **A**의 내적과 같은 특별한 경우에는 피타고라스의 정리로부터 유도된 식 (16)을 사용하면 쉽게 구할 수 있다.

$$\mathbf{A} \cdot \mathbf{A} = AA\cos 0° = A^2 \cos 0° = A^2 = A_x^2 + A_y^2 + A_z^2$$

두 벡터의 사이각을 구하기 위해서 식 (24)와 식 (27)을 이용하면 사이각은 다음과 같다.

$$\mathbf{A} \cdot \mathbf{B} = A_x B_x + A_y B_y + A_z B_z = AB\cos\theta$$

따라서 사이각 $\cos\theta$는 다음과 같이 계산된다.

$$\cos\theta = \frac{\mathbf{A} \cdot \mathbf{B}}{AB} = \frac{A_x B_x + A_y B_y + A_z B_z}{AB} \tag{28}$$

③ 내적의 활용

역학에서 한 선분 위에 존재하는 벡터들의 각각의 직각성분의 요소들을 결정하는데 이용된다(힘, 모멘트, 속도, 가속도, 등등의 직각성분의 요소). 또한 내적은 두 벡터의 사이각을 구하는데 사용된다(두 힘, 하나의 힘과 하나의 선분, 하나의 힘과 하나의 가속도 등등의 사이각).

예제 3

단위벡터 $\mathbf{e}_n$과 벡터 $\mathbf{A}$가 다음과 같이 주어질 때, 벡터 $\mathbf{A}$의 주어진 단위벡터의 방향에 수직한 성분과 평행한 성분을 각각 구하여라.

풀이 식 (25)에 의해 n방향의 벡터 $\mathbf{A}$의 성분의 크기는 다음과 같다.

$$\begin{aligned} A_n &= \mathbf{A} \cdot \mathbf{e}_n = (-312\mathbf{i} + 72\mathbf{j} - 228\mathbf{k}) \cdot (-0.60\mathbf{i} + 0.80\mathbf{j}) \\ &= -312(-0.60) + 72(0.80) - 228(0) = 224.8 \end{aligned}$$

벡터 $\mathbf{A}$의 n방향의 성분, $\mathbf{A}_n$은 식 (26)으로부터 다음과 같이 구해진다.

$$\mathbf{A}_n = (\mathbf{A} \cdot \mathbf{e}_n)\mathbf{e}_n = 224.8(-0.60\mathbf{i} + 0.80\mathbf{j}) = -146\mathbf{i} + 195.8\mathbf{j}$$

벡터 $\mathbf{A}$는 식 (21)로부터 다음과 같이 두 방향 벡터로 분리될 수 있다.

$$\mathbf{A} = \mathbf{A}_n + \mathbf{A}_t$$

따라서, n방향의 직각성분, $\mathbf{A}_t$는 다음과 같이 얻어진다.

$$\begin{aligned} \mathbf{A}_t &= \mathbf{A} - \mathbf{A}_n = (-312\mathbf{i} + 72\mathbf{j} - 228\mathbf{k}) - (-146\mathbf{i} + 195.8\mathbf{j}) \\ &= -165.1\mathbf{i} - 123.8\mathbf{j} - 228\mathbf{k} \end{aligned}$$

식 (22)를 이용하여 벡터 $\mathbf{A}_t$의 크기를 구하면 다음과 같다.

$$A_t = |\mathbf{A}_t| = \sqrt{(-165.1)^2 + (-123.8)^2 + (-228)^2} = 307.5$$

n방향의 직각방향 단위벡터 $\mathbf{e}_t$는 식 (28)을 이용하여 구하면 다음과 같다.

$$\mathbf{e}_t = \frac{\mathbf{A}_t}{A_t} = \frac{-165.1\mathbf{i} - 123.8\mathbf{j} - 228\mathbf{k}}{307.5} = -0.537\mathbf{i} - 0.403\mathbf{j} - 0.741\mathbf{k}$$

예제 4

두 벡터가 다음과 같을 때, 사이의 각 θ를 구하여라.
$\mathbf{A}=8\mathbf{i}+9\mathbf{j}+7\mathbf{k}$, $\mathbf{B}=6\mathbf{i}-5\mathbf{j}+3\mathbf{k}$.

풀이 먼저 식 (22)를 이용하여 두 벡터 A와 B의 크기를 구하면

$$A=\sqrt{(A_x)^2+(A_y)^2+(A_z)^2}=\sqrt{(8)^2+(9)^2+(7)^2}=13.928$$
$$B=\sqrt{(B_x)^2+(B_y)^2+(B_z)^2}=\sqrt{(6)^2+(-5)^2+(3)^2}=8.367$$

이제, 식 (27)을 이용하여 벡터 A와 B의 스칼라곱을 구하면

$$\mathbf{A}\cdot\mathbf{B}=A_xB_x+A_yB_y+A_zB_z=8(6)+9(-5)+7(3)=24$$

따라서 식 (28)을 이용하여 두 벡터의 사이각 θ를 구하면

$$\theta=\cos^{-1}\frac{\mathbf{A}\cdot\mathbf{B}}{AB}=\cos^{-1}\frac{24}{13.928(8.367)}=78.1^\circ$$

(2) 외적(Cross or Vector product)

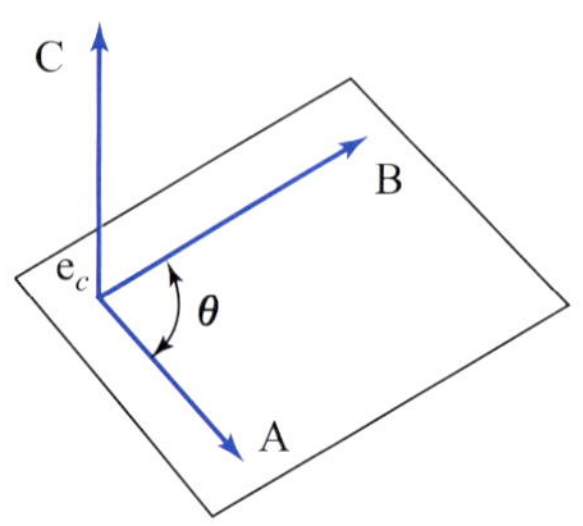

그림 16 두 벡터의 외적

① 외적의 정의

서로 교차하는 두 벡터 A와 B가 있을 때, 이 두 벡터의 외적은 정의에 의하여 그림 16과 같이 제 3의 벡터 C를 생성한다. 벡터 C의 크기는 각각 벡터 A와 B의 크기를 곱(AB)한 값에 다시 A와 B벡터의 사이각의 Sine 값($\sin\theta$)을 곱한 것이다. 그리고 벡터 C의 방향은 벡터 A와 B를 포함하는 평면에 수직인 방향이다. 따라서 정의에 의하여 이러한 관계를 수식으로 표현하면 다음과 같다

$$\mathbf{C} = \mathbf{A} \times \mathbf{B} = (AB \sin\theta)\mathbf{e}_C \tag{29}$$

여기서 두 벡터의 사이각, θ는 $0° \le \theta \le 180°$ 사이의 값을 갖는다. 단위벡터 $\mathbf{e}_C$는 두 벡터 $\mathbf{A}$와 $\mathbf{B}$를 포함하는 평면에 수직인 방향단위벡터이다. 단위벡터 $\mathbf{e}_C$의 방향결정은 오른손 법칙(오른손의 손가락들이 두 벡터 $\mathbf{A}$와 $\mathbf{B}$를 포함하는 평면에 수직인 축에 대하여 벡터 $\mathbf{A}$로부터 $\mathbf{B}$로 감아갈 때 엄지손가락이 가리키는 곳이 벡터 $\mathbf{C}$의 방향이다)을 따른다. 따라서 단위벡터 $\mathbf{e}_C$의 정의에 따라 두 벡터의 외적에서는 교환 법칙은 성립하지 않고 다음과 같은 결과를 준다.

$$\mathbf{A} \times \mathbf{B} = -\mathbf{B} \times \mathbf{A}$$

또한 덧셈 법칙과 식 (29)의 정의에 따라 다음과 같은 연산법칙이 성립한다.

$$\mathbf{A} \times s\mathbf{B} = s(\mathbf{A} \times \mathbf{B})$$
$$\mathbf{A} \times (\mathbf{B} + \mathbf{C}) = (\mathbf{A} \times \mathbf{B}) + (\mathbf{A} \times \mathbf{C})$$

여기서, s는 스칼라량이다.

② 두 벡터의 외적

이제 Cartesian 벡터 형태의 두 벡터 $\mathbf{A}$와 $\mathbf{B}$에 대한 외적은 다음과 같이 된다.

$$\begin{aligned}
\mathbf{A} \times \mathbf{B} &= (A_x\mathbf{i} + A_y\mathbf{j} + A_z\mathbf{k}) \times (B_x\mathbf{i} + B_y\mathbf{j} + B_z\mathbf{k}) \\
&= A_xB_x(\mathbf{i} \times \mathbf{i}) + A_xB_y(\mathbf{i} \times \mathbf{j}) + A_xB_z(\mathbf{i} \times \mathbf{k}) \\
&\quad + A_yB_x(\mathbf{j} \times \mathbf{i}) + A_yB_y(\mathbf{j} \times \mathbf{j}) + A_yB_z(\mathbf{j} \times \mathbf{k}) \\
&\quad + A_zB_x(\mathbf{k} \times \mathbf{i}) + A_zB_y(\mathbf{k} \times \mathbf{j}) + A_zB_z(\mathbf{k} \times \mathbf{k})
\end{aligned}$$

한편 $\mathbf{i}$, $\mathbf{j}$, $\mathbf{k}$가 서로 수직이므로 내적의 정의에 의해서 다음과 같은 결과를 갖는다.

$$\mathbf{i} \times \mathbf{j} = [(1)(1)\sin 0°]\mathbf{k} = 0$$
$$\mathbf{i} \times \mathbf{j} = [(1)(1)\sin 90°]\mathbf{k} = \mathbf{k}$$

따라서 이들의 모든 연산을 정리하면 다음과 같다.

$$
\begin{aligned}
&\mathbf{i}\times\mathbf{j}=0, \quad \mathbf{j}\times\mathbf{i}=-\mathbf{k}, \quad \mathbf{k}\times\mathbf{i}=\mathbf{j} \\
&\mathbf{i}\times\mathbf{j}=\mathbf{k}, \quad \mathbf{j}\times\mathbf{j}=0, \quad \mathbf{k}\times\mathbf{j}=-\mathbf{j} \\
&\mathbf{i}\times\mathbf{k}=-\mathbf{j}, \quad \mathbf{j}\times\mathbf{k}=\mathbf{i}, \quad \mathbf{k}\times\mathbf{k}=0
\end{aligned} \tag{30}
$$

식 (30)의 관계를 그림 17과 같이 반시계 방향으로 원에 단위 벡터 **i**, **j**, **k**를 배열하여 나타내면, 서로 다른 두 단위벡터 요소가 반시계 방향의 순서로 외적이 되면, 이때의 벡터 외적은 양의 값을 갖는 제3의 단위벡터 요소가 된다. 그러나 서로 다른 두 단위벡터 요소가 시계 방향 순서로 외적이 되어있으면 음의 값을 갖는 제3의 단위벡터 요소가 된다.

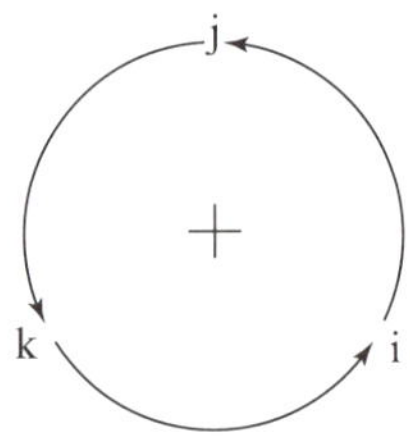

그림 17 반시계 방향 순서로 원상에 나열된 단위 벡터 i, j, k

이제 식 (30)을 식 (b)에 대입하면 다음과 같은 결과를 준다.

$$
\begin{aligned}
\mathbf{A}\times\mathbf{B} &= A_xB_y\mathbf{k}+A_xB_z(-\mathbf{j})+A_yB_x(-\mathbf{k})+A_yB_z\mathbf{i}+A_zB_x\mathbf{j}+A_zB_y(-\mathbf{i}) \\
&=(A_yB_z-A_zB_y)\mathbf{i}+(A_zB_x-A_xB_z)\mathbf{j}+(A_xB_y-A_yB_x)\mathbf{k}
\end{aligned} \tag{31}
$$

위 식을 행렬식으로 바꾸어 표현하면 다음과 같다.

$$
\mathbf{A}\times\mathbf{B}=\begin{vmatrix} \mathbf{i} & \mathbf{j} & \mathbf{k} \\ A_x & A_y & A_z \\ B_x & B_y & B_z \end{vmatrix}=\mathbf{C} \tag{32}
$$

위 식을 자세히 보면 위의 행렬식의 첫 번째 행은 단위 벡터 **i**, **j**, **k**를 차례로 놓았고, 두 번째 행은 벡터 **A**의 성분인 $\mathbf{A}_x$, $\mathbf{A}_y$, $\mathbf{A}_z$를, 세 번째 행은 벡터 **B**의 성분인 $\mathbf{B}_x$, $\mathbf{B}_y$, $\mathbf{B}_z$의 요소들로 이루어짐을 알 수 있다. 또한 행렬식의 두 번째 행과 세 번째 행이 서로 바뀌면 행렬식 값의 부호가 바뀌어 다음과 같은 결과를 준다.

$$\mathrm{A}\times\mathrm{B}=-\mathrm{B}\times\mathrm{A}$$

③ 공학에서의 활용

공학에서 벡터의 외적은 한 점에 작용하는 힘의 모멘트를 구하는 데 사용한다. 이때, 모멘트 벡터의 방향은 힘이 물체를 회전시키려고 하는 축의 방향이다. 이 벡터의 크기는 물체를 회전시키려는 힘의 크기이다.

예제 5

만일 두 벡터 $\mathbf{e}_C$와 B가 다음과 같이 주어지고 C = A × B가 성립한다면, 벡터 C의 크기와 방향을 구하여라. 벡터 C의 단위벡터 $\mathbf{e}_C$를 Cartesian 벡터형으로 계산하여라.

$$\mathbf{A} = -3.75\mathbf{i} - 2.50\mathbf{j} + 1.50\mathbf{k} \text{ 와 } \mathbf{B} = 32\mathbf{i} + 44\mathbf{j} + 64\mathbf{k}$$

풀이 벡터 C는 식 (32)로부터 두 벡터의 내적, A × B를 구할 수 있다.

$$\mathbf{C} = \mathbf{A} \times \mathbf{B} = \begin{vmatrix} \mathbf{i} & \mathbf{j} & \mathbf{k} \\ A_x & A_y & A_z \\ B_x & B_y & B_z \end{vmatrix} = \begin{vmatrix} \mathbf{i} & \mathbf{j} & \mathbf{k} \\ -3.75 & -2.50 & 1.50 \\ 32 & 44 & 64 \end{vmatrix} = -226\mathbf{i} + 288\mathbf{j} - 85\mathbf{k}$$

벡터 C의 크기는 식 (22)로부터 다음과 같이 구한다.

$$C = |\mathbf{C}| = \sqrt{C_x^2 + C_y^2 + C_z^2} = \sqrt{(-226)^2 + (288)^2 + (-85)^2} = 375.8$$

벡터 C의 방향은 식 (23)으로부터 구할 수 있다.

$$\mathbf{e}_C = \frac{\mathbf{C}}{|\mathbf{C}|} = \frac{-266\mathbf{i} + 288\mathbf{j} - 85\mathbf{k}}{375.8} = -0.601\mathbf{i} + 0.766\mathbf{j} - 0.226\mathbf{k}$$

따라서 단위벡터 $\mathbf{e}_C$는 식 (18)을 이용하여 구한다.

$$\mathbf{e}_C = \frac{\mathbf{C}}{|\mathbf{C}|} = \frac{-266\mathbf{i} + 288\mathbf{j} - 85\mathbf{k}}{375.8} = -0.601\mathbf{i} + 0.766\mathbf{j} - 0.226\mathbf{k}$$

(3) 삼중 스칼라적(Triple scalar product, 삼중 내적)

삼중 스칼라적은 벡터 B와 C의 외적에 벡터 A와의 내적을 포함한다. 따라서 삼중 스칼라적은 다음과 같이 쓸 수 있다.

$$(\mathrm{B} \times \mathrm{C}) \cdot \mathrm{A} \quad \text{또는} \quad (\mathrm{B} \times \mathrm{C}) \cdot \mathrm{A} \tag{33}$$

벡터 A, B, C를 Cartesian 벡터 형태로 표현하여, 스칼라 삼중 곱을 구하면 다음과 같다.

$$\mathbf{A}\cdot(\mathbf{B}\times\mathbf{C}) = (A_x\mathbf{i}+A_y\mathbf{j}+A_z\mathbf{k})\cdot[(B_x\mathbf{i}+B_y\mathbf{j}+B_z\mathbf{k})\times(C_x\mathbf{i}+C_y\mathbf{j}+C_z\mathbf{k})]$$
$$= A_x(B_yC_z - B_zC_y) + A_y(B_zC_x - B_xC_z) + A_z(B_xC_y - B_yC_x) \qquad (34)$$

이를 행렬식으로 나타내면 다음과 같은 스칼라 값이 된다.

$$\mathbf{A}\cdot(\mathbf{B}\times\mathbf{C}) = \begin{vmatrix} A_x & A_y & A_z \\ B_x & B_y & B_z \\ C_x & C_y & C_z \end{vmatrix} \qquad (35)$$

그래서 삼중 스칼라적이라고 한다. 그러나 벡터가 무작위로 순서에 상관없이 교환될 수는 없다. 왜냐하면 외적은 교환 법칙이 성립하지 않기 때문이다. 그러나 다음 식과 같은 순서의 삼중 스칼라적이 성립한다.

$$\mathbf{A}\cdot(\mathbf{B}\times\mathbf{C}) = (\mathbf{A}\times\mathbf{B})\cdot\mathbf{C} = (\mathbf{B}\times\mathbf{C})\cdot\mathbf{A} = \mathbf{B}\cdot(\mathbf{C}\times\mathbf{A})$$

벡터의 외적을 이용하여 한 점에 대한 힘의 모멘트를 구할 때 사용되고, 내적은 직선에 따른 벡터의 성분을 구할 때 이용된다. 삼중 스칼라적은 한 선분에 다른 힘의 모멘트의 성분 구하는데 사용된다. 즉, 삼중 스칼라적은 한 직선에 대한 한 물체를 회전시키고자 하는 힘의 성향을 나타낸다.

(4) 삼중 벡터적(Triple vector productor, 삼중 외적)

삼중 벡터적은 벡터 B와 C의 외적의 결과와 A와의 외적을 구하는 것이다. 이러한 관계를 수식으로 표현하면 다음과 같이 쓸 수 있다.

$$\mathbf{A}\times(\mathbf{B}\times\mathbf{C})$$

따라서 벡터의 외적의 정의에 의하여 각각의 벡터를 Cartesian 벡터 형태로 표현하여 식 (31)과 같이 계산하면 벡터, B와 C의 외적, (B × C)는 다음과 같다.

$$\mathbf{B}\times\mathbf{C} = (B_x\mathbf{i}+B_y\mathbf{j}+B_z\mathbf{k})\times(C_x\mathbf{i}+C_y\mathbf{j}+C_z\mathbf{k})$$
$$= (B_yC_z - B_zC_y)\mathbf{i} + (B_zC_x - B_xC_z)\mathbf{j} + (B_xC_y - B_yC_x)\mathbf{k}$$

같은 방법으로 벡터, B와 C의 외적의 결과와 벡터, A와의 외적, A × (B × C)는 다음과 같다.

$$\mathbf{A}\times(\mathbf{B}\times\mathbf{C}) = (A_x\mathbf{i}+A_y\mathbf{j}+A_z\mathbf{k})\times[(B_yC_z - B_zC_y)\mathbf{i} + (B_zC_x - B_xC_z)\mathbf{j} + (B_xC_y - B_yC_x)\mathbf{k}$$
$$= [A_y(B_xC_y - B_yC_x) - A_z(B_zC_x - B_xC_z)]\mathbf{i} + [A_z(B_yC_z - B_zC_y) - A_x(B_xC_y - B_yC_x)]\mathbf{j} +$$
$$[A_x(B_zC_x - B_xC_z) - A_y(B_yC_z - B_zC_y)]\mathbf{k}$$

$$= (A_yC_y + A_zC_z)B_x\mathbf{i} + (A_zC_z + A_xC_x)B_y\mathbf{j} + (A_xC_x + A_xC_x)B_z\mathbf{k} - (A_yB_y + A_xB_z)C_x\mathbf{i} - (A_zB_z + A_xB_x)C_y\mathbf{j} - (A_xB_x + A_yB_y)C_z\mathbf{k}$$

다음 벡터, $A_xB_xC_x\mathbf{i} + A_yB_yC_y\mathbf{j} + A_zB_zC_z\mathbf{k}$를 위 식에 더하고 뺀 후 식을 재정리하면 다음과 같이 인수분해 된다.

$$\mathbf{A}\times(\mathbf{B}\times\mathbf{C}) = (A_xC_x + A_yC_y + A_zC_z)(B_x\mathbf{i} + B_y\mathbf{j} + B_z\mathbf{k}) - (A_xB_x + A_yB_y + A_zB_z)(C_x\mathbf{i} + C_y\mathbf{j} + C_z\mathbf{k})$$

식 (27)로부터 다음과 같은 사실을 알 수 있다.

$$A_xC_x + A_yC_y + A_zC_z = \mathbf{A}\cdot\mathbf{C}$$
$$A_xB_x + A_yB_y + A_zB_z = \mathbf{A}\cdot\mathbf{B}$$

그러므로 위 식에 이 식을 적용하면 새로운 삼중 벡터적에 관한 법칙을 알 수 있다.

$$\mathbf{A}\times(\mathbf{B}\times\mathbf{C}) = (\mathbf{A}\cdot\mathbf{C})\mathbf{B} - (\mathbf{A}\cdot\mathbf{B})\mathbf{C} \tag{36}$$
$$(\mathbf{A}\times\mathbf{B})\times\mathbf{C} = (\mathbf{A}\cdot\mathbf{C})\mathbf{B} - (\mathbf{B}\cdot\mathbf{C})\mathbf{A} \tag{37}$$

삼중 벡터적은 동역학에서 회전체의 한 점에서의 가속도를 구하는데 사용한다.

예제 6

다음과 같은 3개의 벡터가 주어질 때, 삼중 스칼라적[A · (B × C)]과 삼중 벡터적 [A × (B × C)]을 구하시오.

$$\mathbf{A} = 3\mathrm{i} + 5\mathbf{j} + 8\mathbf{k},\ \mathbf{B} = 4\mathrm{i} - 5\mathbf{j} + 3\mathrm{k},\ \mathbf{C} = 2\mathrm{i} + 3\mathbf{j} - 4\mathbf{k}$$

풀이 식 (35)를 이용하여 삼중 스칼라적, A · (B × C)를 행렬식으로 표현하면

$$\mathbf{A}\cdot(\mathbf{B}\times\mathbf{C}) = \begin{vmatrix} A_x & A_y & A_z \\ B_x & B_y & B_z \\ C_x & C_y & C_z \end{vmatrix} = \begin{vmatrix} 3 & 5 & 8 \\ 4 & -5 & 3 \\ 2 & 3 & -4 \end{vmatrix}$$
$$= 3(20-9) - 5(-16-6) + 8(12-10) = 319$$

식 (36)으로부터 벡터 삼중 곱 A × (B × C)를 구하면

$$\mathbf{A}\times(\mathbf{B}\times\mathbf{C}) = (\mathbf{A}\cdot\mathbf{C})\mathbf{B} - (\mathbf{A}\cdot\mathbf{B})\mathbf{C}$$
$$= [(3\mathbf{i} + 5\mathbf{j} + 8\mathbf{k})\cdot(2\mathbf{i} + 3\mathbf{j} - 4\mathbf{k})](4\mathbf{i} - 5\mathbf{j} + 3\mathbf{k}) - [(3\mathbf{i} + 5\mathbf{j} + 8\mathbf{k})\cdot(4\mathbf{i} - 5\mathbf{j} + 3\mathbf{k})](2\mathbf{i} + 3\mathbf{j} - 4\mathrm{k})$$
$$= [3(2) + 5(3) + 8(-4)](4\mathbf{i} - 5\mathbf{j} + 3\mathbf{k}) - [3(4) + 5(-5) + 8(3)](2\mathbf{i} + 3\mathrm{j} - 4\mathbf{k})$$
$$= -11(4\mathbf{i} - 5\mathbf{j} + 3\mathbf{k}) - 11(2\mathbf{i} + 3\mathbf{j} - 4\mathrm{k})$$
$$= -66\mathbf{i} + 22\mathbf{j} + 11\mathbf{k}$$

연습문제

1. 벡터와 스칼라의 정의를 세우시오.

2. 공간상의 두 점 A(2, 5, 7)와 B(3, −3, −1)의 위치벡터의 크기와 방향을 구하여라.

3. 세 벡터가 $\mathbf{A}=4\mathrm{i}+5\mathbf{j}+8\mathbf{k}$, $\mathbf{B}=6\mathrm{i}-3\mathbf{j}+7\mathbf{k}$, $\mathbf{C}=4\mathrm{i}+5\mathbf{j}-8\mathbf{k}$로 주어질 때, 합벡터 R의 크기와 방향을 구하여라. 또 합벡터 R과 단위벡터 $\mathbf{e}_R$을 직각벡터 형태로 표기하여라.

4. 단위벡터 $\mathbf{e}_n$과 벡터 A가 다음과 같이 주어질 때, 벡터 A의 주어진 단위벡터의 방향에 수직한 성분과 평행한 성분을 각각 구하여라.
   $\mathbf{A}=-412\mathrm{i}+62\mathbf{j}-328\mathbf{k}$와 단위벡터 $\mathbf{e}_n=-0.70\mathrm{i}+0.90\mathbf{j}$

5. 두 벡터가 다음과 같을 때, 사이의 각 θ를 구하여라.
   $\mathbf{A}=5\mathrm{i}+7\mathbf{j}+3\mathbf{k}$, $\mathbf{B}=7\mathrm{i}-2\mathbf{j}+5\mathbf{k}$

6. 만일 두 벡터 $\mathbf{e}_C$와 B가 다음과 같이 주어지고 $\mathrm{C}=\mathrm{A}\times\mathrm{B}$가 성립한다면, 벡터 C의 크기와 방향을 구하여라. 벡터 C의 단위벡터 $\mathbf{e}_C$를 Cartesian 벡터형으로 계산하여라.
   $\mathbf{A}=-6.75\mathrm{i}-4.50\mathbf{j}+2.50\mathbf{k}$와 $\mathbf{B}=54\mathrm{i}-64\mathbf{j}+76\mathbf{k}$

7. 다음과 같은 3개의 벡터가 주어질 때, 삼중 스칼라적[A · (B × C)]과 삼중 벡터적[A × (B × C)]을 구하시오.
   $\mathbf{A}=5\mathrm{i}+2\mathbf{j}+4\mathbf{k}$, $\mathbf{B}=3\mathrm{i}-4\mathbf{j}+8\mathbf{k}$, $\mathbf{C}=3\mathrm{i}+6\mathbf{j}-7\mathbf{k}$

부록 2 기술자격 및 검정기준 및 방법(한국산업인력공단)

1) 검정기준

자격등급	검정기준
기술사	응시하고자 하는 종목에 관한 고도의 전문지식과 실무경험에 입각한 계획, 연구, 설계, 분석, 조사, 시험, 시공, 감리, 평가, 진단, 사업관리, 기술관리 등의 기술업무를 수행할 수 있는 능력의 유무
기능장	응시하고자 하는 종목에 관한 최상급 숙련기능을 가지고 산업현장에서 작업 관리, 소속기능인력의 지도 및 감독, 현장훈련, 경영계층과 생산계층을 유기적으로 연계시켜 주는 현장관리 등의 업무를 수행할 수 있는 능력의 유무
기 사	응시하고자 하는 종목에 관한 공학적 기술이론 지식을 가지고 설계, 시공, 분석 등의 기술업무를 수행 할 수 있는 능력의 유무
산업기사	응시하고자 하는 종목에 관한 기술기초이론지식 또는 숙련기능을 바탕으로 복합적인 기능업무를 수행할 수 있는 능력의 유무
기능사	응시하고자 하는 종목에 관한 숙련기능을 가지고 제작, 제조, 조작, 운전, 보수, 정비, 채취, 검사. 또는 직업관리 및 이에 관련되는 업무를 수행할 수 있는 능력의 유무

2) 검정시행 형태 및 합격결정 기준

등급	검정기준	
	필기시험	면접시험 또는 실기시험
기술사	단답형 또는 주관식 논문형 (100점 만점에 60점 이상)	구술형 면접시험 (100점 만점에 60점 이상)
기능장	객관식 4지택일형(60문항) (100점 만점에 60점 이상)	주관식 필기시험 또는 작업형 (100점 만점에 60점 이상)
기사	객관식 4지택일형 과목당 20문항 과목당 40점 이상 전과목 평균 60점 이상	주관식 필기시험 또는 작업형 (100점 만점에 60점 이상)
산업기사	객관식 4지택일형 과목당 20문항 과목당 40점 이상 전과목 평균 60점 이상	주관식 필기시험 또는 작업형 (100점 만점에 60점 이상)
기능사	객관식 4지택일형(60문항) (100점 만점에 60점 이상)	주관식 필기시험 또는 작업형 (100점 만점에 60점 이상)

3) 등급별 응시자격기준

(1) 기술사 다음 각 호의 하나에 해당하는 사람

1. 기사 자격을 취득한 후 응시하려는 종목이 속하는 직무분야(고용노동부령으로 정하는 유사 직무분야를 포함한다. 이하 "동일 및 유사 직무분야"라 한다)에서 4년 이상 실무에 종사한 사람
2. 산업기사 자격을 취득한 후 응시하려는 종목이 속하는 동일 및 유사 직무분야에서 5년 이상 실무에 종사한 사람
3. 기능사 자격을 취득한 후 응시하려는 종목이 속하는 동일 및 유사 직무분야에서 7년 이상 실무에 종사한 사람
4. 응시하려는 종목과 관련된 학과로서 고용노동부장관이 정하는 학과(이하 "관련학과"라 한다)의 대학졸업자등으로서 졸업 후 응시하려는 종목이 속하는 동일 및 유사 직무분야에서 6년 이상 실무에 종사한 사람
5. 응시하려는 종목이 속하는 동일 및 유사직무분야의 다른 종목의 기술사 등급의 자격을 취득한 사람
6. 3년제 전문대학 관련학과 졸업자등으로서 졸업 후 응시하려는 종목이 속하는 동일 및 유사 직무분야에서 7년 이상 실무에 종사한 사람
7. 2년제 전문대학 관련학과 졸업자등으로서 졸업 후 응시하려는 종목이 속하는 동일 및 유사 직무분야에서 8년 이상 실무에 종사한 사람
8. 국가기술자격의 종목별로 기사의 수준에 해당하는 교육훈련을 실시하는 기관 중 고용노동부령으로 정하는 교육훈련기관의 기술훈련과정(이하 "기사 수준 기술훈련과정"이라 한다) 이수자로서 이수 후 응시하려는 종목이 속하는 동일 및 유사 직무분야에서 6년 이상 실무에 종사한 사람
9. 국가기술자격의 종목별로 산업기사의 수준에 해당하는 교육훈련을 실시하는 기관 중 고용노동부령으로 정하는 교육훈련기관의 기술훈련과정(이하 "산업기사 수준 기술훈련과정"이라 한다) 이수자로서 이수 후 동일 및 유사 직무분야에서 8년 이상 실무에 종사한 사람
10. 응시하려는 종목이 속하는 동일 및 유사 직무분야에서 9년 이상 실무에 종사한 사람
11. 외국에서 동일한 종목에 해당하는 자격을 취득한 사람

(2) 기능장 다음 각 호의 하나에 해당하는 사람

1. 응시하려는 종목이 속하는 동일 및 유사 직무분야의 산업기사 또는 기능사 자격을 취득한 후 「근로자직업능력 개발법」에 따라 설립된 기능대학의 기능장과정을 마친 이수자 또는 그 이수예정자
2. 산업기사 등급 이상의 자격을 취득한 후 응시하려는 종목이 속하는 동일 및 유사 직무분야에서 5년 이상 실무에 종사한 사람
3. 기능사 자격을 취득한 후 응시하려는 종목이 속하는 동일 및 유사 직무분야에서 7년 이상 실무에 종사한 사람
4. 응시하려는 종목이 속하는 동일 및 유사 직무분야에서 9년 이상 실무에 종사한 사람
5. 응시하려는 종목이 속하는 동일 및 유사직무분야의 다른 종목의 기능장 등급의 자격을 취득한 사람
6. 외국에서 동일한 종목에 해당하는 자격을 취득한 사람

(3) 기사 다음 각 호의 하나에 해당하는 사람

1. 산업기사 등급 이상의 자격을 취득한 후 응시하려는 종목이 속하는 동일 및 유사 직무분야에서 1년 이상 실무에 종사한 사람
2. 기능사 자격을 취득한 후 응시하려는 종목이 속하는 동일 및 유사 직무분야에서 3년 이상 실무에 종사한 사람
3. 응시하려는 종목이 속하는 동일 및 유사 직무분야의 다른 종목의 기사 등급 이상의 자격을 취득한 사람
4. 관련학과의 대학졸업자능 또는 그 졸업예정자
5. 3년제 전문대학 관련학과 졸업자등으로서 졸업 후 응시하려는 종목이 속하는 동일 및 유사 직무분야에서 1년 이상 실무에 종사한 사람
6. 2년제 전문대학 관련학과 졸업자등으로서 졸업 후 응시하려는 종목이 속하는 동일 유사 직무분야에서 2년 이상 실무에 종사한 사람
7. 동일 및 유사 직무분야의 기사 수준 기술훈련과정 이수자 또는 그 이수예정자
8. 동일 및 유사 직무분야의 산업기사 수준 기술훈련과정 이수자로서 이수 후 응시하려는 종목이 속하는 동일 및 유사 직무분야에서 2년 이상 실무에 종사한 사림
9. 응시하려는 종목이 속하는 동일 및 유사 직무분야에서 4년 이상 실무에 종

사한 사람

10. 외국에서 동일한 종목에 해당하는 자격을 취득한 사람

(4) 산업기사 다음 각 호의 하나에 해당하는 사람

1. 기능사 등급 이상의 자격을 취득한 후 응시하려는 종목이 속하는 동일 및 유사 직무분야에 1년 이상 실무에 종사한 사람
2. 응시하려는 종목이 속하는 동일 및 유사 직무분야의 다른 종목의 산업기사 등급 이상의 자격을 취득한 사람
3. 관련학과의 2년제 또는 3년제 전문대학졸업자 등 또는 그 졸업예정자
4. 관련학과의 대학졸업자 등 또는 그 졸업예정자
5. 동일 및 유사 직무분야의 산업기사 수준 기술훈련과정 이수자 또는 그 이수 예정자
6. 응시하려는 종목이 속하는 동일 및 유사 직무분야에서 2년 이상 실무에 종사한 사람
7. 고용노동부령으로 정하는 기능경기대회 입상자
8. 외국에서 동일한 종목에 해당하는 자격을 취득한 사람

(5) 기능사 : 응시자격에 제한이 없음

4) 토목관련 국가기술자격의 종목별 시험과목 일람표

(1) 기술 · 기능분야

등급	자격종목	종목번호	검정방법	시험과목
기술사	토질 및 기초 기술사	0390	필기시험 및 면접시험	토질, 질구조물 및 기초, 기타 토질과 기초에 관한 사항
	토목품질시험 기술사	0481	필기시험 및 면접시험	토목재료의 특성, 용도, 시험 및 재료역학에 관한 사항과 기타 품질관리에 관한 사항
	토목구조 기술사	0400	필기시험 및 면접시험	구조해석, 철골구조, 철근콘크리트구조, 콘크리트구조 및 시멘트제품 기타 구조물에 관한 사항
	항만 및 해안 기술사	0410	필기시험 및 면접시험	항만계획, 외곽시설, 접안시설, 입항 교통시설, 보안신호, 하역시설 및 해안의 보전 기타 항만과 해안에 관한 사항
	도로 및 공항 기술사	0420	필기시험 및 면접시험	도로 및 교통, 도로구조물, 도로부대시설, 공항계획 및 공항부대시설 기타 도로와 공항에 관한 사항

등급	자격종목	종목번호	검정방법	시험과목
	철도 기술사	0430	필기시험 및 면접시험	철도계획, 선로, 철도구조물, 정차장, 보안장치 및 운전계획 기타 철도에 관한 사항
	수자원개발 기술사	0451	필기시험 및 면접시험	하천, 하천구조물, 댐, 수력구조물의 계획, 관리, 감리에 관한 사항
	상하수도 기술자	0460	필기시험 및 면접시험	상수 및 공업용수계획, 취수, 송배수, 정수, 수질, 기타 상수도 및 수질 관리와 하수도계획, 하수처리, 폐수처리 및 오물처리 기타 하수도에 관한 사항
	농어업토목 기술사	0470	필기시험 및 면접시험	관개배수, 경지정비, 개간, 간척 및 농지보존에 관한 사항
	토목시공 기술사	0480	필기시험 및 면접시험	시공계획, 시공관리, 시공설비 및 시공기계 기타 시공에 관한 사항
	측량 및 지형공간정보 기술사	0680	필기시험 및 면접시험	측량 및 측지, 지형공간정보의 계획, 관리, 실시와 평가 기타 측지 측량에 관한 사항
기사	건설재료시험 기사	1750	필기시험	1. 콘크리트공학 2. 건설시공 및 관리 3. 건설재료 및 시험 4. 토질 및 기초
			실기시험	토질 및 건설재료시험
	철도토목 기사	1760	필기시험	1. 철도공학 2. 측량학 3. 응용역학 4. 건설재료 및 시공 5. 철도보선관계법규
			실기시험	철도보선설계 및 시공실무
	토목 기사	1250	필기시험	1. 응용역학 2. 측량학 3. 수리학 4. 철근콘크리트 및 강구조 5. 토질 및 기초 6. 상하수도공학
			실기시험	토목설계 및 시공실무
	측량 및 지형 공간정보 기사	1380	필기시험	1. 측지학개론 2. 응용측량 3. 사진측량 4. 측량학 5. 측량관계법규
			실기시험	삼각, 수준, 평판 및 응용측량
산업 기사	건설재료시험 산업기사	2600	필기시험	1. 콘크리트공학 2. 건설재료 및 시험 3. 건설시공학 4. 토질 및 기초
			실기시험	토질 및 건설재료시험
	철도토목 산업기사	2610	필기시험	1. 철도공학 2. 측량학 3. 응용역학 4. 건설재료 및 시공 5. 철도보선관계
			실기시험	철도보선설계 및 시공실무
	토목 산업기사	2240	필기시험	1. 응용역학 2. 측량학 3. 수리학 4. 철근콘크리트 및 강구조 5. 토질 및 기초 6. 상하수도공학
			실기시험	토목설계 및 시공실무

등급	자격종목	종목번호	검정방법	시험과목
	측량 및 지형 공간정보 산업기사	2330	필기시험	1. 응용측량 2. 사진측량 3. 측량학 4. 측량관계법규
			실기시험	삼각, 수준, 평판 및 응용측량
기능사	건설재료시험 기능사	7132	필기시험	1. 건설재료 2. 건설재료시험 3. 토질
			실기시험	토질 및 건설재료시험
	콘크리트 기능사	7020	필기시험	1. 콘크리트 재료 2. 콘크리트 시공 3. 콘크리트재료시험
			실기시험	콘크리트 시공 작업
	포장기능사	7040	필기시험	포장작업
	철도토목 기능사	7010	필기시험	1. 철도 및 궤도일반 2. 측량학 3. 선로보수
			실기시험	보선 작업
	석공기능사	6990	실기시험	석공작업
	전산응용 토목제도 기능사	7072	필기시험	1. 철근콘크리트 2. 응용역학 3. 토목제도
			실기시험	토목제도 작업
	측량기능사	6980	필기시험	1. 측량학 2. 응용측량 3. 측량관계법규
	지도제작 기능사	7680	실기시험	지도제작 작업
	도화 기능사	7660	실기시험	도화 작업
	항공사진 기능사	7670	실기시험	항공사진 제작 작업

(2) 토목관련 종목별 실기시험 방법안내

등급	종목명	실기시험 방법	시험시간		배점		채점방법	
			작업형	필답형	작업형	필답형	작업형	필답형
기사	건설재료시험 기사	복합형	3시간	2시간	40	60	현지	중앙
	철도보선 기사	필답형		2시간 30분		100		중앙
	토목기사	필답형		3시간		100		중앙

등급	종목명	실기시험 방법	시험시간		배점		채점방법	
			작업형	필답형	작업형	필답형	작업형	필답형
	측량 및 지형 공간정보 기사	복합형	1시간 10분 정도	3시간	40	60	현지	중앙
산업 기사	건설재료시험 산업기사	복합형	3시간 정도	1시간 30분	40	60	현지	중앙
	철도보선 산업기사	필답형		2시간		100		
	토목 산업기사	작업형	5시간 정도		100		중앙	
	측량 및 지형 공간정보 산업기사	복합형	1시간 10분 정도	2시간 30분	50	50	현지	중앙
기능사	건설재료시험 기능사	복합형	2시간 정도	1시간	50	50	현지	중앙
	콘크리트 기능사	복합형	1시간 30분 정도	1시간	50	50	현지	중앙
	철도토목 기능사	복합형	1시간 정도	1시간	50	50	현지	중앙
	석공 기능사	작업형	5시간 정도		100		현지	
	전산응용 토목제도 기능사	작업형	4시간 정도		100		중앙	
	측량 기능사	복합형	1시간 45분 정도		100		현지	중앙
	지도제작 기능사	작업형	3시간 30분 정도		100		현지	
	도화 기능사	작업형	3시간 30분 정도		100		현지	
	항공사진 기능사	작업형	3시간		100		현지	

참고문헌

권기태, 토목시공학, 동명사, 1999.

권오헌, 수자원공학, 새론, 1996.

권호진・이영생 송영우 박준범, 토질 역학, 구미서관, 1999.

김광래・이기선・윤평섭, 조경학, 문운당, 2001.

김생빈, 토목구조물설계, 기문당, 2000.

김수만・박영기, 토목구조설계, 청문각, 1999.

김수봉, 도시환경녹지계획론, 중문, 2000.

김주한, 토목공학개론, 구미서관, 1999.

남영국・최한중, 최신 도로공학총론, 청문각, 1999.

류연선, 재료역학, 구미서관, 2001.

류희정・신항식・신형우・이원호, 기초 상하수도, 신광문화사, 1998.

미분적분학 교재편찬위원회 역, 미분적분학, 북스힐, 2001.

민병현・한재석・김성홍, 환경수리학, 동화기술, 1997.

박승범, 신편 토목재료학, 문운당, 1999.

박연수・강성후・박선준, 재료역학, 구미서관, 2002.

배평모, 거창고등학교 이야기, 종로서적, 1996.

백은기, 측량학, 청문각, 1993.

서영갑・안주옥, 철근콘크리트공학, 사이텍미디어, 1999.

선우중호, 수문학, 동명사, 1983.

송재우, 수리학, 구미서관, 1998

송재준・신현덕・옥곤・이철규・장인성・정일래・조용진・최철호, 환경과 자원, 동화기술, 2000.

수자원학회, 수자원 학회 논문작성요령, 논문집 편집위원회 의결, 1997.

시오노 나나미, 로마인 이야기 1, 한길사, 1995.

신방웅, 토질역학, 구미서관, 1998.

신현묵, 구조역학, 학연사, 2000.

신현묵, 프리스트레스트 콘크리트(제4판), 동명사, 2000.

안상진, 수문학(제2판), 구미서관, 2001.

안수한, 수리학, 동명사, 1988.

양수룡, 조경시공학, 골드, 1998.

양창현, 구조역학, 청문각, 2001.

원제무, 도로공학 이해, 보성각, 1998.

유복모, 측량공학, 박영사, 1999.

윤용남, 수리학 : 기초와 응용, 청문각, 1997.

윤용남, 수문학 : 기초와 응용, 청문각, 1996.

이길성 이범희 김형주 적용배, GIS시스템의 활용과 새로운 구성방안의 제시(I), 한국수자원학회지, 한국수자원학회, 제34권, 제3호, p60~67,2001.5

이길성 이범희, 동적계획법을 이용한 유수체계의 설계, 대한토목학회 학술발표회개요집, 대한토목학회, p234~237, 1997.11.

이길성 이범희, 인공위성관측정보와 지리정보체계를 결합한 유역특성 추정방안, 대한토목학회 학술발표회 논문집(Ⅱ, 대한토목학회, p203~206, 1997.11.

이길성 이범희, 환경관리를 위한 전문가 시스템의 개발, 한국수자원학회지, 한국수자원학회, 제 31권, 제5호, p73~86, 1999.12.

이길성 · 이범희, 동적계획법을 이용한 유수체계의 최적설계, 한국수자원학회지, 한국수자원학회, 제28권,제1호,p153~168, 1995.2.

이범희 이길성, 매개변수 추정 및 보정과정의 개선을 위한 전문가 시스템의 개발, 한국수자원학회 학술발표회 논문집, 한국수자원학회, p185~190, 1998.5.

이범희, 도시유출 및 수질관리를 위한 지리정보체계 및 전문가 시스템의 적용, 한국 수자원 학회 논문집, 한국 수자원학회, 제34권, p253~263, 2001, 6.

이범희 · 이길성, 매개변수 추정방법의 개선을 위한 전문가 시스템의 개발, 한국수자원학회논문집, 한국수자원학회, 제31권, 제6호, p641~655,1998.12.

이범희 · 이길성, 수질오염 모의모형의 입력자료 생성방안을 개선하기 위한 원격 탐사정보와 지리정보체계의 응용, 대한토목학회논문집, 대한토목학회, 제19권, 제Ⅱ2호, p581~862, 1999.3.

이원환, 수리학(개정판), 문운당, 2000.

이평수, 토목환경공학개론, 청문각, 1997.

임강원, 도시교통계획－이론과모형, 서울대학교 출판부, 1986.

장승필 박영석, 구조역학, 구미시관, 2002.

조영일 김광렬 박돈희 박영규 박흥식 이수구 정연규 최재완, 환경공학, 동화기술, 1998.

조효남, 교량공학(개정판), 구미서관, 2001

조효남, 구조역학, 구미서관, 2002.

조효남, 대형교량의 유지관리를 위한 계측, 모니터링, 통제시스템개발, 한국과학재단, HOSEF 과제번호: 961-1203-011-2, 1998.

천병식, 지반공학－이론과 실제, 구미서관, 1998.

최기호, 조경입문 : 조경계획, 설계자료집성, 조경사, 1997.

최영박, 수문학 : 하천공학, 형설출판사, 1981.

편집부 역, 매트릭스 구조해석 입문, 구미서관, 1998.

한국강구조학회, 강구조공학, 구미서관, 2000.

한국산업인력공단, 2002년도 국가기술자격검정안내서－자격검정, 직업교육훈련, 인력관리, 기능경기대회

한국조경학회, 조경계획론, 문운당, 1991

한국조경학회, 조경관리학, 한국조경학회, 2002

한국지반공학회, 굴착 및 흙막이 공법, 구미서관, 1997.

한국지반공학회, 깊은기초, 구미서관, 1997.

한국지반공학회, 사면안정, 구미서관, 1997.

한국지반공학회, 얕은기초, 구미서관, 1997.

한국지반공학회, 연약지반, 구미서관, 1997.

한국지반공학회, 정보화시공, 구미서관, 2001.

한국지반공학회, 준설매립과 환경매립, 구미서관, 1999.

한국지반공학회, 지반조사결과의 해석 및 이용, 구미서관, 1997.

한국지반공학회, 진동 및 내진설계, 구미서관, 1997.

한국지반공학회, 터널, 구미서관, 1997.

한국지반공학회, 토목기술자를 위한 암반공학, 구미서관, 2000.

한국지반공학회, 토목섬유, 구미서관, 1998.

한국콘크리트학회, 최신콘크리트공학, 기문당, 1992.

현대건설(주) 기술연구소, 남해대교 계측보고서-초기치 설정을 위한 재하실험, 1997.

홀, 위랜 A, 수자원시스템공학, 학술원, 1979.

1985, Annual Report. Accrediation Board for Engineering and Technology, New York, 1986.

Alampalli S and Fu G 1994 Remote bridge monitoring system for bridge condition Engineering Research and Development Bureau, New York state Department of Transportation Report 70.

Antoine E. NaaMan, Prestressed Concrete Analysis and Design, Fundamentals, McGraw-Hill, 1982.

Ballard C M and Chen S S 1996 Automated remote monitoring of structural behavior via the internet SPIE 3rd Annu. Smart Structures and Materials Conf.(San Diego, 1996).

Bedient, P.B. and Huber, W.C Hydrology and Floodplain Analysis, Addison Wesley, 1992.

Braja M. Das, "Principles of Geotechnical Engineering(4th)", Thomson Learning. 1998.

Brooks, K.B. , Fdolliott, P.F., Gregersen, H.M.,and Thames,J.L Hydrology and the Management of watersheds, lowa State University Press, 1993.

Chandrakant S. Desai, john T. Christian, Numerical Methods in Geotechnical Engineering, McGraw-Hill, 1977.

Chang S-P and Kim S 1996 Online structural monitoring of a cable-stayed bridge

Charles G. Salmon, john E. johnson, Steel Structures Design and Behavior, Harper & Row, 1990.

Chaw, V.T Handbook of Applied Hydrology, McGraw Hill, 1964.

D. J. pines and P. A. Lovell, “Concepyual Framework of Remote Wireless Health Monitoring System for Large Civil Structures”, Smart Material and Structures, Vol. 7, No.5, p627-633, 1998.

Das, B. M. Advanced Soil Mechanics, MCGraw-Hill, New York, 1983.

Das, B. M., Principles of Geotechnical Engineering, PWS-KENT, Boston, 1990.

Demeterios E. Tonias, " Bridge Engineering", McGraw-Hill, 1995.

Doebling S W, Farrar C R, Prome M B and Shevitz D W 1996 Damage identification and health monitoring of structural and mechanical systems from changes in their vibration characteristics: a literature review Los Alamos National Laboratory Report LA-13070-MS.

E.W. Swokowski, Calculus, PWS-KENT, 1991.

Ferdinand P. Beer, E. Russell Johnston Jr., Vector Mechanics for Engineers STATICS, McGraw-Hill, 1977.

Forster, C. R. & Ahlvin, R.G., Stresses and Deflections Induced by a Uniform Circular Load, Proceedings of the Highway Researh Board, Vol.33, p467-470, 1954.

G . Heo. M. L. Wang and D. Satpathi, " Optima Transducer Placement for Health Monitoring of Long Span Bridge", Soil Dynamics and Earthquake Engineering, 16, p495-502, 1997.

G. N.Smith, Elements of Soil Mechanics, Sixth Edition, Oxford BSP Professional Books, 1990.

Gerald J. Alred, Walter E. Oliu, Charles T. Brusaw, The Professional Writer-A Guide for Advanced Technical Writing, St. Martin’s Press, New York, 1992.

Gere & Timoshenko "Mechanics of Materials(4th)", PWS Publishing Co., 1997.

Gwanghee Heo, "An Automated Health Monitoring System for Large Civil Structural System", Ph. D. Dissertation, University of New Mexico, 1997.

H.G. Harris, G. M Sabnis, structural Modeling and Experimental Techniques, CRC, 1999.

James G. MacGregor, Reinfoeced Concrete mechanics and design, Prentice Hall, 1999.

Jorgensen, S.E., Halling-Sorensen, B. and Nielsen, S. N Handbook of Environmental and Ecological Modeling, Lewis Publisher, 1996.

Joshph E. Bowles, Foundation Analysis and Design, Forth Edition, McGraw-Hill, 1998.

Kammer, D. C., "Effect of Model Error on Sensor Placement for On-Orbit Modal Identification of Large Space Structures", Journal of Guidance, Control, and Dynamics Vol. 15, No. 2, 1992.

Lee, K.S. and Lee, B.H. "Optimal design of detention system using incremental DP. "Korean J. of Hydroscience, KWRA, Vol.7, p61-75, 1996.6.

Liseley, R.K and Franzini, J. B Water Resources Engineering, McGraw-Hill, 1979.

Liseley, R.K Hydrology for engineers, McGraw-Hill, 1982.

M. L. Wang and G. Heo. And D. Satpathi, " Dynamic Characterization of a long Span Bridge : A Finite Element Based Approach," Soil Dynamics and Earthquake Engineering, 16, p503-512, 1997.

M. L. Wang and G. Heo. And D. Satpathi, "A Health Monitoring system for large Structural Systems", Smart Material and Structures, Vol. 7, No. 5, p627-633, 1998.

Mary M. Lay, Billie J. Wahlstrom, Carolyn D. Rude, Cynthia L. Selfe, Jack Selzer, Technical Communication, Second Edition, McGraw-Hill, 2000.

McCuen, R. H Hydrologic Analysis And Design, Prentice Hall, 1989.

Nix, S. J Urban StormWater Modeling and Simulation, Lewis Publishers, 1994.

Paul H. Wrighr, Introduction to Engineering, John Wiley & Sons, 1989.

R.S. Cortright, Bridging, Discovering the Beauty of Bridges, Bridge INK, 1998.

Ralph B. Peck, Walter E. Hanson, Thomas H. Thornburn, Foundation Engineering, Second Edition, John Wiley & Sons, 1976.

SPIE 3rdAnnu. Smart Structures and Materials Conf.(San Diego, CA, 1996).

T. William Lambe, Robert V. Whitman, Soil Mechanics, SI Version, John Wilet & Sons, 1986.

T.Y Lin, Ned H. Burns, Design Prestressed Concrete Structures, John Wiley & Sons, 1981.

Torno, H. C. ed Urban Stormwater Quality Enhancement source Control, Retrofitting, and Combined Sewer technology, American Society of Civil Engineers, 1989.

W. Lionel Craver Jr., Darrell c. Schroder, Anthony J. Tarquin, Introduction to Engineering and Technology, Harcourt Brace Jovanovich college publishers, 1988.

Webster's New World Dictionary, Third College Edition, Webster's New World, 1988.

William F. Riley, Leroy D. Sturges, STATICS-Engineering Mechanics, John Wiley & Sons, 1998.

찾아보기

가

나

다

라

마

차

카

타

파

하

영문

허광희
- 충북대학교 공과대학 토목공학과, 공학사
- University of New Mexico 토목공학과, 공학석사
- University of New Mexico 토목공학과, 공학박사
- 현) 건양대학교 해외건설플랜트학과, 교수

손병직
- 서울시립대학교 공과대학 토목공학과, 공학사
- 서울시립대학교 대학원 토목공학과, 공학석사
- 서울시립대학교 대학원 토목공학과, 공학박사
- 현) 건양대학교 해외건설플랜트학과, 교수

전준용
- 건양대학교 공과대학 토목공학과, 공학사
- 충남대학교 대학원 토목공학과, 공학석사
- 충남대학교 대학원 토목공학과, 공학박사
- 현) 건양대학교 해외건설플랜트학과, 연구전문조교수

이진옥
- 충남대학교 공과대학 토목공학과, 공학사
- 충남대학교 대학원 토목공학과, 공학석사
- 고려대학교 대학원 토목공학과, 공학박사
- 미국 캘리포니아 주립대학(샌디에이고), Post. Doc
- 현) 충남대학교 토목공학과, 교수

이범희
- 서울대학교 공과대학 토목공학과, 공학사
- 서울대학교 대학원 토목공학과, 공학석사
- 서울대학교 대학원 토목공학과, 공학박사
- 현) 배재대학교 건설환경 · 철도공학과, 교수

건설공학입문 징가 18,000원

발 행 2016년 9월 10일 초판 1쇄
저 자 허광희 · 이진옥 · 손병직 · 이범희 · 전준용
발행인 정우용
발행처 도서출판 동화기술
경기도 파주시 광인사길 201(문발동, 파주출판도시)
Tel (031)955-4211~6 donghwapub@nate.com
Fax (031)955-4217 www.donghwapub.co.kr
(등록) 1977년 12월 19일/9-16호

ISBN 978-89-425-9096-4